普通高等院校“十四五”新形态教材

Java 编程基础案例式教程

主　编　陈艳华　唐春兰

副主编　张　凯　张权鲡

中国水利水电出版社
www.waterpub.com.cn

·北京·

内 容 提 要

本书主要讲解了 Java 编程基础知识，从面向过程到面向对象的编程思想，内容涵盖了程序的顺序结构、选择结构、循环结构以及面向对象编程基础。本书采用案例式教学方式，除第 1、10 章外，其余章节都设有相应知识点的综合案例，能够激发读者兴趣，使读者能够融会贯通所学知识，提高读者自主学习和创新的能力，培养他们的逻辑思维能力及分析解决问题的能力。

本书可以作为高等教育本科、高职高专院校计算机相关专业的教材，也可以作为 Java 培训的教材和参考书籍。

图书在版编目（CIP）数据

Java编程基础案例式教程 / 陈艳华，唐春兰主编
. -- 北京 : 中国水利水电出版社，2021.12
普通高等院校“十四五”新形态教材
ISBN 978-7-5226-0214-1

Ⅰ. ①J… Ⅱ. ①陈… ②唐… Ⅲ. ①JAVA语言－程序设计－高等学校－教材 Ⅳ. ①TP312.8

中国版本图书馆CIP数据核字(2021)第217792号

策划编辑：寇文杰　责任编辑：高　辉　加工编辑：杜雨佳　封面设计：梁　燕

书　名	普通高等院校“十四五”新形态教材 Java 编程基础案例式教程 Java BIANCHENG JICHU ANLISHI JIAOCHENG
作　者	主　编　陈艳华　唐春兰 副主编　张　凯　张权鲴
出版发行	中国水利水电出版社 （北京市海淀区玉渊潭南路 1 号 D 座　100038） 网址：www.waterpub.com.cn E-mail：mchannel@263.net（万水） sales@waterpub.com.cn 电话：（010）68367658（营销中心）、82562819（万水）
经　售	全国各地新华书店和相关出版物销售网点
排　版	北京万水电子信息有限公司
印　刷	三河市德贤弘印务有限公司
规　格	184mm×260mm　16 开本　22 印张　549 千字
版　次	2021 年 12 月第 1 版　2021 年 12 月第 1 次印刷
印　数	0001—2000 册
定　价	62.00 元

前 言

Java 是当前流行的一种程序设计语言，因其具有安全性、平台无关性、性能优异等特点，自问世以来一直受到广大编程人员的喜爱。在当今这个网络时代，Java 技术应用十分广泛，从小型移动设备的开发到大型的企业级开发，随处都能看到 Java 的身影。对于一个想从事 Java 开发的人员来说，学好 Java 基础尤为重要。全书共 10 章，第 1 章主要讲解 Java 的特点与发展史、JDK 的使用、Java 程序的编写与运行机制、Java 开发环境的搭建等；第 2～6 章主要讲解 Java 编程基础知识，包括 Java 基本语法、面向对象、Java API 和集合；第 7～10 章主要讲解 Java 进阶知识，包括异常处理、I/O、多线程、GUI。本书除第 1、10 章外，其余各章均设有一个综合案例，使读者能够融会贯通所学知识。本书与我国当前教育改革发展的需要相适应，图文并茂、通俗易懂，并且具有以下特点：

（1）对 Java 基础知识体系进行了重新规划，使知识模块之间的衔接更紧密。

（2）从内容到实例都遵循由浅入深、循序渐进的原则。

（3）知识体系涵盖的内容更广泛，对每个知识点的讲解更加详细。

（4）案例丰富，为每个知识点都配备了案例，既增强了读者的动手能力，又巩固了读者所学知识。

（5）编写语言简练、通俗易懂，用简单、清晰的语言描述复杂的编程问题，同时，为抽像的知识点配备了生动的图例，帮助读者理解所学知识。

本书由陈艳华副教授、唐春兰老师担任主编，张凯教授、张权鲕（西北农林科技大学信息工程学院学生）担任副主编。各章的编写分工情况如下：张权鲕编写第 1 章，陈艳华编写第 2、3、9 章、第 2～9 章的综合案例，唐春兰编写第 4、5、6、7、8、10 章，张凯、陈艳华负责审定全书。在编写过程中，本书参阅和引用了大量专著和文献资料，在此对各位作者深表谢意。同时，本书的出版得到了内江师范学院领导的大力支持以及中国水利水电出版社的指导与帮助，在此一并表示感谢。

本书提供数字课程的学习资源，包括电子教案、教学设计、源代码、题库、作业任务、操作视频等，读者可以发邮件至作者邮箱（909601775@qq.com）获取。

由于本书的知识面广，需要将诸多知识很好地贯穿起来，难度较大，加之编写时间仓促，不足之处在所难免，恳请读者多提宝贵意见。

编 者

2021 年 10 月

目　　录

第 1 章　Java 开发入门

【学习目标】

- 了解 Java 的发展历史及其特点。
- 掌握 Java 开发环境的搭建。
- 了解并掌握 Java 语言的环境变量的配置。
- 掌握 EditPlus 软件的配置和使用。

Java 是一门可以撰写跨平台应用软件的面向对象的程序设计语言。它简单易用、安全可靠，自问世以来备受关注并得以广泛应用。在计算机、移动设备、家用电器等领域中，Java 技术无处不在。本章将对 Java 语言的特点、开发环境、运行机制以及如何使用 Java 开发工具和执行 Java 程序等内容进行讲解，为后续的学习打下基础。

1.1　Java 概述

1.1.1　Java 语言的发展

Java 是由 Sun Microsystems 公司推出的 Java 面向对象程序设计语言（简称 Java 语言）和 Java 平台的总称。

Java 的历史要追溯到 1991 年，当时美国 Sun Microsystems 公司（简称 Sun 公司）的 Patrick Naughton 及其伙伴 James Gosling 带领的工程师小组想要设计一门小型的计算机语言，主要应用对象是有线电视转换盒这类消费设备。由于这些消费设备的处理能力和内存都很有限，因此要求计算机语言必须非常小且能够生成非常紧凑的代码。另外，由于不同的设备生产商会选择不同的中央处理器（CPU），因此这门语言的设计关键是不能与任何特定的体系结构捆绑在一起，这个项目被命名为 Green。

刚开始，该项目组成员准备采用 C++语言，但感觉到 C++语言太复杂，安全性也差，无法满足项目设计的需要，最后决定基于 C++开发一种新的编程语言。

Java 的最初版本是 1991 年的 Oak 语言，用于消费类电子产品的嵌入式芯片。1995 年更名为 Java，并重新设计用于开发 Internet 应用程序。用 Java 实现的 HotJava 浏览器（支持 Java Applet）显示了 Java 的魅力：跨平台、动态 Web、Internet 计算。从此，Java 被广泛接受并推动了 Web 的迅速发展，常用的浏览器均支持 Java Applet。Java 自面世后就非常流行，发展迅速，其技术也在不断更新，对 C++语言形成有力冲击。在全球云计算和移动互联网的产业环境下，Java 更具备了显著优势和广阔前景。

1996 年 1 月，Sun 公司发布了 Java 的第一个开发工具包 JDK 1.0，这是 Java 发展历程中的重要里程碑，标志着 Java 成为一种独立的开发工具。

1999 年 6 月，Sun 公司发布了第二代 Java 平台，简称 Java 2，它一共有 3 个版本：J2ME（Java 2 Micro Edition，Java 平台的微型版），应用于移动、无线及有限资源的环境；J2SE（Java 2 Standard Edition，Java 平台的标准版），应用于桌面环境；J2EE（Java 2 Enterprise Edition，Java 平台的企业版），应用于基于 Java 的应用服务器。Java 2 平台的发布标志着 Java 的应用开始普及。

2004 年 9 月，J2SE 1.5 发布，成为 Java 语言发展史上的又一里程碑。为了表示该版本的重要性，J2SE 1.5 更名为 Java SE 5.0（内部版本号 1.5.0），代号为 Tiger，Tiger 包含了从 1996 年发布 1.0 版本以来的最重大的更新，包括泛型支持、基本类型的自动装箱、改进的循环、枚举类型、格式化 I/O、可变参数等。

2006 年 11 月，Sun 公司宣布将 Java 作为免费软件对外发布。Sun 公司正式发布了有关 Java 平台标准版的第一批源代码和 Java 迷你版的可执行源代码。从 2007 年 3 月起，全世界所有的开发人员均可对 Java 源代码进行修改。

2009 年，Oracle 公司宣布收购 Sun 公司。2010 年，Java 编程语言的共同创始人之一 James Gosling 从 Oracle 公司辞职。2011 年，Oracle 公司举行了全球性的活动来庆祝 Java 7 的推出，随后 Java 7 正式发布。

2014 年，Oracle 公司发布了 Java SE 8.0。随后 Java SE 9.0、Java SE 10.0、Java SE 11.0 和 Java SE 12.0 相继发布，截至 2021 年 9 月，Java 的最新版本为 Java SE 17.0。

1.1.2 Java 技术简介

针对不同的开发市场，Sun 公司将 Java 划分为三个技术平台，它们分别是 Java SE、Java EE 和 Java ME。

（1）Java SE（Java Standard Edition，Java 平台标准版）。该版本是为开发普通桌面和商务应用程序提供的解决方案。Java SE 包括了 Java 语言最核心的类库，如集合、I/O、数据库连接、网络编程等。

（2）Java EE（Java Enterprise Edition，Java 平台企业版）。该版本是为开发企业级应用程序提供的解决方案，如电子商务网站和 ERP 系统。Java EE 包含 Java SE 中的类，还包含用于开发企业级应用的类，如 EJB、Servlet、JSP、XML、事务控制。

（3）Java ME（Java Micro Edition，Java 平台微型版）。该版本是为开发电子消费产品和嵌入式设备提供的解决方案。Java ME 包含 Java SE 中的一部分类，用于微型数字电子设备上的软件程序开发，如智能卡、手机、掌上电脑、机顶盒等。

1.1.3 Java 语言的特点

Java 是一门编程语言，它能在编程语言排行榜上遥遥领先于其他编程语言，受到大家的喜爱，是和它的几个突出特点密不可分的。

1. 简单易用

Java 语言的语法与 C 语言和 C++语言很相近，使得很多程序员学起来很容易。对 Java 来说，它舍弃了很多 C++中难以理解的特性，如操作符的重载和多继承等，而且 Java 语言不使用指针，并加入了垃圾回收机制，解决了程序员的内存管理问题，使编程变得更加简单。

2. 安全可靠

Java 通常被用在网络环境中，为此，Java 提供了一个安全机制以防止恶意代码的攻击。除了具有安全特性以外，Java 还对通过网络下载的类增加一个安全防范机制，分配不同的名字空间以防替代本地的同名类，并包含安全管理机制。

3. 跨平台

采用 Java 语言编写的程序具有很好的可移植性，可以在各种平台上运行，而保证这一点的正是 Java 的虚拟机机制。在引入虚拟机之后，Java 语言在不同的平台上运行不需要重新编译。虚拟机机制屏蔽了具体平台的相关信息，使得 Java 语言编译的程序只需生成虚拟机上的目标代码，就可以在多种平台上不加修改地运行。

4. 面向对象

Java 是一门面向对象的语言，它对对象中的类、对象、继承、封装、多态、接口、包等均有很好的支持。为了简单起见，Java 只支持类之间的单继承，但是可以使用接口来实现多继承。使用 Java 语言开发程序，需要采用面向对象的思想设计程序和编写代码。

5. 支持多线程

Java 语言是支持多线程的，这也是 Java 语言的一大特性。多线程机制使得应用程序能够并行执行，通过使用多线程，程序设计者可以用不同的线程完成特定的行为，而不需要采用全局的事件循环机制，这样就很容易实现网络上的实时交互行为和实时控制功能。

大多数高级语言（包括 C、C++等）都不支持多线程，用这样的语言只能编写顺序执行的程序。Java 内置了语言级多线程功能，提供现成的 Thread 类，只要继承这个类就可以编写多线程的程序，使得用户程序能够并行执行。Java 提供的同步机制可以保证各线程对共享数据的正确操作，完成各自的特定任务。在硬件条件允许的情况下，这些线程可以直接分布到各个 CPU 上，充分发挥硬件性能，减少用户等待的时间。

6. 丰富的 API 文档和类库

Java 为用户提供了详尽的 API 文档。Java 开发工具包中的类库包罗万象、应有尽有，这使得程序员的开发工作可以在一个较高的层次上展开，这也正是 Java 广受欢迎的重要原因之一。

1.2　Java 开发环境（JDK）的配置和环境变量的设置

1.2.1　JDK 的概念

Java 开发环境（JDK）的配置和环境变量的设置

Java 的开发环境 Java Development Kit（JDK），是一种用于构建在 Java 平台上发布的应用程序、Applet 和组件的开发环境。编写 Java 程序必须使用 JDK，JDK 软件包中包括 JRE（Java Runtime Environment）以及用于编译调试 Java 程序的命令行界面的开发工具。JRE 在运行 Java 程序时是必需的，可以单独安装。在安装 JDK 之前，首先要到 Oracle 网站获取 JDK 安装包。

1.2.2 安装 JDK

Oracle 公司一直在升级 JDK，并将其免费提供给用户。Oracle 公司相继推出了 JDK1.0、JDK1.1、JDK1.2、JDK1.3、JDK1.4、JDK5（1.5）、JDK6（1.6）、JDK7（1.7）、JDK8（1.8）、JDK9（1.9）等，最新的 JDK 版本请参看 Oracle 公司网站。JRE 在运行 Java 程序时是必需的，可以单独安装，JDK 软件包可以从 Oracle 公司的官方网站下载。接下来以 32 位的 Windows 7 系统为例来演示 JDK8 的安装过程，步骤如下：

1. 开始安装 JDK

双击从 Oracle 官方网站下载的安装文件 jdk-8u151-windows-i586.exe，进入 JDK 的安装界面，如图 1-1 所示。

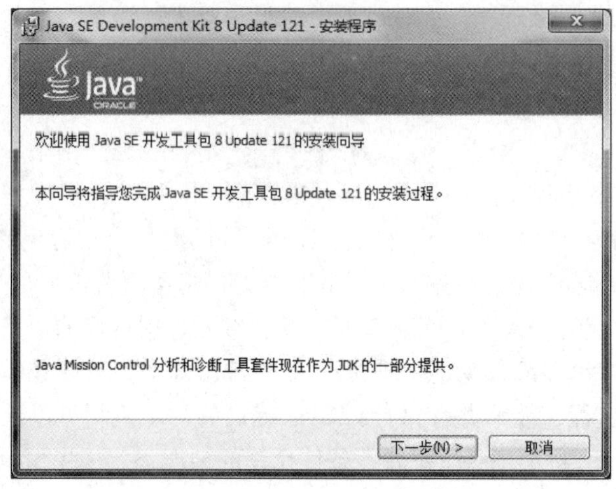

图 1-1 JDK 8 安装向导

2. 自定义安装功能和路径

单击“下一步”按钮，进入如图 1-2 所示的自定义安装界面，通过此界面可以选择要安装的模块和路径。

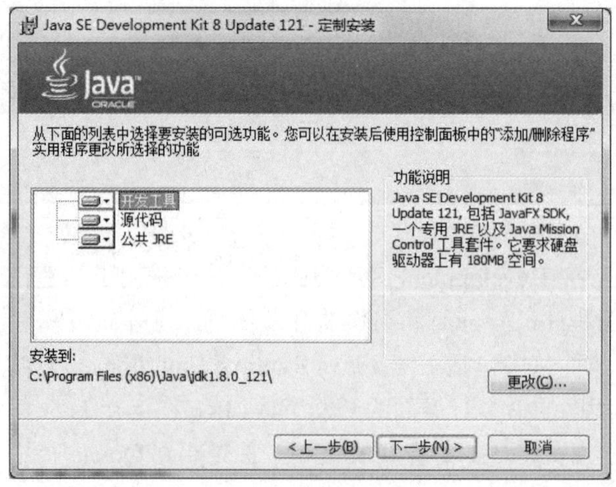

图 1-2 自定义安装模块

在图 1-2 所示界面左侧有 3 个功能模块，开发人员可以根据自己的需要来选择要安装的功能模块。单击功能模块，在界面的右侧会出现对该模块的功能说明。下面对三个功能模块做简单介绍。

- 开发工具。这是 JDK 中的核心功能模块，其中包含一系列可执行程序，如 javac.exe、java.exe 等，还包含了一个专用的 JRE 环境。
- 源代码。Java 提供公共 API 类的源代码。
- 公共 JRE。JRE 是 Java 程序的运行环境。由于开发工具中已经包含了一个 JRE，可以不用再安装公共的 JRE 环境。该模块可以选择不安装。

在界面右侧有“更改”按钮，单击此按钮会弹出选择安装的目录的界面，如图 1-3 所示。通过此步骤可以更改安装目录。在这里采用默认的安装路径 C:\Program Files(x86)\Java\jdk1.8.0_121，稍后对 JDK 进行环境变量配置时将用到此路径。

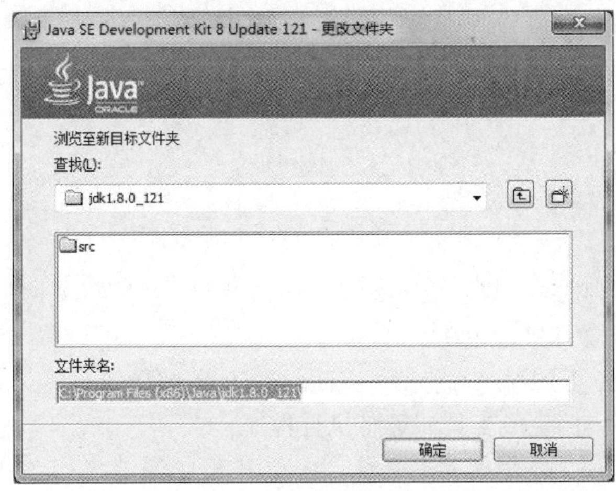

图 1-3　安装位置选择界面

3. 完成 JDK 的安装

在选择完成之后，单击图 1-2 中的“下一步”按钮开始安装 JDK，安装完成后单击安装完成界面中的“关闭”按钮，如图 1-4 所示，完成 JDK 的安装。

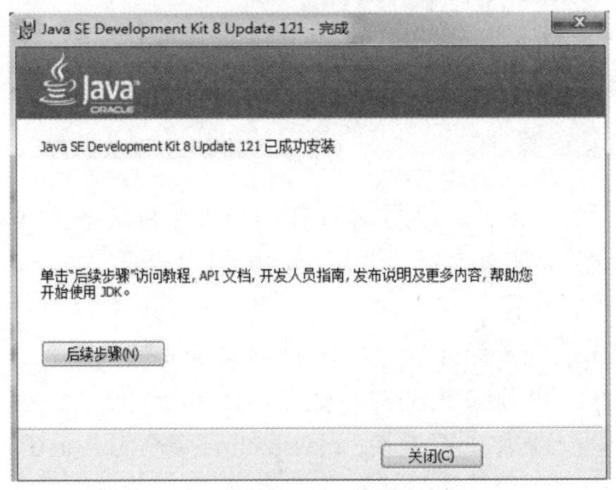

图 1-4　安装成功界面

1.2.3 JDK 目录介绍

安装完成后，在安装位置打开 JDK 的文件夹，内容和目录结构如图 1-5 所示。

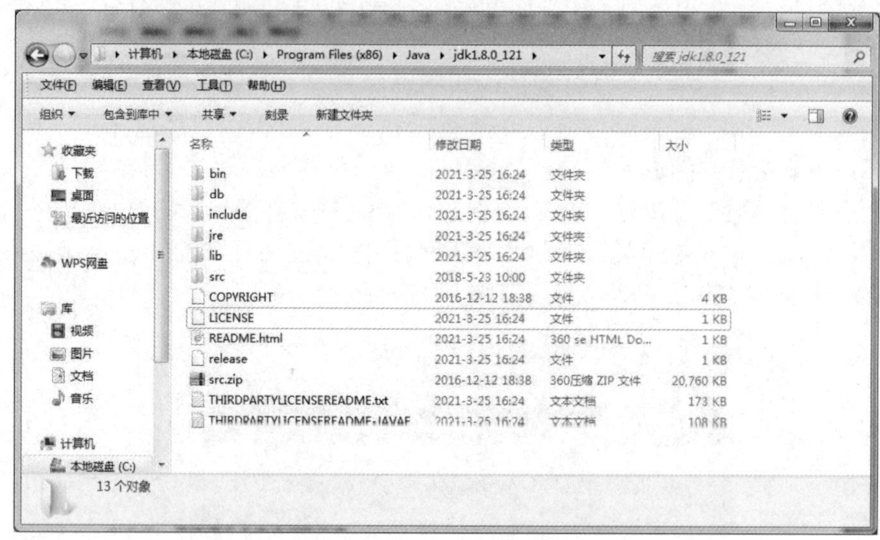

图 1-5 JDK 的内容和目录结构

从图 1-5 可以看出，JDK 安装目录下有多个子目录和一些网页文件，为了便于后面的学习，下面对其中重要目录和文件进行说明。

- bin：提供 JDK 工具程序，包括 javac.exe（Java 编译器）、java.exe（Java 运行工具）、javadoc.exe（文档生成工具）等可执行程序。
- include：存放用于本地访问的文件。由于 JDK 是通过 C 和 C++实现的，因此在启动时需要引入一些 C 语言的头文件，该目录就是用于存放这些头文件的。
- jre：存放 Java 运行环境文件。此目录包含 Java 虚拟机、运行时的类包、Java 应用启动器以及一个 bin 目录，但不包含开发环境中的开发工具。
- lib：存放 Java 的类库文件，工具程序实际上使用的是 Java 类库。JDK 中的工具程序，大多也由 Java 编写而成。
- src.zip：Java 提供的 API 类的源代码压缩文件。如果需要查看 API 的某些功能是如何实现的，可以查看这个文件中的源代码。

1.2.4 JDK 环境变量设置

JDK 提供的是命令行用户界面，为了保证在用户工作目录下正常调用 Java 编译器，需要在操作系统中进行路径设置。如果使用图形用户界面的集成开发环境，在安装软件时会自动设置环境变量，无须进行路径设置。

环境变量是包含关于系统及当前登录用户的环境信息的字符串，一些程序使用此信息确定在何处放置和搜索文件。和 JDK 相关的环境变量有两个：path 和 classpath。其中 path 环境变量告诉操作系统到哪里去查找 JDK 工具；classpath 环境变量告诉 JDK 工具到哪里去查找类文件（.class 文件）。

具体操作方法如下：

（1）环境变量的配置。设置和 Java 有关的系统环境变量，假设 JDK 安装路径为 C:\Program Files (x86)\Java\ jdk1.8.0_121。其设置方法为选中“我的电脑”→“属性”→“高级”→“环境变量”选项，并选中系统变量 Path，如图 1-6 所示。

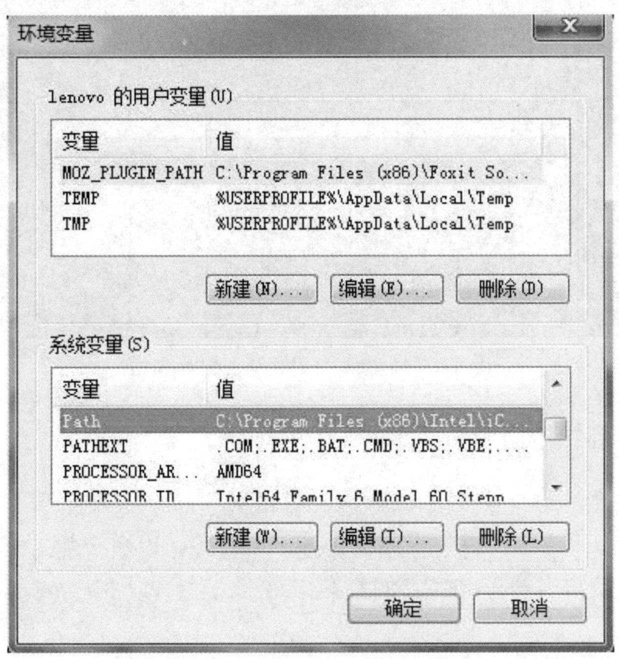

图 1-6　“环境变量”对话框

单击“环境变量”对话框下方的“编辑”按钮，对环境变量 Path 进行编辑，如图 1-7 所示。在 Path 对应的变量值中添加 C:\Program Files (x86)\Java\jdk1.8.0_121\bin，单击“确定”按钮，完成对 Path 环境变量的设置。

环境变量 classpath 的设置方法与 Path 类似，如果环境变量中不存在该变量，则新建它，如果存在，则编辑它，如图 1-8 所示。在 classpath 对应的变量值中添加 C:\Program Files (x86)\Java\jdk1.8.0_121\lib，然后单击“确定”按钮，完成对 classpath 环境变量的配置。最后单击“确定”按钮，即可保存对两个环境变量的设置。

图 1-7　环境变量 Path 编辑对话框

图 1-8　环境变量 classpath 编辑对话框

（2）环境变量的验证。设置完 Path 环境变量后，可以选择“开始”→“运行”命令，输入 cmd，在打开的命令行中输入 javac 命令，若出现如图 1-9 所示的运行结果，则说明环境变量配置成功。

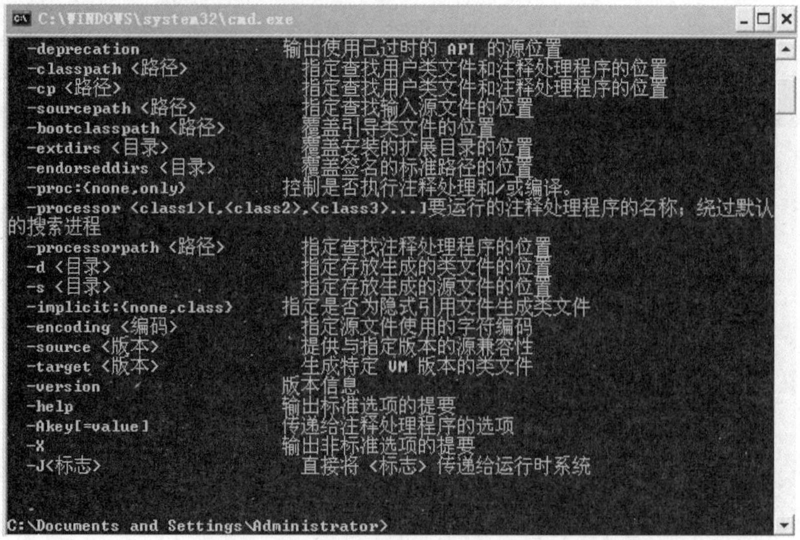

```
C:\WINDOWS\system32\cmd.exe
  -deprecation                输出使用已过时的 API 的源位置
  -classpath <路径>             指定查找用户类文件和注释处理程序的位置
  -cp <路径>                    指定查找用户类文件和注释处理程序的位置
  -sourcepath <路径>            指定查找输入源文件的位置
  -bootclasspath <路径>         覆盖引导类文件的位置
  -extdirs <目录>               覆盖安装的扩展目录的位置
  -endorseddirs <目录>          覆盖签名的标准路径的位置
  -proc:{none,only}           控制是否执行注释处理和/或编译。
  -processor <class1>[,<class2>,<class3>...]要运行的注释处理程序的名称；绕过默认
的搜索进程
  -processorpath <路径>         指定查找注释处理程序的位置
  -d <目录>                     指定存放生成的类文件的位置
  -s <目录>                     指定存放生成的源文件的位置
  -implicit:{none,class}      指定是否为隐式引用文件生成类文件
  -encoding <编码>              指定源文件使用的字符编码
  -source <版本>                提供与指定版本的源兼容性
  -target <版本>                生成特定 VM 版本的类文件
  -version                    版本信息
  -help                       输出标准选项的提要
  -Akey[=value]               传递给注释处理程序的选项
  -X                          输出非标准选项的提要
  -J<标志>                      直接将 <标志> 传递给运行时系统

C:\Documents and Settings\Administrator>
```

图 1-9　查看环境变量是否配置成功

1.2.5　编译命令和执行命令

JDK 所提供的开发工具主要有编译程序、解释执行程序、调试程序、Applet 执行程序、文档管理程序、包管理程序等，这些程序都是控制台程序，以命令的方式执行。其中，编译程序和解释执行程序是最常用的程序，它们都在 JDK 安装目录下的 bin 文件夹中。

1. 编译程序

JDK 的编译程序是 javac.exe，该程序将 Java 源程序编译成字节码，生成与类同名但后缀名为.class 的文件。通常情况下，编译器会把 class 文件和 Java 源文件放在相同的文件夹里，除非在编译过程中使用了-d 选项。javac 的一般用法如下：

```
javac [选项...] file.java
```

其中，常用选项如下所示：

（1）-classpath：该选项用于设置路径，在该路径下 javac 寻找需被调用的类，该路径是一个用分号分开的目录列表。

（2）-d directory：该选项用于指定生成的类文件的存放位置。

（3）-g：该选项在代码生成器中打开调试表，以后可凭借此调试产生字节代码。

（4）-nowarn：该选项用于禁止编译器产生警告。

（5）-verbose：该选项用于输出与编译器正在执行的操作有关的消息。

（6）-sourcepath<路径>：该选项用于指定查找输入源文件的位置。

（7）-version：该选项用于标识版本信息。

虽然 javac 的选项众多，但对于初学者而言，并不需要一开始就掌握这些选项的用法，只需掌握一个最简单的用法就可以了。例如，要编译一个 HelloWorld.java 源程序文件，只需在命令行输入如下的命令即可。

```
javac HelloWorld.java
```

编译正常结束后，会在 HelloWorld.java 所在的目录下生成一个 HelloWorld.class 文件，编译成功后，下一步就是运行这个 class 文件。

2. 解释执行程序

JDK 的解释执行程序是 java.exe，该程序将编译好的 class 文件加载到内存，然后调用 JVM 来执行它，它的一般用法如下：

```
java [选项...]  file  [参数]
```

其中，常用选项说明如下：

（1）-classpath：用于设置路径，在该路径上寻找需被调用的类，该路径是一个用分号分开的目录列表。

（2）-client：选择客户虚拟机（这是默认值）。

（3）-server：选择服务虚拟机。

（4）-hotspot：与 client 相同。

（5）-verify：对所有代码进行校验。

（6）-noverify：不对代码进行校验。

（7）-verbose：每当类被调用时，向标准输出设备输出信息。

（8）-version：输出版本信息。

初学者只要掌握最简单的用法就可以了，例如，要执行 HelloWorld.class 文件，只需要在命令行输入如下的命令即可。

```
java HelloWorld
```

注意：Java 命令是区分大小写的，并且在执行 class 文件时，文件的后缀.class 必须省略。

1.3 EditPlus 开发工具的使用

Java 的源程序必须以纯文本文件的形式编辑和保存，而在 JDK 中并没有提供文本编辑器，用户编辑源程序时需要自行选择文本编辑器。最简单的纯文本编辑器是 Windows 自带的记事本，但是记事本不但功能弱，而且作为 Java 的源程序编辑器，存盘时特别容易出错。对于初学者来说，建议使用 EditPlus 编译程序。这样可以积累对代码的熟悉度。

EditPlus 是一款不错的 Java 代码编辑器，使用 EditPlus 可以自动生成语言代码格式，节省很多时间，且其具有小巧、省内存的优势，对于平时编写一些简单的 Java 程序很有帮助，下面就为大家介绍一下如何安装和配置 EditPlus 的 Java 编辑环境，使其可以直接运行 Java 程序（即如何在 EditPlus 环境下运行 Java 程序）。软件可以在网上下载，也可从资料包中下载。

1.3.1 EditPlus 的安装和启动

EditPlus 软件的安装相当简单，仅仅需要对下载后的压缩文件进行解压即可完成安装操作，接下来分别从安装、启动、工作界面等方面进行详细的讲解。

1. 安装 EditPlus 开发工具

（1）双击资料包中的 Editplus 汉化版软件的安装文件 setup_editplus.exe，进入安装向导界面，如图 1-10 所示。

（2）单击“下一步”按钮，勾选许可协议。再单击“下一步”按钮，进入 EditPlus 的自定义安装界面，通过此界面可以选择要安装的路径。这里选择默认位置安装，如图 1-11 所示。

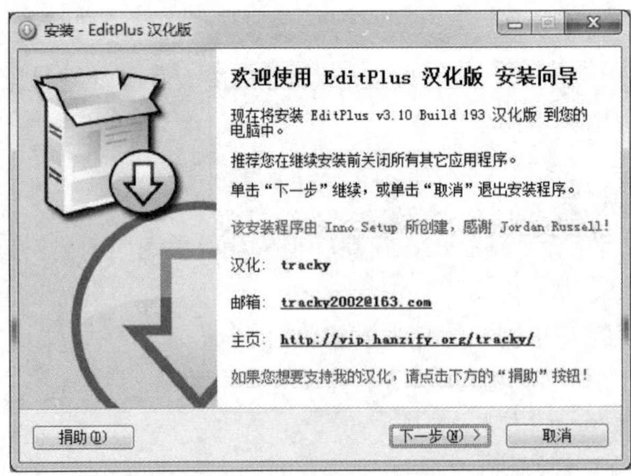

图 1-10　安装向导界面

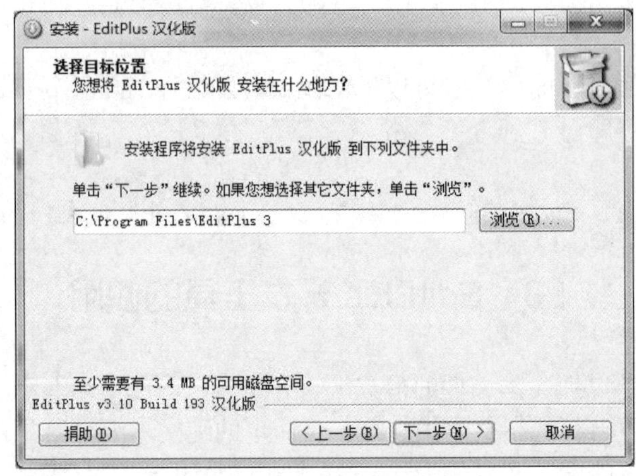

图 1-11　自定义安装界面

（3）后续的安装步骤非常简单，只需单击“下一步”按钮即可。在安装过程中注意在“添加 EditPlus 到系统右键菜单中:”项下选择“是”，如图 1-12 所示。

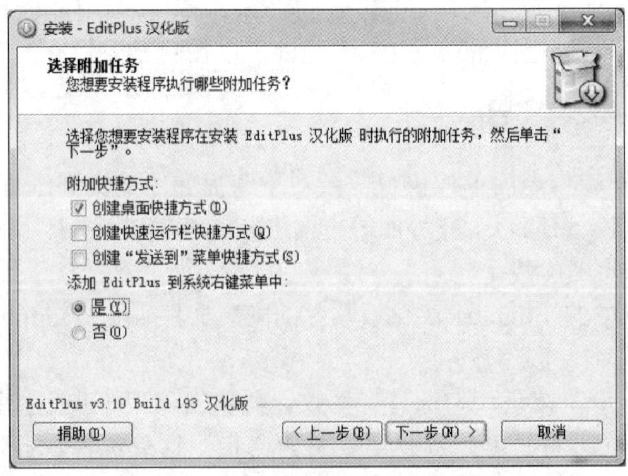

图 1-12　在“添加 EditPlus 到系统右键菜单:”项下选择“是”

2. EditPlus 开发工具的启动

在桌面上双击 EditPlus 快捷方式，启动该软件。启动后界面如图 1-13 所示。

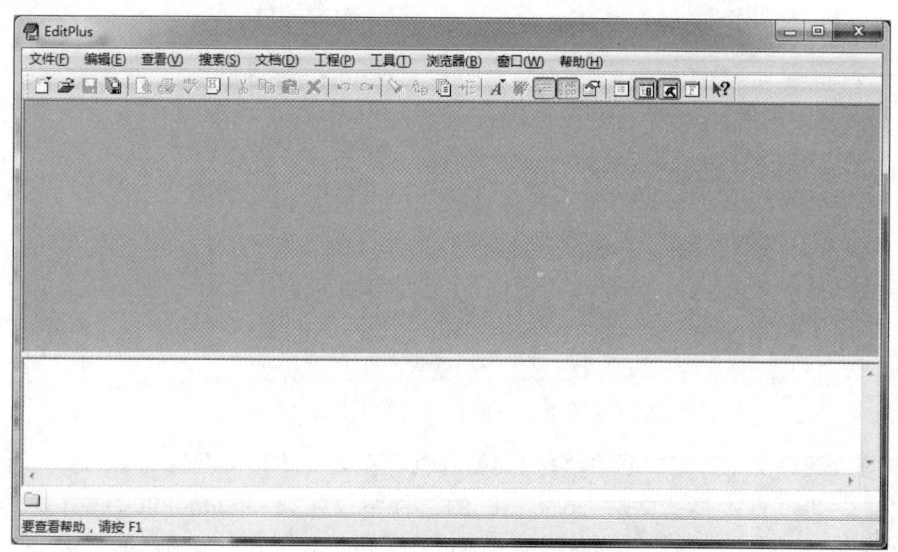

图 1-13　EditPlus 启动界面

1.3.2　EditPlus 的 Java 运行环境配置

（1）在配置 EditPlus 的 Java 运行环境之前，要保证计算机已经安装完成 JDK。

（2）安装了 JDK 之后，打开 EditPlus 软件，单击“工具”菜单，在弹出的菜单中选择“配置用户工具”命令，如图 1-14 所示。

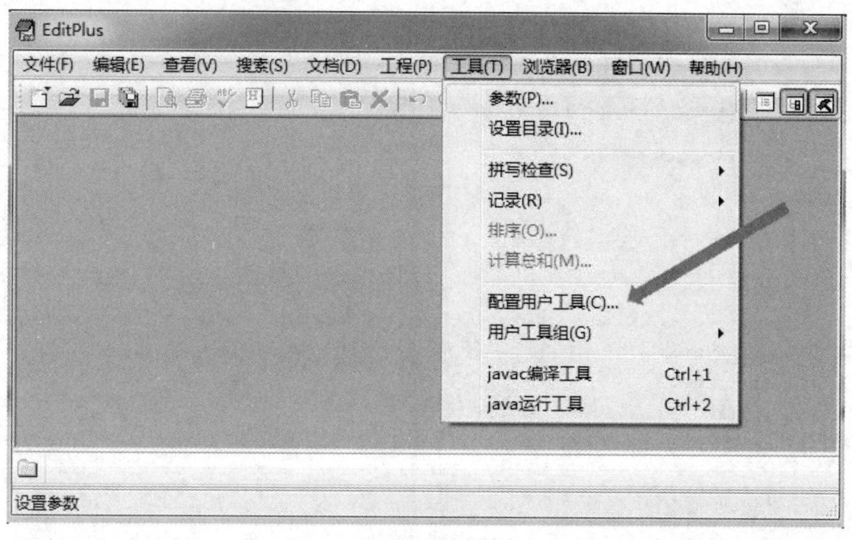

图 1-14　配置自定义工具-1

（3）在弹出的对话框中单击“添加工具”按钮，然后在弹出的菜单中选择“程序”命令，如图 1-15 所示。

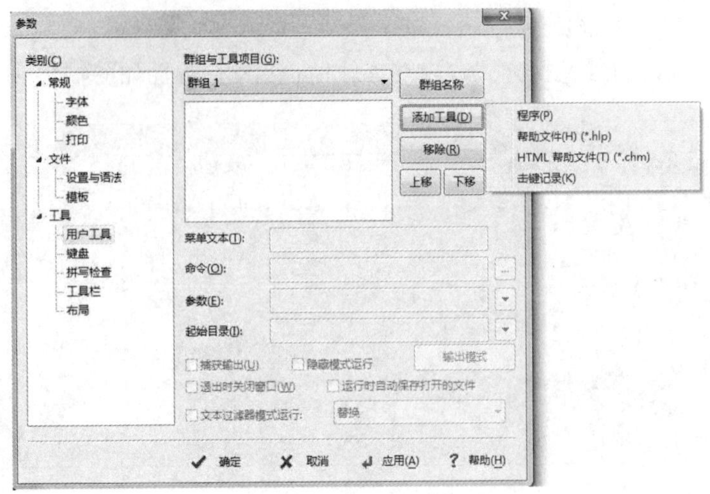

图 1-15 配置自定义工具-2

（4）在“菜单文本”文本框中填写“javac 编译工具”，此时可配置 javac 命令，添加 javac 的安装目录，也可直接复制粘贴 javac.exe 的文件路径 C:\Program Files(x86)\Java\jdk1.8.0_121\bin\javac.exe。单击“参数”项右侧的 按钮，选择“文件名”选项，单击“起始目录”项右边的下三角按钮，选择文件目录，勾选“捕获输出”复选框，配置完成后如图 1-16 所示，单击下方的“应用”按钮即可完成 javac 命令的配置。

（5）然后单击右方的“添加工具”按钮，选择程序，在“菜单文本”文本框中输入“java 运行工具”。在“命令”项中，添加 Java 的安装目录，也可直接复制粘贴 java.exe 的文件路径 C:\Program Files (x86)\Java\jdk1.8.0_121\bin\java.exe。单击“参数”项右边的下三角按钮，选择“不带扩展名的文件”选项，单击“起始目录”项右边的下三角按钮，选择“文件目录”选项。如图 1-17 所示。

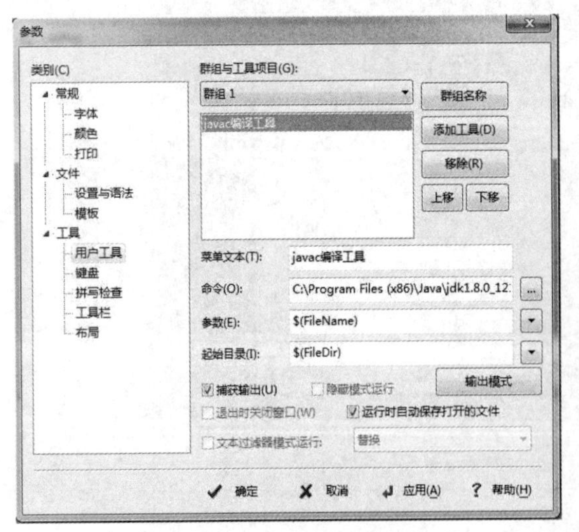

图 1-16 javac 命令的配置

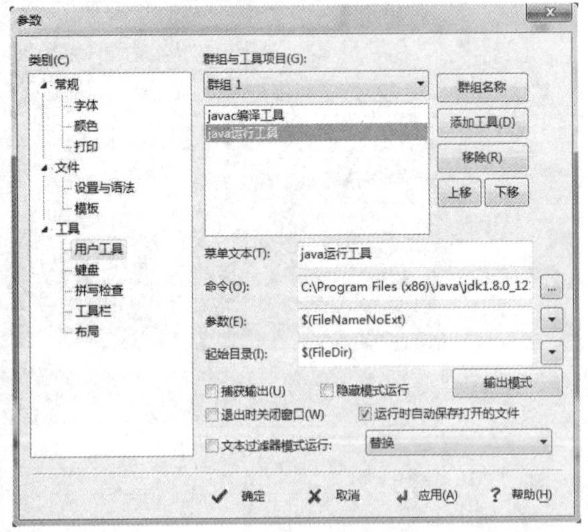

图 1-17 java 命令的配置

（6）当 EditPlus 的 Java 编译运行环境配置成功后，在“工具”选项的下拉菜单中会出现相应的菜单命令和快捷方式，如图 1-18 所示。

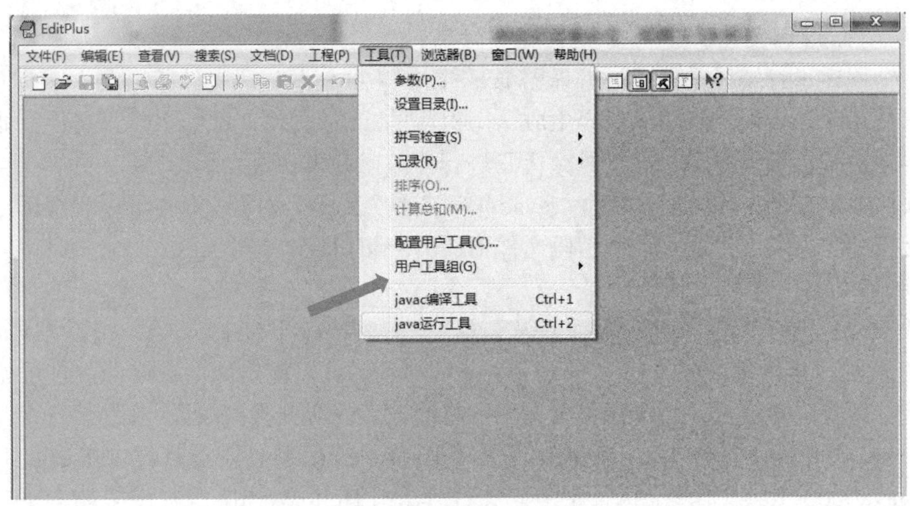

图 1-18　环境配置完成

1.4　编写第一个 Java 程序

通过在 1.3 节中安装好的 Java 开发工具 EditPlus 来体验一下如何开发 Java 程序。开发 Java 程序的步骤如下：

1. 编写 Java 源文件

在 E 盘根目录下创建一个 studyjava 文件夹，并在相应的文件夹下新建文本文档，重命名为 HelloWorld.java。用 EditPlus 程序打开该文档，在里面编写下面这一段代码，如文件 1-1 所示。

文件 1-1

```
class HelloWorld{
    public static void main(String[] args) {
        System.out.println("Hello World!");
    }
}
```

文件 1-1 中的代码实现了一个 Java 程序，下面对其代码做一个简单解释。

（1）存储文件时，源文件的扩展名必须为.java，且源文件名必须与程序中声明为 public class 的类的名字完全一致（包括大小写也要一致）。

（2）程序中 class HelloWorld 声明要建立一个名为 HelloWorld 的类，关键字 class 表示一个类声明的开始，类声明由 class 关键字和类名组成，类体部分的内容由一对大括号括起来，在类中不能嵌套声明其他类。在本例代码中，类定义开始于第 2 行的大括号，结束于最后一行的大括号。

（3）Java 应用程序可以由若干类组成，每个类可以定义若干个方法，但其中必须有一个类中包含一个且只能有一个 public static void main(String[] args)，main 是所有 Java 应用程序执行的入口点，当运行 Java 应用程序时，整个程序将从 main 方法开始执行。

（4）System.out 是 Java 提供的标准输出对象，println()是该对象的一个方法，用于向屏幕输出。

2. 编译 Java 源文件

对一个程序进行编译是指通过编译器 javac.exe 将 Java 源代码文件翻译成字节码文件。如果源代码没有语法错误，则编译器会生成一个对应的 class 文件，称为字节码文件。如果有编译错误，则系统会给出提示，需要对源代码进行修改，并再次进行编译。

在软件中单击“工具”菜单下的“javac 编译工具”命令，对源文件 1-1 进行编译，执行完毕后，会在当前目录下生成一个字节码文件 HelloWorld.class。

3. 运行 Java 字节码文件

运行 Java 程序实际上就是运行字节码文件。在任何一个平台上，只要安装了 Java 解释器 java.exe，就可以运行字节码文件。在运行字节码文件时，可能出现运行错误，也可能结果不正确，这时需要重新检查并修改源代码文件，将修改后的文件再次编译并运行。

用 javac 命令编译文件 1-1，得到一个 HelloWorld.class 文件，在软件中单击“工具”菜单下的“java 运行工具”命令，执行字节码文件，输出 HelloWorld，运行结果如图 1-19 所示。

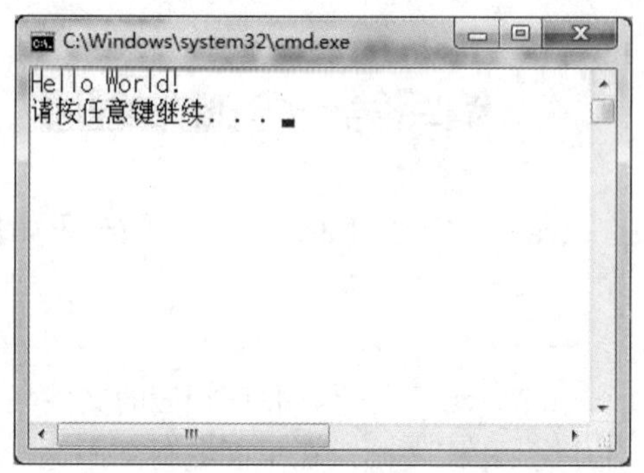

图 1-19　文件 1-1 的运行结果

1.5　本章小结

通过本章的学习，读者应该了解 Java 的起源和发展历程以及 Java 语言的特点和发展历史，学会如何在 Windows 环境下搭建 Java 编程的环境，即如何安装配置 JDK 和编程工具 EditPlus，还应该掌握使用 EditPlus 来编写简单的 Java 应用程序。

1.6　习题

一、单选题

1. 下面关于 Java 语言的描述中，(　　) 是正确的。

A. Java 程序运行时，需要将后缀名为.java 的源文件进行编译

B. Java 虚拟器不可以解释执行 class 文件

C. Java 程序是由操作系统负责解释执行的

D. Java 程序运行时，必须经过编译和解析两个步骤

2．下列选项中，可以正确配置 classpath 的命令是（　　）。

A．set classpath =C:\\Program Files\\Java\\jdk1.7.0_15\\bin

B．set classpath : C:\\Program Files\\Java\\jdk1.7.0_15\\bin

C．set classpath＝c:\\Program Files\\Java\\jdk1.7.0_15

D．classpath set : C:\Program Files\Java\jdk1.7.0_15\bin

3．在 JDK 安装目录下，用于存放可执行程序的文件夹是（　　）。

A．bin　　B．jre　　C．lib　　D．db

4．下面关于 path 环境变量的说法中，错误的是（　　）。

A．path 环境变量是系统环境变量中的一种，它用于保存一系列的路径

B．在命令行窗口输入 set path 命令，可以查看当前系统的 path 环境变量

C．在命令窗口对环境变量进行的任何修改只对当前窗口有效，一旦关闭窗口，所有的设置都会被取消

D．配置系统环境变量时以英文半角逗号分隔每一个路径

5．下列关于 JDK 的说法中，错误的是（　　）。

A．JDK 是 Java 开发环境的简称

B．JDK 包括 Java 编译器、Java 文档生成工具、Java 打包工具等

C．安装 JDK 后，还需要单独安装 JRE

D．JDK 是整个 Java 的核心

二、多选题

1．下列关于 main 方法的描述中，正确的是（　　）。

A．在 Java 程序中，必须要有 main 方法

B．main 方法可以保证 Java 程序独立运行

C．一个 Java 程序的主方法是 main 方法

D．一个 Java 程序不一定要有 main 方法

2．下列目录中，（　　）属于 JDK 安装后的子目录。

A．lib 目录　　B．demo 目录

C．jre 目录　　D．include 目录

3．当 Java 的环境变量配置成功后，可以执行下列操作中的（　　）。

A．开发者在任意目录下使用 javac 命令

B．操作系统能够自动找到 javac 命令所在的目录

C．开发者可以在任意目录下启动 Java 虚拟机

D．配置的目的是实现跨平台性

4．下列选项中，（　　）是 Java 语言的特性。

A．跨平台性　　B．面向对象

C．支持多线程　　D．简单性

5．下列选项中，（　　）用于构成 JDK 开发环境。

A．Java 运行工具　　B．Java 编译工具

C．Java 打包工具　　D．Java 文档生成工具

三、简述题

1．简述 JDK 安装目录中的 bin 目录和 lib 目录的作用。
2．简述 classpath 环境变量的作用。
3．简述 javac 命令和 java 命令的区别。
4．简述 Java 语言的特点。

四、编程题

模仿文件 1-1，使用 EditPlus 开发工具编写一个 Java 源程序，输出字母“This is my first java program !”。

第 1 章习题答案

第 2 章　Java 编程基础

【学习目标】

- 掌握 Java 的基本语法格式。
- 掌握常量、变量的定义和使用。
- 掌握运算符的使用。
- 掌握流程控制语句的使用。
- 掌握方法的定义与使用。
- 掌握数组的定义与使用。

要熟练使用 Java 语言，就必须充分了解 Java 语言的基础知识，这是正确编写 Java 程序的前提，也是学习后续知识的基础。

2.1　Java 的基本语法

在学习任何语言之前，首先都需要学习相关的语言基础，学习 Java 语言自然也不例外。本章将对 Java 语言的标识符和关键字、数据类型、变量和常量、运算符和表达式、方法、结构语句和数组等内容进行介绍。通过对本章内容的学习，读者可以对 Java 语言有一个最基本的了解，并能够顺利地编写一些简单的 Java 应用程序。

2.1.1　Java 代码的基本格式

Java 中的程序代码都必须放在一个类中，初学者可以简单地把类理解为一个 Java 程序。类需要使用 class 关键字定义，在 class 前面可以有一些修饰符，具体格式如下：

```
修饰符 class 类名{
    程序代码
}
```

编写 Java 程序代码需注意以下几点：

（1）Java 中的程序代码可分为结构定义语句和功能执行语句，其中，结构定义语句用于声明一个类或方法，功能执行语句用于实现具体的功能。每条功能执行语句的最后都必须用分号（;）结束。如下面的语句：

```
System.out.println("HelloWorld！");
```

值得注意的是，在程序中不要将英文的分号误写成中文的分号，如果写成中文的分号，编译器会报告“illegal character”（非法字符）这样的错误信息。

（2）Java 语言是严格区分大小写的。在定义类时，不能将 class 写成 Class，否则编译会报错。例如，程序中定义一个 computer 类的同时，还可以定义一个 Computer 类，computer

和 Computer 是两个完全不同的符号，在使用时务必注意。

（3）在编写 Java 代码时，为了便于阅读，通常会使用一种良好的格式进行排版。虽然 Java 没有严格要求用什么样的格式来编排程序代码，但是，为了增加程序的可读性，需要设计具有良好风格的程序，建议在编写程序时采用缩进格式，即按照程序的层次进行编写，下一个层次比上一个层次后退两格。整齐美观、层次清晰的代码，通常会使用下面这种形式：

```
public class HelloWorld {
    public static void main(String[] args) {
        System.out.println("这是第一个 Java 程序！ ");
    }
}
```

（4）关键字 class 表示类，Java 是面向对象的语言，所有代码必须位于类里面。

（5）一个源文件可以包含多个类，但一个源文件中至多只能声明一个 public 的类，其他类的个数不限，如果源文件中包含一个 public 类，源文件名必须和其中定义的 pubic 的类名相同，且以“.java”为扩展名。

（6）main 方法是 Java 应用程序的入口方法，它有固定的书写格式，其书写格式如下：

```
public static void main(String[] args) {...}
```

（7）在 Java 中，用大括号划分程序的各个部分，任何方法的代码都必须以“{”开始，以“}”结束，由于编译器忽略空格，因此大括号格式不受限制。建议编程时，一定要注意缩进规范，在写括号、引号时，一定要成对编写，然后再向括号内插入内容。

2.1.2 Java 中的注释

在编写程序时，为了方便阅读和理解程序，通常会在实现功能的同时为代码添加说明性的文字，即注释。注释不会被执行，不影响运行结果，它只在 Java 源文件中有效，在编译程序时编译器会忽略这些注释信息，不会将其编译到 class 字节码文件中去。注释是程序的重要组成部分，一个具有良好风格的程序必须要有清晰而具体的注释。

在 Java 中，注释有两种格式：单行注释和多行注释。单行注释用“//”作引导，多行注释用“/*”和“*/”将注释的内容括起来。此外，Java 还支持一种称为文档注释的特殊注释，它以“/**”开头，以“*/”结尾，主要用于描述类、数据和方法，还可以通过 JDK 的 javadoc 命令将其转为 HTML 文件。

1. 单行注释

单行注释通常用于对程序中的某一行代码进行解释，用符号“//”表示，“//”后面为被注释的内容，具体示例如下：

```
int b=20;          //定义一个整型变量 b
String s="abc";    //定义一个字符串变量 s
```

2. 多行注释

多行注释用“/*”和“*/”将要注释的多行内容括起来，它以符号“/*”开头，以符号“*/”结尾，多行注释具体示例如下：

```
/*
  int b=20;
  float f=20.0f;
*/
```

3. 文档注释

Java 还支持一种称为文档注释的特殊注释，它以“/**”开头，以“*/”结尾，主要用于描述类、数据和方法，还可以通过 JDK 的 javadoc 命令将其转为 HTML 帮助文件。

2.1.3　Java 中的标识符

标识符（Identifier）是赋给类、方法或者变量的名称，用以标识它们的唯一性。标识符可以由编程者自由指定，但是需要遵循一定的语法规则。标识符不能使用保留字及已经被其他程序员选用的标识符。标识符可以由字母、数字、下划线、美元符号“$”或汉字按一定的顺序组合，但不能以数字开头。

合法的标识符：Average、table1、$price、_password、name_1。

不合法的标识符：If、50、User name、1name。

用 Java 语言编程时，定义的标识符除了遵循上面的规则，还要遵循以下的命名习惯（非强制性要求）：

（1）包名所有字母一律小写。例如：cn.itcast.test。

（2）类名和接口名每个单词的首字母都要大写。例如：ArrayList、Iterator。

（3）常量名所有字母都大写，单词之间用下划线连接。例如：DAY_OF_MONTH。

（4）变量名和方法名的第一个单词首字母小写，从第二个单词开始每个单词首字母大写。例如：getName、getUserName。

（5）在程序中，应该尽量使用有意义的英文单词来定义标识符，一般遵循“见名知义”的原则，即为标识符取一个能代表其意义的名称，使得程序便于阅读。例如使用 userName 表示用户名，password 表示密码。

（6）标识符区分大小写，长度不限，但不宜过长。如 Teacher 和 teacher 是两个不同的标识符。

（7）标识符不能与关键字同名。

2.1.4　Java 中的关键字

关键字是编程语言里事先定义好并赋予了特殊含义的单词。和其他语言一样，Java 中预留了许多关键字，如 class、public 等，下面列举的是 Java 中所有的关键字，根据它们的意义分为以下 5 种类型：

（1）数据类型：boolean、int、long、short、byte、float、double、char、class、interface。

（2）流程控制：if、else、do、while、for、switch、case、default、break、continue、return、try、catch、finally。

（3）修饰符：public、protected、private、final、void、static、strictfp、abstract、transient、synchronized、volatile、native。

（4）动作：package、import、throw、throws、extends、implements、this、super、instanceof、new。

（5）保留字：goto、const。

上面列举的关键字中，每个关键字都有特殊的作用，例如 package 关键字用于包的声明，import 关键字用于引入包，class 关键字用于类的声明。在本书后面的章节将逐步对其他关键字进行讲解，在此没有必要对所有关键字进行记忆，只需要了解即可。

使用 Java 关键字时，有几个值得注意的地方：

- 所有的关键字都是小写的。
- 程序中的标识符不能以关键字命名。
- const 和 goto 是保留字关键字，虽然在 Java 中还没有任何意义，但在程序中不能用来作为自定义的标识符。
- true、false 和 null 不属于关键字，它们是一个单独标识类型，不能直接使用。

2.2 Java 中的常量与变量

2.2.1 常量的定义

常量指在程序的运行过程中值保持不变的数据。Java 中的常量包括整型常量、浮点型常量、字符型常量、字符串常量、布尔常量和 null 常量。

1. 整型常量

整型常量可以用来给整型变量赋值。Java 把整型常量分为 4 种形式：二进制、十进制、八进制、十六进制。

（1）二进制数值是以 0b 或 0B 开头，由数字 0 和 1 组成的数字序列。例如 0b01111011、0B11100011。

（2）十进制整数是以数字 0 开头并由 0～9 组成的数字，如 100、-100。

（3）八进制整数是以数字 0 开头并由 0～7 组成的数字，例如 030 代表十进制的数字 24。

（4）十六进制整数是以数字 0、字母 x 或 X 开头并由 0～9 及字母 A～F 组成的数据，例如 0x2D 代表十进制的数字 45。

整型常量按照所占用的内存长度又可分为一般整型常量和长整型常量，其中一般整型常量占用 32 位，长整型常量占用 64 位，长整型常量的尾部有一个字母 l 或 L，例如 16L、-16L。

2. 浮点型常量

浮点型常量表示的是可以含有小数部分的数值常量。根据占用内存长度的不同可以分为单精度浮点常量和双精度浮点常量两种。其中，单精度常量后跟字母 f 或 F，双精度常量后跟字母 d 或 D，双精度常量后的 d 或 D 可以省略。

浮点型常量表示形式分为小数形式和指数形式。

（1）小数形式：由数字和小数点组成。如：0.34d、35.0f、3.14f 都是浮点型常量的小数形式。

（2）指数形式：类似于数学中的科学记数法。如：如 1.27e2 表示 1.27×10^{2}。

3. 字符型常量

字符型常量是指 Unicode 字符集中的所有单个字符，包括可以打印的字符和不可打印的控制字符，它的表示形式有如下 4 种：

（1）带有单引号的单个字符，如'A'、'h'、'*'、'1'。

（2）带有单引号的“\”加 3 位八进制数，形式为'\ddd'，其中 d 可以是 0～7 中的任意一个数，如'\141'表示字符'a'。ddd 的取值范围只能在八进制数的 000 和 777 之间，因而它不能表示 Unicode 字符集中的全部字符。

（3）带有单引号的“\u”加 4 位十六进制数，如'\u0061'表示字符'a'。这种表示方法的取值范围与 char 型数据相同，因而可以表示 Unicode 字符集中的所有字符。'\u0000'表示一个空白字符，即在单引号之间没有任何字符。

（4）对于那些不能被直接包括的字符及一些控制字符，Java 定义了若干转义字符，如'\\'代表‘\’，'\n'代表换行等。Java 中的转义字符见表 2-1。

表 2-1　Java 中的转义字符

转义字符	含义	转义字符	含义
\'	单引号	\f	换页
\"	双引号	\n	换行
\\	反斜杠	\r	回车键
\b	退格	\t	水平制表符

4. 字符串常量

字符串常量就是带有双引号的由零到多个字符组成的字符序列，如"Hello World！"、"I am a programmer.\n"等。字符常量的八进制、十六进制表示法和转义序列在字符串中同样可用。

注意：'A'与"A"是不同的，前者是字符，后者是字符串。同样 12.345 与"12.345"也是不同的，读者应注意加以区分。而字符串常量可以用 String 类来定义。

5. 布尔常量

布尔型常量也称为逻辑型常量。布尔常量只有两个值，即 true 和 false，表示“真”和“假”。

6. null 常量

null 常量只有一个值 null，表示对象的引用为空。

Java 中的变量

2.2.2　Java 中的变量

1. 变量的定义

在程序运行期间，随时可能产生一些临时数据，应用程序会将这些数据保存在一些内存单元中，每个内存单元都用一个标识符来标识。这些内存单元被称为变量，定义的标识符就是变量名，内存单元中存储的数据就是变量的值。

Java 语言规定，程序中的变量必须先定义，后使用，即在程序中的每个变量都要在使用前定义其数据类型。

定义变量语句的一般格式如下：

```
数据类型 变量列表;
```

说明：

（1）变量列表。由一个或多个变量名组成。若“变量列表”中包含多个变量，中间用逗号隔开。具体示例如下：

```
int x,y;
```

（2）变量赋值。定义了变量后，才能给变量赋值。给变量赋值的操作由赋值运算符“=”

来完成。

给变量赋值语句的一般格式为“变量名=表达式;”具体示例如下：

```
x = 5;
```

（3）变量初始化。Java 语言在定义变量的同时对变量进行赋值，称为变量的初始化。具体示例如下：

```
int a = 1,b;
b = a+1;
```

上面的代码中，第一行代码的作用是定义了两个变量 a 和 b，也就相当于分配了两块内存单元，在定义变量的同时为变量 a 分配了一个初始值 1，而变量 b 没有分配初始值，变量 a 和 b 在内存中的状态如图 2-1 所示。

第二行代码的作用是为变量赋值，在执行第二行代码时，程序首先取出变量 a 的值，与 1 相加后，将结果赋值给变量 b，此时变量 a 和 b 在内存中的状态发生了变化，如图 2-2 所示。

图 2-1　变量 a 和变量 b 在内存中的状态-1　　图 2-2　变量 a 和变量 b 在内存中的状态-2

2. 变量的数据类型

Java 是一种强类型语言，这些数据类型是 Java 安全性的重要保障之一。首先，要求每个变量、每个表达式都要有类型，而且每种类型都是严格定义的；其次，所有的数值传递，不管是直接的传递还是通过参数的传递，都要先进行类型相容性的检查。任何类型的不匹配都是错误的，在编译器完成编译之前，程序员必须改正这些错误。

在定义变量时必须声明变量的类型，在为变量赋值时必须赋予和变量同一种类型的值，否则程序会报错。在 Java 中变量的数据类型分为两种，即基本数据类型和引用数据类型。Java 中所有的数据类型如图 2-3 所示。

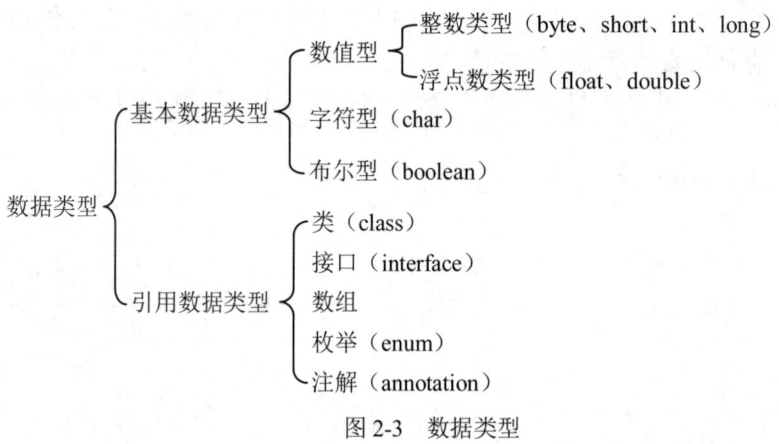

图 2-3　数据类型

从图 2-3 中可以看出，Java 中的基本数据类型共有三大类：数值型、字符型和布尔型。数值型又分为整数类型（4 种）和浮点数类型（2 种）。数值型、字符型和布尔型共有 8 种基本数据类型，这 8 种基本数据类型是 Java 语言内嵌的，在任何操作系统中都具有相同大小和属性。而引用数据类型是在 Java 程序中由编程人员自己定义的变量类型。本章重点介绍的是 Java 中的基本数据类型，引用数据类型会在以后的章节中进行详细讲解。

（1）整数类型变量。整数类型变量用来存储整数数值，即没有小数部分的值。整数类型可以分为 4 种：字节型（byte）、短整型（short）、整型（int）和长整型（long）。4 种类型所占存储空间的大小以及取值范围是不一样的，见表 2-2。取值范围是变量存储的值不能超出的范围，因此在定义变量时根据需要合理定义变量的类型。

表 2-2　整数类型

类型名	占用空间	取值范围
byte	8 位（1 个字节）	$-2^7 \sim 2^7-1$
short	16 位（2 个字节）	$-2^{15} \sim 2^{15}-1$
int	32 位（4 个字节）	$-2^{31} \sim 2^{31}-1$
long	64 位（8 个字节）	$-2^{63} \sim 2^{63}-1$

1）byte 型。使用关键字 byte 可以定义整型常量，内存为其分配 1 个字节（byte），1 个字节由 8 个位（bit）组成，每一位有两种状态，分别为 0 和 1，计算机就是使用这种二进制数来存储信息的。设 x1=12，并且 x1 是 byte 类型，则 x1 在计算机中的存储状态为 00001100。其中，最高位是符号位，用于说明整数是正数或负数，正数的最高位为 0，负数的最高位 1，正数使用原码表示，负数使用补码表示。因此，byte 类型变量的取值范围为-2^7～（2^7-1）。

下面定义两个 byte 型变量 x1、y1，并分别为其赋初值。具体示例如下：

```
byte  x1=12，y1=20;
```

2）short 型。对于 short 型变量，内存为其分配 2 个字节，占 16 位，因此，short 类型变量的取值范围为-2^{15}～（$2^{15}-1$）。

3）int 型。对于 int 型变量，内存为其分配 4 个字节，占 32 位，因此，int 类型变量的取值范围是-2^{31}～（$2^{31}-1$）。

4）long 型。对于 long 型变量，内存为其分配 8 个字节，占 64 位，因此 long 型变量的取值范围为-2^{63}～（$2^{63}-1$）。在为一个 long 类型的变量赋值时需要注意一点，即所赋的值的后面要加上一个字母 L（或小写 l）。如果赋的值未超出 int 型的取值范围，则可以省略字母 L（或小写 l）。具体示例如下：

```
long a = 2300000000L; // 所赋的值超出了 int 型的取值范围，后面必须加上字母 L
long b = 100L;   // 所赋的值未超出 int 型的取值范围，后面可以加上字母 L
long c = 100;    // 所赋的值未超出 int 型的取值范围，后面可以省略字母 L
```

（2）浮点数类型变量。浮点数类型变量用来存储小数数值。在 Java 中，浮点数类型分为两种：单精度浮点数（float）和双精度浮点数（double）。double 型所表示的浮点数比 float 型更精确，两种浮点数所占存储空间的大小以及取值范围见表 2-3。

表 2-3 浮点数类型

类型名	占用空间	取值范围
float	32 位（4 个字节）	1.4×10^{-45}～3.4×10^{38}，-3.4×10^{38}～-1.4×10^{-45}
double	64 位（8 个字节）	4.9×10^{-324}～1.7×10^{308}，-1.7×10^{308}～-4.9×10^{-324}

1）float 型。对于 float 型变量，内存为其分配 4 个字节，占 32 位。因此，float 型变量的取值范围为 1.4×10^{-45}～3.4×10^{38} 和 -3.4×10^{-38}～-1.4×10^{-45}。

下面定义两个 float 型的变量 x1、y1，并分别为其赋初值。

```
float x1=12.23f, y1=20.21f;
```

注意：在为一个 float 类型的变量赋值时需要注意一点，所赋的值的后面一定要加上字母 F（或者小写 f）。

2）double 型。对于 double 型变量，内存为其分配 8 个字节，占 64 位。因此，double 型变量的取值范围为 4.9×10^{-324}～1.7×10^{308} 和 -1.7×10^{308}～-4.9×10^{-324}。

下面定义两个 double 型的变量 x1、y1，并分别为其赋初值。

```
double x1=12.23d, y1=20.21D;
```

注意：在 Java 中，一个小数会被默认为 double 类型的值，可以在所赋的值的后面加上字母 D（或小写 d），也可以不加。

（3）字符类型变量。字符类型变量用于存储单一字符，在 Java 中用 char 表示。对于 char 型变量，内存为其分配 2 个字节，占 16 位，字符型数据是无符号整型数据，它表示 Unicode 集，取值范围是 0～65535 的整数。使用 char 类型表示单个字符，并且字符带有英文单引号，如'a'、'B'。具体示例如下：

```
char x1='a';
```

其中，内存 x1 中存储的是 97，即字符 a 在 Unicode 字符集中的排序位置，上述语句也可以写成

```
char x1=97; //计算机会自动将这些整数转化为所对应的字符
```

值得注意的一点是，用双引号引用的文字就是平时所说的字符串类型，字符串类型并不是基本数据类型，而是一个类 String，它被用来表示字符序列。

（4）布尔类型变量。布尔类型变量用来存储布尔值，在 Java 中用 boolean 表示，该类型的变量只有两个值，即 true 和 false。具体示例如下：

```
boolean flag=false;     //声明一个 boolean 类型的变量，初始值为 false
```

接下来演示一个数据类型声明的案例来加深理解，如文件 2-1 所示。

文件 2-1

```
class Example01{
    public static void main(String[] args) {
        //定义字节变量
        byte b = 100;
        System.out.println(b);
        //定义短整型变量
        short s = 1234;
        System.out.println(s);
```

```
            //定义整数变量
            int i = 12345;
            System.out.println(i);
            //定义长整型变量
            long l = 12345678912345L;
            System.out.println(l);
            //定义单精度类型（7～8 位的有效数字）
            float f = 12.5F;
            System.out.println(f);
            //定义双精度类型（15～16 位的有效数字）
            double d = 12.5;
            System.out.println(d);
            //定义字符类型
            char c = 'a';
            //重新赋值，Java 中的字符采用的编码是 Unicode 编码，占用 2 个字节
            c = '中';
            System.out.println(c);
            //定义布尔类型
            boolean flag = true;
            System.out.println(flag);
        }
    }
```

文件 2-1 的运行结果如图 2-4 所示。

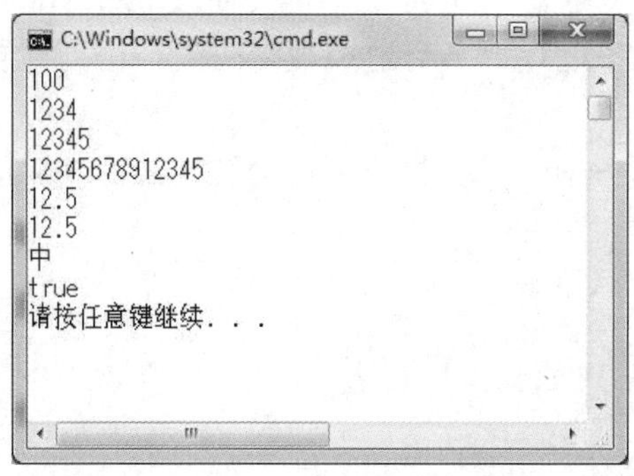

图 2-4　文件 2-1 的运行结果

程序中分别定义了整数类型的 4 种变量，浮点型的 2 种变量，还定义了字符型和布尔型变量，这 8 种类型变量定义的关键字分别是它们的数据类型。在定义一个整型变量时要注意该变量可存放的数据范围，否则也可能会因溢出而造成错误。double 型变量可以存放精度较高的数据，而 float 型变量则可以节省存储空间。long 型变量和 float 型变量赋值时需要在数值后面加字母“L”“l”“F”或“f”。

2.2.3　变量的类型转换

变量的类型转换

在程序中，当把一种数据类型的值赋给另一种数据类型的变量时，需要

进行数据类型转换。根据转换方式的不同，数据类型转换可分为两种：自动类型转换和强制类型转换。

1. 自动类型转换

自动类型转换也叫隐式类型转换，指的是两种数据类型在转换的过程中不需要显式地进行声明。要实现自动类型转换，必须同时满足两个条件，第一是两种数据类型彼此兼容，第二是目标类型的取值范围大于源类型的取值范围。

可自动进行转换的数据类型见表 2-4。

表 2-4 自动转换的各数据类型间的关系

源数据类型	目标数据类型
byte	short、int、long、float、double
short	int、long、float、double
char	int、long、float、double
int	long、float、double
long	float、double
float	double

例如：

```
int x=5;
long y;
y=x;
```

程序把 int 类型的变量 x 赋值给 long 类型的变量变量 y，由于 long 类型的取值范围大于 int 类型的取值范围，在赋值过程中不会造成数据丢失，因此能自动完成类型转换，无须特殊声明。

接下来通过一个案例进一步熟悉数据类型自动转换的程序，示例如文件 2-2 所示。

文件 2-2

```
class Example02{
    public static void main(String[] args){
        //自动类型转换
        byte a = 10;
        int b = a;
        float f = 12.5F;
        System.out.println(b);
         double d = a+b+f;
        System.out.println(d);
    }
}
```

文件 2-2 的运行结果如图 2-5 所示。

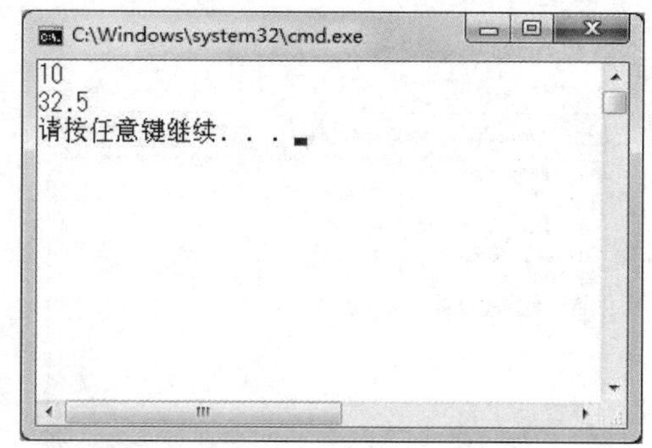

图 2-5　文件 2-2 的运行结果

程序中把 byte 类型的变量 a 赋值给了 int 类型变量 b，由于 int 型的取值范围大于 byte 型的取值范围，编译器在赋值过程中不会造成数据丢失，因此能自动完成类型转换，无须特殊声明。

2. 强制类型转换

对于类型不一致的数据，如果表达式不能进行自动类型转换，这时就要执行强制类型转换。强制类型转换其实就是强制把取值范围大的类型向取值范围小的类型转换。强制类型转换的一般格式如下：

```
目标数据类型　变量 =(目标数据类型)值;
```

被转换的数据可以是变量或表达式等。例如，要把 float 型变量 a 的值转换成 int 型，可以使用下面的语句：

```
(int) a;
```

在进行强制类型转换时，结果可能带来两个问题：精度损失或数据溢出。例如，将浮点型数据转换为 int 型数据，其结果是小数部分丢失。

例如：

```
int x=(int)129.12;
```

如果输出 x 的值，结果为 129，此时小数部分丢失。

数据类型转换的程序示例如文件 2-3 所示。

文件 2-3

```
public class Example03{
    public static void main(String[] args) {
        int a = 100;
        int b = 3;
        System.out.println("a="+a+",b="+b);
        System.out.println("a/b="+a/b);
        float c,d;
        c = a/b;
        System.out.println("c="+c);
        d = (float)a/b;
        System.out.println("d="+d);
        System.out.println("a="+a+",b="+b);
    }
}
```

文件 2-3 的运行结果如图 2-6 所示。

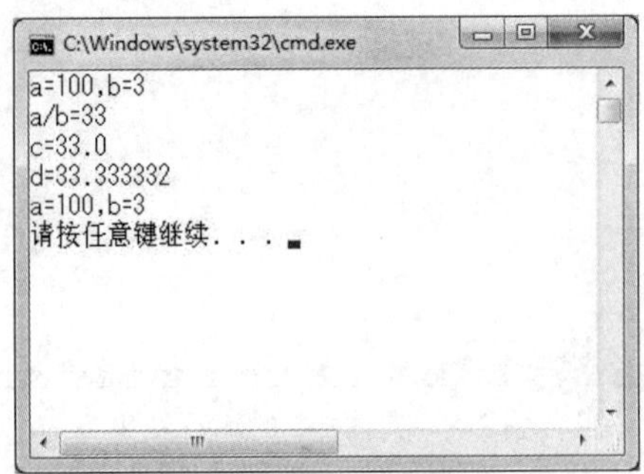

图 2-6 文件 2-3 的运行结果

程序中在进行整数相除时，小数点之后的数字会被截断，运算的结果保持为整数，所以执行 a/b 的结果为 33。当把 a/b 的结果值赋值给一个浮点型数据 c 时，计算结果进行了自动类型转换，此时输出 33.0。当执行(float)a/b 时，整数 a 被强制类型转换为浮点型数据，再与整数 b 相除，此时输出 33.333332。无论是自动转换还是强制转换，转换的只是变量或表达式的读出值，变量 a 和 b 的数值类型均未改变。

3. 表达式类型自动提升

当一个算术表达式中包含多个基本数据类型（boolean 除外）的值时，整个算术表达式的数据类型将在数据运算时进行类型自动提升。其规则就是：把表达式中取值范围小的数据类型转换成另一取值范围大的数据类型。

例如：

```
int x;
float y;
double z;
```

若有表达式 x+y+z，则先计算 x+y，x 被自动转换成 float 型与 y 相加，结果为 float 型；然后结果再被转换成 double 型与 z 相加，结果为 double 型。

2.2.4 变量的作用域

Java 用一对大括号作为语句块的范围，称为作用域，在作用域里定义的变量，只有在该作用域结束之前才可使用。在程序中，变量一定会被定义在某一对大括号中，该大括号所包含的代码区域便是这个变量的作用域。接下来通过一个代码片段来分析变量的作用域，具体如图 2-7 所示。

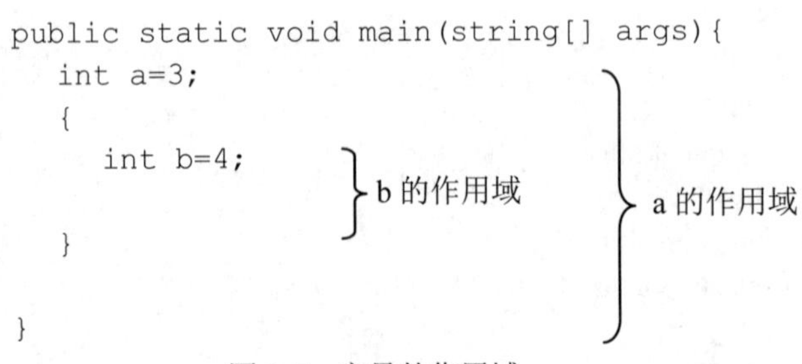

图 2-7 变量的作用域

上面的代码中，有两层大括号。其中，外层大括号所标识的代码区域就是变量 a 的作用域，内层大括号所标识的代码区域就是变量 b 的作用域。

变量的作用域在编程中尤为重要，接下来通过一个案例进一步熟悉变量的作用域，变量作用域的程序示例如文件 2-4 所示。

文件 2-4

```
public class Example04 {
	public static void main(String[] args) {
		int x = 5;
		{
			int y = 10;
			{
				int z = 2;
				y = x;
			}
			System.out.println("x = " + x);
			System.out.println("y = " + y);
			z = x;
			System.out.println("z = " + z);
		}
		System.out.println("x = " + x);
	}
}
```

文件 2-4 的运行结果如图 2-8 所示。

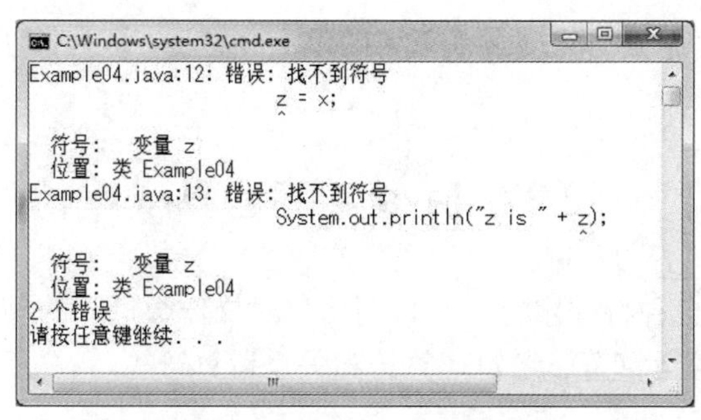

图 2-8　文件 2-4 的运行结果

程序编译错误是因为程序在变量 z 的作用域外进行访问，所以程序找不到变量 z。如果在变量 z 的作用域内访问 z，程序就会编译成功。x 定义在 main 方法下，所有 main 方法下的任何位置都能够使用变量 x。y 定义在第一层括号下，因为第二层括号在第一层括号内，所以在第二层括号内使用变量 y 也不会报错。

对上述代码进行修改，修改后的代码如下所示：

```
public class Example04 {
	public static void main(String[] args) {
		int x = 5;
		{
			int y = 10;
```

```
                int z = 2;
                {
                    y = x;
                }
                System.out.println("x = " + x);
                System.out.println("y = " + y);
                z = x;
                System.out.println("z = " + z);
            }
            System.out.println("x = " + x);
        }
    }
```

修改后的运行结果如图 2-9 所示。

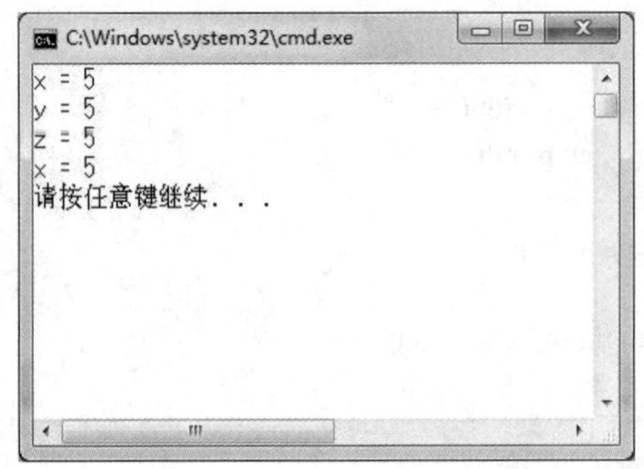

图 2-9　修改后的运行结果

从程序运行结果可以看出，修改了变量 z 的定义位置后，即修改了作用域后，变量 z 就可以正常访问了。

2.3　Java 中的运算符

Java 语言运算符是一种特殊字符，它指明用户对操作数进行的某种操作。最基本的运算符包括算术运算符、赋值运算符、逻辑运算符和关系运算符等。

2.3.1　算术运算符

算术运算符主要用于进行基本的算术运算，如加法、减法、乘法、除法等。算术运算符分为单目算术运算符（只有一个操作数）和双目运算符（有两个操作数）。算术运算符的操作数可以是整型或浮点型。表 2-5 列出了 Java 中的算术运算符及其用法。

表 2-5　算数运算符

运算符	描述	示例	结果
+	加	5+5	10
-	减	5-4	1
*	乘	5*3	15

续表

运算符	描述	示例	结果
/	除	10/3	3
%	取模（求余）	10%3	1
++	自增（前）	a=2;b=++a;	a=3;b=3;
++	自增（后）	a=2;b=a++;	a=3;b=2;
--	自减（前）	a=2;b=--a	a=1;b=1;
--	自减（后）	a=2;b=a--	a=1;b=2;

算术运算符看上去都比较简单，也很容易理解，但在实际使用时还有很多需要注意的问题，具体如下：

（1）在进行自增和自减的运算时，如果运算符“++”或“--”放在操作数的前面则是先进行自增或自减运算，再进行其他运算。反之，如果运算符放在操作数的后面则是先进行其他运算再进行自增或自减运算。

接下来通过一个案例进一步熟悉自增和自减的算术运算符，程序示例如文件 2-5 所示。

文件 2-5

```
class Example05{
    public static void main(String[] args)
    {
        int a=10;
        int b=5;
        int c=++a;
        int d=b--;
        System.out.println("c= " + c);
        System.out.println("d= " + d);
        System.out.println("b= " + b);
        System.out.println("a= " + a);

    }
}
```

文件 2-5 的运行结果如图 2-10 所示。

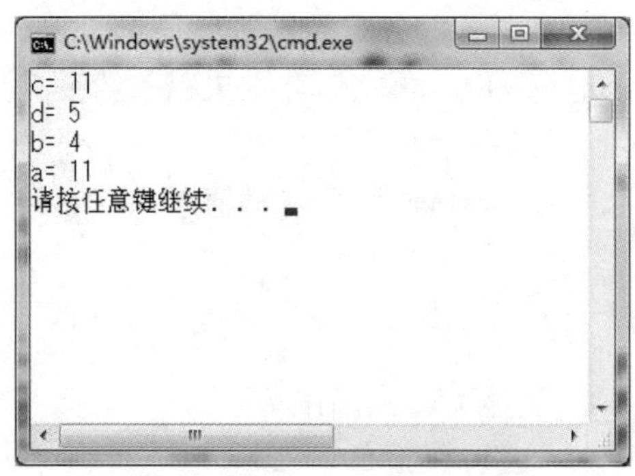

图 2-10　文件 2-5 的运行结果

在上述代码中，定义了 4 个 int 类型的变量 a、b、c、d。其中 a=10、b=5。进行++a 时，由于运算符“++”在变量 a 前面，属于先自增再运算，因此 a=11，c=11。同理 d=b--，当进行“b--”运算时，由于运算符“--”写在了变量 b 的后面，属于先运算再自减，因此变量 b 在参与减法运算时其值仍然为 5，而 d 的值应为 5。变量 b 在参与运算之后会进行自减，因此 b 的值为 4。

（2）在进行除法运算时，当除数和被除数都为整数时，得到的结果也是一个整数。如果除法运算有小数参与，得到的结果会是一个小数。请仔细阅读下面的代码块，思考运行的结果。

```
System.out.println(10 / 3);
System.out.println(10 / 3.0);
```

结果为 3 和 3.333。由于整数相除结果只能是整数，如果想得到小数，则要把其中一个数变成小数，这样另一个数在运算的时候会自动进行类型提升。

（3）在进行取模（%）运算时，运算结果的正负取决于被模数（%左边的数）的符号，与模数（%右边的数）的符号无关。如：(-8)%5=-3，而 8%(-5)=3。

2.3.2 赋值运算符

赋值运算符的作用就是将一个值赋给一个变量，这个值可以是常量、变量或表达式的值。表 2-6列出了 Java 中的赋值运算符及其用法。

表 2-6 赋值运算符

运算符	描述	示例	结果
=	赋值	a=3;b=2;	a=3;b=2;
+=	加等于	a=3;b=2;a+=b;	a=5;b=2;
-=	减等于	a=3;b=2;a-=b;	a=1;b=2;
*=	乘等于	a=3;b=2;a*=b;	a=6;b=2;
/=	除等于	a=3;b=2;a/=b;	a=1;b=2;
%=	模等于	a=3;b=2;a%=b;	a=1;b=2;

在赋值运算符的使用中，需要注意以下几个问题：

（1）在赋值过程中，运算顺序从右往左，将右边表达式的结果赋值给左边的变量。

（2）在表 2-6 中，除了“=”其他的都是特殊的赋值运算符，以“+=”为例，x+=3 就相当于 x=x+3，首先会进行加法运算 x+3，再将运算结果赋值给变量 x。-=、*=、/=、%=赋值运算符都可依此类推。

（3）在使用+=、-=、*=、/=、%=赋值运算符赋值时，强制类型转换会自动完成，无须显式声明。

（4）在 Java 中可以通过一条赋值语句对多个变量进行赋值，具体示例如下：

```
int  a, b, c,d;
a = b = c = d = 5;           //为 4 个变量同时赋值
int x=y=z=5;                 //这样写是错的
```

接下来通过一个案例进一步熟悉赋值运算，示例如文件 2-6 所示。

文件 2-6

```
public class Example06 {
        public static void main(String[] args) {
            int a=10;
            int b=5;
            a+=b;//a=a+b
            System.out.println("a= " + a);
            int d=b--;
            System.out.println("d= " + d);
            int x=5;
            char c='a';
            x+=c;
            System.out.println("x= " + x);
        }
}
```

文件 2-6 的运行结果如图 2-11 所示。

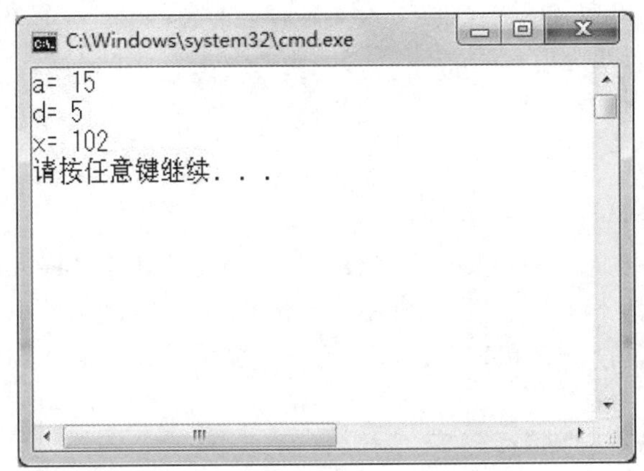

图 2-11　文件 2-6 的运行结果

在上述代码中，定义了 5 个 int 类型的变量 a、b、c、d、x。其中 a=10，b=5。进行 a+=b 时，就相当于运算 a =a+b，首先会进行加法运算 a+b，再把 a+b 的值赋给变量 a，因此 a=15。同理 x 的值为 102。d=b--，当进行“b--”运算时，由于运算符“--”写在了变量 b 的后面，属于先运算再自减，因此先执行 d=b，d 的值为 5，变量 b 在参与运算之后会进行自减，因此 b 的值为 4。代码 x+=c，为两种不同数据类型相加，表达式类型自动提升，字符类型变量 c 自动转换为 int 型，为数字 97，所以 x 结果为 102。

2.3.3　关系运算符

关系运算符

关系运算符也可以称为“比较运算符”，用于比较两个变量或常量的大小。其结果总是 boolean 型的，即 true 或 false，表 2-7 列出了 Java 中的关系运算符及其用法。

表 2-7 关系运算符

运算符	运算	范例	结果
==	相等于	4 == 3	false
!=	不等于	4 != 3	true
<	小于	4 < 3	false
>	大于	4 > 3	true
<=	小于等于	4 <= 3	false
>=	大于等于	4 >= 3	true

注意：在使用时，关系运算符“==”与赋值运算符“=”不等价。

关系表达式的运行结果是一个布尔类型值 true 和 false。如果关系成立，表达式的值为 true，关系不成立，表达式的值为 false。

请仔细阅读下面的代码块，思考运行结果。

```
int a =10;
int b=20;
System.out.println("a==b 的运算结果是："+ (a==b));
System.out.println("a>b 的运算结果是："+( a>b));
System.out.println("a!=b 的运算结果是："+( a!=b));
```

上面的代码运行结果为

```
a==b 的运算结果是：false
a>b 的运算结果是：false
a!=b 的运算结果是：true
```

具体分析如下：上述代码中定义了两个变量 a 和 b，当进行“a==b”运算时，由于 a 和 b 不相等，因此运算结果为 false。当进行“a>b”运算时，由于 a 比 b 小，因此运算结果为 false。当进行“a!=b”运算时，由于 a 和 b 不相等，因此运算结果为 true。

逻辑运算符

2.3.4 逻辑运算符

逻辑运算符用于对 boolean 型结果的表达式进行运算，运算结果总是布尔型。表 2-8 列出 Java 中的逻辑运算符及其用法。

表 2-8 逻辑运算符

运算符	描述	示例	结果
&	与	true & true	true
		true & false	false
		false & false	false
		false &true	false
|	或	true | true	true
		true | false	true
		false| false	false
		false| true	true

续表

<table>
<tr><th>运算符</th><th>描述</th><th>示例</th><th>结果</th></tr>
<tr><td rowspan="4">^</td><td rowspan="4">异或</td><td>true ^ true</td><td>false</td></tr>
<tr><td>true ^ false</td><td>true</td></tr>
<tr><td>false ^ false</td><td>false</td></tr>
<tr><td>false ^ true</td><td>true</td></tr>
<tr><td rowspan="2">!</td><td rowspan="2">非</td><td>!true</td><td>false</td></tr>
<tr><td>!false</td><td>true</td></tr>
<tr><td rowspan="4">&&</td><td rowspan="4">短路与</td><td>true && true</td><td>true</td></tr>
<tr><td>true && false</td><td>false</td></tr>
<tr><td>false && false</td><td>false</td></tr>
<tr><td>false && true</td><td>false</td></tr>
<tr><td rowspan="4">||</td><td rowspan="4">短路或</td><td>true || true</td><td>true</td></tr>
<tr><td>true || false</td><td>true</td></tr>
<tr><td>false|| false</td><td>false</td></tr>
<tr><td>false|| true</td><td>true</td></tr>
</table>

在使用逻辑运算符的过程中，需要注意以下几个细节：

（1）逻辑运算符可以针对结果为布尔值的表达式进行运算。如：a< 3 &&b==0。

（2）运算符“&”和“&&”都表示与操作，当且仅当运算符两边的操作数都为 true 时，其结果才为 true，否则结果为 false。当运算符“&”和“&&”的右边为表达式时，两者在使用上还有一定的区别。在使用“&”进行运算时，不论左边为 true 或者 false，右边的表达式都会进行运算。如果使用“&&”进行运算，当左边为 false 时，右边的表达式则不会进行运算，因此“&&”被称作短路与。

（3）运算符“|”和“||”都表示或操作，当运算符两边的操作数任何一边的值为 true 时，其结果为 true，当两边的值都为 false 时，其结果才为 false。同与操作类似，“||”表示短路或，当运算符“||”的左边为 true 时，右边的表达式就不会进行运算。

（4）运算符“^”表示异或操作，当运算符两边的布尔值相同时（都为 true 或都为 false），其结果为 false。当两边布尔值不相同时，其结果为 true。

接下来通过一个案例进一步熟悉逻辑运算，示例如文件 2-7 所示。

文件 2-7

```
public class Example07 {
    public static void main(String[] args) {
        boolean b1=true;
        boolean b2=false;
        System.out.println(b1&b2);
        System.out.println(b1|b2);
        System.out.println(b1^b2);
        System.out.println(!b1);
```

```
            int a1=10;
            int a2=5;
            System.out.println((a1<a2) & b1);
            System.out.println((a1<a2) && b1);
        }
    }
```

文件 2-7 的运行结果如图 2-12 所示。

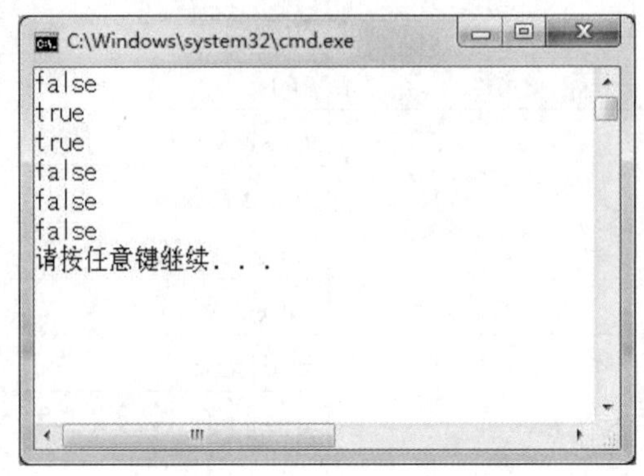

图 2-12 文件 2-7 的运行结果

文件 2-7 中定义了 2 个布尔型变量 b1 和 b2，2 个整型变量 a1 和 a2。文件中的代码使用"&""|""^""!" 4 个单目运算符对 b1 和 b2 进行运算，并输出运算结果。表达式(a1<a2) & b1 中使用了单目运算符"&"连接两边表达式进行运算，因为 a1<a2 结果为 false，所以表达式结果为 false。表达式(a1<a2) && b1 中使用了短路与运算符"&&"连接两边表达式进行运算，因为左边表达式 a1<a2 的结果为 false，右边的表达式就不会进行运算，所以表达式结果为 false。

2.3.5 条件运算符

条件运算符是三目运算符，其格式为

```
表达式?语句 1:语句 2;
```

其中表达式的值是布尔类型，当表达式的值为 true 时执行语句 1，否则执行语句 2。要求语句 1 和语句 2 返回的数据类型必须相同，并且不能无返回值。

条件运算符的基本使用示例如下：

```
int a=12,b=-23;
int max;                    //变量 max 存放最大值
max = a > b ? a:b;          //求 a、b 的最大值
```

上面代码的运行结果为 12。

先计算 a > b ? a:b，因为 12 > -23，所以结果为 true，故取 12 为该表达式的结果，并把结果赋值给 max，所以 max=12。

2.3.6 位运算符

在 Java 中，可以使用位运算直接对整数型和字符型数据的位进行操作。Java 中的位运算符见表 2-9。位运算符是针对二进制数的每一位进行运算的符号，它是专门针对数字 0 和 1 进行操作的。

表 2-9　位运算符

<table>
<tr><th>运算符</th><th>描述</th><th>示例</th><th>结果</th></tr>
<tr><td>~</td><td>取反</td><td>~a</td><td>a 按位取反</td></tr>
<tr><td><<</td><td>左移</td><td>a<<b</td><td>a 左移 b 位，右边补 0</td></tr>
<tr><td>>></td><td>右移</td><td>a>>b</td><td>a 右移 b 位，若 a 的最高位为 1，左边补 1，否则补 0</td></tr>
<tr><td>>>></td><td>右移</td><td>a>>>b</td><td>a 右移 b 位，左边补 0</td></tr>
<tr><td>&</td><td>按位与</td><td>a&b</td><td>a 和 b 按位与</td></tr>
<tr><td>^</td><td>按位异或</td><td>a^b</td><td>a 和 b 按位异或</td></tr>
<tr><td>|</td><td>按位或</td><td>a|b</td><td>a 和 b 按位或</td></tr>
</table>

Java 的位运算符可分为按位运算符和移位运算符两类。这两类位运算符中，除单目运算符“~”以外，其余均为双目运算符。位运算符的操作数只能为整型或字符型数据。&、|、^ 等符号与逻辑运算符的写法相同，但逻辑运算符的操作数为布尔型数据。此外，Java 中的数是以补码表示的。正数的补码就是其原码，负数的补码是其对应的正数按位取反（1 变为 0，0 变为 1）后再加 1。

下面使用不同的位运算符对十进制的 5 和 4 进行运算，之后再用程序代码实现，观察两种方式结果是否一致，以加强对位运算符的理解。

步骤如下：

（1）将 5 和 4 换算成二进制数：5 的二进制为 00000101；4 的二进制为 00000100。

（2）&：位与运算符。

```
   00000100
&
   00000101
-----------
   00000100
```

所以，4& 5 = 4。

（3）|：位或运算符。

```
   00000100
|
   00000101
-----------
   00000101
```

所以，4 | 5 = 5。

（4）^：异或运算符。

```
   00000100
^
   00000101
-----------
   00000001
```

所以，4 ^ 5=1。

（5）~：按位取反。

```
~  00000101
-----------
   11111010
```

原码：11111010。

反码：10000101。

补码：10000110。

所以，~5 =-6。

（6）<<：左移。

```
<<2     00000101
────────────────
        00010100
```

所以，5 <<2 = 20。

用程序代码实现上述位运算：

```
System.out.println(4&5);
System.out.println(4|5);
System.out.println(4^5);
System.out.println(~5);
System.out.println(5<<2);
```

二进制位运算与程序运算的结果是一致的。

2.3.7　运算符的优先级

在对一些比较复杂的表达式进行运算时，要明确表达式中所有运算符参与运算的先后顺序，通常把这种顺序称作运算符的优先级。接下来通过表 2-10 列出 Java 中运算符的优先级，数字越小优先级越高。

表 2-10　运算符优先级

优先级	运算符
1	.、[]、()
2	++、--、~、!
3	*、/、%
4	+、-
5	<<、>>、>>>
6	<、><=、>=
7	==、!=
8	&
9	^
10	|
11	&&
12	||
13	?:
14	=、*=、/=、%=、+=、-=、<<=、>>=、>>>=、&=、^=、|=

其实没有必要去刻意记忆运算符的优先级。编写程序时可尽量使用括号“()”来实现想要的运算顺序。

根据表 2-10 所示的运算符优先级，通过一个案例来进行演示，示例如文件 2-8 所示。

文件 2-8

```
class Example08{
    public static void main(String[] args)
    {
        int x=3;
        int y=2;
        y=4>3*x?x++:--x;
        System.out.println(x);
        System.out.println(y);
    }
}
```

文件 2-8 的运行结果如图 2-13 所示。

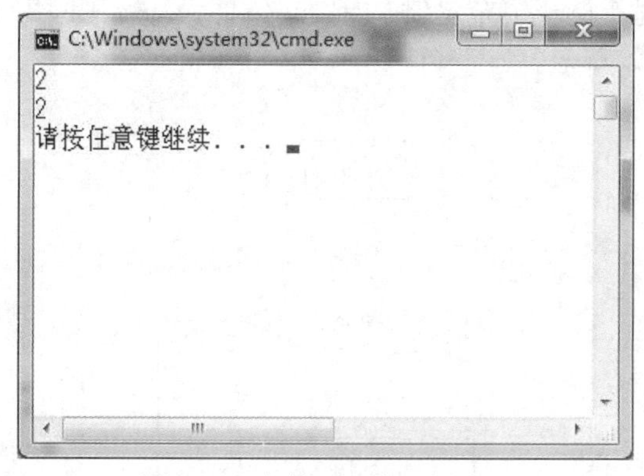

图 2-13　文件 2-8 的运行结果

在表达式 y=4>3*x?x++:--x 中，赋值运算符“=”的优先级最低，所以要先运算“=”右侧的表达式。“?:”为三目运算符，该运算符的优先级较低，要先运算“?:”前面的表达式。“*”的优先级比“>”的高，所以 4>3*3 为 false。按照三目运算符的运算规则，表达式等价于 y=--x。--x 的“--”在前面，所以要先自减再进行其他运算，最后结果为 x=2，y=2。

2.4　选择结构语句

Java 程序的基本结构分为顺序结构和控制结构。程序通过控制结构语句来执行程序流，从而完成一定的任务。程序流是由若干个语句组成的，语句可以是单一的一条语句，也可以是一个复合语句。Java 语言中的控制语句有以下几类：选择结构语句、循环语句和跳转语句。本节学习选择结构语句。

Java 中有一种特殊的语句叫作选择语句，它需要对一些条件做出判断，从而决定执行哪一段代码。选择语句分为 if 条件语句和 switch 条件语句。接下来针对选择语句进行详细讲解。

2.4.1　if 条件语句

if 条件语句分为三种语法格式，包括单分支 if 语句、双分支 if-else 语句、嵌套 if 语句。每一种格式都有其自身的特点，下面分别进行介绍。

1. if 语句

if 语句是指如果满足某种条件，就进行相应的处理。例如，小红妈妈对小红说："如果星期天不下雨，我就带你去公园玩。"这句话中，"如果"相当于Java 中的 if，"星期天不下雨"是判断条件，需要用括号"()"括起来，"妈妈带你去公园玩"是执行语句，需要放在大括号"{}"里，修改后的伪代码如下：

```
if(星期天不下雨){
    妈妈带你去公园玩
}
```

上面的例子描述了 if 语句的用法，在 Java 语言中，单分支 if 语句的具体语法格式如下：

```
if (条件判断){
    代码块
}
```

上述格式中，条件判断是一个布尔值，当判断条件为 true 时，"{}"中的代码块才会执行。if 语句行流程图如图 2-14 所示。

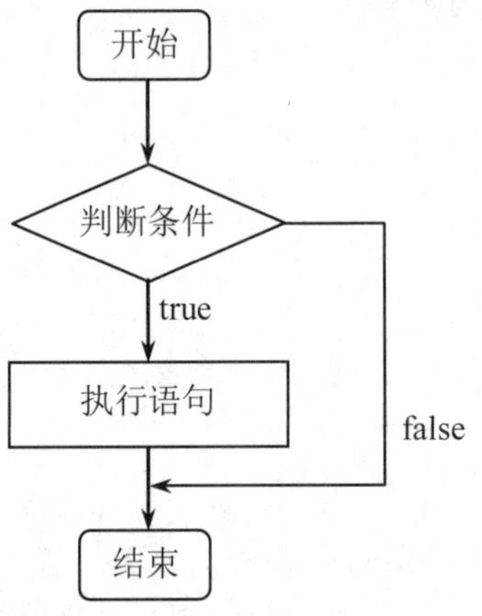

图 2-14　if 语句流程图

接下来通过下面的程序代码学习单分支 if 语句的使用，示例如文件 2-9 所示。

文件 2-9

```
public class Example09 {
    public static void main(String[] args) {
        int x = 5;
        if (x < 10) {
            x++;
        }
        System.out.println("x=" + x);
    }
}
```

文件 2-9 的运行结果如图 2-15 所示。

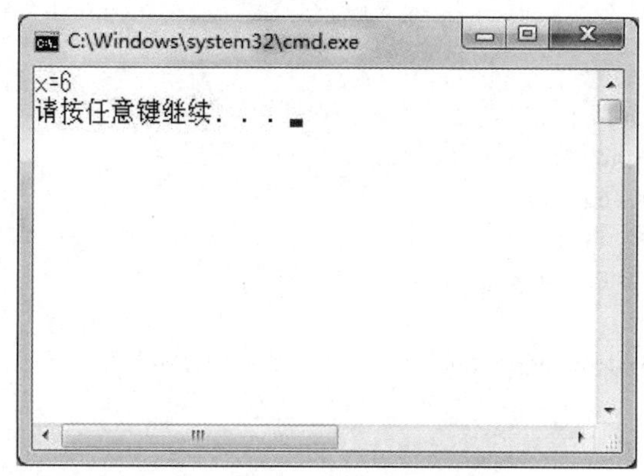

图 2-15　文件 2-9 的运行结果

上述代码中定义了一个变量 x，其初始值为 5。在 if 语句的判断条件中判断 x 的值是否小于 10，很明显条件成立，“{}”中的语句会被执行，变量 x 的值将进行自增。从图 2-15 的运行结果可以看出，x 的值已由原来的 5 变成了 6。

2. if-else 语句

if-else 语句是指如果满足某种条件，就进行某种处理，否则就进行另一种处理。if-else 语句具体语法格式如下：

```
if (判断条件){
      执行语句 1
      ......
}else{
      执行语句 2
      ......
}
```

上述语法格式中，判断条件是一个布尔值。当判断条件为 true 时，if 后面“{}”中的执行语句 1 会执行。当判断条件为 false 时，else 后面“{}”中的执行语句 2 会执行。if-else 语句流程图如图 2-16 所示。

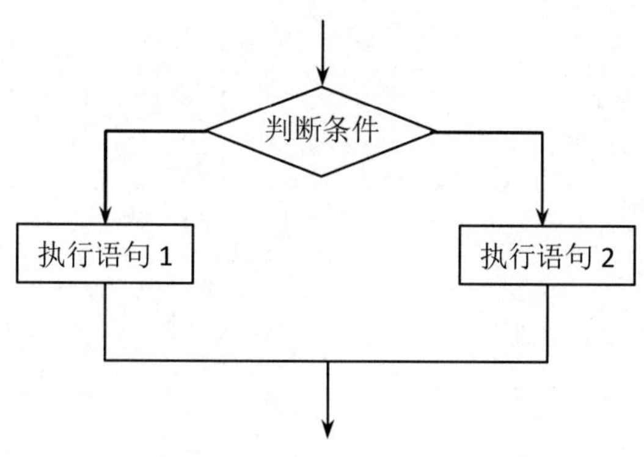

图 2-16　if-else 语句流程图

下面通过一个案例来演示 if-else 语句的用法，该案例要求判断考试成绩是否及格，示例如文件 2-10 所示。

文件 2-10

```
public class Example10 {
    public static void main(String[] args) {
        int score=65;
        if(score>=60){
            System.out.println("考试及格了！");
        }else{
            System.out.println("考试不及格，需要补考！");
        }
    }
}
```

文件 2-10 的运行结果如图 2-17 所示。

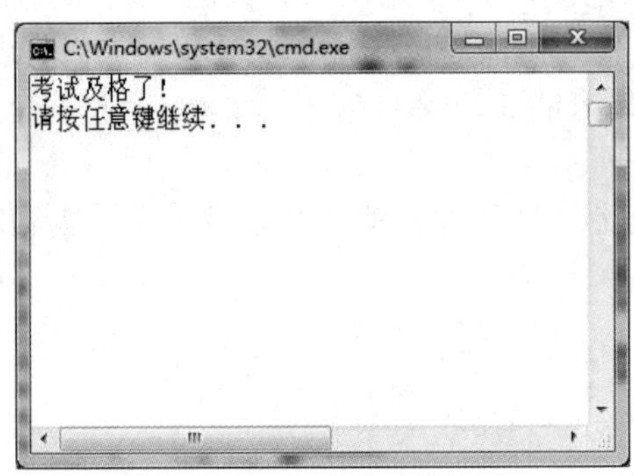

图 2-17　文件 2-10 的运行结果

文件 2-10 中，分数 score 值为 65，比 60 大，判断条件成立。因此不会执行 else 后面“{}”中的语句，输出“考试及格了！”。

3. if-else if 语句

if-else if 语句用于对多个条件进行判断，进行多种不同的处理。if-else if 语句具体语法格式如下：

```
if (判断条件 1){
    执行语句 1
} else if (判断条件 2){
    执行语句 2
}
......
else if (判断条件 n){
    执行语句 n
} else {
    执行语句 n+1
}
```

上述格式中，判断条件是一个布尔值。当判断条件 1 为 true 时，if 后面“{}”中的执行语句 1 会执行。当判断条件 1 为 false 时，会继续执行判断条件 2，如果为 true 则执行语句 2，依此类推，如果所有的判断条件都为 false，则意味着所有条件均未满足，else 后面“{}”中的执行语句 *n*+1 会执行。if-else if 语句流程图如图 2-18 所示。

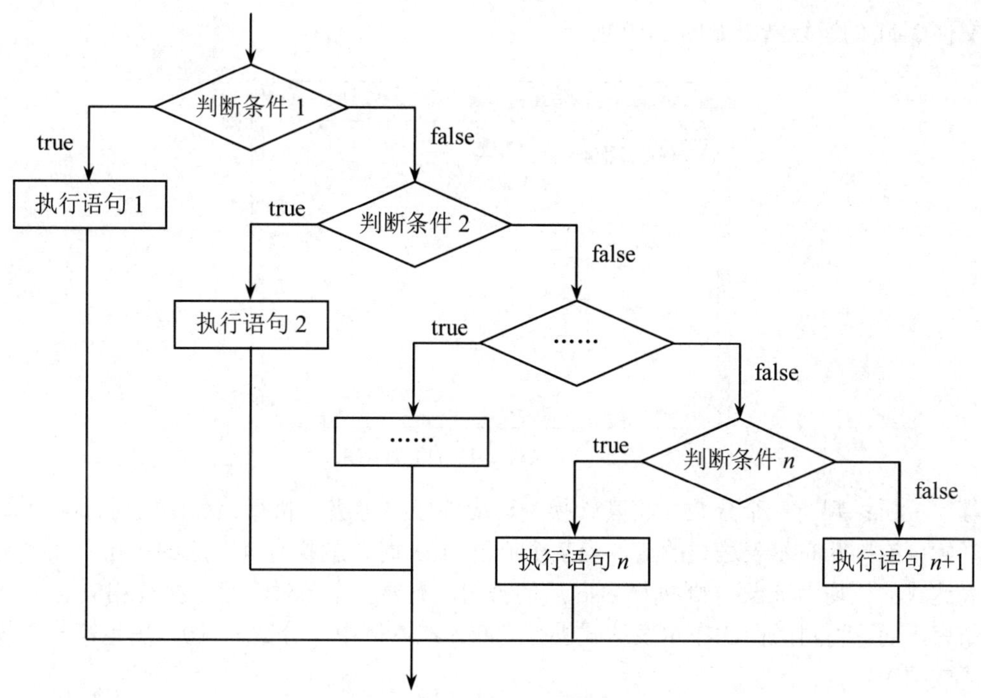

图 2-18　if-else if 语句的流程图

接下来通过一个案例来实现对学生考试成绩进行等级划分的程序。根据成绩，输出成绩的等级。等级划分标准：80 分以上为 A，79～70 分为 B，60～69 分为 C，60 分以下为 D。代码如文件 2-11 所示。

文件 2-11

```
public class Example11 {
    public static void main(String[] args) {
        int grade = 80; // 定义学生成绩
        char c;
        if (grade >=80) {
            // 满足条件 grade > =80
            c='A';
        } else if (grade >=70) {
            // 不满足条件 grade > =80 ，但满足条件 grade > 70
            c='B';
        } else if (grade >= 60) {
        // 不满足条件 grade > =70 ，但满足条件 grade > 60
            c='C';
        } else {
        // 不满足条件 grade >= 60
            c='D';
        }
        System.out.println("成绩评定为："+ c);
    }
}
```

文件 2-11 的运行结果如图 2-19 所示。

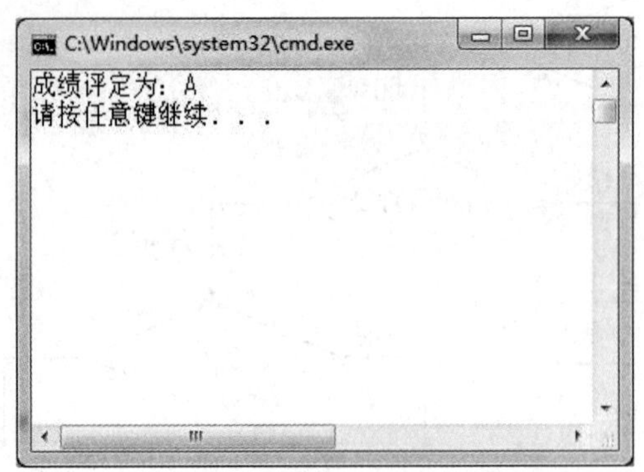

图 2-19 文件 2-11 的运行结果

程序分析：判断一个分数，将其转换为对应的成绩等级。执行该程序段时，从第一个 if 语句开始依次判断布尔表达式的值，当某个值为 true 时，就执行其对应的语句；如果所有的布尔表达式的值均为 false，则执行 else 后的语句。只要一个条件满足，执行相应语句后 if 语句就结束，而不再对后面的布尔表达式进行判断。在本例中，分数为 80，满足第一个条件，输出“成绩评定为：A”。

2.4.2 switch 条件语句

switch 条件语句

过多使用嵌套的 if 语句，会增加程序阅读的困难，Java 提供了 switch 语句来实现多重条件选择。switch 条件语句也是一种很常用的选择语句，和 if 条件语句不同，它只能针对某个表达式的值做出判断，从而决定程序执行哪一段代码。switch 条件语句的基本语法格式如下：

```
switch (表达式){
    case 目标值 1:
        执行语句 1
        break;
    case 目标值 2:
        执行语句 2
        break;
        ……
    case 目标值 n:
        执行语句 n
        break;
    default:
        执行语句 n+1
        break;
}
```

在上面的格式中，switch 语句将表达式的值与每个 case 中的目标值进行匹配，如果找到了匹配的值，会执行对应 case 后的语句，如果没找到任何匹配的值，就会执行 default 后的语句。执行过程是，计算整型、字符型或字符串表达式的值，并依次与 case 后的常量表达式值相比较，当两者值相等时即执行其后的语句。

说明：

（1）整型或字符型表达式必须为 byte、short、int、char 或 String 类型。

（2）每个 case 语句后的常量表达式的值必须是与表达式类型兼容的常量，重复的 case 值是不允许的。

（3）关键字 break 为可选项，放在 case 语句的末尾。执行 break 语句后，将终止当前 switch 语句。若没有 break 语句，将继续执行下面的 case 语句，直到 switch 语句结束或者遇到 break 语句。

（4）default 为可选项。当指定的常量表达式都不能与 switch 表达式的值匹配时，将选择执行 default 后的语句序列。case 语句和 default 语句次序无关，但习惯上将 default 语句放在最后。

为了让初学者熟悉 switch 条件语句，本案例将使用 switch 条件语句实现对给出的数值判断相应的月份是多少天的功能，如文件 2-12 所示。

文件 2-12

```
public class Example12{
    public static void main(String[] args) {
        int month = 5;
        switch (month) {
            case 1:
                System.out.println("1 月份是 31 天");
                break;
            case 2:
                System.out.println("2 月份是 28 天");
                break;
            case 3:
                System.out.println(3 月份是 31 天");
                break;
            case 4:
                System.out.println("4 月份是 30 天");
                break;
            case 5:
                System.out.println("5 月份是 31 天");
                break;
            case 6:
                System.out.println("6 月份是 30 天");
                break;
            case 7:
                System.out.println("7 月份是 31 天");
                break;
            case 8:
                System.out.println("8 月份是 31 天");
                break;
            case 9:
                System.out.println("9 月份是 30 天");
                break;
```

```
                case 10:
                    System.out.println("10 月份是 31 天");
                    break;
                case 11:
                    System.out.println("11 月份是 30 天");
                    break;
                case 12:
                    System.out.println("12 月份是 31 天");
                    break;
                default:
                    System.out.println("您输入的月份有错");
                    break;
            }
        }
    }
```

文件 2-12 的运行结果如图 2-20 所示。

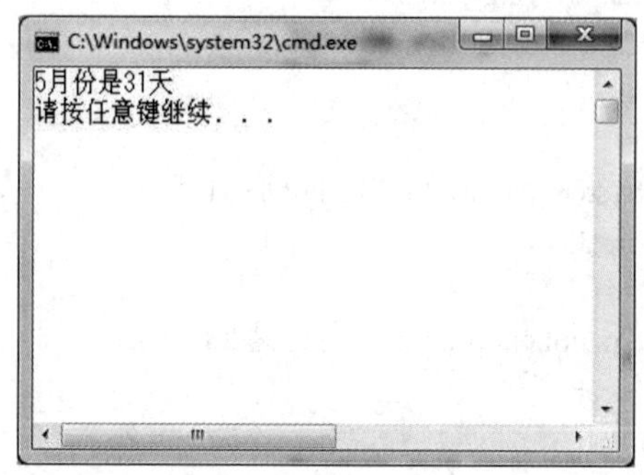

图 2-20 文件 2-12 的运行结果

程序分析：根据变量 month 的值来确定是哪个月份，如果 month 的值不在 1～12 的范围内，则输出“您输入的月份有错”。由于变量 month 的值为 5，switch 语句判断的结果满足 case 5，因此输出“5 月份是 31 天”。

在使用 switch 语句的过程中，如果多个 case 条件后面的执行语句是一样的，则该执行语句只需书写一次即可，这是一种简写的方式。因此，上例也可以修改为如文件 2-13 所示的代码。

文件 2-13

```
public class Example13{
    public static void main(String[] args) {
        int month = 5;
        switch (month) {
            case 1:
            case 3:
            case 5:
            case 7:
            case 8:
            case 10:
            case 12:
```

```
                    System.out.println(month+"月份是 31 天");
                    break;
                case 2:
                    System.out.println(month+"月份是 28 天");
                    break;
                case 4:
                case 6:
                case 9:
                case 11:
                    System.out.println(month+"月份是 30 天");
                    break;
                default:
                    System.out.println("您输入的月份有错");
                    break;
            }
        }
    }
```

程序输出结果和图 2-20 相同。

当变量 month 值为 1、3、5、7、8、10、12 中任意一个值时，处理方式相同，都会输出“是 31 天”；当变量值为 4、6、9、11 中任意一个值时，都会输出“是 30 天”。

2.5　循环结构语句

顺序、选择结构在程序执行时，每个语句只能执行一次。在程序设计中，如果需要重复执行某些操作，如要计算 1+2+3+…+100（重复执行 2 个数的加法），这就要用到循环结构。循环结构是程序设计中实现重复操作的流程控制结构。当给定条件成立时，反复执行某程序段，直到条件不成立。给定的条件称为循环条件，反复执行的程序段称为循环体或执行语句。Java 提供了 3 种形式的循环结构：while 循环、do-while 循环和 for 循环。接下来针对这 3 种循环语句分别进行详细讲解。

2.5.1　while 循环语句

while 循环语句

while 循环语句和条件判断语句有些相似，都是根据条件判断来决定是否执行大括号内的执行语句。区别在于，while 语句会反复地进行条件判断，只要条件成立，大括号内的执行语句就会执行，直到条件不成立，while 循环结束。while 语句通常在循环次数未知的时候使用。while 循环语句的语法结构如下：

```
while(循环条件){
    执行语句
    ......
}
```

在上面的语法结构中，“{}”中的执行语句被称作循环体，循环体是否执行取决于循环条件。当循环条件为 true 时，循环体就会执行。循环体执行完毕时会继续判断循环条件，如条件仍为 true 则会继续执行，直到循环条件为 false 时，整个循环过程才会结束。

while 循环的流程图如图 2-21 所示。

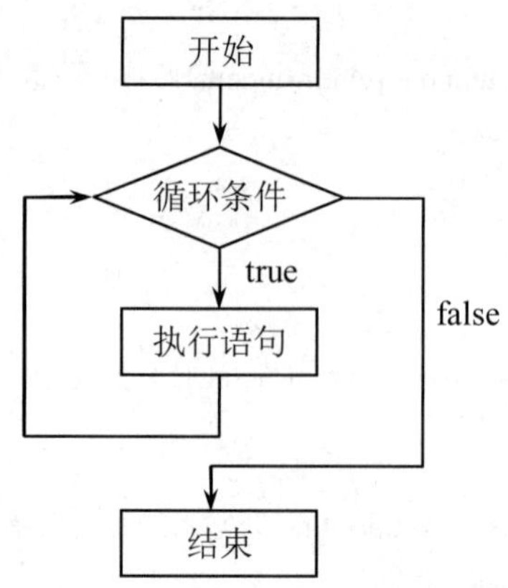

图 2-21 while 循环的流程图

执行过程是，判断循环条件布尔表达式的值，当其为 true 时执行循环体，当其为 false 时循环结束。

例如下列程序段在同一行中输出 10 个“*”：

```
int i=1;
while(i<=10){
    System.out.print ("*");
    i++;
}
```

上面程序段的循环条件是布尔表达式 i<=10，循环体是“{}”中的两条语句。当程序段执行时，若根据 i 的值判断 i<=10 的值为 true，则执行循环体，否则退出循环。循环体被执行 10 次，即当 i=11 时退出循环。

说明：

（1）若循环体的语句为单语句，则“{}”可以省略，否则不能省略“{}”。

（2）若首次执行时循环条件为 false，则循环体一次也不执行；若循环条件永为 true，则循环体一直执行，称为死循环。因此在循环体中应包含使循环结束的语句，以避免出现死循环。

（3）允许 while 语句的循环体包含另一个 while 语句的循环，从而形成循环的嵌套。

接下来用 while 循环来实现输出 1+2+3+4+…+99+100 的值，如文件 2-14 所示。

文件 2-14

```
public class Example14 {
    public static void main(String[] args) {
        int i = 1,sum = 0;          //定义变量 i 和 sum，并赋初始值
        while(i <= 100){            //循环条件
            sum +=i;                //实现 sum 与 i 的累加
            i++;                    // i 进行自增
        }
        System.out.println("1+2+3+4+…+99+100="+sum); // 输出累加的和
    }
}
```

文件 2-14 的运行结果如图 2-22 所示。

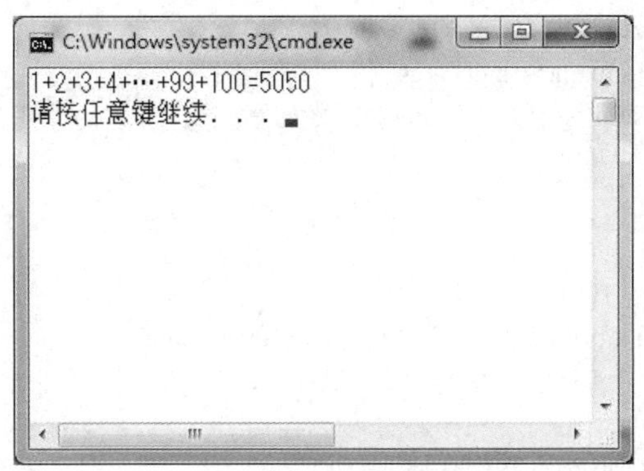

图 2-22 文件 2-14 的运行结果

程序分析：循环条件 i 初始值为 1，sum 初始值为 0。程序通过 while 循环来进行计算，满足循环条件 i<=100 时，循环体会反复执行相加和自增操作。每运算一次，循环条件就变换一次，当 i 的值为 101 时结束循环体的执行。最后输出最终结果。

2.5.2 do-while 循环语句

do-while 循环语句和 while 循环语句功能类似，但是和 while 循环语句不同的是，它会先执行循环体，再判断循环条件是否成立断。其语法结构如下：

```
do {
    执行语句
    ......
} while(循环条件);
```

执行过程是，首先执行一次循环体语句，然后判断布尔表达式的值，当其值为 true 时，返回重新执行循环体语句，如此反复，直到表达式的值为 false，循环结束。

do-while 循环的流程图如图 2-23 所示。

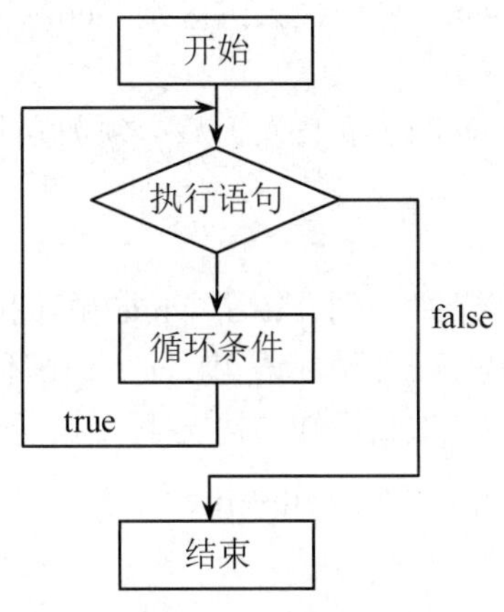

图 2-23 do-while 循环的流程图

接下来使用 do-while 循环语句将文件 2-14 进行改写，如文件 2-15 所示。

文件 2-15

```
public class Example15 {
    public static void main(String[] args) {
        int i = 1,sum = 0;        //sum 存储累加和
        do{
        sum +=i;
            i++;
        }while(i<=100);
        System.out.println("1+2+3+4+…+99+100="+sum);
    }
}
```

文件 2-15 的运行结果如图 2-24 所示。

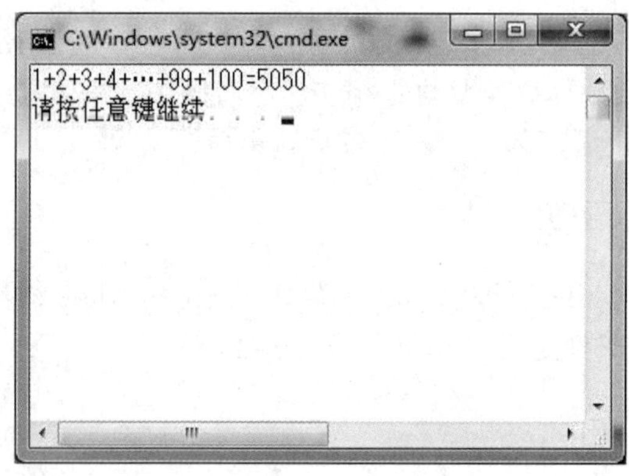

图 2-24　文件 2-15 的运行结果

文件 2-15 与文件 2-14 运行结果相同，这就说明 do-while 循环和 while 循环能实现同样的功能。然而在程序运行过程中，这两种语句还是有差别的。do-while 循环首先执行循环体，再判断循环条件。若条件成立，则重复执行循环体；若条件不成立，则结束循环，循环体至少被执行一次。而 while 循环首先判断循环条件，若条件不成立，则循环体一次也不执行，直接退出循环，这是 do-while 循环和 while 循环最大的区别。do-while 循环语句可以组成多重循环，也可以和 while 语句相互嵌套。

注意：*在 do-while 语句的 while（表达式）后必须加分号。*

2.5.3　for 循环语句

在前面的小节中分别介绍了 while 循环和 do-while 循环。在程序开发中，还经常会使用另外一种循环语句，即 for 循环。for 循环语句是最常用的循环语句，一般用在循环次数已知的情况下。for 循环语句的语法格式如下：

```
for(初始化表达式;循环条件; 操作表达式) {
循环体;
}
```

在上面的语法格式中，for 关键字后面“()”中包括了 3 部分内容，即初始化表达式、循环条件和操作表达式，它们之间用“;”分隔，“{}”中的执行语句为循环体。

接下来分别用①表示初始化表达式，②表示循环条件，③表示操作表达式，④表示循环体，通过序号来具体分析 for 循环的执行流程。具体如下：

```
for(① ; ② ; ③){
    ④
}
```

第一步，执行①。

第二步，执行②，如果判断结果为 true，执行第三步；如果判断结果为 false，执行第五步，退出循环。

第三步，执行④。

第四步，执行③，然后重复执行第二步。

第五步，退出循环。

for 循环的流程图如图 2-25 所示。

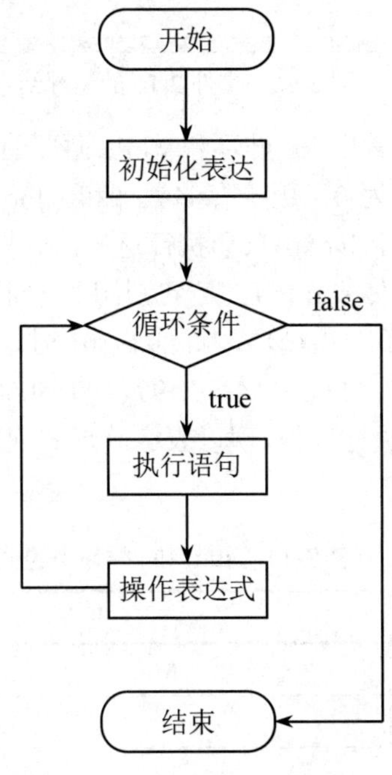

图 2-25 for 循环的流程图

接下来使用 for 循环语句将文件 2-14 进行改写，实现 1+2+3+…+100 自然数相加计算，如文件 2-16 所示。

文件 2-16

```
public class Example16 {
        public static void main(String[] args) {
            int sum=0;
            for(int i=1;i<=100;i++){
                sum+=i;         //实现 sum 与 i 的累加
        }
```

```
            System.out.println("1+2+3+4+…+99+100="+sum);
        }
    }
```

文件 2-16 的运行结果如图 2-26 所示。

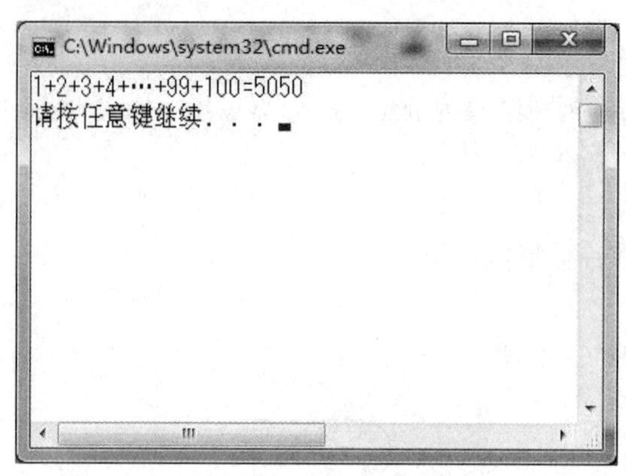

图 2-26 文件 2-16 的运行结果

从图 2-26 的运行结果可以看出 for 循环和 while 循环的运算结果相同。

文件 2-16 中，sum 初始值为 0，用于存储累加和。for 循环实现数据累加。在 for 循环中定义并初始化变量 i 的值为 1，i=1 语句只会执行这一次。接下来判断循环条件 i<=100 是否成立，若条件成立，则会执行循环体 sum+=i，执行完毕后，会执行操作表达式 i++，i 的值变为 2，然后继续进行条件判断，开始下一次循环，直到 i=101 时，条件 i<=100 为 false，结束循环，执行 for 循环后面的代码，输出“1+2+3+4+…+99+100=5050”。

为了让读者能熟悉循环的执行过程，现以表格的形式列举循环中变量 sum 和 i 的值的变化情况。见表 2-11。

表 2-11 sum 和 i 循环中的值

循环次数	i	sum
1	1	1
2	2	3
3	3	6
4	4	10
5	5	15
…	…	…
100	100	5050

2.5.4 循环嵌套

有时为了解决一个较为复杂的问题，需要在一个循环体内再包含一个完整的循环结构，这样的方式称为循环嵌套。在 Java 语言中，while、do-while、for 循环语句都可以进行嵌套，并且它们之间也可以互相嵌套，其中最常见的是在 for 循环中嵌套 for 循环，格式如下：

```
for(初始化表达式; 循环条件; 操作表达式){
    ......
    for(初始化表达式; 循环条件; 操作表达式) {
        执行语句
        ......
    }
    ......
}
```

接下来通过一个案例来实现使用“*”输出 7 行 5 列的长方形，如文件 2-17 所示。

文件 2-17

```
public class Example17 {
    public static void main(String[] args) {
        for(int i =1;i <= 7;i++){            //外层循环变量 i，控制循环行数
            for(int j=1;j< 6;j++){           //内层循环变量 j，控制每行输出“*”的个数
                System.out.print("*");
            }
            System.out.println();            //换行
        }
    }
}
```

文件 2-17 的运行结果如图 2-27 所示。

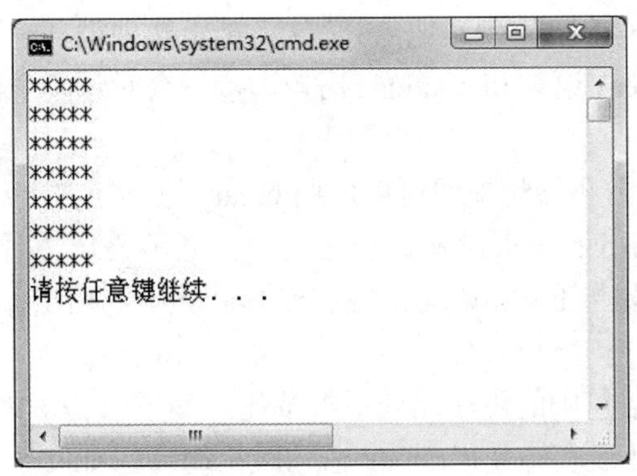

图 2-27　文件 2-17 的运行结果

在文件 2-17 中定义了 2 层 for 循环，分别为外层循环和内层循环，外层循环用于控制输出的行数，内层循环用于控制输出“*”的个数。由于嵌套循环程序比较复杂，下面分步骤进行详细讲解，具体如下：

（1）第 3 行代码对 i 初始化为 1，条件 i<=7 为 true，首次进入外层循环的循环体。

（2）在第 4 行代码将 j 初始化为 1，由于此时 i 的值为 1，条件 j<6 为 true，首次进入内层循环的循环体，输出一个“*”。

（3）执行第 4 行代码中内层循环的操作表达式 j++，将 j 的值自增为 2。

（4）执行第 4 行代码中的判断条件 j<6 为 true，第 2 次进入内层循环的循环体，输出一个“*”。

（5）执行第 4 行代码中内层循环的操作表达式 j++，将 j 的值自增为 3。

（6）执行第 4 行代码中的判断条件 j<6 为 true，第 3 次进入内层循环的循环体，输出一个“*”。

（7）执行第 4 行代码中内层循环的操作表达式 j++，将 j 的值自增为 4。

（8）执行第 4 行代码中的判断条件 j<6 为 true，第 4 次进入内层循环的循环体，输出一个“*”。

（9）执行第 4 行代码中内层循环的操作表达式 j++，将 j 的值自增为 5。

（10）执行第 4 行代码中的判断条件 j<6 为 true，第 5 次进入内层循环的循环体，输出一个“*”。

（11）执行第 4 行代码中内层循环的操作表达式 j++，将 j 的值自增为 6。

（12）执行第 4 行代码中的判断条件 j<6 为 false，本次内存循环结束。接着执行外层循环后续的代码 println()方法进行换行。

（13）程序执行完整个外层循环内部的执行语句后，会执行第 3 行代码中外层循环的操作表达式 i++，将 i 的值自增为 2。

（14）程序进入外层循环的第二轮循环，执行第 4 行代码中的判断条件 i<=7，判断结果为 true，进入外层循环的循环体，继续执行内层循环。

（15）依此类推，每行输出 5 个“*”，i 的值为 8 时，外层循环的判断条件 i<=7 结果为 false，外层循环条件不成立，此时结束循环。

2.5.5 跳转语句

跳转语句的作用是使程序跳转到其他部分执行，用于实现循环执行过程中程序流程的跳转。在 Java 中的跳转语句有 break 语句和 continue 语句。接下来对这两个语句分别进行详细讲解。

1. break 语句

在 switch 条件语句和循环语句中都可以使用 break 句。当它出现在 switch 条件语句中时，作用是终止某个 case 并跳出 switch 结构。当它出现在循环语句中时，用于强行退出循环，不执行循环中剩余的语句。如果 break 语句出现在嵌套循环中的内层循环，则程序只会退出当前的一层循环。

关于 break 在 switch 语句中的用法此处不再赘述。为了让初学者熟悉 break 语句的使用，本例将演示如何在 for 循环嵌套中使用 break 语句跳出循环，如文件 2-18 所示。

文件 2-18

```
public class Example18 {
    public static void main(String[] args){
        for(int i=0;i<5;i++){          //定义循环变量 i，初始值为 0，i 的值会在 1～4 之间变化
            System.out.println(i);     //输出 i 的值
            if(i==2) {
                break;                 //当 i==2 时，用 break 语句跳出 for 循环
            }
        }
    }
}
```

文件 2-18 的运行结果如图 2-28 所示。

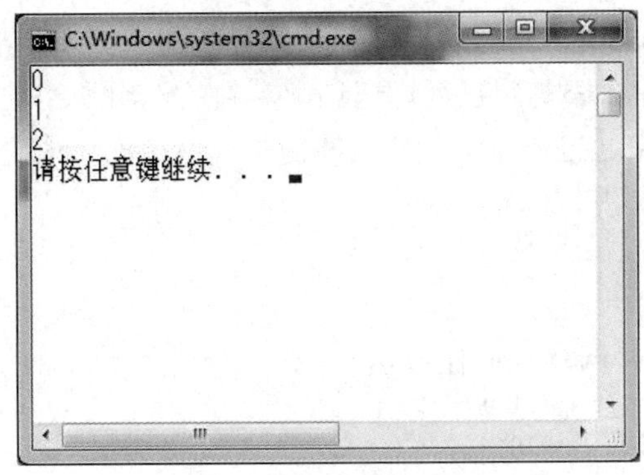

图 2-28　文件 2-18 的运行结果

上例中，通过 for 循环输出 i 的值，当 i 的值为 2 时使用 break 语句跳出循环。因此输出结果中并没有出现“3”。

当 break 语句出现在嵌套循环中的内层循环时，它只能跳出内层循环，如果想使用 break 语句跳出外层循环则需要对外层循环添加标记。下面的例子用 break 语句控制程序跳出外层循环并输出 1 行“------”，如文件 2-19 所示。

文件 2-19

```
class Example19{
	public static void main(String[] args){
		a:for(int x = 0 ; x < 5; x++){
			b:for(int y = 0 ; y < 5 ;y++){
				System.out.println("------");
				break a;
			}
			System.out.println("#####");
		}
	}
}
```

文件 2-19 的运行结果如图 2-29 所示。

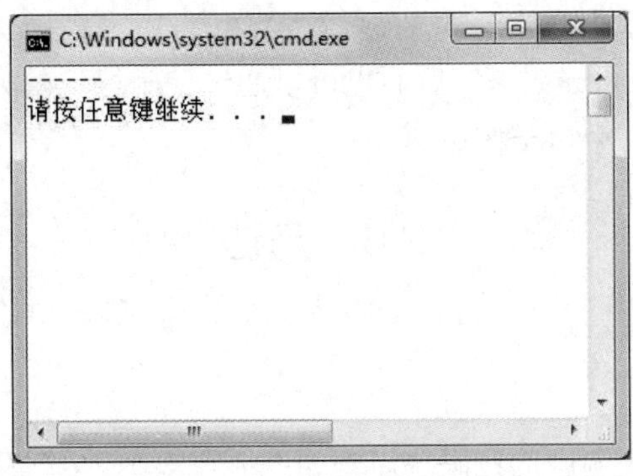

图 2-29　文件 2-19 的运行结果

上例中，只是在外层 for 循环前面增加了标记“a”。当 y=0 时，使用“break a;”语句跳出外层循环。因此程序只输出了 1 行“------”。

continue 语句

2. continue 语句

continue 语句用在循环语句中，它的作用是终止本次循环，执行下一次循环。接下来通过一个案例实现输出 1～10 内的所有奇数，如文件 2-20 所示。

文件 2-20

```
class Example20{
    public static void main(String[] args){
        for(int x = 1 ; x < 10 ;x++){
            if(x % 2 == 0){          //x 是一个偶数，不输出
                continue;            //结束本次循环，进入下一次循环
            }
            System.out.println(x);
        }
    }
}
```

文件 2-20 的运行结果如图 2-30 所示。

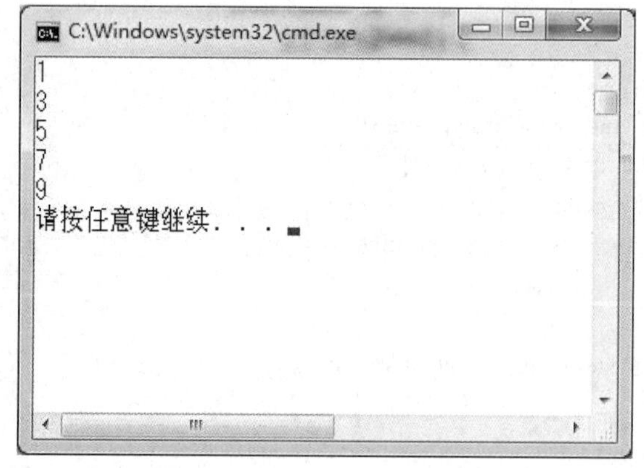

图 2-30　文件 2-20 的运行结果

程序中使用 for 循环让变量 x 的值在 0～10 之间循环，在循环过程中，当 x 的值为偶数时，将执行 continue 语句结束本次循环，进入下一次循环，当 x 的值为奇数时，输出奇数。

在嵌套循环语句中，continue 语句后面也可以通过使用标记的方式结束本次外层循环，用法与 break 语句相似，在此不再举例说明。

2.6　方法

2.6.1　方法的概念

方法就是一段可以重复调用的代码块。例如：要在多个地方使用某段长度为 100 行的代码，如果在各个地方都重复编写此部分代码肯定会比较麻烦，而且修改也比较困难，所以此时可以将此部分代码定义成一个方法，即可在程序中多次调用，提高了编程效率。

接下来通过案例来演示不使用方法时，计算 5!、7!、10!，如文件 2-21 所示。

文件 2-21

```
class Example21{
    public static void main(String[] args){
        //下面的循环计算 5!
        int s1 = 1;  //变量 s1，表示阶乘
        for(int i=1;i<=5;i++){
            s1 = s1 * i;
        }
        System.out.println("5!="+s1);
        //下面的循环计算 7!
        int s2 = 1; //变量 s2，表示阶乘
        for(int i=1;i<=7;i++){
            s2 = s2 * i;
        }
        System.out.println("7!="+s2);
        //下面的循环计算 10!
        int s3 = 1; //变量 s3，表示阶乘
        for(int i = 1;i <= 10;i++){
            s3 = s3 * i;
        }
        System.out.println("10!="+s3);
    }
}
```

文件 2-21 的运行结果如图 2-31 所示。

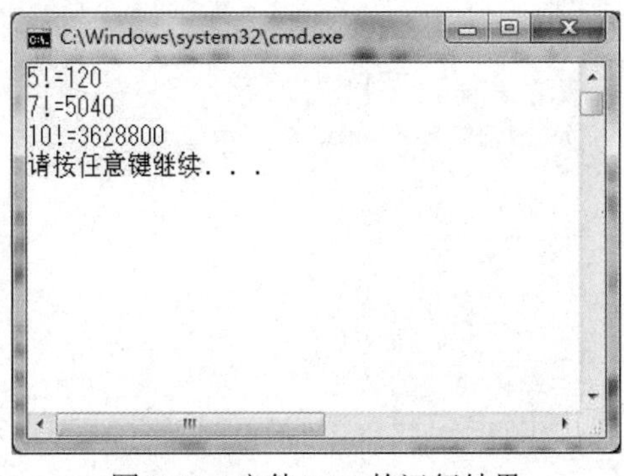

图 2-31　文件 2-21 的运行结果

在文件 2-21 中分别使用了 3 个 for 循环完成了计算 5!、7!、10!。仔细观察会发现，这 3 个 for 循环的代码是重复的，功能是相同的。因此，可以将求阶乘的功能定义为方法，在程序中反复调用 3 次即可。修改后的代码如文件 2-22 所示。

文件 2-22

```
class Example22{
    public static void main(String[] args){
        fac(5);
        fac(7);
```

```
            fac(10);
        }
        //下面定义了一个求阶乘的方法，接收一个参数，n 代表阶乘的数
        public static void fac(int n){
            int s = 1;   //变量 s，表示阶乘
            for(int i = 1;i <= n;i++){
                s = s * i;
            }
            System.out.println(n + "!=" + s);
        }
    }
```

文件 2-22 的运行结果与文件 2-21 相同，如图 2-32 所示。

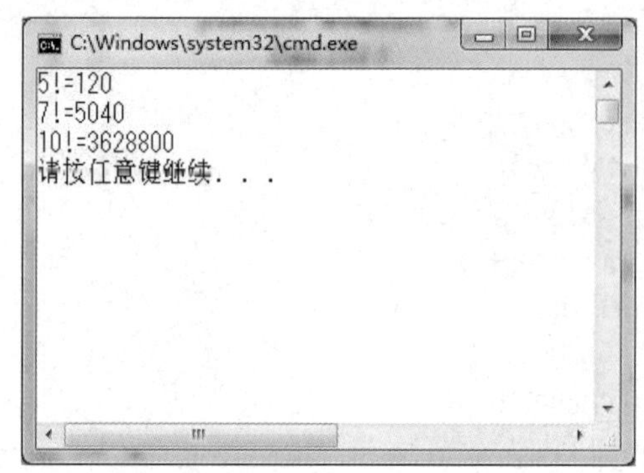

图 2-32　文件 2-22 的运行结果

文件 2-22 中定义了一个方法 void fac(int n){}。其中，“{}”内实现求阶乘的代码是方法体，fac 是方法名，“()”里的“int n”是方法的参数，方法名前面的 void 是方法的返回值类型。

在 Java 中，声明一个方法的具体语法格式如下：

```
修饰符 返回值类型 方法名([参数类型 参数名 1,参数类型 参数名 2,…]){
    执行语句
    ......
    return 返回值;
}
```

说明：

（1）修饰符：方法的修饰符比较多，有对访问权限进行限定的修饰符，有静态修饰符 static，还有最终修饰符 final 等。

（2）返回值类型：用于限定方法返回值的数据类型。

（3）参数类型：用于限定调用方法时传入参数的数据类型。

（4）参数名：是一个变量，用于接收调用方法时传入的数据。

（5）return 关键字：用于结束方法以及返回方法指定类型的值。

（6）返回值：被 return 语句返回的值，该值会返回给调用者。

需要特别注意的是，方法中的“参数类型 参数名 1,参数类型 参数名 2”被称作参数列表，它用于描述方法在被调用时需要接收的参数，如果方法不需要接收任何参数，则参数列表为空，即“()”内不写任何内容。方法中必须声明返回值类型，如果方法中没有返回值，返回值

类型要声明为 void，此时，方法中 return 语句可以省略。

在本节中定义的方法，因为其可以直接使用主方法 main()调用，所以在方法声明处加上了 public static 两个关键字。

如果方法的返回值类型是 void，则表示方法没有返回值，则就不能使用 return 返回内容，如文件 2-23 所示。

文件 2-23

```
public class Example23 {
    public static void main(String[] args) {
        printInfo();        //调用 printInfo 方法
        printInfo();        //调用 printInfo 方法
    }
    public static void printInfo(){
        System.out.println("Hello  World!");   //定义方法
    }
}
```

文件 2-23 的运行结果如图 2-33 所示。

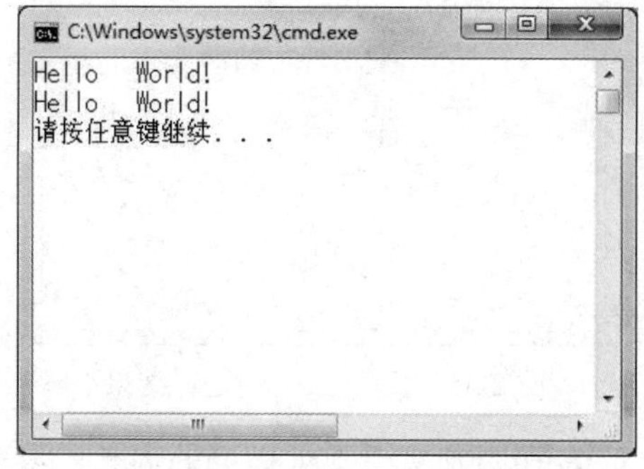

图 2-33 文件 2-23 的运行结果

在文件 2-23 中定义了一个 printInfo()方法用于输出字符串"Hello World!"，由于返回值为 void，表示方法没有返回值，因此方法体中不能用 return 返回内容。在 main()方法中通过调用 printInfo()方法输出内容。

接下来通过一个图例演示 printInfo()方法的完整调用过程，如图 2-34 所示。

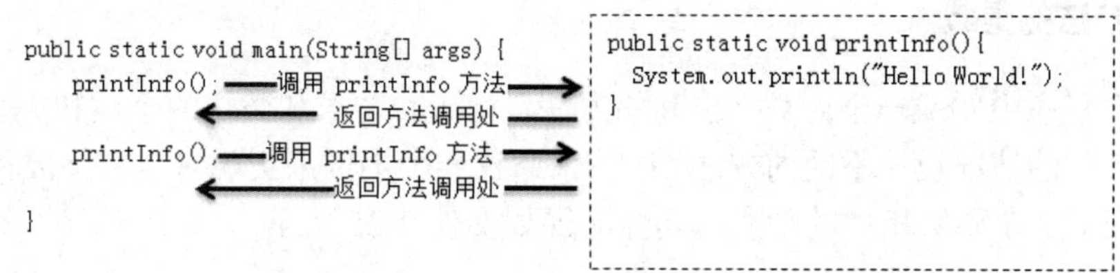

图 2-34 printInfo()方法的调用过程

从图 2-34 中可以看出，当调用 printInfo()方法的时候，程序就会跳转到 printInfo()方法中执行，当 printInfo()方法全部执行完之后就会返回调用处继续向下执行。

如果需要一个方法有返回值，则直接在返回值处添加返回值类型即可。接下来通过求矩形周长案例学习如何给方法设置返回值，如文件 2-24 所示。

文件 2-24

```
public class Example24 {
    public static void main(String[] args) {
        int c = getGirth(7, 9);          //调用 getGirth 方法
        System.out.println(" 周长 is " + c);
    }
    // 下面定义了一个求矩形周长的方法，接收两个参数，其中 x 为长、y 为宽
    public static int getGirth (int x, int y) {
        int temp;
        temp= (x+y)*2;   //使用变量 temp 记录运算结果
        return temp;       //变量 temp 的值被返回
    }
}
```

文件 2-24 的运行结果如图 2-35 所示。

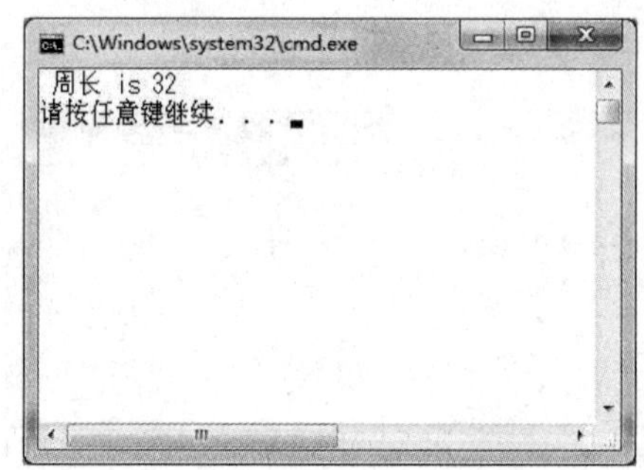

图 2-35　文件 2-24 的运行结果

在文件中，定义了一个 getGirth()方法用于求矩形的周长，参数 x 和 y 分别用于接收调用方法时传入的长和宽，return 语句用于返回计算所得的面积。在 main()方法中通过调用 getGirth()方法获得矩形的周长，并输出结果。在程序运行期间，参数 x 和 y 相当于在内存中定义的两个变量。当调用 getGirth()方法时，传入的参数 7 和 9 分别赋值给变量 x 和 y，并将(x+y)*2 的结果通过 return 语句返回，整个方法的调用过程结束，变量 x 和 y 被释放，程序返回调用处向继续向下执行。

2.6.2　方法的重载

假设要在程序中实现一个对数字求和的方法，由于参与求和数字的个数和类型都不确定，因此要针对不同的情况设计不同的方法。接下来通过一个案例来实现对 2 个整数相加、对 2 个小数相加以及对 3 个整数相加的功能，具体实现如文件 2-25 所示。

文件 2-25

```
public class Example25 {
    public static void main(String[] args) {
        int one=addOne(20,30);                //调用 2 个整数的加法操作
        float two=addTwo(20.1f,30.1f);     //调用 2 个小数的加法操作
```

```
        int three=addThree(20,30,40);       //调用 3 个整数的加法操作
        System.out.println("addOne 的计算结果"+one);
        System.out.println("addTwo 的计算结果"+Two);
        System.out.println("addThree 的计算结果"+Three);
    }
    //定义方法，完成 2 个整数相加
    public static int addOne(int x,int y){
        int temp=0;             //temp 为局部变量，只在此方法中有效
        temp=x+y;               //执行加法计算
        return temp;            //返回计算结果
    }
    //定义方法，完成 2 个小数相加
    public static float addTwo(float x,float y){
        float temp=0;           //temp 为局部变量，只在此方法中有效
        temp=x+y;               //执行加法计算
        return temp;            //返回计算结果
    }
    //定义方法，完成 3 个整数相加
    public static int addThree(int x,int y,int z){
        int temp=0;             //temp 为局部变量，只在此方法中有效
        temp=x+y+z;             //执行加法计算
        return temp;            //返回计算结果
    }
}
```

文件 2-25 的运行结果如图 2-36 所示。

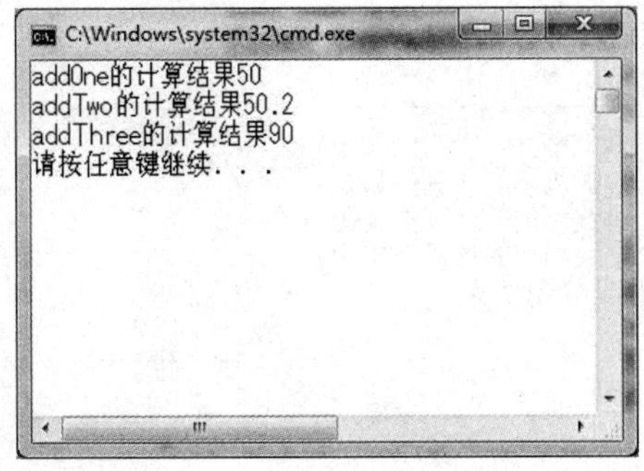

图 2-36 文件 2-25 的运行结果

从文件 2-25 中的代码不难看出，程序需要针对每一种求和的情况都定义一个方法，如果每个方法的名称都不相同，在调用时就很难分清哪种情况该调用哪个方法。为了解决这个问题，Java 允许在一个程序中定义多个名称相同的方法，但是参数的类型或个数必须不同，通过传递参数的个数及类型完成不同的方法调用，这就是方法的重载。接下来通过方法重载的方式修改文件 2-25，如文件 2-26 所示。

文件 2-26

```
public class Example26 {
    public static void main(String[] args) {
```

```
        int one=add(20,30);               //调用 2 个整数的加法操作
        float two=add(20.1f,30.1f);       //调用 2 个小数的加法操作
        int three=add(20,30,40);          //调用 3 个整数的加法操作
        System.out.println("2 个整数相加的计算结果"+one);
        System.out.println("2 个小数相加的计算结果"+two);
        System.out.println("3 个整数相加的计算结果"+three);
    }
    //定义方法，完成 2 个整数相加
    public static int add(int x,int y){
        int temp=0;              //temp 为局部变量，只在此方法中有效
        temp=x+y;                //执行加法计算
        return temp;             //返回计算结果
    }
    //定义方法，完成 2 个小数相加
    public static float add(float x,float y){
        float temp=0;            //temp 为局部变量，只在此方法中有效
        temp=x+y;                //执行加法计算
        return temp;             //返回计算结果
    }
    //定义方法，完成 3 个整数相加
    public static int add(int x,int y,int z){
        int temp=0;              //temp 为局部变量，只在此方法中有效
        temp=x+y+z;              //执行加法计算
        return temp;             //返回计算结果
    }
}
```

文件 2-26 的运行结果如图 2-37 所示。

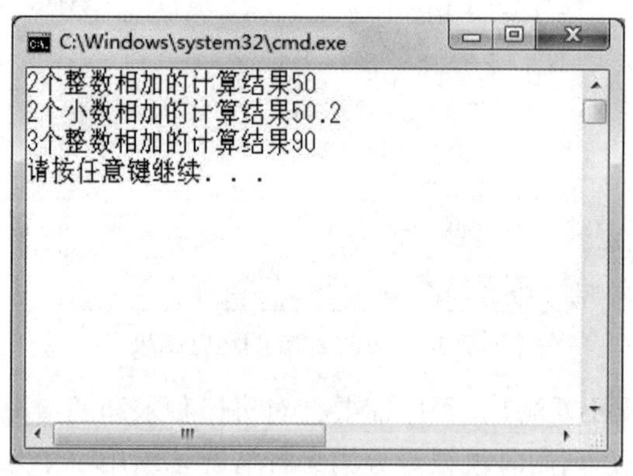

图 2-37 文件 2-26 的运行结果

从图 2-37 中可以看出，文件 2-26 和文件 2-25 计算结果相同。文件 2-26 程序中有 3 个同名的 add()方法，add()方法被重载了 3 次，而且每次重载时的参数类型或个数都不同，所以调用时，会根据参数的类型和个数自动进行区分匹配。

值得注意的是，方法的重载与返回值类型无关，它需要满足 2 个条件，一是方法名相同，二是参数个数或参数类型不相同。

2.7　数组

当有一组相同类型的数据需要存储时，如果此时使用单个变量来存储，要定义若干个变量名。假如要统计超市商品价格，则要计算商品的平均价格、商品的最高价格等。假设该超市有 100 种商品，用前面所学的知识，程序首先需要声明 100 个变量名来分别存储每种商品的价格，这样做会非常烦琐，且不利于维护。在 Java 中，可以使用一个数组来记录这 100 种商品的价格。

什么是数组呢？数组是指一组能够存储相同数据类型的变量的集合。数组中的每个数据被称作元素。数组可以存放任意类型的元素，但同一个数组里存放的元素类型必须一致。数组可分为一维数组和多维数组，本节将围绕数组进行详细讲解。

2.7.1　一维数组

1. 一维数组的创建

一维数组是最简单的数组，其逻辑结构是线性表。一维数组一般需要经过定义、初始化和应用等过程。在 Java 中要使用一维数组，一般需要经过 3 个步骤：声明数组、创建数组、创建数组元素并赋值。

在 Java 中，可以使用以下格式来定义一个一维数组：

```
数组类型[] 数组名=new 数组类型[数组长度];
数组类型[] 数组名=new 数组类型[]{数组元素 0,数组元素 1,…};
数组类型[] 数组名={数组元素 0,数组元素 1,…};
```

以上 3 种定义数组的语法格式的使用示例如下：

```
int[]x = new int[10];
String[] names=new String[]{"张三","李四","王二"};
Int[] y={1,2,3,4};
```

第一种方式声明了一个整型数组变量 x，并为数组 x 分配了 10 个内存空间，但没有为数组中的元素赋值，第二种和第三种方式不仅声明了数组的类型，并为数组分配了内存空间，还为数组元素完成了初始化赋值，内存空间的大小由赋值的个数来确定。

2. 数组的内存分配

Java 语言把内存分为两种：栈内存和堆内存。在方法中定义的一些基本类型的变量和对象的引用变量都在方法的栈内存中分配，当在一段程序中定义一个变量时，Java 就在栈内存中为这个变量分配内存空间，当超出变量的作用域后，Java 会自动释放掉为该变量所分配的内存空间。

堆内存用来存放由 new 运算符创建的对象和数组，在堆中分配的内存由 JVM 的自动垃圾回收器来管理。在堆中创建了一个数组或对象的同时还在栈中定义了一个特殊的变量，让栈中这个变量的取值等于数组或对象在堆内存中的首地址，栈中的这个变量就成了数组或对象的引用变量，引用变量实际上保存的是数组或对象在堆内存中的地址（也称为对象的句柄），以后就可以在程序中使用栈的引用变量来访问堆中的数组或对象。引用变量就相当于为数组或对象起的一个名称。引用变量是普通的变量，定义时在栈中分配，引用变量在程序运行到其作用域之外后被释放。而数组或对象本身在堆内存中分配，即使程序运行到使用 new 运算符创建数组或对象的语句所在的代码块之外，数组或对象本身所占据的内存也不会被释放，数组或对象在没有引用变量指向它时会变为垃圾，不能再被使用，但仍然占据内存空间，在随后一个特定的时间被垃圾回收器回收并释放掉，这也是 Java 比较占内存的原因之一。

下面以如下代码为例来说明数组在内存中的分配情况。

```
int[]x = new int[10];
```

上述语句就相当于在内存中定义了 10 个 int 类型的变量，第 1 个变量的名称为 x[0]，第 2 个变量的名称为 x[1]，依此类推，第 10 个变量的名称为 x[9]，这些变量的初始值都是 0。为了更好地理解数组的这种定义方式，可以将上面的一句代码分成两句，具体如下：

```
int[]x;             //声明一个 int[]类型的变量 x
x=new int[10];      //创建一个长度为 10 的数组
```

接下来，通过 2 张内存图来详细说明数组在创建过程中内存的分配情况。

第一行代码“int[] x;”声明了一个变量 x，该变量的类型为 int[]，即一个 int 类型的数组。变量 x 会占用一块内存单元，它没有被分配初始值。内存中的状态如图 2-38 所示。

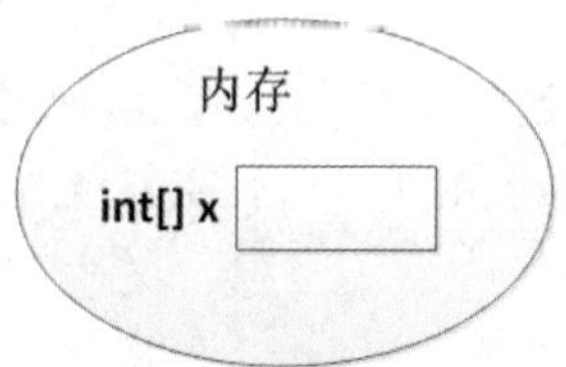

图 2-38 内存状态图-1

第二行代码“x = new int[10];”创建了一个数组，将数组的地址赋值给变量 x。在程序运行期间可以使用变量 x 来引用数组，这时内存中的状态会发生变化，如图 2-39 所示。

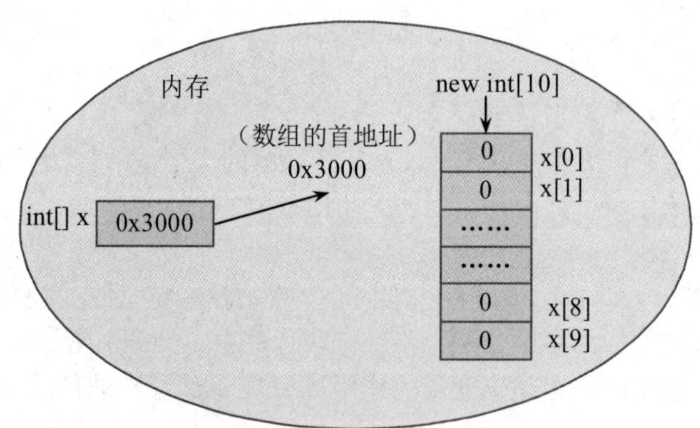

图 2-39 内存状态图-2

图 2-39 中描述了变量 x 引用数组的情况。该数组中有 10 个元素，初始值都为 0。数组中的每个元素都有一个索引（也可称为角标），要想访问数组中的元素可以通过“x[0]、x[1]、…、x[8]、x[9]”的形式。需要注意的是，数组中最小的索引是 0，最大的索引是“数组的长度-1”。在 Java 中，为了方便获得数组的长度，提供了一个 length 属性，在程序中可以通过“数组名.length”的方式来获得数组的长度，即元素的个数。

接下来，通过案例来演示如何定义数组以及访问数组中的元素，如文件 2-27 所示。

文件 2-27

```
public class Example27 {
    public static void main(String[] args) {
        int[] x;              //声明一个整型数组
        x=new int[3];         //为 x1 数组分配内存空间（3 个）
        //访问数组的值，通过 length 取得数组长度
        for(int i=0;i<x.length;i++){
            System.out.println( "x["+i+"]="+x[i]);
        }
    }
}
```

文件 2-27 的运行结果如图 2-40 所示。

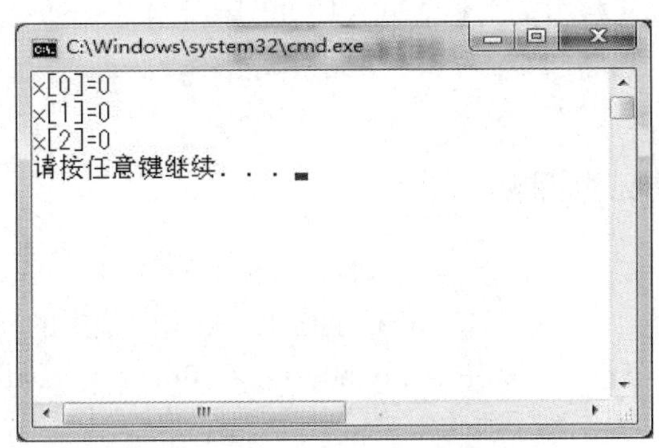

图 2-40　文件 2-27 的运行结果

在文件 2-27 中，声明了一个 int[]类型变量 x，并没有给数组元素赋值，然后通过角标来访问数组中的元素。从运行结果可以看出，3 个元素初始值都为 0，这是因为当数组被成功创建后，数组中元素会被自动赋予 1 个默认值，根据元素类型的不同，默认初始化的值也是不一样的。具体见表 2-12。

表 2-12　数组元素数据类型的默认值

数据类型	默认初始化值
byte、short、int、long	0
float、double	0.0
char	一个空字符，即'\u0000'
boolean	false
引用数据类型	null，表示变量不引用任何对象

如果在使用数组时，不想使用这些默认初始值，也可以显式地为这些元素赋值。仔细阅读下列代码，学习如何为数组的元素赋值，如文件 2-28 所示。

文件 2-28

```
public class Example28 {
    public static void main(String[] args) {
```

```
            int[] x1= new int[3];          //声明一个整型数组，并为 x1 数组分配内存空间（3 个）
            //给数组赋值
            x1[0] = 10;
            x1[1] = 20;
            x1[2] = 30;
            //定义一个数组，并分配内存空间，再赋值
            int[] x2=new int[]{1,2,3,4};
            int[] x3={10,11,12,13};
            String[] names={"猪八戒","孙悟空","唐僧"};
            //获取数组的长度
            System.out.println("names 的长度是："+names.length);
        }
    }
```

在文件 2-28 中，用创建数组的 3 种方式声明并创建了 4 个一维数组。数组 x1 中每个元素都为默认初始值 0。后面用赋值的方式给数组元素赋值，最后再通过数组名.length 的方式取得数组的长度。

2.7.2 使用数组时常见的问题

1. 下标越界

每个数组的索引都有一个范围，即 0～length-1。在访问数组的元素时，索引不能超出这个范围，如果下标超出该范围，会产生 ArrayIndexOutOfBoundsException 异常，即数组下标越界异常。因此，编写程序时最好使用数组的 length 属性获得数组大小，从而使下标不超出其取值范围。在程序编译时，数组下标越界不会有错误提示，但当程序运行时会产生运行错误，如文件 2-29 所示。

文件 2-29

```
public class Example29 {
    public static void main(String[] args) {
        //数组下标越界异常：在使用输出数组时，下标超出了数组长度
        int[] num={1,2,3,4,5};
        System.out.println("num 的长度是："+num.length);
        System.out.println(num[5]);
    }
}
```

文件 2-29 的运行结果如图 2-41 所示。

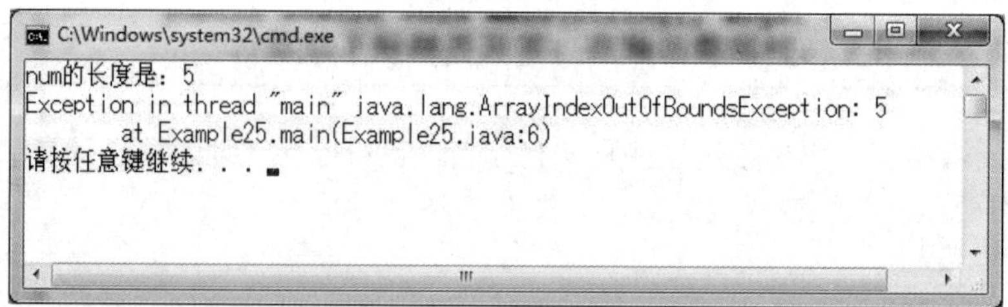

图 2-41　文件 2-29 的运行结果

图 2-41 的运行结果中所提示的错误信息是数组越界异常 ArrayIndexOutOfBoundsException，出现这个异常的原因是数组的长度为 5，其索引范围为 0～4，文件 2-29 中的第 6 行代码使用索引 5 来访问元素时超出了数组的索引范围。所谓异常指程序中出现的错误，它会报告出错的异常类型、出错的行号以及出错的原因。

2. 空指针异常

在使用变量引用一个数组时，变量必须指向一个有效的数组对象，如果该变量的值为 null，则意味着没有指向任何数组，此时通过该变量访问数组的元素会出现空指针异常，接下来通过一个案例来演示这种异常，如文件 2-30 所示。

文件 2-30

```
public class Example30 {
    public static void main(String[] args) {
        //空指针异常：数组没有分配内存空间，此时使用就会出现空指针异常
        String[] name=null;            //声明一个数组
        System.out.println(name[0]);
    }
}
```

文件 2-30 的运行结果如图 2-42 所示。

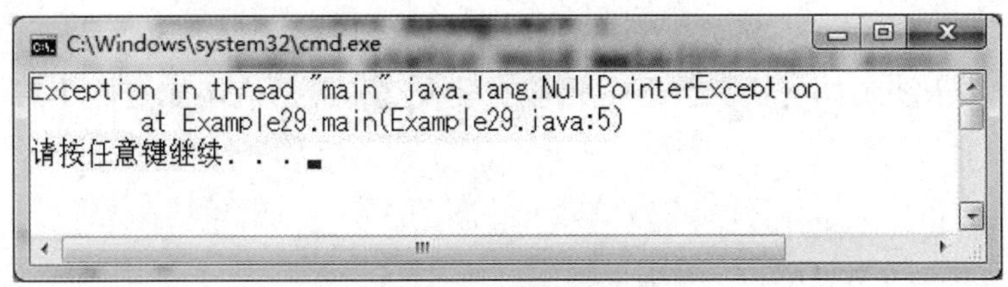

图 2-42　文件 2-30 的运行结果

通过图 2-42 所示的运行结果可以看出，定义数组时，没有分配内存空间，此时去访问数组就会出现空指针异常 NullPointerException。

2.7.3　数组的常见操作

在编写程序时数组应用非常广泛，灵活地使用数组对实际开发很重要。接下来，本节将针对数组的常见操作（如数组的遍历、最值的获取、数组的排序等）进行详细讲解。

1. 数组遍历

在操作数组时，经常需要依次访问数组中的每个元素，这种操作称作数组的遍历。接下来通过一个案例来学习如何使用 for循环遍历数组，如文件 2-31 所示。

文件 2-31

```
public class Example31 {
    public static void main(String[] args) {
        //数组的遍历
        String[] names={"李四","张三","王二"};
        for(int i=0;i<names.length;i++){
            System.out.println("我的第"+(i+1)+"个好朋友的名字是"+names[i]);
```

```
            }
        }
    }
```

文件 2-31 的运行结果如图 2-43 所示。

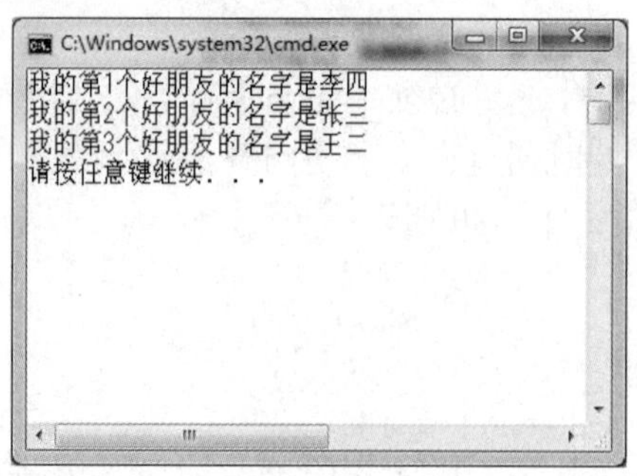

图 2-43 文件 2-31 的运行结果

文件 2-31 中，定义一个长度为 3 的字符串数组 names，数组的角标为 0～2。由于 for 循环中定义的变量 i 的值在循环过程中为 0～2，因此可以作为索引依次去访问数组中的元素，并输出元素的值。

2. 数组最值

在操作数组时，经常需要获取数组中元素的最值，即取得数组元素的最大值和最小值。接下来通过一个案例来演示如何获取数组中元素的最大值和最小值，如文件 2-32 所示。

文件 2-32

```
public class Example32 {
    public static void main(String[] args) {
        int[] no = {1,-30,-10,9,-89,-40,100};     //定义一个数组
        System.out.println("遍历数组元素：");
        print(no);     //调用方法遍历数组元素
        System.out.println();          //换行
        int max=getMax(no);          //调用方法得到数组元素最大值
        int min=getMin(no);          //调用方法得到数组元素最小值
        System.out.println("数组元素最大值是："+max);
        System.out.println("数组元素最小值是："+min);
    }
    //求数组元素的最大值
    public static int getMax(int[] a){
        int max = a[0];          //假设数组第一个元素为最大值
        for(int i=1;i<a.length;i++){
            if(a[i]>max){
                max=a[i];
            }
        }
        return max;
    }
    //求数组元素的最小值
```

```
    public static int getMin(int[] a){
        int min = a[0];          //假设数组第一个元素为最小值
        for(int i=1;i<a.length;i++){
            if(a[i]<min){
                min=a[i];
            }
        }
        return min;
    }
    //数组元素的遍历
    public static void print(int[] a){
        for(int i=0;i<a.length;i++){
            System.out.print(a[i]+"");
        }
    }
}
```

文件 2-32 的运行结果如图 2-44 所示。

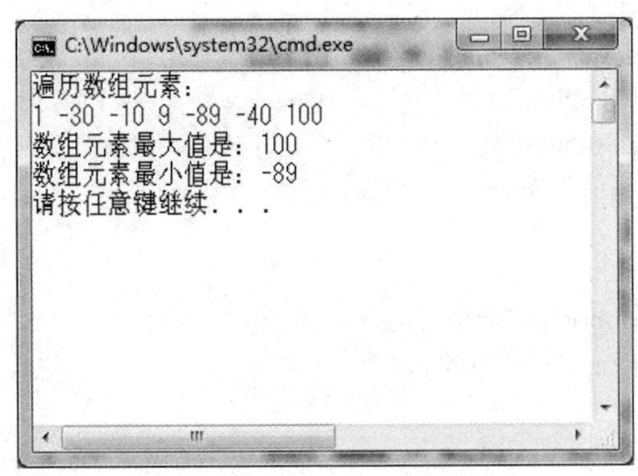

图 2-44 文件 2-32 的运行结果

上例中 getMax()方法用于求数组中的最大值，该方法中定义了一个临时变量 max，用于记录数组的最大值。首先假设数组中第一个元素 a[0]为最大值，然后使用 for 循环对数组进行遍历，在遍历的过程中只要遇到比 max 值还大的元素，就将该元素赋值给 max，这样一来，变量 max 就能够在循环结束时记录数组中的最大值。求数组中的最小值的 getMin()方法同样定义了一个临时变量 min，用于记录数组的最小值。然后使用 for 循环对数组进行遍历，遇到比 min 值还小的元素，就将该元素赋值给 min，这样一来，变量 min 就能够在循环结束时记录数组中的最小值。需要注意的是，for 循环中的变量 i 是从 1 开始的，这样写的原因是程序已经假设第一个元素为最大值或最小值，for 循环只需要从第二个元素开始比较，从而提高程序的运行效率。此外，还定义了 print()方法对数组元素进行遍历。

从上例可以看出，若调用方法时，向方法中传递一个数组，则方法的接收参数处必须是符合其类型的数组，而且数组属于引用数据类型，所以在把数组传递进方法之后，方法对数组本身做的任何修改所产生的结果都是会保存下来的。此外，方法的参数是数组时，调用该方法时只需传递数组名即可。在文件 2-32 中调用 getMin(int[] a)方法时，如果写成 getMin(no[])会出错，正确的调用方法是 getMin(no)。

3. 数组排序

在操作数组时，经常需要对数组中的元素进行排序。下面将为读者介绍一种比较常见的排序算法——冒泡排序。在冒泡排序的过程中，不断地比较数组中相邻的两个元素，较小者向上浮，较大者向下沉，整个过程和水中气泡上升的原理相似。

接下来通过几个步骤来具体分析冒泡排序的整个过程，具体如下：

第一步，从第一个元素开始，依次将相邻的两个元素进行比较，直到最后两个元素完成比较。如果前一个元素比后一个元素大，则交换它们的位置。整个过程完成后，数组中最后一个元素自然就是最大值，这样也就完成了第一轮比较。

第二步，除了最后一个元素，将剩余的元素继续进行两两比较，过程与第一步相似，这样就可以将数组中第二大的数放在倒数第二个位置。

第三步，依此类推，持续对越来越少的元素重复上面的步骤，直到没有任何一对元素需要比较为止。了解了冒泡排序的原理之后，接下来通过一个案例来实现冒泡排序，如文件 2-33 所示。

文件 2-33

```
public class Example33{
    public static void main(String[] args){
        int[] x={9,8,3,5,2};
        System.out.println("使用冒泡算法排序前的数列是：");
        //冒泡排序前，先循环输出数组元素
        print(x);
        sort(x);
        System.out.println("使用冒泡算法排序后的数列是：");
        //冒泡排序后，先循环输出数组元素
        print(x);
    }
    //冒泡排序
    public static void sort(int num[]){
        int temp;   //用来作为交换的临时变量
        //变量 i 控制比较的轮数
        for(int i=0;i<num.length-1;i++){
            //变量 j 控制每轮比较的次数
            for(int j=0;j<num.length-1-i;j++){
                if(num[j]>num[j+1]){
                temp=num[j];
                num[j]=num[j+1];
                num[j+1]=temp;
                }
            }
        }
    }
    //循环输出数组元素
    public static void print(int num[]){
        for(int i=0;i<num.length;i++){
```

```
                System.out.print(num[i]+"");
            }
            System.out.println();       //换行
        }
    }
```

文件 2-33 的运行结果如图 2-45 所示。

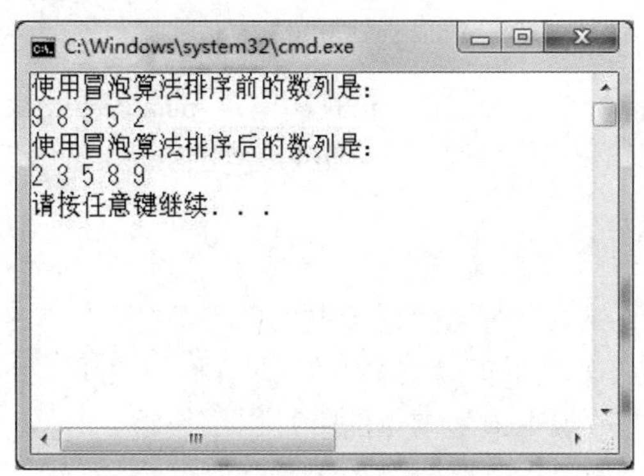

图 2-45 文件 2-33 的运行结果

程序中，sort()方法通过嵌套一个 for 循环实现了冒泡排序。其中，外层循环用来控制比较的轮数，每一轮比较都可以确定一个元素的位置。内层循环的循环变量用于控制每轮比较的次数，它被作为角标去比较数组的元素。由于变量在循环过程中是自增的，这样就可以实现依次比较相邻元素，在每次比较时如果前者小于后者，就交换两个元素的位置，具体执行过程如图 2-46 所示。

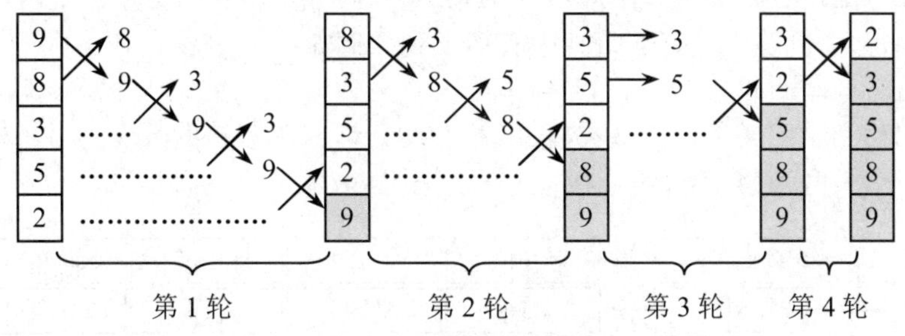

图 2-46 冒泡排序执行过程

在图 2-46 的第一轮比较中，第一个元素“9”为最大值，因此它在每次比较时都会发生位置的交换，被放到最后一个位置。第二轮比较与第一轮过程类似，元素“8”被放到倒数第二个位置。第三轮比较中，第一次比较没有发生位置的交换，在第二次比较时才发生位置交换，元素“5”被放到倒数第三个位置。第四轮比较只针对最后两个元素，它们比较后发生了位置的交换，元素“3”被放到第二个位置。通过四轮比较，很明显，数组中的元素已经完成了排序。

文件 2-33 中，sort()排序方法实现两个元素的交换。首先定义了一个变量 temp 用于记录数组元素 num [j]的值，然后将 num [j+1]的值赋给 num [j]，最后再将 temp 的值赋给 num [j+1]，这样便完成了两个元素的交换。整个交换过程如图 2-47 所示。

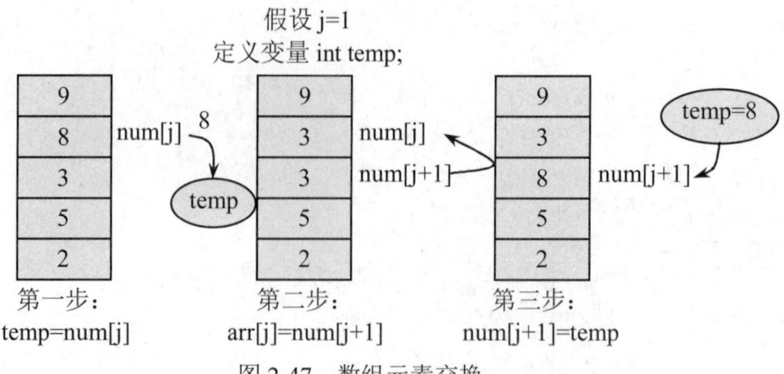

图 2-47　数组元素交换

2.7.4　二维数组

二维数组

虽然一维数组可以处理一般的简单数据，但是在实际应用中仍显不足，所以 Java 语言提供了多维数组。但在 Java 语言中，所谓的多维数组就是数组的数组。多维数组中最为常见的就是二维数组。

在程序中可以通过一个数组来保存某个班级学生的考试成绩，试想一下，如果要统计一个学校各个班级学生的考试成绩，又该如何实现呢？这时就需要用多维数组，多维数组可以简单地理解为在数组中嵌套数组。在程序中比较常见的就是二维数组，下面将针对二维数组进行详细讲解。

二维数组的声明方式和内存分配方式与一维数组类似，具体如下：

第一种方式：

```
数据类型[][] 数组名= new 数据类型[行数][列数];
```

二维数组在分配内存时要告诉编译器二维数组行与列的个数，“行数”是告诉编译器所声明的数组有多少行，“列数”是声明每行中有多少列。例如：

```
int[][] arr = new int[3][4];
```

上面的代码相当于定义了一个 3×4 的二维数组，即二维数组的长度为 3，每个二维数组中的元素又是一个长度为 4 的数组，接下来通过图 2-48 来表示这种情况。

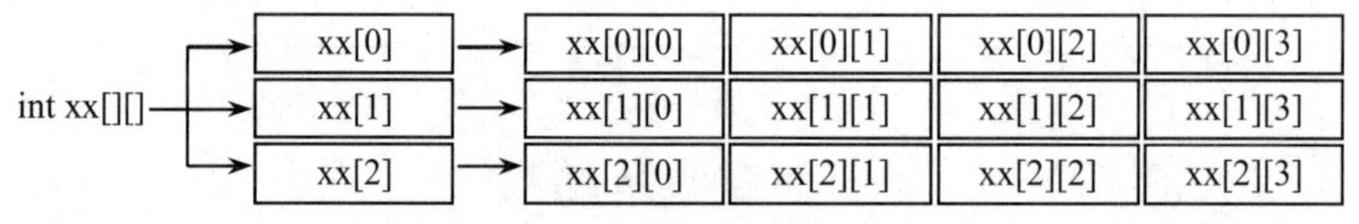

图 2-48　二维数组-1

在二维数组中，若要取得二维数组的行数，则需要在数组名后加上“.length”属性。若要取得数组中某行元素的个数，则需要在数组名后加上该行的下标，再加上“.length”属性。例如：

```
a.length            //计算数组 a 的行数
a[0].length         //计算数组 a 第 1 行元素的个数
a[1].length         //计算数组 a 第 2 行元素的个数
```

第一种方式：

```
数据类型[][] 数组名 = new  数据类型[行数][];
```

第二种方式和第一种类似，只是数组中的每个元素的长度不确定。例如：

```
int[][] arr = new int[3][];
```

接下来通过图 2-49 来表示这种情况。

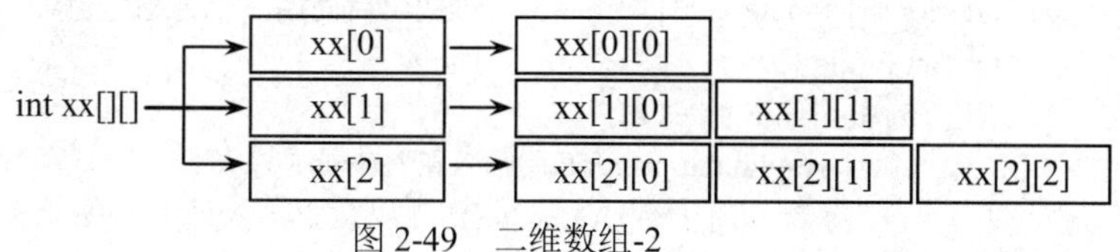

图 2-49　二维数组-2

第三种方式：

数据类型[][] 数组名={{第 1 行初值},{第 2 行初值},{…},{第 n+1 行初值}};

如果想在声明二维数组时就给数组赋初值，则可以利用大括号"{}"，在数组的声明格式后面再加上初值的赋值。同样需要注意的是，用户并不需要定义数组的长度，因此在数据类型后面的方括号中并不需要填写任何内容。此外，大括号内无论有几组大括号，每组大括号内的初值都会依次赋值给数组的第 1，2，…，n 行元素。例如：

```
int[][] arr = {{1,2},{3,4,5,6},{7,8,9}};
```

上面的二维数组中定义了 3 个元素，这 3 个元素都是数组，分别为{1,2}、{3,4,5,6}、{7,8,9}，接下来通过图 2-50 来表示这种情况。

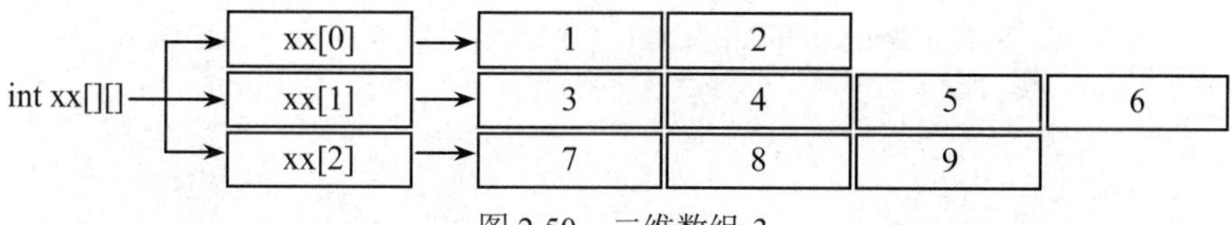

图 2-50　二维数组-3

注意：二维数组与一维数组相同，当用 new 运算符来为数组申请内存空间时，很容易在数组各维数的指定中出现错误，二维数组要求必须指定高层维数，下面进行举例说明。

正确的申请方式 1：只指定数组的高层维数。例如：

```
int[][] a = new int[3][];
```

正确的申请方式 2：指定数组的高层维数和低层维数。例如：

```
int[][] a = new int[3][4];
```

错误的申请方式 1：只指定数组的低层维数。例如：

```
int[][] a = new int[][4];
```

错误的申请方式 2：没有指定数组的任何维数。例如：

```
int[][] a = new int[][];
```

对二维数组中元素的访问也是通过角标的方式，如需访问二维数组中第一个元素数组的第二个元素，具体代码如下：

```
arr[0][1];
```

接下来通过一个案例来熟悉二维数组的使用。

例如举办程序大赛，有 3 个班级各 4 名学员要参赛，统计每个班级的平均分，要求分数由键盘输入，如文件 2-34 所示。

文件 2-34

```
import java.util.Scanner;   //导入 Scanner 这个类文件
public class Example34{
    public static void main(String[] args){
```

```
            Scanner input=new Scanner(System.in);
            int scores[][]=new int[3][4];       //三维数组后面用三个方括号
            for (int i=0;i<3;i++){
                for(int j=0;j<4;j++){
                    System.out.println("请输入第"+(i+1)+"个班级学生成绩");
                    scores[i][j]=input.nextInt();       //键盘输入每个人的成绩
                }
            }
            //输出二维数组的每个元素，统计各班成绩之和，求出平均成绩
            for (int i=0;i<3;i++ ){
                System.out.println("第"+(i+1)+"个班级学生成绩");
                int sum=0;       //sum 变量统计各班成绩之和
                for(int j=0;j<4;j++){
                    //显示每个班级学生成绩
                    System.out.println("第"+(j+1)+"个学员学生成绩是："+scores[i][j]);
                    sum+=scores[i][j];
                }
                //计算出班级平均成绩，并输出
                System.out.println("第"+(i+1)+"个班级学生平均分是"+sum/4);
            }
        }
    }
```

文件 2-34 的运行结果如图 2-51 所示。

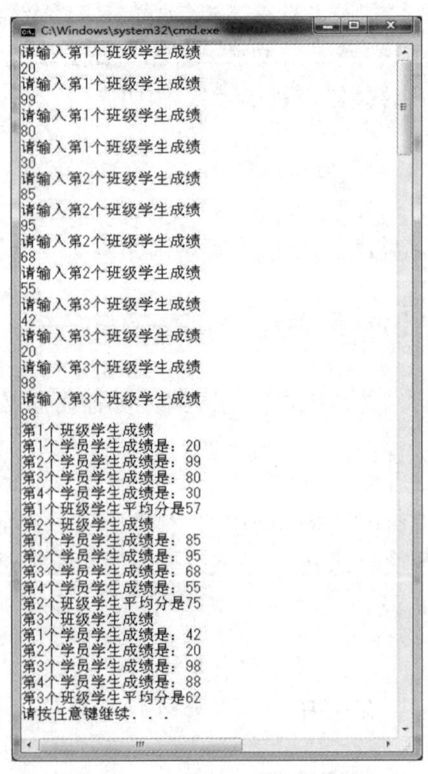

```
请输入第1个班级学生成绩
20
请输入第1个班级学生成绩
99
请输入第1个班级学生成绩
80
请输入第1个班级学生成绩
30
请输入第2个班级学生成绩
85
请输入第2个班级学生成绩
95
请输入第2个班级学生成绩
68
请输入第2个班级学生成绩
55
请输入第3个班级学生成绩
42
请输入第3个班级学生成绩
20
请输入第3个班级学生成绩
98
请输入第3个班级学生成绩
88
第1个班级学生成绩
第1个学员学生成绩是：20
第2个学员学生成绩是：99
第3个学员学生成绩是：80
第4个学员学生成绩是：30
第1个班级学生平均分是57
第2个班级学生成绩
第1个学员学生成绩是：85
第2个学员学生成绩是：95
第3个学员学生成绩是：68
第4个学员学生成绩是：55
第2个班级学生平均分是75
第3个班级学生成绩
第1个学员学生成绩是：42
第2个学员学生成绩是：20
第3个学员学生成绩是：98
第4个学员学生成绩是：88
第3个班级学生平均分是62
请按任意键继续. . .
```

图 2-51　文件 2-34 的运行结果

文件 2-34 中，定义了一个长度为 3 的二维数组，并为数组的每个元素赋值。赋值的方法要使用键盘输入每个同学的成绩，此处使用 Scanner 类，因此文件中第一行必须使用以下代码导入该文件：

```
import java.util.Scanner;
```

文件导入后，以下代码使用户能够从 System.in 中读取数字：

```
Scanner sc = new Scanner(System.in);
int i = sc.nextInt();
```

文件中还定义了 1 个变量 sum 用来记录每个班级的总成绩。当通过嵌套 for 循环统计成绩时，外层循环对 3 个班级进行遍历，内层循环对每个班级学员的成绩进行遍历，内层循环每循环 1 次就相当于将 1 个班级的学员的成绩累加到本小组的 sum 中，内层循环结束，相当于这个班级的总成绩计算完毕。当外层循环结束时，统计出了各个班级的总成绩，并求出各班平均成绩。

2.8　【综合案例】剪刀石头布猜拳游戏

【任务描述】

通过控制台命令方式实现一个猜拳游戏，用户通过输入（1 为剪刀，2 为石头，3 为布），与计算机 PK，最后通过积分的多少判定胜负。编写一个剪刀石头布游戏的程序，顾名思义，这个游戏就是你出拳、我来猜。程序后台随机出拳，用户通过键盘录入一个所猜的数字（数字对应出拳的规则），如果输入的数字和后台预先生成的数字相同，则分别统计胜者次数，最后根据统计的次数公布结果。

【运行结果】

任务运行结果如图 2-52 所示。

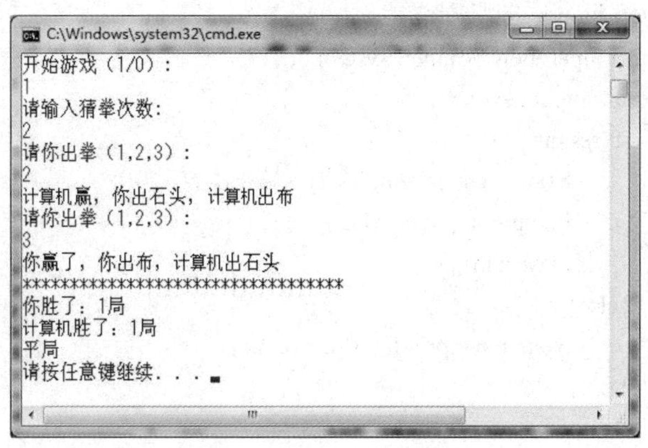

图 2-52　任务运行结果

【任务目标】

（1）学会分析“剪刀石头布猜拳游戏”程序的实现思路。

（2）根据思路独立完成“剪刀石头布猜拳游戏”的源代码编写、编译及运行。

（3）掌握在程序中使用 if 选择结构、switch 语句、while 循环结构语句以及方法的定义和调用。

【实现思路】

（1）在控制台输出玩法提示，即游戏规则。
（2）是否开始游戏（1 表示开始，0 表示退出）。
（3）接收游戏的局数。
（4）循环接收用户的出拳（1 为剪刀，2 为石头，3 为布）。
（5）系统要随机出拳。
（6）比较记录胜者次数。
（7）公布比赛结果。

【实现代码】

```
import java.util.Scanner;              //导入类文件
import java.util.Random;
public class PlayGame{
        public static void main(String args[]){
                begin();

        }
        //游戏的规则
        public static void begin(){
                System.out.println("------------------------------------");
                System.out.println("--------------剪刀石头布猜拳游戏--------------");
                System.out.println("游戏规则：1 为剪刀，2 为石头，3 为布");
                System.out.println("开始游戏（1/0）：");
                Scanner input=new Scanner(System.in);
                int result=input.nextInt();
                        if (result==1){
                                System.out.println("请输入猜拳次数：");
                                int num=input.nextInt();
                                play(num);
                        }else{
                                System.out.println("bye-bye!");
                        }
        }
        //游戏的核心程序
        public static void play(int num){
                int userScores=0;              //用户胜的局数
                int pcScores=0;                //计算机胜的局数
                Random r=new Random();  //生成随机数
                Scanner input=new Scanner(System.in);        //接收用户输入的游戏类型对象
```

```
while(num>0){
    int x=r.nextInt(100)%3+1;    //计算机出拳，产生的随机数是 0、1、2，当加 1 后，
                                 //变成 1、2、3
    System.out.println("请你出拳（1,2,3）：");
    int s=input.nextInt();
    if(s==1){
        switch(x){
            case 1:
                System.out.println("平局，你出剪刀，计算机出剪刀");
                break;
            case 2:
                System.out.println("计算机赢，你出剪刀，计算机出石头");
                pcScores++;
                break;
            case 3:
                System.out.println("用户赢，你出剪刀，计算机出布");
                userScores++;
                break;
        }
    }
    if(s==2){
        switch(x){
            case 1:
                System.out.println("用户赢，你出石头，计算机出剪刀");
                userScores++;
                break;
            case 2:
                System.out.println("平局，你出石头，计算机出石头");
                break;
            case 3:
                System.out.println("计算机赢，你出石头，计算机出布");
                pcScores++;
                break;
        }
    }
    if(s==3){
        switch(x){
            case 1:
                System.out.println("你输了，计算机赢，你出布，计算机出剪刀");
                pcScores++;
                break;
            case 2:
                System.out.println("你赢了，你出布，计算机出石头");
```

```
                        userScores++;
                        break;
                    case 3:
                        System.out.println("平局，你出布，计算机出布");
                        break;
                }
            }
            num--;
        }
        System.out.println("************************************");
        System.out.println("你胜了："+userScores+"局");
        System.out.println("计算机胜了："+pcScores+"局");
        if(userScores>pcScores){
            System.out.println("恭喜你，你赢了");
        }else if (userScores==pcScores){
            System.out.println("平局");
        }else{
            System.out.println("计算机赢了");
        }
    }
}
```

在文件中，为实现键盘输入所猜的数字，可以导入 Scanner 类，以下代码使用户能够从 System.in 中读取一个数字：

```
Scanner sc = new Scanner(System.in);
int i = sc.nextInt();
```

使用 Random 类中的方法 nextInt(int n)生成一个随机数，需要注意的是，此方法用于生成在 0（包括）和指定值 n（不包括）之间的随机数值。其中计算机出拳采用的代码 int x=r.nextInt(100)%3+1 中的 nextInt(100)可以产生[0,100)之间的随机数，参数取 100，是为了增加计算机出拳的随机性。代码 nextInt(100)%3 是为了产生的随机数是 0、1、2，所以取余数。当加 1 后，变成 1、2、3，和出拳规则相同。为了统计获胜次数，使用了 while 循环语句来控制猜拳次数，并在循环内部使用 if-else 语句和 switch 语句对计算机出拳和用户出拳进行比较，对获胜次数分别进行统计。最后通过获胜次数的比较判断输赢。

2.9 本章小结

本章主要介绍了学习 Java 所需的基础知识。首先介绍了 Java 语言的基本语法、常量、变量的定义以及一些常见运算符的使用，然后介绍了条件选择结构语句和循环结构语句的概念和使用，最后介绍了方法的知识以及数组的相关操作。通过本章的学习，读者能够掌握 Java 程序的基本语法、格式以及变量和运算符的使用，能够掌握几种流程控制语句的使用方式，能够掌握方法的定义和方法的调用方式，能够掌握数组的声明、初始化和使用等知识。

2.10　习题

一、单选题

1．下列数据类型进行运算时，（　　）会发生自动类型提升。

A．int+int　　B．long+long　　C．byte+byte　　D．double+double

2．下列选项中，属于布尔常量的是（　　）。

A．198　　B．2e3f　　C．true　　D．null

3．声明一个数组“【 】a = new String[]{};”，【 】中应该填写的内容是（　　）。

A．int　　B．double　　C．String[]　　D．String

4．下列选项中，不属于逻辑运算符的是（　　）。

A．!　　B．&&　　C．||　　D．~

5．请阅读下面的程序，下列选项中，（　　）是程序运行的结果。

```
class WhileDemo4 {
    public static void main(String args) {
        int n = 5;
        while (n > 10) {
            System.out.print(n);
            n++;
        }
    }
}
```

A．无输出　　B．输出 56789　　C．死循环　　D．编译错误

6．下列转义字符中，不合法的是（　　）。

A．\n　　B．\x　　C．\r　　D．\t

7．下列关于注释作用的描述中，错误的是（　　）。

A．可以对程序进行说明　　B．会参与编译

C．可以帮助调试程序　　D．帮助整理编程思路

8．下面选项中，（　　）是合法的标识符。

A．while　　B．1Demo　　C．_3_　　D．class

9．以下标识符中，不合法的是（　　）。

A．user　　B．$inner　　C．class　　D．login_1

10．若 int[][] arr= {{1,2,3}}，则 arr[0][1]的结果为（　　）。

A．0　　B．1　　C．2　　D．3

二、多选题

1．switch 条件表达式中可以使用的数据类型是（　　）。

A．int　　B．char　　C．enum　　D．long

2．下列选项中关于二维数组的定义，格式正确的是（　　）。

A．int[][]arr=newint[3][4]　　B．int[][]arr=newint[3][]
C．int[][]arr=newint[][4]　　D．int[][]arr={{1,2},{3,4,5},{6}}

3．以下选项中，满足无限循环条件的是（　　）。
A．for(int x = 0 ; ; x++){}　　B．for(; ;){}
C．for(; true ;){}　　D．以上均不满足

4．下面布尔类型变量的定义中，错误的是（　　）。
A．boolean a=true;　　B．boolean b=false;
C．boolean c=0;　　D．boolean d=1;

5．下列关于多行注释的应用，正确的是（　　）。
A．程序中可以不写多行注释　　B．多行注释会影响程序运行速度
C．多行注释有利于代码的阅读性　　D．写多行注释是一个良好的习惯

三、简述题

1．简述运算符“&”和“&&”的区别。

2．简述变量的作用域。

四、编程题

1．编写一个能找出给定数组（如{5,10,-8,-2,-500,50,200}）中的最大数和最小数的程序。

2．使用循环语句输出九九乘法表。

第 2 章习题答案

第 3 章　类与对象

【学习目标】

- 了解面向对象的三大特征。
- 掌握类和对象的创建和使用。
- 掌握类的封装特性。
- 掌握构造方法的定义和重载。
- 掌握 this 和 static 关键字的使用。
- 掌握包的定义和使用。

面向对象程序设计是使用计算机语言来描述现实世界，是对现实世界的抽象。在面向对象程序设计中，类与对象是面向对象程序设计中最基本、最核心的概念，掌握类与对象的相关概念和语法是学习面向对象编程的基础。本章将介绍类的概念、类的定义和声明、对象的概念、对象的创建与使用、构造方法的定义和重载、this 和 static 关键字、包的定义和使用等内容，这些是面向对象编程的基础，也是学习后续章节的前提。

3.1　面向对象的概念

面向对象是一种符合人类思维习惯的编程思想。现实生活中存在各种形态不同的事物，这些事物之间存在着各种各样的联系。在程序中使用对象来映射现实中的事物，使用对象的关系来描述事物之间的联系，这种思想就是面向对象。

提到面向对象，自然会想到面向过程，面向过程就是分析解决问题所需要的步骤，然后用函数把这些步骤一一实现，使用的时候依次调用就可以了。面向对象则是把解决的问题按照一定规则划分为多个独立的对象，然后通过调用对象的方法来解决问题。当然，一个应用程序会包含多个对象，通过多个对象的相互配合来实现应用程序的功能，这样当应用程序功能发生变动时，只需要修改个别的对象就可以了，从而使代码更容易得到维护。面向对象的特性主要可以概括为封装性、继承性和多态性，接下来针对这 3 种特性进行简单介绍。

1. 封装性

封装是指把类的基本成分（包括数据和方法）封装在类体之中，与外界隔离开。封装性减少了程序各部分之间的依赖性，降低了程序的复杂性，由于隐藏了其内部信息的细节，使内部信息不易受到破坏，安全性有了保证，同时也为外界访问提供了简单方便的界面。例如，用户使用计算机时，只需要使用手指敲键盘就可以了，无须知道计算机内部是如何工作的，即使用户可能知道计算机的工作原理，但在使用时，并不完全依赖这些原理。

2. 继承性

继承性主要描述的是类与类之间的关系。面向对象程序设计的类也具有“继承”的特性，如果在软件开发中已经建立了一个名为 A 的类，又想建立一个名为 B 的类，而后者与前者内容基本相同，只是在前者的基础上增加一些属性和行为，显然不必再从头设计一个新类，而只需在类 A 的基础上增加一些新内容即可。这就是面向对象程序设计中的继承机制。这种继承的特性能让用户在开发程序时不必从零开始，只要继承现有的类，可以在无须重新编写原有类的情况下，对原有类的功能进行扩展，再新增功能就能产生新的类，这样一来就会大大节省程序开发时间，提高程序开发的效率。例如，有一个汽车的类，该类中描述了汽车的普通特性和功能，而轿车的类中不仅应该包含汽车的特性和功能，还应该增加轿车特有的功能，这时，可以让轿车类继承汽车类，在轿车类中单独添加轿车特性的方法就可以了。继承不仅增强了代码复用性，提高了开发效率，而且为程序的修改补充提供了便利。

3. 多态性

多态性是指一个类中不同的方法具有相同的名字。Java 通过方法“重载”和方法“覆盖”实现多态性。方法重载指多个方法具有相同的名字，但参数的个数或类型不同。调用重载方法时，根据传递的参数个数和类型决定调用哪一个方法；方法覆盖指在继承过程中，子类重新定义父类的方法，实现子类中所需要的功能。利用多态性对一些方法只需定义其方法体，不再取新的名字。多态使程序具有良好的可扩展性，并使程序易于编写、维护，易于理解。

3.2 Java 中的类与对象

3.2.1 类与对象的关系

面向对象程序设计的基本思想是把人们对现实世界的认识过程应用到程序设计中，使现实世界中的事物与程序中的类和对象直接对应。具有一定属性和行为的对象构成了程序，其中的行为可以被对象执行。至于对象的构成方法及其来源，不是用户关心的问题，用户只需要关心对象的接口，也就是怎么调用才能实现需要的功能即可。

不同的物体可能有相同的特征，如两个人都有人的特征，两辆汽车都有汽车的特征等。把这类对象的共性抽象出来，形成一个模型就是类。所以类是一组具有相同特性的对象的抽象化模型。例如，所有的人具有相同的特征，可以抽象化为“人”类，我们每一个具体的人，就是“人”类中的一个实例，即一个对象。

类和对象的关系可以这样理解：把具有相同特征的对象的这种相同的特征（包括状态和行为）抽象化就是类；把类实例化就是对象。接下来通过图 3-1 来描述类与对象的关系。

在图 3-1 中，可以将人看作一个类，将一个个具体的人，如小红、小明看作对象；将猪看作一个类，将一头头具体的猪看作对象；将猴子看作一个类，将一只只具体的猴子看作对象。从图 3-1 中可以看出类与对象之间的关系：类用于描述多个对象的共同特征，它是对象的模板，对象用于描述现实中的个体，它是类的实例，对象是由类创建的，并且一个类可以对应多个对象。

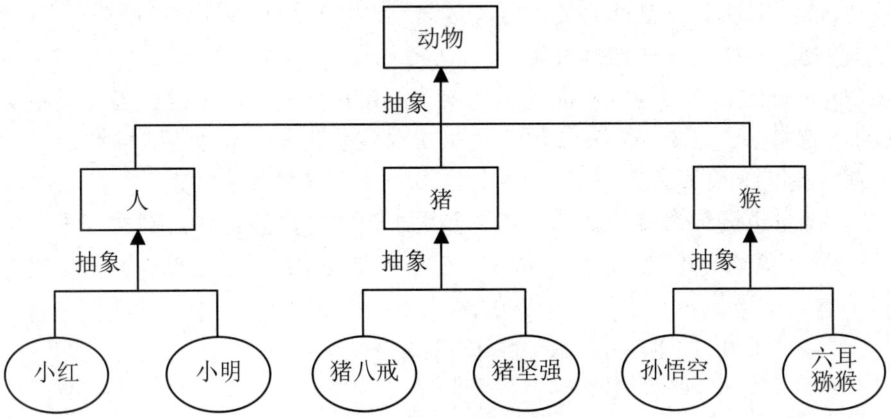

图 3-1　类与对象的关系

3.2.2　类的定义

Java 中的类可理解成 Java 语言中一种新的数据类型，它是 Java 程序设计的基本单位。在面向对象的思想中最核心的就是对象，为了在程序中创建对象，首先需要定义一个类。

类是对象的抽象，它用于描述一组对象的共同特征和行为。因此，通常从以下 3 个方面来描述一个类：

（1）有一个名字来唯一标识它所描述的客观实体，即定义类名。

（2）有一组属性来描述对象的共有特征，称为类中的成员变量。

（3）有一组方法来描述对象的共有行为，称为类的成员方法。

本节将对 Java 中的类的定义、类的成员变量和成员方法进行详细讲解。

1. 类的定义

Java 中的类通过 class 关键字来定义，其语法格式如下：

```
[修饰符] class 类名[extends 父类] [implements 接口名]{
    变量声明
    方法声明
}
```

说明：

（1）修饰符。类的修饰符声明了类的属性，其分为访问控制符、抽象类说明符和最终类说明符 3 种。

1）访问控制符。类的访问控制符将在后续章节 3.2.4 中详细介绍。

2）抽象类说明符。抽象类说明符 abstract 不仅可用于类的声明，也可用于方法的声明。当用于类的声明时，说明该类为抽象类，即该类不能实例化为对象。

3）最终类说明符。最终类说明符 final 不仅可用于类的声明，还可用于变量和方法的声明。当用于修饰类时，说明该类不能被继承；当用于变量的声明时，该变量的初值在以后的调用中只能被引用不能被修改；同样，声明为 final 类型的方法，在以后也只能被使用不能重写。

（2）class。类修饰符后面的 class 标志着一个类定义的开始（注意不要写成 Class），class 后面应接新定义的类的名字，类名由编程者自己定义，应符合 Java 对标识符的有关规定，且能体现该类的主要功能或作用。

（3）extends。该关键字后面为类的父类的名字，用来说明当前类与哪个类存在继承关系，继承是类与类之间一种非常重要的关系。

（4）implements。该关键字后面为类所实现的接口列表，用来说明当前类中实现了哪个接口定义的功能和方法。接口是 Java 语言用来实现多重继承的一种特殊机制。

2. 声明（定义）成员变量

类的成员变量也被称为类的属性，它主要用于描述对象的特征。例如，一个学生的基本属性特征有学号、姓名、年龄、性别等信息，在类中要使用这些信息时，就需要将它们定义为成员变量。

声明（定义）成员变量的语法格式如下：

```
[修饰符] 数据类型 变量名[=值];
```

例如：

```
public int a=3;
```

成员变量的修饰符有访问控制符、静态修饰符、最终修饰符等，其含义见表 3-1。访问控制符可参考 3.2.4 节内容，此表只列出了 final 和 static 修饰符。

表 3-1 成员变量修饰符的含义

修饰符	含义
final	最终修饰符。final 修饰的变量的值不能改变
static	静态修饰符。static 修饰的变量被所有的对象共享

除了访问控制修饰符有多个之外，其他的修饰符都只有一个。一个成员变量可以被两个以上的修饰符同时修饰，但有些修饰符是不能同时定义的。

在定义类的成员变量时，可以同时赋初值，但对成员变量的操作只能放在方法中。

如果成员变量在定义时没有赋值，则其初值是它的默认值。例如，byte、short、int 和 long 型的默认值为 0，float 型的默认值为 0.0f，double 型的默认值为 0.0，boolean 型的默认值为 false，char 型的默认值为“\u0000”，引用型的默认值为 null。但有时需要变量具有其他初值，那么可以在定义的同时给变量赋值。例如，在定义 Rectangle 类的成员变量时直接给长和宽赋初值。

```
class Rectangle {
    float length = 1.23F;
    float width = 3.21F;
}
```

注意以下的写法是错误的：

```
class Rectangle {
    float length, width;
    length = 1.23F;
    width = 3.21F;
}
```

注意：对成员变量的操作应放在方法中，当需要在程序执行过程中改变成员变量的值时，应设计相应的方法，在方法体内通过相应的语句来修改成员变量的值。

3. 声明（定义）成员方法

Java 源程序由很多类组成，而每个类又都由若干个属性和方法组成。其中，属性的定义比较简单，它们在方法中使用；而方法的定义比较复杂，方法是类的主要组成部分，是类对外提供的接口，是对象和外界对象交互的桥梁。

方法的使用使得用户能够将复杂的问题简单化，也便于代码的重用。方法分为两种：一种是标准方法，Java 的 API 提供了丰富的类和方法，这些方法提供了用户所需的许多功能；另一种是用户自定义的方法，是为解决用户的实际问题而定义的方法，即成员方法。

Java 应用程序的执行从 main 方法开始，调用其他方法后又回到 main 方法，在 main 方法中结束整个程序的运行。

每一个方法都有一个隐含的参数，称为 this，它实际就是对调用方法的主体对象的引用。对于同一个类创建的不同实例对象，其字段可以有不同的取值，从而反映该对象的不同状态。

接下来通过一个案例来演示一个学生类的定义，如文件 3-1所示。

文件 3-1

```
class Student{
	//成员变量，描述对象的属性
	String name;	//学生的姓名
	char sex;	//学生的性别
	int age;	//学生的年龄
	//成员方法，描述对象的行为
	void speak(){
		System.out.println("我的名字是"+name+"，我的性别是"+sex+"，今年"+age+"啦！");
	}
}
```

文件 3-1 定义的学生类包含的数据部分描述了学生对象的相关属性，如姓名、性别、年龄等这些成员变量，成员方法 speak()则描述了学生的基本信息——自我介绍。在成员方法中可以直接访问成员变量。Java 程序运行时，main 方法首先被调用，是程序的运行起点。文件 3-1 并不是完整的程序，它缺少了必不可少的 main 方法。

注意：在 Java 中，定义在类中的变量称为成员变量，定义在成员方法中的变量称为局部变量。

3.2.3　对象的创建与使用

对象是类的一个实例，类是同种对象的抽象，是创建对象的模板。在程序中每创建一个对象，将在内存中单独开辟一块存储空间，此存储空间中包括该对象的属性和方法。类是具有共同特性的实体抽象，而对象又是现实世界中实体的表现。对象是类的实例化，对象和实例的含义相通，故两个词语通常可以互换。当然，实例也可理解为类的具体实现。

1. 对象的创建

对象的创建过程实际上就是类的实例化过程，具体语法格式如下。

第一种格式：

```
类名 对象名 =new 类名([参数 1,参数 2,…]);
```

例如：

```
Student s1= new Student();
```

第二种格式：

```
类名 对象名;
对象名=new 类名([参数 1,参数 2,…]);
```

例如：

```
Student s2;
s2 = new Student();
```

第一种格式将对象的声明和创建合并在一起，功能是为对象分配内存空间，然后执行构造方法中的语句为成员变量赋值，最后将所分配存储空间的首地址赋给对象变量。

第二种格式先声明对象变量，但该对象变量还没有引用任何实体，称这时的对象为空对象，空对象必须在用 new 运算符分配实体后才能使用。创建引用变量 s2，为 Student 类的对象分配内存空间并让 s2 指向该对象的过程，如图 3-2 所示。

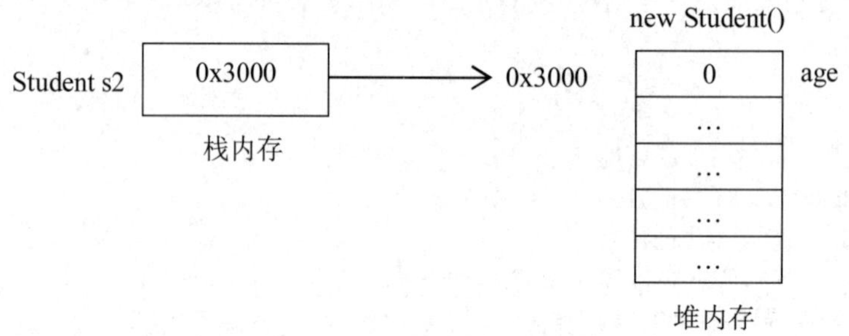

图 3-2　对象的内存模型

从图 3-2 中可以看出，使用 new 运算符的结果是返回新创建的对象的一个引用。当 new 为指定的类创建一个对象时，首先为该对象在内存中分配内存空间，然后以类为模板构造该对象，最后把该对象在内存中的首地址返回给对象名。这样就可以像使用一个普通变量一样通过对象名来使用对象。同时，使用 new 运算符创建对象也调用了该类的构造方法，从而实现对象的初始化。

一个类使用 new 运算符可以创建多个不同的对象，这些对象被分配有不同的内存空间，因此改变一个对象的内存状态不会影响其他对象的内存状态。例如，使用 Student 类创建两个对象，即 s1 和 s2，程序代码如下：

```
Student s1= new Student();
Student s2= new Student();
```

s1 和 s2 的内存模型如图 3-3 所示。

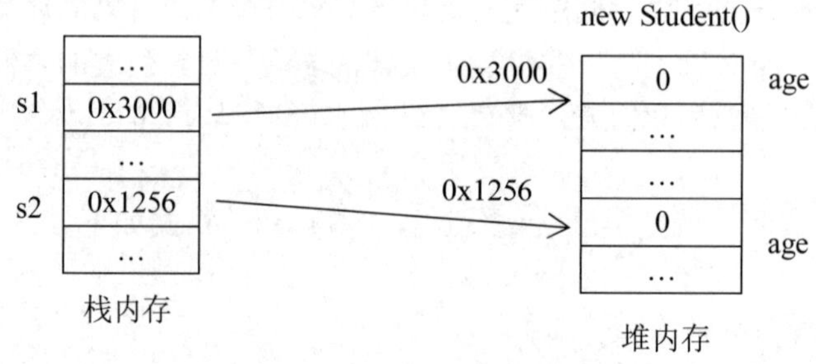

图 3-3　多个对象的内存模型

当一个对象被创建时，系统会对其中各种类型的成员变量按表 3-2 自动进行初始化。

表 3-2　成员变量的初始值

成员变量的数据类型	初始值
byte	0
short	0
int	0
long	0L
float	0.0F
double	0.0D
char	'\u0000'（表示为空）
boolean	false
引用类型	null

2. 对象的使用

一旦创建了对象，对象被实例化后，在程序中就可以对对象的成员进行引用了。引用对象成员的格式如下：

对象名.对象成员

在对象名和对象成员之间用“.”连接，通过这种引用方法可以访问对象的成员。接下来通过一个案例来学习对象是如何访问对象成员的，如文件 3-2 所示。

文件 3-2

```
class Person{
    String name;     //姓名
    char sex;        //性别
    int age;         //年龄
    void speak(){
        System.out.println("我的名字是"+name+"，我的性别是"+sex+"，今年"+age+"岁啦！");
    }
}
public class Example02{
    public static void main(String args[]){
        Person p1=new Person();     //创建对象 P1
        Person p2=new Person();     //创建对象 P2
        p1.name="小花";              //调用对象的属性
        p1.age=16;                  //调用对象的属性
        p1.sex='女';                 //调用对象的属性
        p1.speak();                 //调用对象的方法
        p2.age=20;
        p2.sex='男';
        p2.speak();
    }
}
```

文件 3-2 的运行结果如图 3-4 所示。

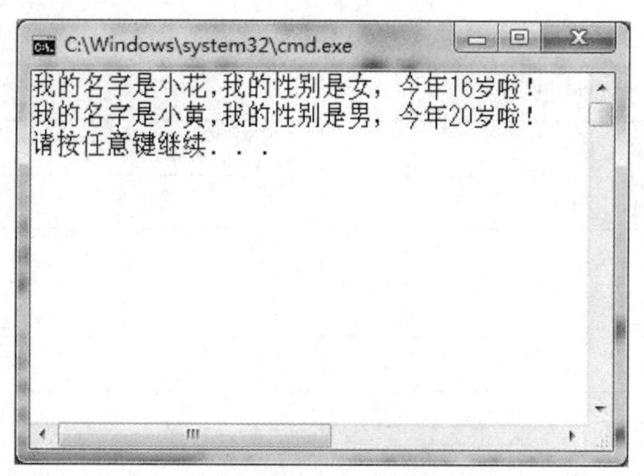

图 3-4　文件 3-2 的运行结果

在一般情况下，要使用一个类，就必须创建这个类的对象。那么，对象的创建是应该设计在同一个类中还是设计在另一个类中呢？答案是两者都可以，但最好是在另一个类中。这样，没有对象定义的纯粹的类设计部分就可以单独保存在一个文件中，而不会影响该类的重复使用。

文件 3-2 中定义了一个 Person 类，该类包括姓名 name、年龄 age、性别 sex 三个成员变量，同时定义了 speak()成员方法。Java 程序运行时，main 主方法首先被调用，它是程序运行的入口，通常对象的创建都放在 main 方法中。main 方法可以写在 Person 类中，也可单独放在一个测试类中，本例中 main 主方法写在主类 Example02 类中，该类中创建了 Person 类的 2 个对象 p1 和 p2。从图 3-4 所示的运行结果可以看出 p1 和 p2 分别调用了 speak()方法，输出的 name、age、sex 值不同。这是因为 p1 对象和 p2 对象是两个完全独立的个体，它们在堆内存的不同区域，拥有各自的属性。因此对 p1 对象的属性赋值不会影响到 P2 对象属性的值。

说明：

（1）当程序运行到调用方法语句时，程序会暂时跳到该方法中运行，等到该方法运行结束后，才又返回 main 主方法中继续往下运行。

（2）在类的外部（如上例的 main 方法中）用到类的成员名时，必须指明是哪个对象变量（p1 还是 p2），也就是用“指向对象的变量.成员名”的语法来访问对象中的成员；相反，若是在类内部使用类自己的成员时，则不必指出成员名称前的对象名称。

3.2.4　访问控制符

在进行面向对象的程序设计时，为使某些类对象的数据和成员不被其他对象访问，以保证数据的隐私，Java 语言引入了“访问控制修饰符”的概念，通过修饰符的限定实现信息隐藏。

Java 语言中的访问控制符有 public、default、private 和 protected。

1. public 访问控制符

一个类被声明为公共类，表明它可以被所有的其他类所访问和引用，这里的访问和引用是指这个类作为整体对外界是可见和可使用的，可以创建这个类的对象、访问这个类内部可见的成员变量和调用它的可见的方法。

一个类作为整体对程序的其他部分可见，并不能代表类内的所有属性和方法也同时对程序的其他部分可见，前者只是后者的必要条件，类的属性和方法能否被所有其他类访问，还要看这些属性和方法自己的访问控制符。

注意：类的属性尽可能不用 public 关键字，否则会造成安全性和数据封装性的下降。

2. default 缺省访问控制符

如果一个类没有访问控制符，说明它具有缺省的访问控制符。这种缺省的访问控制符规定该类只能被同一包中的类访问和引用，而不可以被其他包中的类使用，这种访问特性称为包访问性。通过声明类的访问控制符可以使整个程序结构清晰、严谨，减少可能产生的类间干扰和错误。

3. private 私有访问控制符

用 private 修饰的属性或方法只能被该类自身所访问和修改，而不能被任何其他类，包括该类的子类获取和引用。

实现类时，应使所有的数据字段都是私有的，因为公开的数据是危险的。对于方法又是什么情况呢？虽然大多数方法是公有的，但是也经常使用私有方法。这些私有的方法只能被该类自身调用。

选择私有方法的种类有两种：

- 与类的使用者无关的方法。
- 如果类的实现改变了，不容易维护的方法。

注意：private 只能修饰属性和方法，而不能修饰类。

4. protected 访问控制符

用 protected 修饰的成员变量和方法可以被该类本身和它的子类所访问，使用 protected 修饰符的主要作用是允许其他包中的该类的子类来访问父类的特定属性。

protected 关键字引入了“继承”的概念，它以现有的类为基础，派生出具有新成员变量的子类，子类能继承除 private 修饰的数据外所有的父类的数据成员和方法。

注意：protected 也只能修饰属性和方法，而不能修饰类。

4 种访问控制符的访问权限见表 3-3。

表 3-3　访问控制符的访问权限

访问权限	同一个类	同一个包	子类	全局范围
private	是	否	否	否
default	是	是	否	否
protected	是	是	是	否
public	是	是	是	是

从表 3-3 中可以看出，Java 语言中 4 种访问控制符访问权限如下：

- private：如果一个类的成员被 private 修饰，表示这个类中的成员只能在当前类中访问，不能被其他类访问。
- default：如果一个类或者类的成员被 default 修饰，表示这个类或者类的成员在相同的包下可以访问。

- protected：如果一个类的成员被 protected 修饰，表示在当前类和他的所有子类中可访问。
- public：如果一个类或者类的成员被 public 修饰，那么这个类或者类的成员被所有类访问。不管这些类是否在同一个包（包就是文件夹）中。

注意： 如果一个 Java 源文件中定义的所有类都没有使用 public 修饰，那么这个 Java 源文件的文件名可以是一切合法的文件名；如果一个源文件中定义了一个 public 修饰的类，那么这个源文件的文件名必须与 public 修饰的类的类名相同。

3.3 类的封装

封装性是面向对象的三大特征之一，就是隐藏实现细节，仅对外提供访问接口。封装是一种信息隐藏技术。封装可以被认为是一个保护屏障，防止该类的代码和数据被外部类定义的代码随机访问。适当的封装可以让程序代码更容易理解与维护，也加强了代码的安全性。

针对前面文件 3-2 中设计的 Person 类创建对象，并访问该对象的成员，如文件 3-3 所示。

文件 3-3

```
public class Example03{
        public static void main(String args[]){
            Person p1=new Person();     //创建对象 P1
            p1.name="小花";              //给对象的 name 属性赋值
            p1.age=-3;                  //给对象的 age 属性赋值
            p1.sex='男';                 //给对象的 sex 属性赋值
            p1.speak();                 //调用对象的方法
        }
}
```

在文件 3-3 中，p1 对象的年龄、性别、名字是可以随意更改的，如果将 age 赋值为-3，显然违背了事实。从类的封装角度来看，上面的定义并不理想。这就相当于将一台计算机去除了机箱，它的 CPU、内存、硬盘等部件完全暴露在外面，任何人都可以对其进行操作，违反了面向对象的封装性原则，类的数据安全性受到了威胁。为了解决这类问题，需要对类进行封装，防止外界对类中的成员变量随意访问。

类的封装其实就是指在定义一个类时，将类中的属性私有化，即使用 private 关键字来修饰类中的属性，对每个私有属性提供对外的用 public 修饰的公共方法访问，也就是创建一对设置属性值 set×××()和获取属性值 get×××()的方法，用于对私有属性的访问。

为了让初学者更好地掌握类的封装，本案例将使用 private 关键字对成员变量 name、sex 和 age 进行私有化，同时分别提供相应的方法用于外界的访问。

接下来通过修改文件 3-3 来实现类的封装，如文件 3-4 所示。

文件 3-4

```
class Person{
    private String name;    //将 name 属性私有化
    private char sex;       //将 sex 属性私有化
    private int age;        //将 age 属性私有化
    public void setName(String n){
```

```
            name=n;
        }
        public String getName(){
            return name;
        }
        public void setAge(int a){
            // 对传入的参数进行检查
            if(a < 0){
                System.out.println("设置的年龄不合法");
            }else{
                age = a;
            }
        }
        public int getAge(){
            return age;
        }
        public void setSex(char s){
            sex=s;
        }
        public char getSex(){
            return sex;
        }
        void speak(){
            System.out.println("我的名字是"+name+"，我的性别是"+sex+"，今年"+age+"岁啦！");
        }
    }
    public class Example04{
        public static void main(String args[]){
            Person p1 = new Person();
            p1.setName("小华");
            p1.setAge(-30);
            p1.setSex('男');
            p1.speak();
        }
    }
```

文件 3-4 的运行结果如图 3-5 所示。

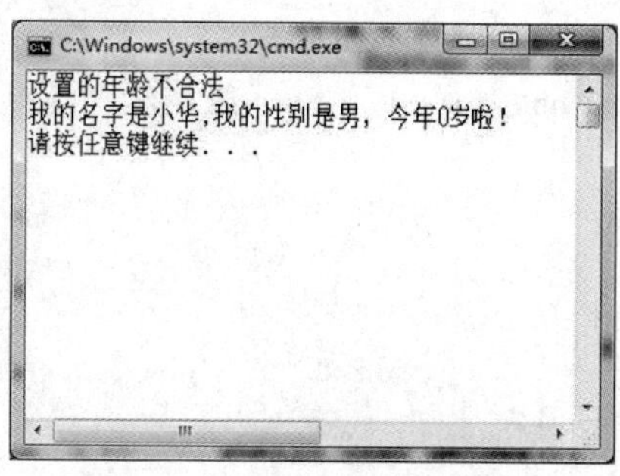

图 3-5　文件 3-4 的运行结果

文件3-4中，Person的name、age、sex属性使用private关键字修饰为私有后，在Example04类中不能再使用p1.name、p1.age和p1.sex的方式访问这两个属性，只能通过public类型的setName(String n)和setAge(int a)以及setSex(char s)方法进行访问。在上面的代码中，调用setAge(int a)方法时传入的参数为-30，由于参数小于0，会输出“设置的年龄不合法”，并不会将负数赋值给age属性。由此可见，只要实现了封装就能对外界的访问进行控制，避免因对私有变量随意修改而引发数据安全问题。

3.4 构造方法

构造方法是一种特殊的方法，它是类构造对象时调用的方法，用于对象的初始化工作。构造方法是实例化一个类的对象时，也就是new的时候，最先调用的方法。Java程序中的每个类允许定义若干个构造方法，构造方法定义后，创建对象时就会自动调用它，因此构造方法不需要在程序中直接调用，而是在对象产生时自动执行。这一点不同于一般的方法，一般的方法是在用到时才调用。

3.4.1 构造方法的定义和重载

构造方法是类的一个特殊方法，它的作用是构造并初始化对象。构造方法的特殊性体现在以下几个方面：

（1）构造方法的方法名与类名相同。

（2）构造方法没有返回类型，但可携带0个、1个或多个参数。

（3）在构造方法中不能使用return语句返回值，但是可以单独写return语句来作为方法的结束。

（4）当用new运算符创建一个类的新对象时，系统会自动调用该类的构造方法将新构造的对象初始化。

（5）构造方法可以重载。

接下来通过一个案例来演示如何在类中定义构造方法，如文件3-5所示。

文件3-5

```
class RectShape{
    double sideA,sideB;  //定义矩形的两边
    //无参数构造函数
    RectShape(){}
    //有参数构造函数
    RectShape(double a,double b){
        sideA = a;
        sideB = b;
    }
    //求矩形面积
    double area() {
        return sideA*sideB ;
    }
```

```
        //求矩形周长
        double girth(){
            return (sideA+sideB)*2;
        }
    }
    public class Example05{
        public static void main(String args[]){
            RectShape rect1 = new RectShape();
            RectShape rect2 = new RectShape(10.2d,20.5d);
            rect1.sideA=20d;
            rect1.sideB=10d;
            System.out.println("矩形的面积是"+rect1.area()+"，矩形的周长是"+rect1.girth());
            System.out.println("矩形的面积是"+rect2.area()+"，矩形的周长是"+rect2.girth());

        }
    }
```

文件 3-5 的运行结果如图 3-6 所示。

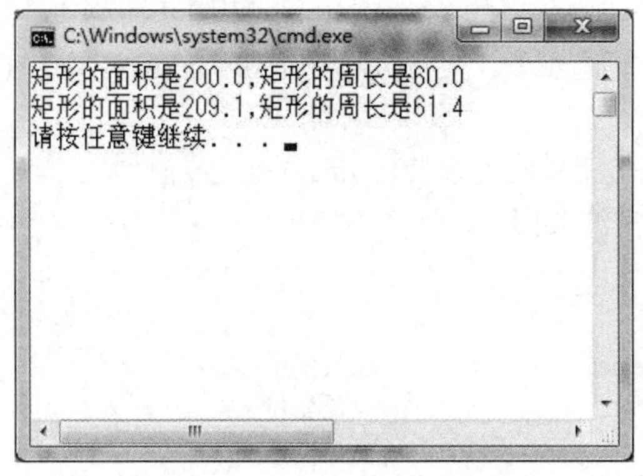

图 3-6　文件 3-5 的运行结果

在文件 3-5 的类 RectShape 中定义了两个构造方法，一个是无参构造方法，另一个是带有两个参数的构造方法，采用的是方法重载。然后在实例化 RectShape 两个对象 rect1 和 rect2 时，根据传入参数个数的不同，分别调用了不同的构造方法。从图 3-6 中可以看出，两个构造方法对属性赋值的情况是不同的，其中 rect1 对象是通过调用属性来赋值的，而 rect2 对象是在实例化该对象的同时就为这个对象的属性进行赋值。

3.4.2　构造方法的作用

构造方法具有如下作用：

（1）对象初始化。调用构造方法是在创建对象时赋予其初始值，从而保证对象在使用前有正确的初值。

（2）引入更多的灵活度。构造方法是类的一种特殊的方法，方法名字必须和类名相同，但可以携带不同的参数，因此，可以通过给构造方法设置不同的参数，即通过方法重载为一个类提供多个不同的构造方法，为类的不同对象赋予不同的初始值。

Java 语言中可以不定义构造方法。Java 语言中如果没有显式地给类定义任何构造方法，系统将自动提供一个默认的构造方法(默认构造方法没有参数，也不实现任何功能)，以 Person 类为例，它的默认构造方法的写法为 public Person(){}，方法体里没有代码，是空方法体。但是，一旦类的定义者显式地定义了一个或多个构造方法，系统将不再提供默认的构造方法，如果还要使用默认的构造方法，就要在类中定义一个无参构造方法。

3.5 this 关键字

在文件 3-5 中使用变量表示 A 边和 B 边时，构造方法中使用的是局部变量参数 a 和 b，成员变量用的是 sideA 和 sideB，虽然在语法上没有问题，但是程序中没有表达出要用局部变量去初始化成员变量的目的。为了增强程序的可读性，通常都将构造方法里的局部变量和成员变量进行统一命名。例如将构造方法中局部变量和成员变量同名，都声明为 sideA 和 sideB。但是这样做之后又会导致成员变量和局部变量的名称冲突，在方法中将无法访问同名的成员变量，但程序又需要在该方法里访问这个被覆盖的成员变量，所以必须使用 this 关键字来解决这个问题。

this 关键字是 Java 语言中常用的关键字，this 可用于任何实例方法内指向当前对象，也可用于在方法中访问对象的其他成员。接下来将详细讲解 this 关键字在程序中的 3 种使用方法。

1. this.*属性名*

通常普通方法访问成员变量时无须使用 this 关键字，但如果方法里有个局部变量和成员变量同名，为解决与局部变量冲突问题，就必须使用 this 关键字来访问成员变量。具体示例代码如下：

```
class Person{
        String name;                    //成员变量 name
        char sex;                       //成员变量 sex
        int age;                        //成员变量 age
        public Person(String name,int age,char sex){
            this.name=name;             //将局部变量 name 的值赋给成员变量 name
            this.sex=sex;               //将局部变量 sex 的值赋给成员变量 sex
            this.age=age;               //将局部变量 age 的值赋给成员变量 age
        }
    }
```

在上面的代码中，构造方法的局部变量和成员变量同名，采用了 this 关键字来访问成员变量。

2. this.*方法名*

this 关键字最大的作用就是让类中的一个方法访问该类里的另一个方法。

假设定义了一个 Dog 类，这个 Dog 对象的 run()方法需要调用它的 jump()方法，Dog 类的代码如下所示：

```
/**
 *定义 Dog 类
 **/
public class Dog {
    // 定义一个 jump()方法
    public void jump() {
```

```
        System.out.println("正在执行 jump()方法");
    }
    // 定义一个 run()方法，run()方法调用 jump()方法
    public void run() {
        this.jump();
    }
}
```

上述代码 run()方法中，使用 this 关键字调用 jump()方法。this 关键字调用方法是可以省略的。

3. 用 this()的方式来访问本类的构造方法

this()用来访问本类的构造方法时，括号中可以有参数，如果有参数就是调用指定的有参构造方法。下面定义一个 Student 类，使用 this()调用构造方法给 name 赋值，Student 类的代码如文件 3-6 所示。

文件 3-6

```
public class Example06{
    public static void main(String[] args) {
        Student stu = new Student();     //实例化 Student 对象
        stu.print();
    }
}
class Student {
    String name;
    // 无参构造方法（没有参数的构造方法）
    public Student() {
        this("张三");     //调用了有参构造方法
    }
    // 有参构造方法
    public Student(String name) {
        this.name = name;
    }
    // 输出 name 和 age
    public void print() {
        System.out.println("姓名：" + name);
    }

}
```

文件 3-6 的运行结果如图 3-7 所示。

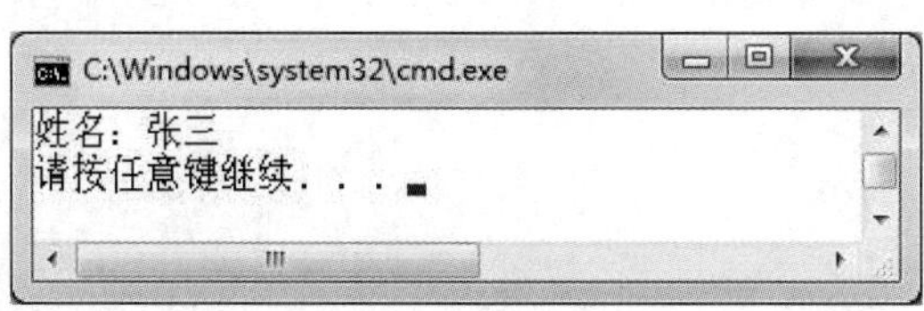

图 3-7　文件 3-6 的运行结果

文件 3-6 中的 Student 类中，无参构造方法中使用 this 关键字调用了有参构造方法来给属性初始化。

在使用 this 调用类的构造方法时，应注意以下几点：

（1）this()不能在普通方法中使用，只能写在构造方法中。

（2）在构造方法中使用时，使用 this 调用构造方法的语句必须是第一条语句，并且只能出现一次。

（3）不能在一个类的每一个构造方法中使用 this 互相调用，否则编译会报错，如下所示。

```
class Student {
    String name;
    // 无参构造方法（没有参数的构造方法）
    public Student() {
        this("张三");
    }
    // 有参构造方法
    public Student(String name) {
        this();
        this.name = name;
    }
```

当编译时出现如图 3-8 所示的错误提示。

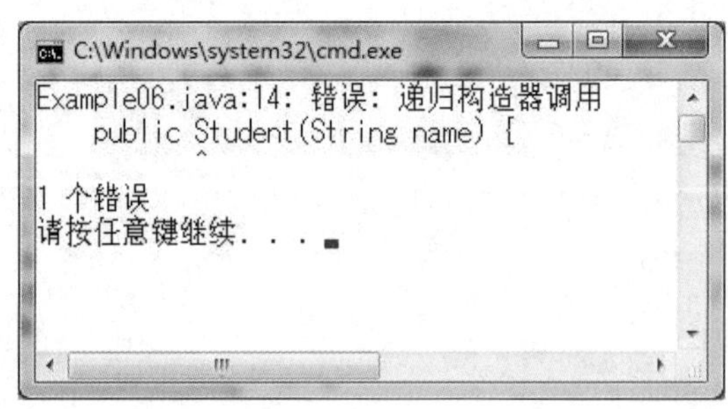

图 3-8　编译错误

在上述代码中，两个构造方法使用 this 关键字相互调用，编译时会出现递归构造器调用的错误信息提示。

3.6 static 关键字

static 是一个修饰符，用于修饰类的成员方法、类的成员变量等。static 关键字有多种用法，而且在一定环境下使用，可以提高程序的运行性能，优化程序的结构。下面先来了解一下 static 关键字及其用法。

3.6.1 静态变量

在 Java 语言中，可以用关键字 static 修饰类中的成员变量，该变量被称为静态变量。为了讲解静态变量的作用，请先来阅读下面的代码。

```
public class Person {
    String name;
    int age;

    public String toString() {
        return "Name:" + name + ", Age:" + age;
    }

    public static void main(String[] args) {
        Person p1 = new Person();
        p1.name = "zhangsan";
        p1.age = 10;
        Person p2 = new Person();
        p2.name = "lisi";
        p2.age = 12;
        System.out.println(p1);
        System.out.println(p2);
    }
}
```

上面的代码我们很熟悉，根据 Person 构造出的每一个对象都是独立存在的，保存有自己独立的成员变量，相互不会影响，它们的内存模型如图 3-9 所示。

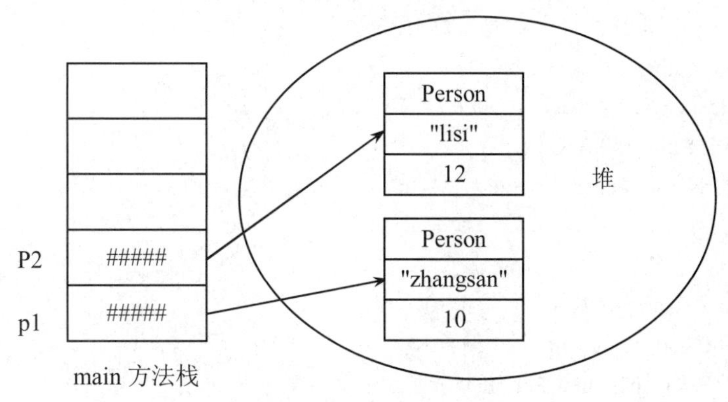

图 3-9　对象的内存模型-1

从图 3-9 可以看出，p1 和 p2 两个变量引用的对象分别存储在内存中堆区域的不同地址中，所以它们之间相互不会干扰。但其实，在这当中省略了一些重要信息，相信大家也都会想到，对象的成员属性由对象自己保存，那么它们的方法呢？实际上，无论一个类创建了几个对象，它们的方法都是一样的，如图 3-10 所示。

从图 3-10 中可以看到，两个 Person 对象的方法实际上只是指向了同一个方法定义。这个方法定义位于内存中的一块不变区域（由 JVM 划分），暂称它为静态存储区。这一块存储区不仅存放了方法的定义，实际上从更大的角度而言，它存放的是各种类的定义，当通过 new 来生成对象时，会根据类的定义去创建对象。多个对象仅会对应同一个方法，不管有多少对象，它们的方法总是相同的，尽管最后的输出会有所不同，但是方法总是会按照预想的结果去操作，即不同的对象去调用同一个方法，结果会不尽相同。

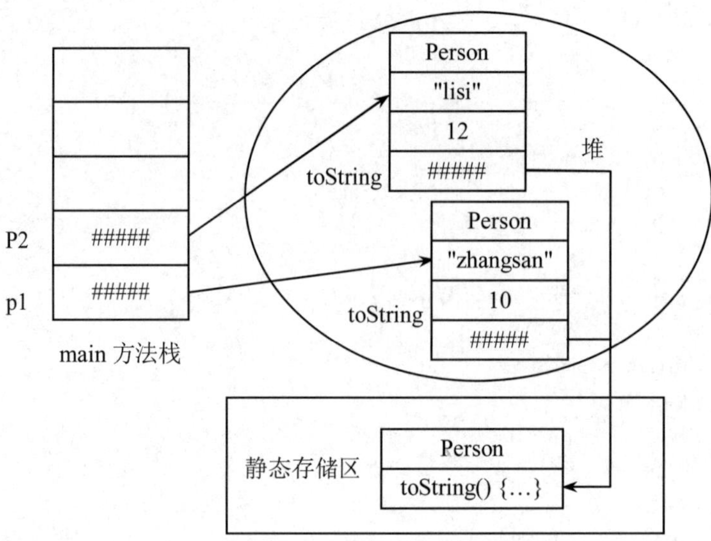

图 3-10 对象的内存模型-2

下面将 Person 的 age 属性用 static 进行修饰，结果会是什么样呢？请看下面的例子，如文件 3-7 所示。

文件 3-7

```
class Person {
    String name;
    static int age;      //age 用 static 修饰
    public String toString() {
        return "Name:" + name + ", Age:" + age;
    }
}
public class Example07{
    public static void main(String[] args) {
        Person p1 = new Person();
        p1.name = "zhangsan";
        p1.age = 10;
        Person p2 = new Person();
        p2.name = "lisi";
        p2.age = 12;
        System.out.println(p1);
        System.out.println(p2);
    }
}
```

文件 3-7 的运行结果如图 3-11 所示。

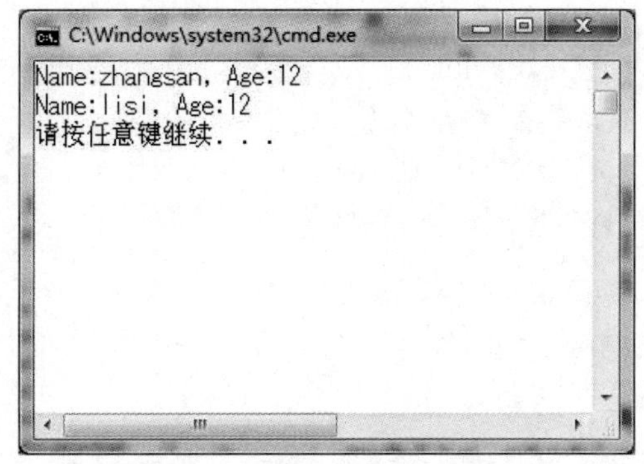

图 3-11　文件 3-7 的运行结果

由图 3-11 可知，运行结果发生了一点变化，在给 p2 的 age 属性赋值时，p1 的 age 属性也发生了变化，这是为什么呢？我们还是来看它们的内存模型，如图 3-12 所示。

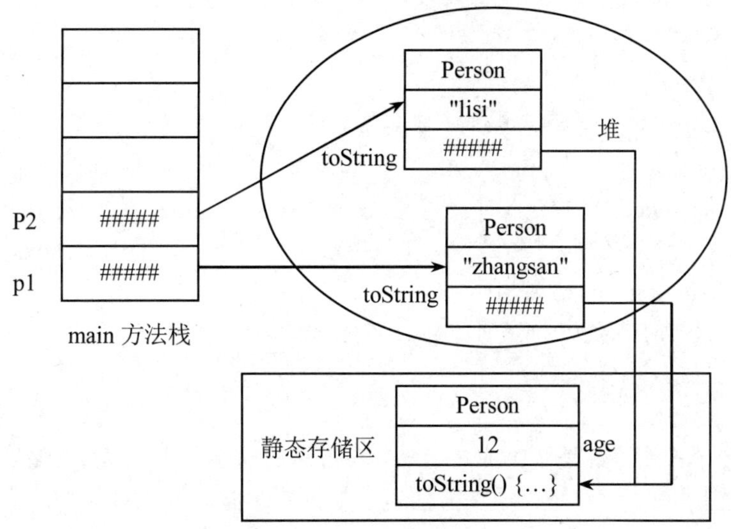

图 3-12　对象的内存模型-3

给 age 属性加了 static 关键字之后，它被所有的实例所共享。Person 对象就不再拥有 age 属性了，age 属性会统一交给 Person 类去管理，即多个 Person 对象只会对应一个 age 属性，一个对象如果对 age 属性做了改变，其他的对象都会受到影响。因此静态变量可以通过下面的方式来访问：

类名.变量名　或　实例对象名.方法

了解了静态变量的声明和访问方式后，接下来通过一个案例来学习静态变量的的使用，如文件 3-8 所示。

文件 3-8

```
class Teacher {
      static String schoolName;
 }
public class Example08{
      public static void main(String[] args) {
```

```
                Teacher t1=new Teacher();
                Teacher t2=new Teacher();
                Teacher.schoolName="内江师范学院";
                System.out.println("我是"+t1.schoolName+"的教师");
                System.out.println("我是"+t2.schoolName+"的教师");
        }
}
```

文件 3-8 的运行结果如图 3-13 所示。

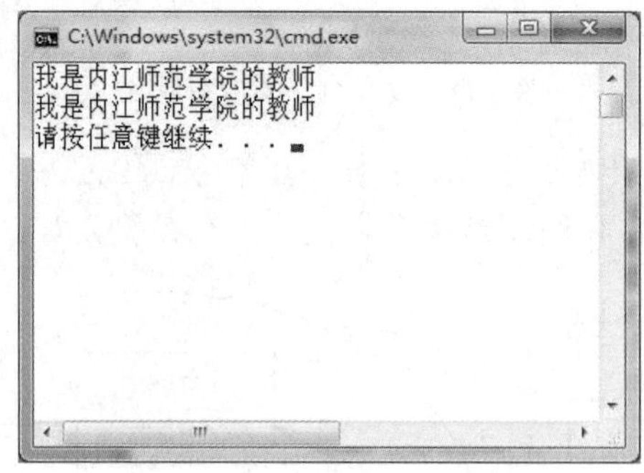

图 3-13　文件 3-8 的运行结果

文件 3-8 中的 Teacher 类中定义了一个静态变量 schoolName，用于表示学校的名称，它被所有的实例对象所共享。在本例中，采用 Teacher.schoolName 和采用 t1.schoolName 两种形式访问静态变量 schoolName 的结果相同。

注意：static 关键字只能修饰成员变量，不能修饰局部变量。

3.6.2　静态方法

static 的另一个作用，就是修饰成员方法，在方法的前面加上关键字 staitc 修饰，称为静态方法。相比于修饰成员属性，修饰成员方法对于数据的存储并没有多大的变化，因为通过学习前面的内容可知，方法本来就是存放在类的定义当中的。static 修饰成员方法最大的作用就是可以在不创建对象的情况下就可以调用方法。在使用时，静态方法可以通过如下两种方式来访问。

类名.方法　或　实例对象名.方法

其中，使用“类名.方法”的方式访问避免了先要 new 出对象的烦琐和资源消耗。接下来通过一个案例来学习静态方法的使用，如文件 3-9 所示。

文件 3-9

```
class StaticDemo {
        public static void speak() {
                System.out.println("我是静态方法");
        }
}
public class Example09{
        public static void main(String[] args) {
                //用“类名.方法”的方式调用静态方法
```

```
            StaticDemo.speak();
            StaticDemo s =new StaticDemo();
            //用“实例对象名.方法”的方式调用静态方法
            s.speak();
        }
    }
```

文件 3-9 的运行结果如图 3-14 所示

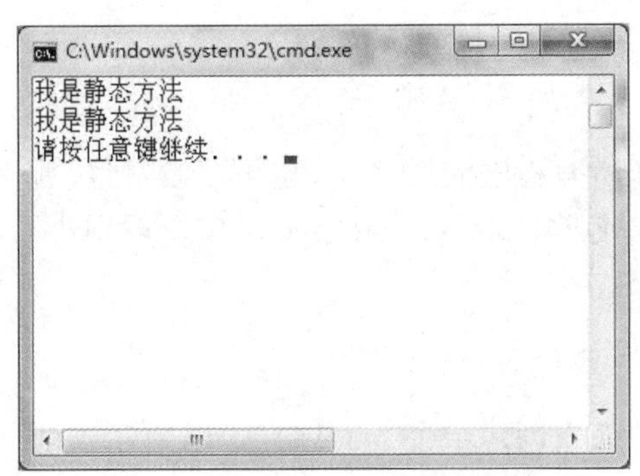

图 3-14　文件 3-9 的运行结果

在文件 3-9 中，首先在 StaticDemo 类中定义了静态方法 speak()，然后在主方法 main()中分别用了两种方式来调用静态方法。一种是通过 StaticDemo.speak()的形式来调用静态方法，由此可见静态方法不需要创建对象就可以直接通过类名调用。另一种通过对象 s.speak()的形式来调用静态方法，因此用实例化对象的方式也可以调用静态方法。

注意： 静态方法中只能访问静态变量和静态方法。因为没有被 static 修饰的变量和方法需要先创建对象才能访问，而静态方法被调用后是可以不创建对象的。

3.7　包

在编写 Java 程序时，随着程序架构越来越大，类的个数也越来越多，这时就会发现管理程序中维护类名称是一件很麻烦的事，尤其是在发生同名问题的时候。有时，开发人员还可能需要将处理同一方面的问题的类放在同一个目录下，以便于管理。

为了解决上述问题，Java 引入了包（package）机制，提供了类的多层命名空间，用于解决类的命名冲突、类文件管理等问题。

3.7.1　包的概念

包是 Java 提供的类的组织方式。一个包对应一个文件夹，一个包中可以放置许多类文件和子包。Java 语言可以把类文件存放在不同层次的包中，目的是在设计软件系统时，如果系统中的类较多，就可以分类存放不同的类文件，从而方便软件的维护和资源的重用。Java 语言规定，同一个包中的文件名必须唯一，不同包中的文件名可以相同。包的组织方式和表现方式与 Windows 中的文件和文件夹完全相同。

当源程序中没有声明类所在的包时，Java 将类放在默认的包中，这意味着每个类使用的名字必须互不相同，否则就会发生名字冲突，就像在一个文件夹中文件名不能相同一样。一般不要求处于同一包中的类有明确的相互关系，如包含、继承等，但是由于同一包中的类在默认情况下可以相互访问，因此为了方便编程和管理，通常把需要在一起工作的类放在一个包里。本书的源文件就是按章节分别放在不同的包里。JDK 中提供了许多系统包，只要正确安装了 JDK 文件，就可以在 Java 环境下使用系统包中的文件。

3.7.2 创建和使用包

1. 定义包

包声明的形式如下：

```
package 包名;
```

定义包的语句必须放在所有程序的最前面。也可以没有包，那么当前编译单元生成的 class 文件一般放在与 java 文件同名的目录下，package 名字一般用小写。

创建包的语句如下所示：

```
package cn;
package cn.njtc;
```

创建包就是在当前文件夹下创建一个子文件夹，以便存放这个包所包含的所有类的 class 文件。第二个创建包的语句中，符号“ . ”代表了目录分隔符，即上述语句创建了两个文件夹：第一个是当前文件夹下的子文件夹 cn；第二个是 cn 下的子文件夹 njtc，当前包的所有类都存放在这个文件夹中。

2. 向包添加类

要把类放入一个包中，必须把此包的名字放在源文件头部，并且放在对包中的类进行定义的代码之前。例如，文件 PlayGame.java 的开始部分如下：

```
package chapter03;
public class PlayGame{
    ......
}
```

上述程序创建的 PlayGame 类编译后生成的 PlayGame.class 存放在子目录 chapter03 下。

3. 包引用

通常一个类只能引用与它在同一个包中的类，如果需要使用其他包中的 public 类，则可以通过如下常用的两种方式实现：

（1）加载包中单个的类。用 import 语句加载需要使用的类到当前程序中，在 Java 程序的最前面加上如下的语句：

```
import chapter03.PlayGame;
PlayGame g=new PlayGame();
```

（2）加载包中的多个类。用 import 语句引入整个包，此时这个包中的所有类都会被加载到当前程序中，加载整个包的 import 语句如下所示：

```
import chapter03.*;
```

注意：导入的类是要占用内存空间的，当某包中的类很多，而用到的类也很多时，就用第二种方式导入；当某包中的类很多，而要用的类却很少时，就用第一种方式导入。当用第一种方式导入类时，如果包中还有子包，则子包中的类不会被导入。

为了简化面向对象的编程过程，Java 系统事先设计并实现了一些体现常用功能的标准类，如用于输入/输出的类、用于数学运算的类等。这些系统标准类根据实现功能的不同，可以划分成不同的集合，每个集合是一个包，合称为类库。开发人员可以引用这些包，也可以创建自己的包。

Java 的类库是系统提供的已实现的标准类的集合，是 Java 编程的 API，它可以帮助开发者方便、快捷地开发 Java 程序。

3.7.3 Java 系统包

在 Java 语言中，开发人员可以自定义包，也可以使用系统包。Java 系统根据功能的不同，将类库划分为若干个不同的系统包，每个包中都有若干个具有特定功能和相互关系的类和接口。这些系统包也就是平时所说的 Java 类库，Java 类库是系统提供的已实现的标准类的集合，是 Java 编程的 API。只要在程序中使用 import 语句把包加载到程序中就可以使用该包中的类与接口。

Java 中常用的系统包见表 3-4。

表 3-4 Java 中常用的系统包

名称	功能
java.lang	语言包
java.io	输入/输出包
java.util	实用包
java.awt	抽象窗口工具包
java.swing	轻型组件工具包
java.net	网络功能包
java.sql	数据库工具包
java.text	显示对象格式化包
java.security	安全包

1. java.lang

java.lang 包是 Java 语言的核心类库，包含了运行 Java 程序必不可少的系统类，如基本数据类型、基本数学函数、字符串处理、异常处理和线程，以及 System、Math 等常用类。由于该包几乎在每个程序中都会用到，因此当 Java 程序运行时系统会自动加载该包，无须用户自己引入，方便编程。

2. java.io

java.io 包提供输入/输出流控制类，凡是有输入/输出操作的 Java 程序，如基本输入/输出流、文件输入/输出、过滤输入/输出流等，都需要引入该包。如果需要使用该包中所包含的类，应该将该包加载到程序中。

3. java.util

java.util 包提供高级数据类型及操作以实现各种不同的实用功能，主要包括日期类（Date、Calendar 等）、集合类（LinkedList）、向量类（Vector）、随机数（Random）、数据输入类（Scanner）、栈类（Stack）和树类（TreeSet）等。

4. java.awt

抽象窗口工具包 java.awt 是 Java 语言中用来构建图形用户界面（GUI）的类库，包括低级绘图操作 Graphics 类、图形界面组件和布局管理（如 Checkbox 类、Container 类、LayoutManager 接口等），以及用户界面交互控制和事件响应（如 Event 类）。

5. java.swing

java.swing 包提供图形窗口界面扩展的应用类，比 AWT 更强大、更灵活。Swing 组件是用纯 Java 语言编写的，不直接使用本地组件。Java.swing 主要包括组件类、事件类、接口、布局类、菜单类等，为了区别 Swing 组件类和 AWT 组件类，Swing 组件类的名字开头都有前缀字母“J”。

6. java.net

Java 是一门适合分布式计算环境的程序设计语言，java.net 正是为此设计的，其核心就是支持 Internet 协议。网络功能包 java.net 是 Java 语言用来实现网络功能的类库，主要包括 URL、Socket、ServerSocket、DatagramPacket、DatagramSocket 等类。

7. java.sql

应用系统几乎都需要数据存储，而数据存储多使用数据库完成，java.sql 包提供了驱动数据库链接、创建数据库连接、SQL 语句执行、事务处理等操作接口和类。

8. java.text

java.text 包提供以与自然语言无关的方式来处理文本、日期、数字和消息的类和接口。这些类能够格式化日期、数字和消息，分析、搜索和排序字符串，以及迭代字符、单词、语句和换行符。java.text 包主要包括用于迭代文本的类、用于格式化和分析的类，以及用于整理字符串的类。

9. java.security

java.security 包提供安全性方面的有关支持。

3.8 【综合案例】学生成绩统计

【任务描述】

设计一个学生类，学生有 3 项成绩：语文、数学、英语。最后统计出学生成绩的总分、平均分、最高分、最低分，并且输出学生的全部信息。

【运行结果】

任务运行结果如图 3-15 所示。

【任务目标】

（1）学会分析“学生成绩统计”程序的实现思路。

（2）根据思路独立完成“学生成绩统计”的源代码编写、编译及运行。

（3）掌握根据实际情况设计类，学会构造方法和 this 关键字的使用，学会对象的创建以及方法的调用。

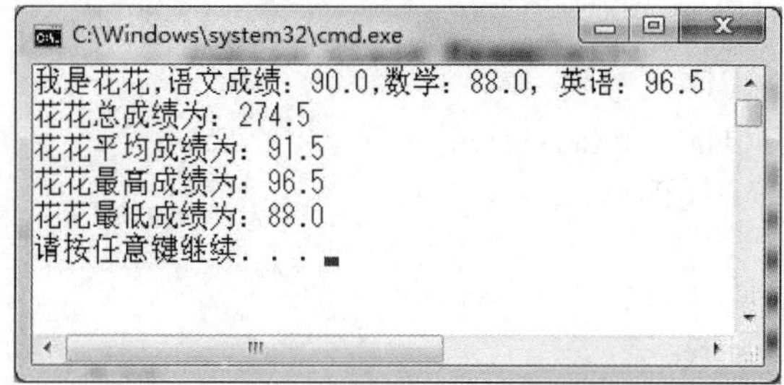

图 3-15　任务运行结果

【实现思路】

（1）定义一个 Student 类。
（2）在类中定义用于存放姓名、语文、数学、英语成绩的私有变量。
（3）写出用于外界提供访问的 4 个私有变量的公共方法。
（4）写出无参和有参的构造方法，对类中的变量初始化。
（5）写出求学生成绩的总分、平均分、最高分、最低分的方法。
（6）定义一个测试类，创建对象，调用相应的方法，运行结果如图 3-15 所示。

【实现代码】

```
public class Example10{
        public static void main(String[] args) {
                Student s=new Student("花花",90.0f,88f,96.5f);
                        System.out.println(s.show());
                        System.out.println(s.getName()+"总成绩为："+s.sum());
                        System.out.println(s.getName()+"平均成绩为："+s.avg());
                        System.out.println(s.getName()+"最高成绩为："+s.topScore());
                        System.out.println(s.getName()+"最低成绩为："+s.lowScore());


        }
}
/**
        学生类
*/
class Student{
        private String name;            //名字
        private float chinese;          //语文成绩
        private float math;             //数学成绩
        private float english;          //英语成绩
        //私有变量的 get×××()/set×××()方法
        public void setName(String name){
                this.name=name;
        }
        public String getName(){
```

```
        return name;
    }
    public void setChinese(float chinese){
        this.chinese=chinese;
    }
    public float getChinese(){
        return chinese;
    }
    public void setMath(float math){
        this.math=math;
    }
    public float getMath(){
        return math;
    }
    public void setEnglish(float english){
        this.english=english;
    }
    public float getEnglish(){
        return english;
    }
    //默认构造方法
    public Student(){}
    //有参构造方法，对属性初始化
    public Student(String name,float chinese,float math,float english){
        this.name=name;
        this.chinese=chinese;
        this.math=math;
        this.english=english;
    }
    //求总分
    public float sum(){
        float sum=chinese+math+english;
        return sum;
    }
    //求平均分
    public float avg(){
        float avg=sum()/3;
        return avg;
    }
    //求最高分
    public float topScore(){
        float max = chinese>=math?chinese:math;
        max = max>=english?max:english;
        return max;
    }
```

```
        //求最低分
        public float lowScore(){
                float min = chinese<=math?chinese:math;
                min = min<=english?min:english;
                return min;
        }
        //输出学生的全部信息
        public String show(){
                return "我是"+name+"，语文成绩："+chinese+"，数学："+math+"，英语："+english ;
        }
}
```

主方法中通过 Student 类中有参构造方法创建了一个对象 s，通过“对象.方法”的形式调用相应的方法，输出学生的全部信息，输出这个学生的总分、平均分、最高分、最低分。

3.9　本章小结

本章讲解了面向对象的基础知识。首先讲解了类与对象之间的关系、类的定义和对象的创建，接着讲解了构造方法和构造方法的重载、类的封装、this 和 static 关键字的使用，最后讲解了包的定义和使用。通过本章的学习，读者可以对 Java 中面向对象的思想有一定的了解，为后续课程的学习打下基础。

3.10　习题

一、单选题

1．当成员变量和局部变量重名时，若想在方法内使用成员变量，那么需要使用（　　）关键字。

A．super　　B．import
C．this　　D．return

2．下列程序的运行结果是（　　）。

```
class Demo{
        private String name;
        Demo(String name){this.name = name;}
        private static void show(){
             System.out.println(name);
        }
        public static void main(String[] args){
             Demo d = new Demo("lisa");
             d.show();
        }
}
```

A．输出 lisa

B．输出 null

C．输出 name

D．编译失败，无法从静态上下文中引用非静态变量 name

3．下面关于静态变量的描述，正确的是（　　）。

A．静态变量可以定义在类中的任意位置

B．静态变量一旦被赋值不能被修改

C．静态变量可以被类直接调用，因此可以说静态变量的生命周期与实例无关

D．以上都不对

4．下面关于构造方法的调用，正确的是（　　）。

A．构造方法在类定义的时候被调用

B．构造方法在创建对象的时候被调用

C．构造方法在调用对象方法时被调用

D．构造方法在使用对象的变量时被调用

5．下列关于多线程中的静态同步方法说法中，正确的是（　　）。

A．静态同步方法的锁不是 this，而是该方法所在类的 class 对象

B．静态同步方法的锁既可以是 this，也可以是该方法所在类的 class 对象

C．一个类中的多个静态同步方法可以同时被多个线程执行

D．不同类的静态同步方法被多线程访问时，线程间需要等待

6．下列选项中，（　　）可以用来创建对象。

A．new　　B．this　　C．super　　D．abstract

7．为了能让外界访问私有属性，需要提供一些使用（　　）关键字修饰的公有方法。

A．void　　B．default　　C．private　　D．public

8．下列关于类和对象的说法中，错误的是（　　）。

A．类用于描述多个对象的共同特征，它是对象的模板

B．类在 Java 中是一个可有可无的概念

C．对象是类的具体化，一个类可以对应多个对象

D．类是对事物的抽象描述，对象则是该类事物的个体

9．下面关于类的声明，哪个是正确的（　　）。

A．public void CC{...}

B．public class Move(){...}

C．public class void number{...}

D．public class Car{...}

10．阅读下面的代码：

```
class Person{
    void say(){
        System.out.println("hello");
    }
}
class Example{
```

```
        public static void main(String[] args){
            Person p1 = new Person();
            Person p2 = new Person();
            p2.say();
            p1.say();
            p2=null;
            p2.say();
        }
    }
```

下列选项中，（　　）是程序的输出结果。

A．hello

B．hello
hello

C．hello
hello
hello

D．hello
hello
抛出异常

二、多选题

1．下列关于构造方法和普通方法的描述中，正确的是（　　）。
   A．构造方法不能指定返回值类型，普通方法可以指定返回值类型
   B．构造方法中不能指定参数，而普通方法可以指定参数
   C．在同一个类中，构造方法必须位于普通方法之前
   D．构造方法能够在实例对象的同时进行初始化

2．下列关于静态代码块的描述中，正确的是（　　）。
   A．静态代码块指的是被 static 关键字修饰的代码块
   B．静态代码块随着类的加载而加载
   C．使用静态代码块可以实现类的初始化
   D．每次创建对象时，类中的静态代码块都会被执行一次

3．以下关于 this 关键字说法中，正确的是（　　）。
   A．this 关键字可以解决成员变量与局部变量重名的问题
   B．this 关键字出现在成员方法中，代表的是调用这个方法的对象
   C．this 关键字可以出现在任何方法中
   D．this 关键字相当于一个引用，可以通过它调用成员方法与属性

4．下列关于封装的描述中，正确的是（　　）。
   A．方法和类都可以称为封装体
   B．封装隐藏了程序的实现细节，同时对外提供了特定的访问方式
   C．封装能提高代码的复用性
   D．以上说法均错误

5．下列关于构造方法的定义，说法正确的是（　　）。
   A．在方法中不能使用 return 语句返回一个值
   B．方法名与类名相同
   C．不能用 private 修饰方法
   D．在方法名的前面没有返回值类型的声明

三、填空题

1．请阅读下面的程序，在空白处填写正确的代码，把 Person 类的所有属性封装起来。

```
public class Person{
    _______ String name;
    public String  _______(){
        return name;
    }
    public void _______(String n){
        name = n;
    }
}
```

2．请阅读下面的程序，在空白处填写正确的代码，定义一个无参构造方法。

```
public class Person {
     public ____() {}
}
```

3．在横线处填入正确的代码，可以让局部变量的 age 给成员变量的 age 赋值。

```
class Person {
    int age;
    public Person(int age) {
        ______________          //让局部变量的 age 给成员变量的 age 赋值
    }
    public int getAge() {
        return this.age;
    }
}
```

四、编程题

要求：编写一个 Dog 类，包括一个私有字符串的成员变量 name 和一个私有整型成员变量 age。Dog 类中包括两个构造方法，分别为一个无参数的构造方法和一个有参数的构造方法（构造方法的内容为对 name 和 age 成员变量赋初始值）。在 Dog 类中为 name 和 age 成员变量添加其对应的 get()方法和 set()方法。在主方法中对 Dog 类进行测试，分别使用有参数的构造方法和无参数的构造方法创建对象。在控制台输出显示“使用带参数的构造方法，狗的名字：花花，今年 5 岁了”“使用无参数的构造方法，狗的名字：小黑，今年 3 岁了”。

第 3 章习题答案

第 4 章　继承、接口和多态

【学习目标】

- 理解面向对象程序设计思想中继承和多态的概念。
- 掌握类的继承、方法重写以及 super 关键字的使用。
- 掌握 final 关键字、抽象类、接口以及多态的使用。

上一章介绍了 Java 语言中类与对象的基本用法及封装的特性，在本章中将继续讲解 Java 的高级特性——继承与多态。继承主要描述的就是类与类之间的关系，是面向对象程序设计思想最显著的一个特性，也是 Java 语言面向对象编程技术的一块基石。通过继承，可以在无须重新编写原有类的情况下，对原有类的功能进行扩展。多态指的是在一个类中定义的属性和功能被其他类继承后，当父类引用变量指向子类对象时，相同引用类型的变量调用同一个方法所呈现出的多种不同行为特性。通过多态，可以消除类之间的耦合关系，在减少冗余代码的同时，大大提高了程序的可扩展性和可维护性。

4.1　类的继承

类的继承

4.1.1　继承的概念

在现实世界中，许多事物并不是孤立存在的，它们存在共同的特征，同时也有细微的差别，可以使用层次结构描述它们之间的关系。例如，兔子和羊是食草动物，狮子和豹是食肉动物。食草动物和食肉动物又属于动物。这些事物之间存在某种层次关系，在描述兔子或者狮子的时候，会首先想到它是一个动物，拥有动物的基本特征——有名字、会发出叫声等，但是它也有专属于自己的特性——兔子吃草，狮子吃肉等。也就是说，兔子和狮子都有动物的基本特征，又有属于自己的特性，在动物学里描述这些动物的时候，会抽象出动物的基本特征，然后根据动物的特殊属性分类为食草动物和食肉动物，如兔子和羊是食草动物类，狮子和豹是食肉动物类。这些动物之间会形成一个层次关系体系，具体如图 4-1 所示。

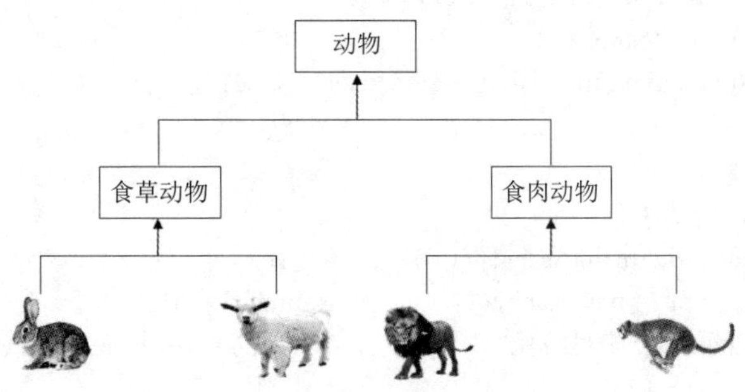

图 4-1　动物之间的层次关系体系

在现实生活中，继承泛指后代把前辈的财产、文化、知识等财富接收过来，让自己也拥有这些财富。如果换一种说法，可以把图 4-1 所示的动物之间的层次关系描述为，兔子和羊是食草动物，因为它们具有食草动物的特性，即继承了食草动物的属性，狮子和豹属于食肉动物，因为它们具有食肉动物的特性，即继承了食肉动物的属性，而食草动物和食肉动物又继承了动物的属性。在面向对象程序设计思想中，继承描述的是事物之间的所属关系，通过继承可以使多种事物之间形成一种关系体系，完成程序设计对现实世界的抽象。

在 Java 语言中，类的继承是指在一个现有类的基础上去构建一个新的类，构建出来的新类被称作子类或者派生类，现有类被称作父类或者基类，子类会自动拥有父类所有可继承的属性和方法。通过继承，子类可以在无须重新编写原有类的情况下，对原有类的功能进行扩展，当然，子类也可以包含专属于自己的属性和方法。

在 Java 语言中，如果想声明一个类继承另一个类，需要使用 extends 关键字。具体语法格式如下所示：

```
[修饰符]class 子类 extends 父类 {
    // 子类的属性和方法（可缺省）
}
```

在声明子类时，父类必须是一个已经存在的类；子类名和父类名为必有项，子类和父类之间使用关键字 extends 实现继承关系；子类的修饰符可选，用来指定类的访问权限，可以使用 public 或者缺省；子类的属性和方法用来定义专属于子类的成员，可缺省。

继承的具体用法如例文件 4-1 所示。

文件 4-1

```
//定义 Animal 类
class Animal {
    //声明私有属性 id
    private int id;
    //声明属性 name
    String name;
    //定义方法 eat()
    public void eat(){
        System.out.println("动物要吃东西......");   }
}
//定义 Rabbit 类继承 Animal 类
class Rabbit extends Animal {
    //定义一个输出 name 的方法 printName()
    public void printName () {
        System.out.println ("我是一只可爱的"+name);}
}
//定义测试类
public class Example01 {
    public static void main(String[] args)   {
        Rabbit rab = new Rabbit();   // 创建 Rabbit 类对象
        rab.name = "安哥拉兔";       // 为 rab 对象的 name 属性进行赋值
        // rab.id = 123;
```

```
            rab.printName();
            rab.eat();
        }
    }
```

文件 4-1 的运行结果如图 4-2 所示。

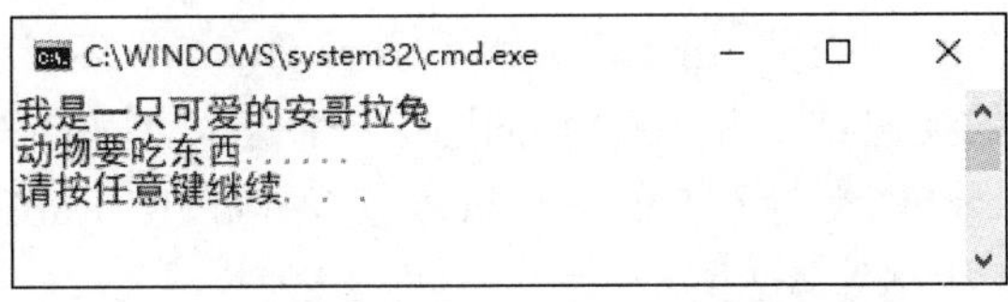

图 4-2　文件 4-1 的运行结果

在上述示例中，Rabbit 类通过关键字 extends 继承了 Animal 类，Rabbit 类就成为 Animal 类的子类。从运行结果不难看出，子类虽然没有定义 name 属性和 eat()方法，但是能访问这两个成员。这就说明，子类在继承父类的时候，会自动拥有父类的成员。但是，子类 Rabbit 能否访问父类 Animal 的私有属性 id 呢？假如修改测试类 Example01，在 Rabbit 中给 id 属性进行赋值，即增加一句代码“rab.id = 123;”，重新编译程序，会发现编译无法通过，编译器给出如图 4-3 所示的错误信息，说明子类无法访问父类的私有成员，即子类无法继承父类的私有成员。

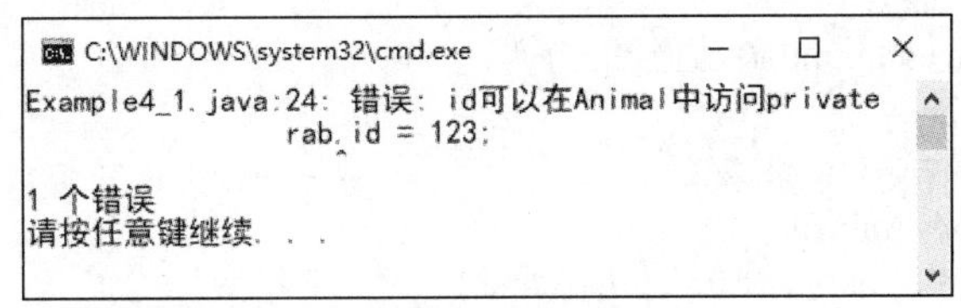

图 4-3　编译错误

在 Java 语言中，使用类的继承需要注意一些问题。

（1）在 Java 中，类只支持单继承，不允许多重继承，也就是说一个类只能有一个直接父类，例如下面的语句是不合法的：

```
class A{};
class B{};
class C extends A,B{};      //C 类不可以同时继承 A 类和 B 类
```

（2）在 Java 中，多个类可以继承同一个父类，例如下面的语句是允许的：

```
class A{};
class B extends A{};
class C extends A{};      //类 B 和类 C 都可以继承类 A
```

（3）在 Java 中，多层继承是可以的，即一个类的父类可以再去继承另外的类，例如下面的语句是允许的：

```
class A{};
class B extends A{};      //类 B 继承类 A，类 B 是类 A 的子类
class C extends B{};      //类 C 继承类 B，类 C 是类 B 的子类，同时也是类 A 的子类
```

在 Java 中，子类和父类是一种相对概念，也就是说一个类是某个类的父类的同时，也可以是另一个类的子类。例如上面的示例中，B 类是 A 类的子类，同时又是 C 类的父类。有时候为了区别，可以把类 B 称作类 A 的直接子类，而类 C 是类 A 的间接子类。

4.1.2 重写父类方法

在 Java 语言中，子类会自动继承父类的所有非私有的属性和方法，但是如果子类对继承父类的方法不满意的时候，可以在子类中对继承的方法进行修改，即在子类中对父类的方法进行重写。

例如在文件 4-1 中，Rabbit 类从 Animal 类继承了 eat()方法，该方法在被调用时会输出“动物要吃东西……”，这样的输出结果并不能满足描述一种具体动物的食物喜好，为了解决这个问题，如果要明确描述 Rabbit 类对象“兔子吃胡萝卜”，可以在 Rabbit 类中重写父类 Animal 中的 eat()方法，具体用法如文件 4-2 所示。

文件 4-2

```
//定义 Animal 类
class Animal {
    //声明私有属性 id
    private int id;
    //声明属性 name
    String name;
    //定义方法 eat()
    public void eat(){
        System.out.println("动物要吃东西......");  }
}
//定义 Rabbit 类继承 Animal 类
class Rabbit extends Animal {
    //定义一个输出 name 的方法 printName()
    public void printName () {
        System.out.println ("我是一只可爱的"+name); }
    //重写父类的方法 eat()
    public void eat(){
        System.out.println("兔子吃胡萝卜");  }
}
//定义测试类
public class Example02 {
    public static void main(String[] args)  {
        Rabbit rab = new Rabbit();          // 创建 Rabbit 类对象
        rab.name = "安哥拉兔";              // 为 rab 对象的 name 属性进行赋值
        rab.printName();
        rab.eat();
    }
}
```

文件 4-2 的运行结果如图 4-4 所示。

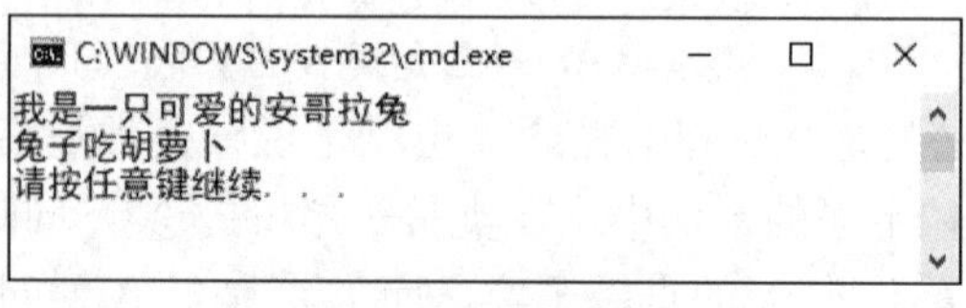

图 4-4 文件 4-2 的运行结果

在上述示例中，子类 Rabbit 中对父类的 eat()方法进行了重写。从运行结果可以看出，在调用 Rabbit 类对象的 eat()方法时，只会调用子类重写的方法，并不会调用父类的 eat()方法。

在子类中重写父类的方法，通常是因为子类需要对继承自父类的方法进行一些修改。需要注意的是，在子类中重写父类方法时不能修改父类被重写方法的方法名、参数列表以及返回值类型，区别于方法的重载，重写方法时访问权限不能小于父类中该方法的访问权限。通过重写父类的方法，不仅能够描述子类特有的属性，还能为多态的实现提供基础。

4.1.3　super 关键字

在继承关系中，当子类重写父类的方法后，子类对象将无法直接访问父类中被重写的方法。为了解决这个问题，Java 专门提供了一个关键字 super，用于在子类中访问父类的成员。使用 super 关键字可以在子类中访问父类的成员变量、成员方法以及构造方法。

（1）使用 super 关键字访问父类的成员变量和成员方法。具体格式如下所示：

```
super.成员变量
super.成员方法([参数 1,参数 2…])
```

其具体用法如文件 4-3 所示。

文件 4-3

```
//定义 Animal 类
class Animal {
    //声明私有属性 id
    private int id;
    //声明属性 name
    String name;
    //定义方法 eat()
    public void eat(){
        System.out.println("动物要吃东西......");   }
}
//定义 Rabbit 类继承 Animal 类
class Rabbit extends Animal {
    //定义一个输出 name 的方法 printName()
    public void printName () {
        System.out.println ("我是一只可爱的"+name);   }
    //重写父类的方法 eat()
    public void eat(){
        super.eat();         // 调用父类的 eat()方法
        System.out.println("兔子吃胡萝卜");   }
}
//定义测试类
public class Example03 {
    public static void main(String[] args)   {
        Rabbit rab = new Rabbit();            // 创建 Rabbit 类对象
        rab.name = "安哥拉兔";               // 为 rab 对象的 name 属性赋值
        rab.printName();
        rab.eat();
    }
}
```

文件 4-3 的运行结果如图 4-5 所示。

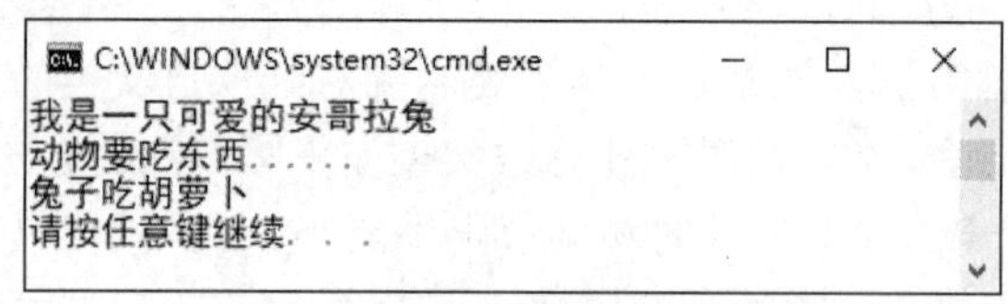

图 4-5　文件 4-3 的运行结果

在上述示例中，定义了一个 Rabbit 类继承自 Animal 类，并重写了 Animal 类的 eat()方法。在子类 Rabbit 的 eat ()方法中使用“super.eat();”调用了父类被重写的方法，从运行结果可以看出，子类通过 super 关键字可以成功地访问父类的成员方法。

同样，如果在子类中定义的成员变量与父类的成员变量同名，子类对象也将无法直接访问父类中的同名成员变量。在这种情况下，父类中同名的变量将无效，如果需要在子类中访问该成员变量，则需要通过“super.变量名”的语法格式进行访问，如果父类中该成员变量是静态的，那么还可以在子类中使用“父类名.变量名”的语法格式进行访问。

（2）使用 super 关键字访问父类的构造方法。具体格式如下所示：

super (［参数 1,参数 2…］)

事实上，在实例化子类对象时一定会先访问父类的构造方法，因为需要遵循“先有父类才有子类”的原则。但是前面的示例中，子类在创建对象时并没有显式地去访问父类的构造方法，这是因为如果父类具有无参的构造方法，该无参的构造方法是可以被自动访问的。但是如果在父类中只有带参数的构造方法，在子类创建对象时就必须显式地访问父类的带参数的构造方法，否则程序就会出现编译错误。其具体用法如文件 4-4 所示。

文件 4-4

```
//定义 Animal 类
class Animal {
		// 定义 Animal 类有参的构造方法
	public Animal(String name) {
		System.out.println("我是一只" + name); }
}
//定义 Dog 类继承 Animal 类
class Dog extends Animal {
	// 定义 Dog 类无参的构造方法
	public Dog() {
		super("狗");	// 调用父类有参的构造方法
	}
}
//定义测试类
public class Example04 {
	public static void main(String[] args) {
		Dog dog = new Dog();	// 创建 Dog 类的实例对象
	}
}
```

文件 4-4 的运行结果如图 4-6 所示。

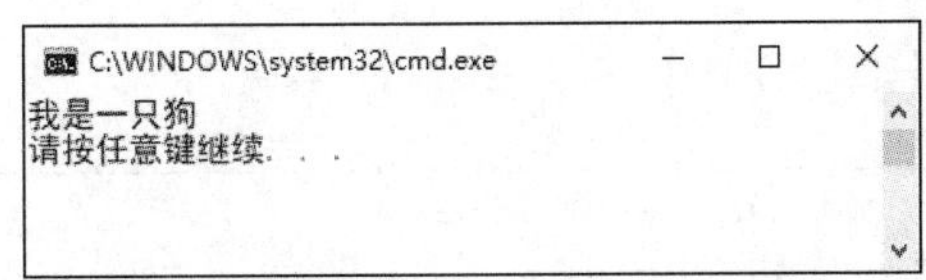

图 4-6　文件 4-4 的运行结果

在上述示例中，父类 Animal 的构造方法是带参数的，子类 Dog 在定义自己的构造方法时，必须使用 super 关键字访问父类的构造方法，并且需要按照父类构造方法的参数列表进行实参的传递，如 “super("狗");”。从运行结果可以看出，文件 4-4 在创建 Dog 类的实例对象时，调用了 Animal 类的构造方法。如果将 Dog 类的构造方法中调用父类构造方法的代码 “super("狗");” 注释掉，然后重新编译程序，会出现如图 4-7 所示的编译错误。

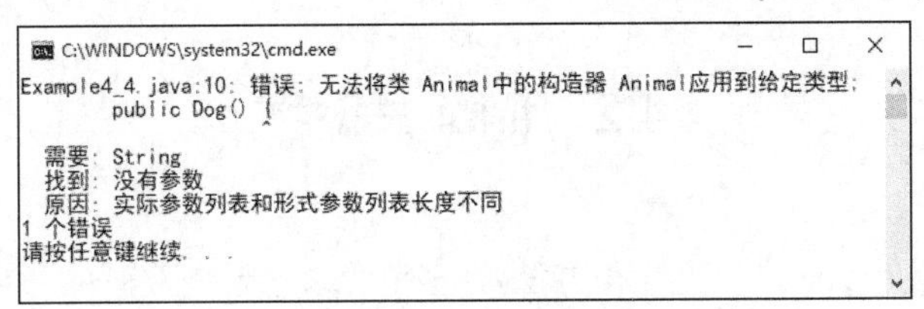

图 4-7　编译错误

图 4-7 所示的编译错误中，构造器即构造方法。因为在创建子类对象时，必须保证父类成员的存在，因此会主动调用父类的构造方法，默认情况下会调用无参的构造方法，然而在 Animal 类中的构造方法带有 String 类型的参数，所以会出现图 4-7 所示的编译错误，提示父类的构造方法需要一个 String 类型的参数，实际在调用时却没有参数。

为了解决上述程序的编译错误，可以在子类中显式地调用父类中已有的构造方法，如文件 4-4 所示，也可以在父类中保留无参的构造方法，具体用法如文件 4-5 所示。

文件 4-5

```
//定义 Animal 类
class Animal {
    //定义 Animal 无参的构造方法
    public Animal() {
        System.out.println("我是一只动物");     }
    //定义 Animal 有参的构造方法
    public Animal(String name) {
        System.out.println("我是一只"+ name); }
}
//定义 Dog 类，继承自 Animal 类
class Dog extends Animal {
    //定义 Dog 类无参的构造方法
    public Dog() { }      //方法体中可以为空
}
//定义测试类
public class Example05 {
    public static void main (String[] args) {
        Dog dog=new Dog();      //创建 Dog 类的实例对象
    }
}
```

文件 4-5 的运行结果如图 4-8 所示。

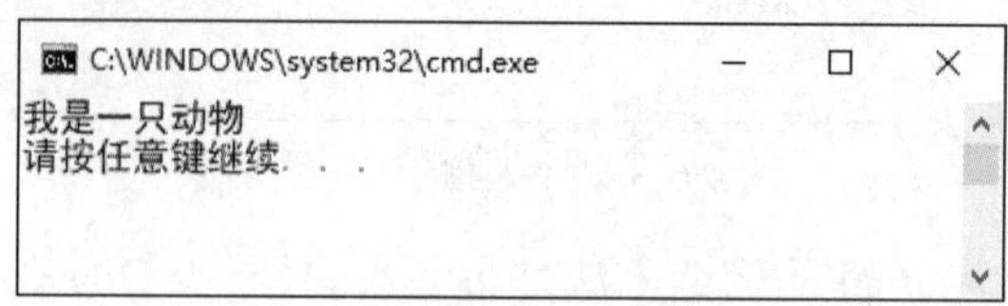

图 4-8　文件 4-5 的运行结果

从运行结果可以看出，子类在创建实例对象时默认调用了父类无参的构造方法。

注意：使用关键字 super 调用父类构造方法的代码必须位于子类构造方法的第一行，并且只能出现一次。

final 关键字

4.2　final 关键字

final 关键字可用于修饰类、变量和方法，它有“这是无法改变的”或者“最终”的含义，因此被 final 修饰的类、变量和方法将具有以下特性：

（1）final 修饰的类不能被继承。

（2）final 修饰的方法不能被子类重写。

（3）final 修饰的变量（成员变量和局部变量）是常量，只能赋值一次。

4.2.1　final 关键字修饰类

Java 中的类被 final 关键字修饰后，该类将不可以被继承，也就是不能派生子类。其具体用法如文件 4-6 所示。

文件 4-6

```
// 使用 final 关键字修饰 Animal 类
final class Animal { }
// Dog 类继承 Animal 类
class Dog extends Animal { }
// 定义测试类
class Example06 {
    public static void main(String[] args) {
        Dog dog = new Dog(); // 创建 Dog 类的实例对象
    }
}
```

编译程序报错，如图 4-9 所示。

```
C:\WINDOWS\system32\cmd.exe
Example4_6.java:4: 错误: 无法从最终Animal进行继承
class Dog extends Animal { }
                  ^
1 个错误
请按任意键继续. . .
```

图 4-9　文件 4-6 编译错误

在上述示例中，由于 Animal 类被 final 关键字所修饰，因此当 Dog 类继承 Animal 类时，编译出现了“无法从最终 Animal 进行继承”的错误。由此可见，被 final 关键字修饰的类为最终类，不能被其他类继承。

如果一个类不允许被继承，就可以用 final 进行修饰。final 类中的成员变量可以根据需要设为 final，但是要注意 final 类中的所有成员方法都会被隐式地指定为 final 方法。在使用 final 关键字的时候，要注意谨慎选择，除非这个类在以后不会用来继承或者出于安全的考虑，否则尽量不要使用 final 关键字修饰类。

4.2.2　final 关键字修饰方法

当一个类的方法被 final 关键字修饰后，这个类的子类将不能重写该方法。其具体用法如文件 4-7 所示。

文件 4-7

```
// 定义 Animal 类
class Animal {
    // 使用 final 关键字修饰 shout()方法
    public final void shout() {
        // 程序代码
    }
}
// 定义 Dog 类继承 Animal 类
class Dog extends Animal {
    // 重写 Animal 类的 shout()方法
    public void shout() {
        // 程序代码
    }
}
// 定义测试类
class Example07 {
    public static void main(String[] args) {
        Dog dog=new Dog();      // 创建 Dog 类的实例对象
    }
}
```

编译程序报错，如图 4-10 所示。

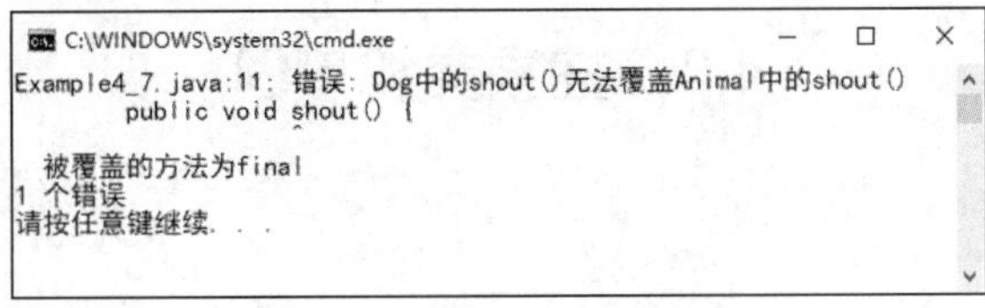

图 4-10　文件 4-7 编译错误

在上述示例中，子类 Dog 重写父类 Animal 中的 shout()方法时，程序编译报错。这是因为 Animal 类的 shout()方法被 final 所修饰。由此可见，被 final 关键字修饰的方法为最终方法，子类不能对该方法进行重写。对于一些比较重要且不希望被子类重写的方法，可以用 final 修饰，以增加代码的安全性。

4.2.3 final 关键字修饰变量

Java 中被 final 修饰的变量为常量，它只能被赋值一次。即 final 修饰的变量一旦被赋值，其值不能改变。如果再次对该变量进行赋值，则程序会在编译时报错。其具体用法如文件 4-8 所示。

文件 4-8

```
public class Example08 {
    public static final double  PI = 3.1415926;     // 第一次可以赋值
    public static void main(String[] args) {
        System.out.println("圆周率的值="+PI);
        PI = 3.14;   // 再次赋值会报错
    }
}
```

编译程序报错，如图 4-11 所示。

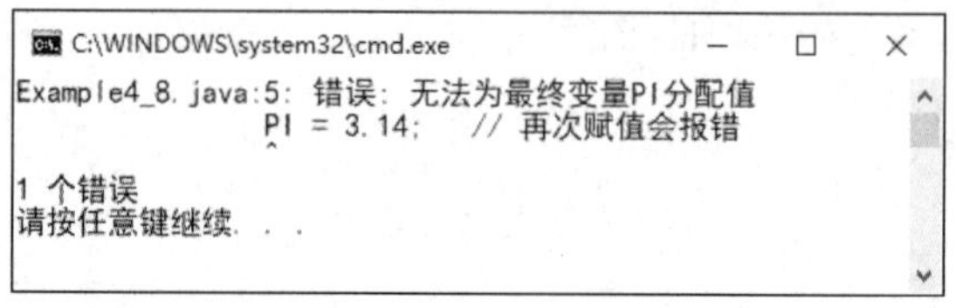

图 4-11　文件 4-8 编译错误

在上述示例中首先定义了一个成员变量 PI，并赋值，然后再对变量 PI 重新赋值，程序编译报错。原因在于变量 PI 被 final 修饰，即 PI 为最终变量。由此可见，被 final 修饰的变量只能被赋值一次，其值不可再改变。

使用 final 关键字修饰成员变量时，虚拟机不会对其进行初始化。因此使用 final 修饰成员变量时，需要在定义变量的同时赋予一个初始值。成员变量同时被 static 和 final 修饰时，若没有在定义的同时进行初始化则按成员变量的默认值初始化。同时使用 final 和 static 进行修饰的成员变量又被称为“符号常量”，常用于工程计算中，把一个非常大的数据用一个容易记忆和书写的标识符来代替，例如上述示例中的圆周率 PI，这样既不用在每次使用该数据时烦琐地输入，也不用担心代表该数据的变量被误修改。

抽象类和接口

4.3 抽象类和接口

4.3.1 抽象类

在生活中，你肯定用过这个词——“东西”。例如想让你的朋友帮忙把桌上的作业本拿给你，你会对他说，“麻烦你帮我把桌上的东西拿过来好吗？”，将这句话转换成代码表示时，“作业本”是“东西类”的对象，而“东西类”是“作业本类”的父类。但是我们发现，通常“东西类”没有实例对象，而它的方法的内容可以是任何代码。当定义一个类时，常常需要定义一些方法来描述该类的行为特征，但有时这些方法的实现方式是无法确定的。例如前面在定义

Animal类时，eat()方法用于表示动物喜欢吃什么，但是针对不同的动物，食物也是不同的，因此在 eat()方法中无法准确描述动物喜欢吃什么，在这种情况下，eat()方法里写任何代码其实都没有实际意义。

针对上面描述的情况，Java 允许在定义方法时不写方法体，不包含方法体的方法为抽象方法，抽象方法必须使用 abstract 关键字来修饰。当一个类中包含了抽象方法，该类必须使用 abstract 关键字来修饰。这种使用 abstract 关键字修饰的类就是抽象类。定义抽象类的具体语法格式如下所示：

```
// 定义抽象类
    [修饰符] abstract class 类名 {
            // 定义抽象方法
            [修饰符] abstract 方法返回值类型 方法名([参数列表]);
            // 其他方法或属性
......
}
```

在定义抽象类时需要注意，包含抽象方法的类必须声明为抽象类，但抽象类可以不包含任何抽象方法，只需使用 abstract 关键字来修饰即可。另外，抽象类是不可以被实例化的，因为抽象类中有可能包含抽象方法，抽象方法是没有方法体的，不可以被调用。如果想调用抽象类中定义的方法，则需要创建一个子类，并在子类中将抽象类中的抽象方法进行实现。其具体用法如文件 4-9 所示。

文件 4-9

```
//定义抽象类 Animal
abstract class Animal {
    //定义抽象方法 eat()
    abstract void eat(); }
//定义 Rabbit 类继承 Animal 类
class Rabbit extends Animal {
    //实现父类的抽象方法 eat()
    public void eat(){
        System.out.println("兔子吃胡萝卜");  }
}
//定义测试类
public class Example09 {
    public static void main(String[] args)  {
        Rabbit rab = new Rabbit();          // 创建 Rabbit 类对象
        rab.eat();
        //Animal an = new Animal();         // 创建 Animal 类的对象
    }
}
```

文件 4-9 的运行结果如图 4-12 所示。

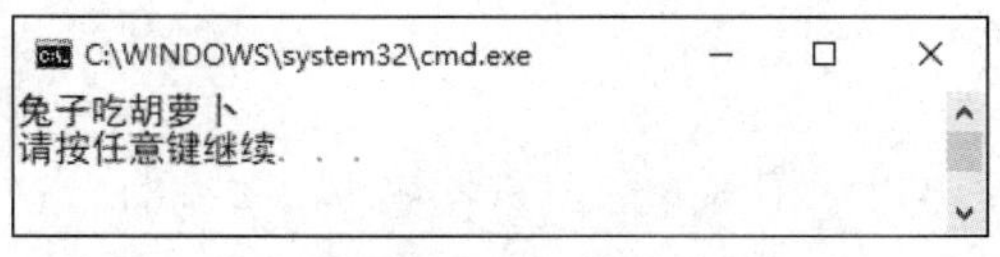

图 4-12　文件 4-9 的运行结果

在上述示例中，定义了一个抽象类 Animal，该类包含一个抽象方法 eat()，定义该方法时，使用 abstract 修饰，方法声明后没有方法体，直接以分号“;”结束，子类 Rabbit 类继承自 Animal 类，实现了父类中的抽象方法 eat()，即添加了方法体代码。从运行结果可以看出，子类实现了父类的抽象方法后，可以进行对象的创建，并通过该对象调用该方法。

如果尝试在文件 4-9 中使用关键字 new 创建 Animal 类的实例对象，即“Animal an = new Animal();”，程序会出现编译错误，如图 4-13 所示。

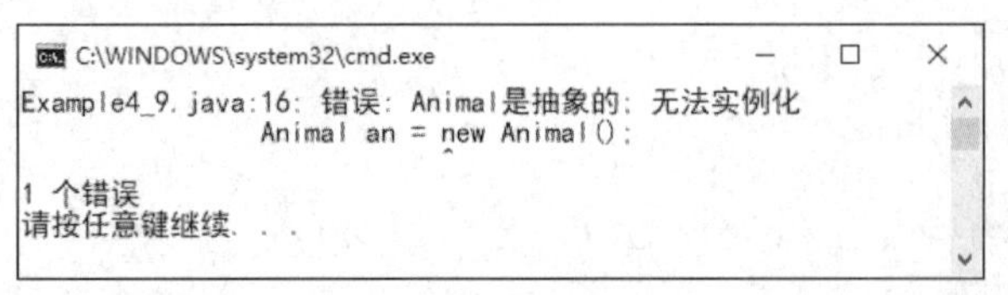

图 4-13　编译错误

总之，抽象类是不可以被实例化的，在 Java 语言中，抽象类存在的目的就是根据它来创建新的类即子类，类似模板的作用。需要注意的是，抽象类的子类必须实现父类中的所有抽象方法，即抽象方法必须被子类的方法所覆盖（重写），或者该子类将自己也声明成抽象类。由于抽象类是需要被继承的，因此 abstract 类不能用 final 来修饰。

4.3.2　接口

如果一个抽象类中的所有方法都是抽象的，Java 语言将这个类用另外一种方式来定义，即接口。在 JDK1.8 以前的版本中接口的定义是：一种特殊的抽象类，类体由全局常量和公共的抽象方法所组成，它不能包含普通方法，其内部的所有方法都是抽象方法。相同的，接口也不能直接通过关键字 new 创建对象，它存在的目的之一也是根据它来创建新的类，在这里被称作“接口的实现”，接口将类的抽象行为进行得更为彻底。接口中的方法可以在不同的地方被不同的类实现，而这些实现可以具有不同的行为（功能），也就是说，接口指明了一个类必须要做什么和不能做什么，相当于类的超级模板。在 JDK1.8 的新版本中，接口中除了抽象方法外，还可以有默认方法和静态方法，默认方法使用 default 修饰，静态方法使用 static 修饰，这两种方法都允许有方法体，在接口中定义这两种方法可以让接口的实现更加便捷。

在定义接口时，需要使用 interface 关键字来声明，在 JDK1.8 中，定义接口的完整语法格式如下所示：

```
[修饰符] interface 接口名 [extends 父接口 1,父接口 2,...] {
    [public] [static] [final] 常量类型 常量名 = 常量值;
    [public] [abstract] 方法返回值类型 方法名([参数列表]);     // 抽象方法
    [public] default 方法返回值类型 方法名([参数列表]){
    // 默认方法的方法体
    }
    [public] static 方法返回值类型 方法名([参数列表]){
        // 类方法的方法体
    }
}
```

在定义接口时，修饰符可以使用 public 或直接省略（省略时默认采用包权限访问控制符）。在接口内部可以定义多个常量和抽象方法，定义常量时必须进行初始化赋值，定义默认方法和静态方法时，可以有方法体。

在接口中定义常量时，可以省略 public static final 修饰符，接口会默认为常量添加此修饰符。与此类似，在接口中定义抽象方法时，也可以省略 public abstract 修饰符，定义 default 默认方法和 static 静态方法时，可以省略 public 修饰符，这些修饰符系统都会默认进行添加。

接口之间可以通过 extends 关键字实现继承，并且一个接口可以同时继承多个接口，接口之间用英文逗号“,”隔开。从该语法结构可以看出，接口能够实现“多继承”，即一个子接口可以继承自多个父接口，接口的继承特性打破了 Java 语言中类的单继承特性的限制。

由于接口中的方法都是抽象方法，因此不能通过实例化对象的方式来调用接口中的方法。此时需要定义一个类，并使用 implements 关键字声明该类会实现的接口，具体语法格式如下所示：

```
[修饰符] class 类名 [extends 父类名] [implements 接口 1,接口 2,...] {
    // 类体
}
```

一个类可以通过 implements 关键字同时实现多个接口，被实现的多个接口之间要用英文逗号“,”隔开。当一个类实现接口时，如果该类是抽象类，只需根据情况实现接口中的部分抽象方法即可，否则该类必须实现接口中的所有抽象方法。一个类在实现接口的同时还可以继承另一个类，但是 extends 关键字必须位于 implements 关键字之前。

定义接口与实现接口的具体用法如文件 4-10 所示。

文件 4-10

```
// 定义接口
interface Phone {
    void receiveMessages();
    void call();
}
interface SmartPhone extends Phone {
    void faceTime();
}
// 定义实现类
class HUAWEIPhone implements SmartPhone {
    public void receiveMessages() {
        System.out.println("手机接收短息");    }
    public void call() {
        System.out.println("手机语音通话");    }
    public void faceTime() {
        System.out.println("智能手机视频通话");    }
    public void useHarmony() {
        System.out.println("HUAWEI 手机使用 Harmony");    }
}
public class Example10 {
    public static void main(String[] args) {
        HUAWEIPhone hwPhone = new HUAWEIPhone();
        hwPhone.receiveMessages();
        hwPhone.call();
```

```
            hwPhone.faceTime();
            hwPhone.useHarmony();
        }
    }
```

文件 4-10 的运行结果如图 4-14 所示。

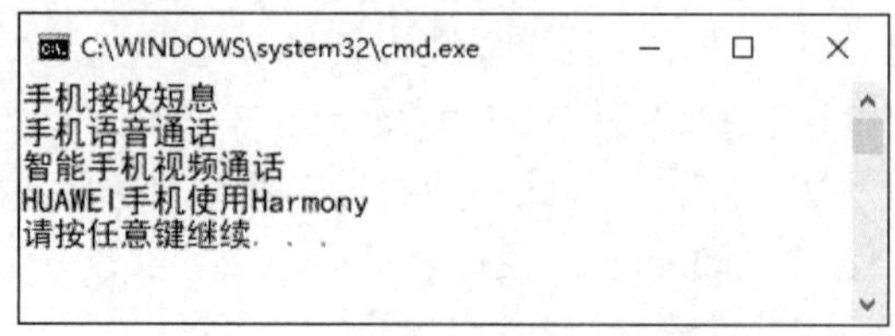

图 4-14　文件 4-10 的运行结果

在上述示例中定义了 2 个接口，接口 Phone 定义了 2 个抽象方法，接口 SmartPhone 继承自 Phone 接口并定义了 1 个抽象方法，因此 SmartPhone 接口包含了 3 个抽象方法。当 HUAWEIPhone 类实现 SmartPhone 接口时，必须实现接口 SmartPhone 中包含的 3 个方法。从运行结果看出，程序可以使用 HUAWEIPhone 类实例化对象并调用其中的方法。

4.4 多态

4.4.1 多态概述

面向对象程序设计思想的 3 个基本特性是：封装、继承和多态。从 Java 语言的角度来说，封装可以理解为数据抽象，即把一些对象的共同属性和方法封装在 1 个类中，而抽象类和接口是更高级的数据抽象，继承则是子类（派生类）继承父类（超类）的行为。继承可以理解为用来表达子类和父类之间的一种“is—a”的关系，它表明子类对象“是”父类对象。例如，狗或者猫都是动物，因此 Dog 类或者 Cat 类设计为 Animal 类的子类是显而易见的；反之则不然，并不是每一个动物都是狗或者猫。“is—a”关系表明程序中出现父类对象的地方都可以用子类对象替换，称为父类对象引用子类对象。

多态与继承有很大的联系，因为只有继承的支持才能实现多态。多态指在 1 个类中定义的属性和功能被其他类继承后，当父类对象引用子类对象时，相同引用类型的变量调用同一个方法所呈现出的多种不同行为特性。其具体用法如文件 4-11 所示。

文件 4-11

```
class Animal {
    public void animalShout(){
        System.out.println("Animal 会叫！"); }
}
class Cat extends Animal{
    public void animalShout(){
        System.out.println("Cat 喵喵叫！");   }
    public void climb(){
        System.out.println("Cat 会爬树！");   }
```

```
    }
    class Dog extends Animal{
        public void animalShout(){
            System.out.println("Dog 汪汪叫！");  }
        public void run(){
            System.out.println("Dog 跑得快！");  }
    }
    public class Example11{
        public static void main(String args[]){
            Animal animal1,animal2;
            animal1 = new Cat();
            animal2 = new Dog();
            animal1.animalShout();
            animal2.animalShout();
        }
    }
```

文件 4-11 的运行结果如图 4-15 所示。

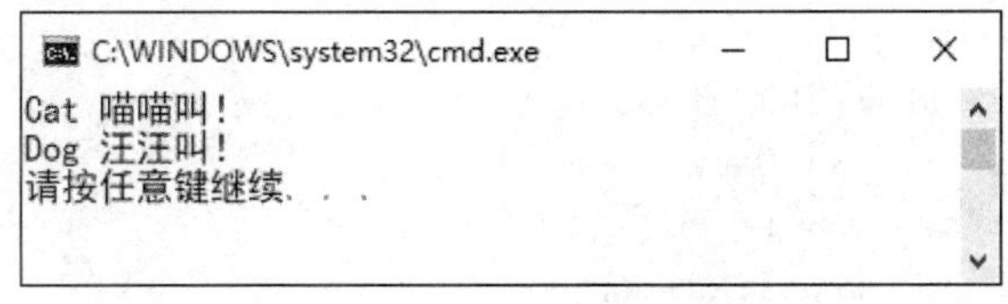

图 4-15　文件 4-11 的运行结果

在上述示例中首先声明了 Animal 类的两个引用 animal1 和 animal2，它们分别指向了其子类 Cat 和子类 Dog 的实例对象 new Cat()和 new Dog()，然后分别使用 animal1 和 animal2 调用了 animalShout()方法。根据运行结果看出，虽然 animal1 和 animal2 两个对象都是 Animal 类型的，但是 Animal 类中的 animalShout()方法并没有被调用，实际调用的是 Cat 类和 Dog 类中的 animalShout()方法。也就是说，相同类型（Animal 类）的引用变量在调用同一个方法（animalShout()方法）时，呈现出的却是不一样的行为特征，这就是多态的表现。

Java 的多态性是由类的继承、方法重写以及父类引用指向子类对象体现的。由于一个父类可以有多个子类，多个子类都可以重写父类方法，并且多个不同的子类对象也可以指向同一个父类，因此程序只有在运行时才能知道具体代表的是哪个子类对象。例如上述示例中，虽然 animal1 和 animal2 属于 Animal 类型，但它们实际指向的分别是 Cat 类和 Dog 类的对象，因此程序运行的时候调用的是子类中的方法。多态是 Java 语言的一个重要特性，它是指在父类中定义的属性和方法被子类继承之后，可以具有不同的数据类型或表现出不同的行为，这使得同一个属性或方法在父类及其各个子类中具有不同的含义，使其具备一定的通用性。

在实际的程序开发中，更推荐使用接口来实现多态。其具体用法如文件 4-12 所示。

文件 4-12

```
// 定义接口 Animal
interface Animal {
    String name = "动物";
    void shout();
```

```
}
// 定义 Cat 类实现 Animal 接口
class Cat implements Animal {
    String name = "猫";
    public void shout() {
        System.out.println("Cat 喵喵叫！");    }
    public void climb(){
        System.out.println("Cat 会爬树！");    }
}
// 定义 Dog 类实现 Animal 接口
class Dog implements Animal {
    String name = "狗";
    public void shout() {
        System.out.println("Dog 汪汪叫！");    }
    public void run(){
        System.out.println("Dog 跑得快！");    }
}
// 定义测试类
public class Example12 {
    public static void main(String[] args) {
        Animal an1 = new Cat();
        Animal an2 = new Dog();
        System.out.println(an1.name);
        animalShout(an1);
        System.out.println(an2.name);
        animalShout(an2);
    }
    // 定义静态的 animalShout()方法，接收一个 Animal 类型的参数
    public static void animalShout(Animal an) {
        an.shout();  }    // 调用实参对象的 shout()方法
}
```

文件 4-12 的运行结果如图 4-16 所示。

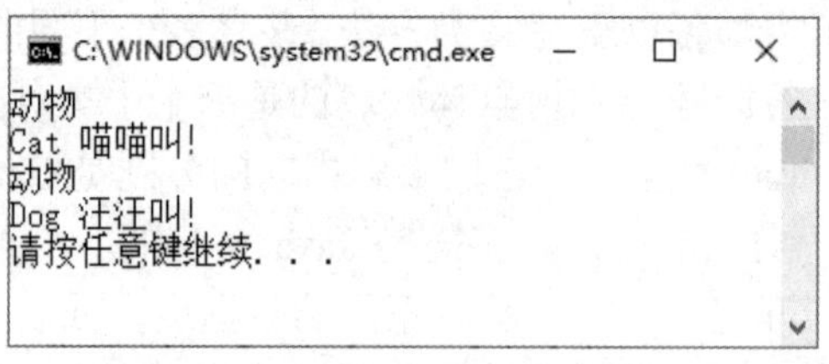

图 4-16　文件 4-12 的运行结果

在上述示例中定义了 Animal 接口、Cat 类和 Dog 类（实现了 Animal 接口）、Example12 类。在测试类 Example12 中定义了一个静态方法 animalShout()，该方法接收一个 Animal 接口类型的参数，实现的功能是输出动物发出叫声，因此在方法体内调用了 shout()方法。在主方法中首先声明了两个 Animal 类型的引用变量 an1 和 an2，分别指向对象 new Cat()和 new Dog()，然后分别以这两个引用变量作为实参调用了静态方法 animalShout()。从运行结果可以看出，相

同类型的引用变量在调用同一个方法时，得到的却是不一样的结果，这就是使用接口实现多态的应用。

注意：文件 4-12 的运行结果中显示，当使用 an1 和 an2 分别访问属性 name 的时候，输出的并不是 Cat 类和 Dog 类中的 name 属性值，而是接口 Animal 中的 name 值，这是多态的成员访问特点：如果访问成员变量，则编译时看父类，运行时也看父类；如果访问成员方法，则编译时看父类，运行时看子类。

通过多态，可以消除类之间的耦合关系，在减少冗余代码的同时，大大提高程序的可扩展性和可维护性。例如在文件 4-12 的后续开发中，如果需要增加一个 Bird 类对象的叫声输出，由于使用了多态，可以单独设计一个 Bird 类，Bird 类需要实现 Animal 接口，重写 shout()方法，但是类 Example12 中的 animalShout()方法可以不做任何修改，在主方法中创建 Animal 类型的引用并指向 Bird 类的对象后，传递给 animalShout()方法就能实现 Bird 类对象的叫声输出。具体使用方法如文件 4-13 所示。

文件 4-13

```
// 定义接口 Animal
interface Animal {
    String name = "动物";
    void shout();
}
// 定义 Cat 类实现 Animal 接口
class Cat implements Animal {
    String name = "猫";
    public void shout() {
        System.out.println("Cat 喵喵叫！");    }
    public void climb(){
        System.out.println("Cat 会爬树！");   }
}
// 定义 Dog 类实现 Animal 接口
class Dog implements Animal {
    String name = "狗";
    public void shout() {
        System.out.println("Dog 汪汪叫！");   }
    public void run(){
        System.out.println("Dog 跑得快！");   }
}
// 增加 Bird 类实现 Animal 接口
class Bird implements Animal {
    String name = "鸟";
    public void shout() {
        System.out.println("Bird 喳喳叫！");   }
    public void fly(){
        System.out.println("Bird 飞得高！");   }
}
// 定义测试类
public class Example13 {
```

```
    public static void main(String[] args) {
        Animal an1 = new Cat();
        Animal an2 = new Dog();
        System.out.println(an1.name);
        animalShout(an1);
        System.out.println(an2.name);
        animalShout(an2);
        // 测试 Bird 类
        Animal an3 = new Bird();
        animalShout(an3);
    }
    // 定义静态的 animalShout()方法，接收一个 Animal 类型的参数
    public static void animalShout(Animal an) {
        an.shout();  }     // 调用实参对象的 shout()方法
}
```

文件 4-13 的运行结果如果图 4-17 所示。

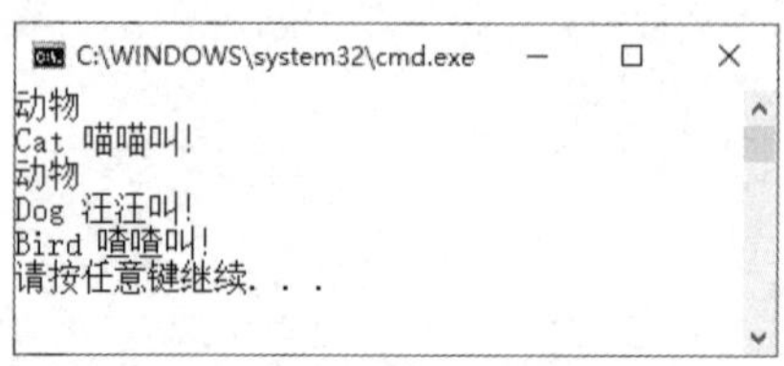

图 4-17　文件 4-13 的运行结果

上述示例体现了多态的好处，它使程序变得更加灵活，从而有效地提高了程序的可扩展性和可维护性。这也符合 Java 语言的设计模式——开闭原则：对扩展开放，对修改关闭。在程序需要进行拓展的时候，不用修改原有的代码，实现“热插拔”的效果。

4.4.2　对象的类型转换

Java 实现多态有 3 个必要条件：继承、重写和向上转型。

（1）继承：在多态中必须存在有继承关系的子类和父类（接口和实现类）。

（2）重写：子类对父类中某些方法进行重新定义，在调用这些方法时就会调用子类的方法。

（3）向上转型：在多态中需要将子类对象当作父类引用使用时，称作向上转型。只有这样，该引用才可以既能访问父类的成员，又能访问子类的成员。例如在前面示例中的“Animal an1 = new Cat();”和“Animal an2 = new Dog();”。

向上转型不需要任何显式的声明，此时的对象可以调用父类中的方法，但是向上转型的子类对象却不能去调用子类中某些方法，这是使用多态给程序带来的弊端。例如在文件 4-12 中，能不能使用 an1 和 an2 两个对象分别去调用 climb()方法和 run()方法呢？具体示例如文件 4-14 所示。

文件 4-14

```
// 定义接口 Animal
interface Animal {
    String name = "动物";
```

```
        void shout();
    }
    // 定义 Cat 类实现 Animal 接口
    class Cat implements Animal {
        String name = "猫";
        public void shout() {
            System.out.println("Cat 喵喵叫！");    }
        public void climb(){
            System.out.println("Cat 会爬树！");   }
    }
    // 定义 Dog 类实现 Animal 接口
    class Dog implements Animal {
        String name = "狗";
        public void shout() {
            System.out.println("Dog 汪汪叫！");    }
        public void run(){
            System.out.println("Dog 跑得快！");    }
    }
    // 定义测试类
    public class Example14 {
        public static void main(String[] args) {
            Animal an1 = new Cat();
            Animal an2 = new Dog();
            System.out.println(an1.name);
            animalShout(an1);
            System.out.println(an2.name);
            animalShout(an2);
            // 使用接口引用变量访问实现类特有的方法
            an1.climb();
            an2.run();
        }
        // 定义静态的 animalShout()方法，接收一个 Animal 类型的参数
        public static void animalShout(Animal an) {
            an.shout();   }     // 调用实参对象的 shout()方法
    }
```

文件 4-14 的运行结果如图 4-18 所示。

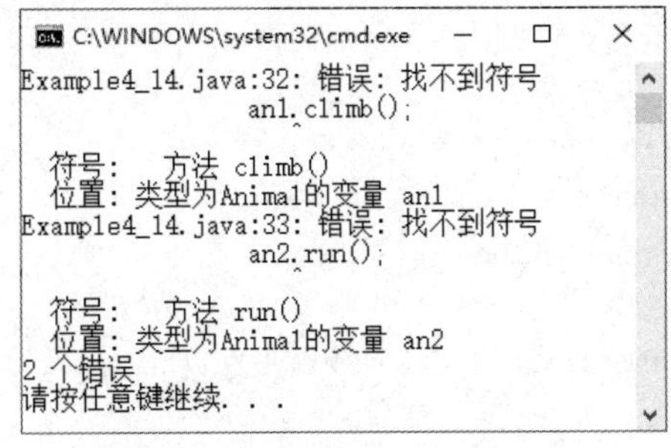

图 4-18　文件 4-14 的运行结果

因为an1和an2被声明的类型都是Animal类型，而Animal类型中并没有climb()和run()方法，在Java的继承里，父类无法访问子类的特有方法，所以程序无法通过编译。

但是an1和an2所引用的确实分别是Cat类和Dog类的对象，如果需要使用an1或者an2调用climb()或者run()方法，就需要进行强制类型转换，又称为向下转型，语法格式如下所示：

```
目标对象类型 对象名=(目标对象类型)被转换的引用;
```

例如：

```
Cat cat = (Cat) an1;
```

文件4-14修改后的程序代码如文件4-15所示。

文件 4-15

```
// 定义接口 Animal
interface Animal {
	String name = "动物";
	void shout();
}
// 定义 Cat 类实现 Animal 接口
class Cat implements Animal {
	String name = "猫";
	public void shout() {
		System.out.println("Cat 喵喵叫！");	}
	public void climb(){
		System.out.println("Cat 会爬树！");	}
}
// 定义 Dog 类实现 Animal 接口
class Dog implements Animal {
	String name = "狗";
	public void shout() {
		System.out.println("Dog 汪汪叫！");	}
	public void run(){
		System.out.println("Dog 跑得快！");	}
}
// 定义测试类
public class Example15 {
	public static void main(String[] args) {
		Animal an1 = new Cat();
		Animal an2 = new Dog();
		System.out.println(an1.name);
		animalShout(an1);
		System.out.println(an2.name);
		animalShout(an2);
		Cat cat = (Cat)an1;			// 向下转型
		cat.climb();
		Dog dog = (Dog)an2;			// 向下转型
```

```
            dog.run();
            //Dog dog2 = (Dog)an1;                // 错误的类型转换
        }
        // 定义静态的 animalShout()方法，接收一个 Animal 类型的参数
        public static void animalShout(Animal an) {
            an.shout();   }     // 调用实参对象的 shout()方法
    }
```

文件 4-15 的运行结果如图 4-19 所示。

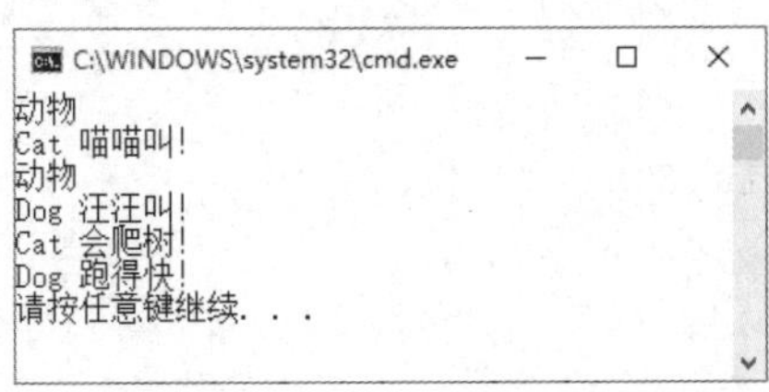

图 4-19　文件 4-15 的运行结果

注意：在进行强制类型转换时，只能在有继承关系的引用变量之间进行强制类型转换，例如 Animal 类型的变量 an2 可以转换为 Dog 类型，但是却无法转换为 Cat 类型。如果进行了错误的类型转换，例如在文件 4-15 中加入代码“Dog dog2 = (Dog)an1;”程序会出现运行错误 ClassCastException，如图 4-20 所示。

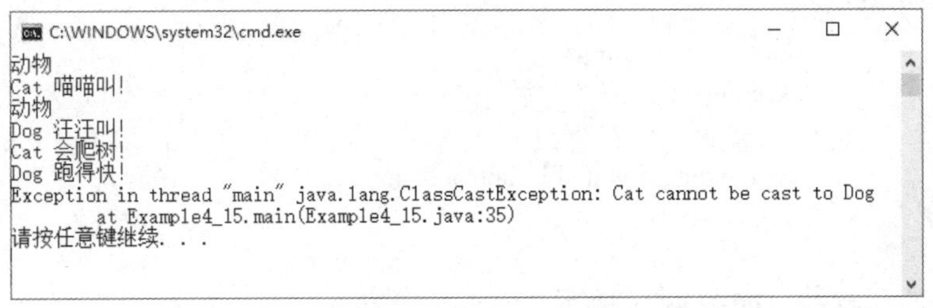

图 4-20　错误的类型转换导致运行错误

出错的原因在于，an1 实质上引用的是一个 Cat 类型的对象，而 Cat 类型与 Dog 类型没有继承关系，因此无法进行转换。此处的程序运行时错误不同于前面的编译错误，详细介绍可参考第 7 章异常处理。

针对这种情况，Java 提供了一个关键字 instanceof，它可以判断一个对象是否为某个类（或接口）的实例或者子类实例，语法格式如下：

对象（或者对象引用变量）instanceof 类（或接口）

在进行类型转换之前先进行判断，避免程序出现运行错误。其具体用法如文件 4-16 所示。

文件 4-16

```
class Animal {
    public void animalShout(){
        System.out.println("Animal 会叫！");
    }
}
class Cat extends Animal{
```

```
        public void animalShout(){
            System.out.println("Cat 喵喵叫！");
        }
        public void climb(){
            System.out.println("Cat 会爬树！");
        }
    }
    class Dog extends Animal{
        public void animalShout(){
            System.out.println("Dog 汪汪叫！");
        }
        public void run(){
            System.out.println("Dog 跑得快！");
        }
    }
    public class Example16{
        public static void main(String args[]){
            Animal animal1,animal2;
            animal1 = new Cat();
            animal2 = new Dog();
            animal1.animalShout();
            animal2.animalShout();
            if (animal2 instanceof Cat)       // 进行强制转换之前先判断类型
            {
                Cat cat = (Cat)animal2;
                cat.climb();
            }else
                System.out.println("this animal is not a cat!");
        }
    }
```

文件 4-16 的运行结果如图 4-21 所示。

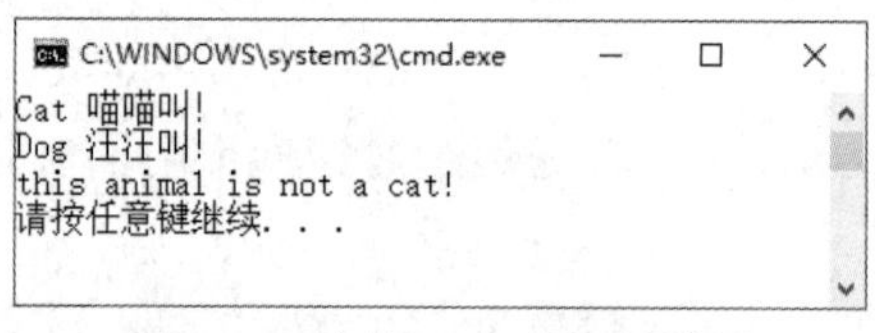

图 4-21　文件 4-16 的运行结果

在上述示例中，在进行强制类型转换之前，使用关键字 instanceof 对引用变量的类型进行了判断，避免了因类型无法转换而造成的程序异常。

4.4.3　Object 类

在 JDK 中提供了一个 java.lang.Object 类，因它是类层次结构的根类，每个类都直接或间接继承自该类。如果在类的声明中未使用 extends 关键字指明其继承关系，则默认该类的父类为 Object 类。

在 Object 类中提供了很多方法，其中的常用方法见表 4-1。

表 4-1　Object 类的常用方法

方法摘要	功能描述
public String toString()	将调用该方法的对象转换成字符串
public final Class<?> getClass()	返回运行该方法的对象所属的类
public boolean equals(Object obj)	判断两个对象的引用指向的是否为同一个对象
public int hashCode()	返回该对象的哈希码值
protected void finalize()	当垃圾回收器确定不存在对该对象的更多引用时，由对象的垃圾回收器调用此方法

在使用任何类的时候都可以调用这些方法来实现相应的功能，接下来对常用的方法进行介绍。

（1）toString()方法。该方法的功能是返回该对象的字符串表示，即返回一个字符串，该字符串由此对象所属类的类名、at 标记符“@”和此对象哈希码的无符号十六进制表示组成。该方法返回的字符串的值等于：

```
getClass().getName() + “@”+Integer.toHexString(hashCode());
```

其中，getClass()返回此 Object 运行时的类，getClass(). getName()代表以 String 类型返回此类的名称，hashCode()代表返回该对象的哈希值，hashCode()是 Object 类中定义的另一个方法，这个方法将对象的内存地址进行哈希运算，返回一个 int 类型的哈希值，Integer.toHexString(hashCode())代表将对象的哈希值用十六进制表示。toString()方法的具体用法如文件 4-17 所示。

文件 4-17

```
// 定义 Animal 类
class Animal {
    // 定义动物叫的方法
    void animalshout() {
        System.out.println("动物叫！");
    }
}
// 定义测试类
public class Example17 {
    public static void main(String[] args)  {
        Animal animal = new Animal();                  // 创建 Animal 类对象
        System.out.println(animal.toString());         // 调用 toString()方法并输出
    }
}
```

文件 4-17 的运行结果如图 4-22 所示。

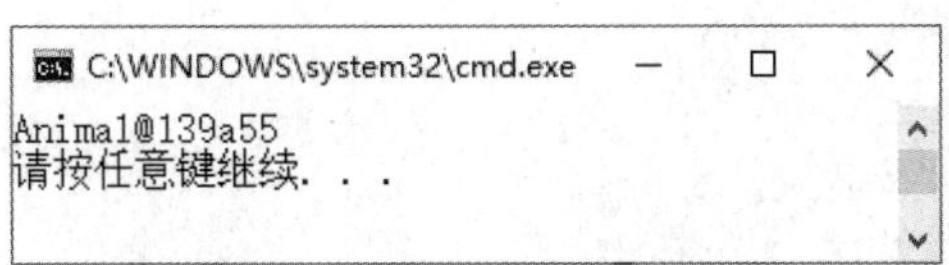

图 4-22　文件 4-17 的运行结果

在上述示例中，对象 animal 调用了 toString()方法，虽然 Animal 类并没有定义这个方法，但程序并没有报错。这是因为Animal类默认继承自Object类，而在Object类中定义了toString()方法，因此输出了对象 animal 所属类的类名为 Animal、at 标记符“@”以及该对象的内存地址哈希值的十六进制表示“139a55”。注意在不同的环境下，哈希值的表现值可能不一样。

在实际开发中，如果不满足于 Object 类的 toString()方法的默认返回值，而是希望该方法返回一些特有的信息，此时需要重写 toString()方法，其具体用法如文件 4-18 所示。

文件 4-18

```
// 定义 Animal 类
class Animal {
    // 定义动物叫的方法
    void animalshout() {
        System.out.println("动物叫！ ");
    }
    // 重写 Object 类的 toString()方法
    public String toString() {
        return "I am an animal";
    }
}
// 定义测试类
public class Example18 {
    public static void main(String[] args)   {
        Animal animal = new Animal();                // 创建 Animal 类对象
        System.out.println(animal.toString());       // 调用 toString()方法并输出
    }
}
```

文件 4-18 的运行结果如图 4-23 所示。

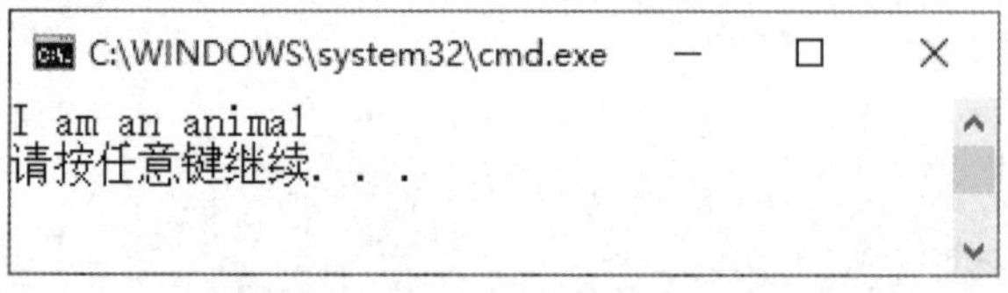

图 4-23　文件 4-18 的运行结果

从运行结果可以看出，由于 Animal 类重写了 Object 类的 toString()方法，当在测试类中创建 Animal 类的对象并调用 toString ()方法时，输出的信息为“I am an animal”。

（2）equals()方法。该方法用于判断两个对象是否相等，类似于比较运算符“==”。equals()方法的底层代码如下所示：

```
public boolean equals(Object obj) {
    return (this == obj);
}
```

euqals()方法的具体用法如文件 4-19 所示。

文件 4-19

```
public class Example19 {
    public static void main(String[] args) {
        Person per1 = new Person("张三");
        Person per2 = new Person("张三");
        System.out.println("per1==per2 的值是"+(per1==per2));
        System.out.println("per1.equals(per2)的值是"+(per1.equals(per2)));
    }
}
class Person {
    String name;
     Person(){}
     Person(String name){
        this.name = name;
     }
}
```

文件 4-19 的运行结果如图 4-24 所示。

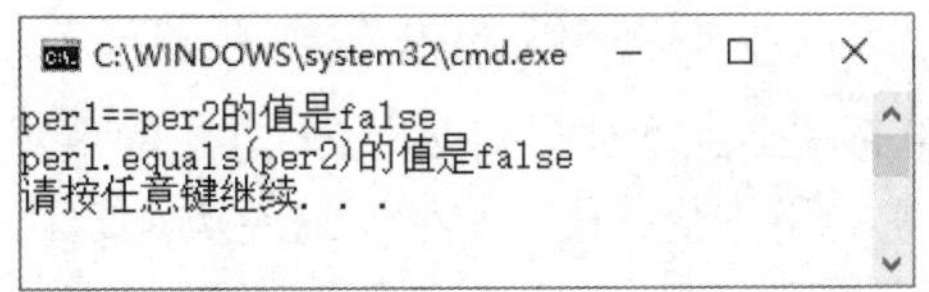

图 4-24　文件 4-19 的运行结果

在上述示例中创建了 Person 类的两个对象 per1 和 per2，然后分别使用关系运算符“==”和 equals()方法判断这两个对象是否相等。从运行结果看出，这两种比较的结果都是 false，这是因为它们比较的都是对象的引用值。但是在实际开发中很少比较两个对象的引用值，例如在上述示例中，如果需要通过比较对象的 name 值是否相等来判断对象是否相等，这时候就需要重写 equals()方法，具体的使用方法如文件 4-20 所示。

文件 4-20

```
public class Example20 {
    public static void main(String[] args) {
        Person per1 = new Person("张三");
        Person per2 = new Person("张三");
        System.out.println("per1==per2 的值是"+(per1==per2));
        System.out.println("per1.equals(per2)的值是"+(per1.equals(per2)));
    }
}
class Person {
    String name;
     Person(){}
     Person(String name){
        this.name = name; }
    // 需求：name 相同的人就是同一个人
```

```
        public boolean equals(Object obj)
        {
            // 判断是否为当前对象
            if (this == obj) {
                return true; }
            // 为了避免类型转换异常，进行类型判断
            if (!(obj instanceof Person)) {
                return false; }
            Person p = (Person) obj;
            return (this.name == p.name);
        }
    }
```

文件 4-20 的运行结果如图 4-25 所示。

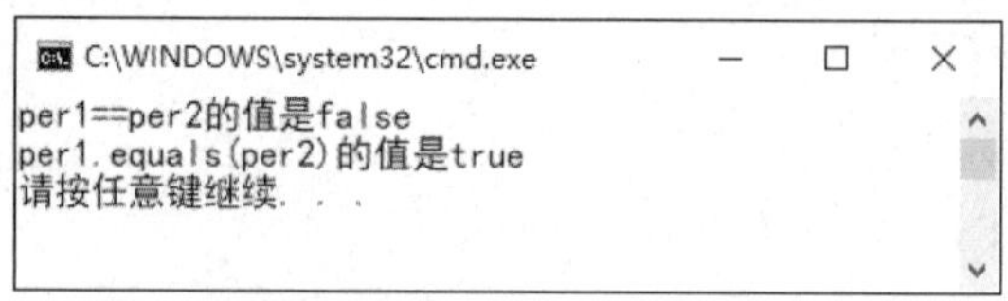

图 4-25　文件 4-20 的运行结果

上述示例仅在文件 4-19 的基础上增加了对 equals()方法的重写，首先判断比较的对象是否是当前对象，即比较两个对象的引用值，接下来为了避免类型转换异常，需要对传递进来的实参进行类型判断，如果该对象属于 Person 类型，就将它转换为 Person 类型，最后比较对象的 name 属性。需要注意的是，equals()方法的参数是 Object 类型，所有的实参在传递进来后都将被向上转型为 Object 类型。运行结果表明，当两个 Person 对象的 name 相同的时候，equals()方法判断这两个对象为同一个对象，而关系运算符“==”却不能按照自身需求进行修改判断。

4.5　内部类

在 Java 中，允许在一个类的内部定义另一个类，内部的这个类被称作内部类，而这个内部类所在的类被称作外部类。内部类不能用普通的方式访问，在类外部访问内部类时，需要在内部类名前冠以其所属外部类的名称，但是内部类仍然是一个独立的类，在编译之后内部类会被编译成独立的 class 文件，只是前面会冠以外部类的类名和$符号。内部类是外部类的一个成员，因此内部类可以自由地访问外部类的成员。通常情况下，外部类只能使用 public 或者 default 两种访问权限修饰符，由于内部类隐藏在外部类之内，可以通过访问修饰符控制其他类对内部类的访问，例如可以使用关键字 static、public，default、protected 以及 private 进行修饰，因此内部类可以提供更好的封装性，适用于更多的开发应用场景。

内部类分为成员内部类、方法内部类、静态内部类和匿名内部类，接下来对这几种内部类进行介绍。

4.5.1　成员内部类

在一个类中除了可以定义成员变量、成员方法，还可以定义类，这样的类被称作成员内部

类。其具体语法格式如下所示：

```
class 外部类名{
    // 外部类的其他成员
    class 成员内部类名{
        // 内部类的成员
    }
    ……
}
```

在成员内部类中，可以访问外部类的所有成员，包括成员变量和成员方法；在外部类中，可以访问成员内部类的变量和方法，不过必须要创建一个内部类对象，然后通过该对象访问内部类的属性或方法。相似地，在类外部访问内部类的成员时，也必须创建一个内部类对象，然后通过该对象访问内部类的属性或方法。创建内部类对象的具体语法格式如下所示：

```
外部类名.内部类名 变量名 = new 外部类名().new 内部类名();
```

其具体用法如文件 4-21 所示。

文件 4-21

```
class Outer {
    int out = 0;              // 定义外部类的成员变量
    // 定义外部类成员方法 1
    void outmethod1() {
        System.out.println("执行外部类成员方法 1...");    }
    // 定义成员内部类 Inner
    class Inner {
        int in = 1;           // 定义内部类的成员变量
        // 定义内部类成员方法
        void innermethod1() {
            System.out.println("执行内部类成员方法 1...");
            //成员内部类访问外部类成员变量
            System.out.println("外部类成员变量：out="+out);
            //成员内部类访问外部类成员方法
            outmethod1();    }
        void innermethod2(){
            System.out.println("执行内部类成员方法 2...");    }
    }
    // 定义外部类成员方法 2，访问内部类变量和方法
    void outmethod2() {
        Inner inner = new Inner();        // 在外部类创建内部类对象
        System.out.println("内部类成员变量：in="+inner.in);
        inner.innermethod2();  }
}
//定义测试类
public class Example21 {
    public static void main(String[] args) {
        Outer outer = new Outer();        // 创建外部类对象
        System.out.println("测试在外部类访问内部类变量和方法");
```

```
            outer.outmethod2();
            Outer.Inner inner_1 = outer.new Inner();      // 创建内部类对象
            System.out.println("==================================");
            System.out.println("测试在类外部访问内部类成员变量和方法");
            System.out.println("内部类成员变量：in="+inner_1.in);
            inner_1.innermethod1();
        }
    }
```

文件 4-21 的运行结果如图 4-26 所示。

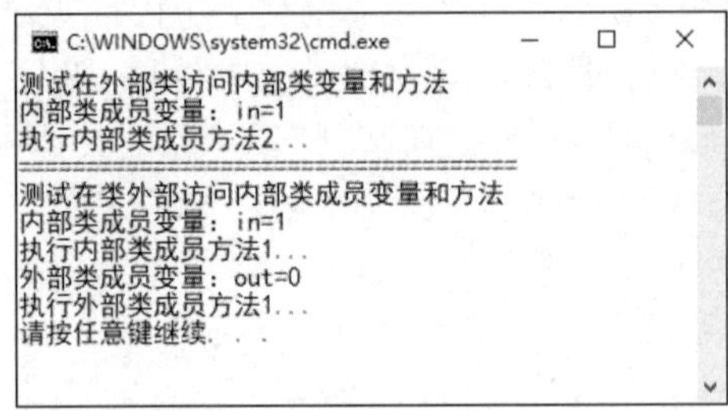

图 4-26　文件 4-21 的运行结果

在上述示例中定义了一个外部类 Outer，在类中定义了成员变量、成员方法以及内部类 Inner，在内部类 Inner 中定义了内部类的成员变量和成员方法。内部类 Inner 可以任意访问外部类 Outer 的成员，但是外部类如果要访问内部类的成员，需要先创建内部类的对象，例如“Inner inner = new Inner();”，然后通过该对象 inner 去访问内部类的成员变量 in 以及成员方法 innermethod2()。在类外部，也就是测试类 Example21 中，如果要访问内部类 Inner 的成员，也需要先创建内部类的对象，例如“Outer.Inner inner_1 = outer.new Inner();”，然后通过该对象 inner_1 去访问内部类的成员。

注意：在类外部如果要创建一个成员内部类的对象，必须先创建该内部类所属的外部类的对象。内部类编译后 class 文件的名称为“外部类$内部类.class”，例如上述示例中内部类 Inner 编译后的 class 文件名为“Outer$Inner.class”。内部类的访问修饰符有 4 种，分别是 private（仅外部类可访问）、protected（同包及其继承类可访问）、default（同包可访问）、public（所有类可访问）。

4.5.2 方法内部类

方法内部类也叫作局部内部类，就是定义在某个局部范围中的类，它和局部变量一样，都是在方法中定义的，其有效范围只限于方法内部。局部内部类可以访问外部类的所有成员变量和方法，而局部内部类中的变量和方法却只能在创建该局部内部类的方法中进行访问。其具体用法如文件 4-22 所示。

文件 4-22

```
//定义外部类 Outer
class Outer {
    int out = 0;
    void outmethod1(){
```

```
                System.out.println("执行外部类成员方法 1...");
        }
        void outmethod2() {
                // 定义方法内部类 Inner，在方法内部类中访问外部类的变量和方法
                class Inner {
                        int in = 1;
                        void innermethod() {
                                System.out.println("外部类变量：out="+out);
                                outmethod1();
                        }
                }
                // 在创建方法内部类的方法中，调用方法内部类的变量和方法
                Inner inner = new Inner();
                System.out.println("方法内部类变量：in="+inner.in);
                inner.innermethod();
        }
}
//定义测试类
public class Example22 {
        public static void main(String[] args) {
                Outer outer= new Outer();
                outer.outmethod2();   // 通过外部类对象调用创建了方法内部类的方法
        }
}
```

文件 4-22 的运行结果如图 4-27 所示。

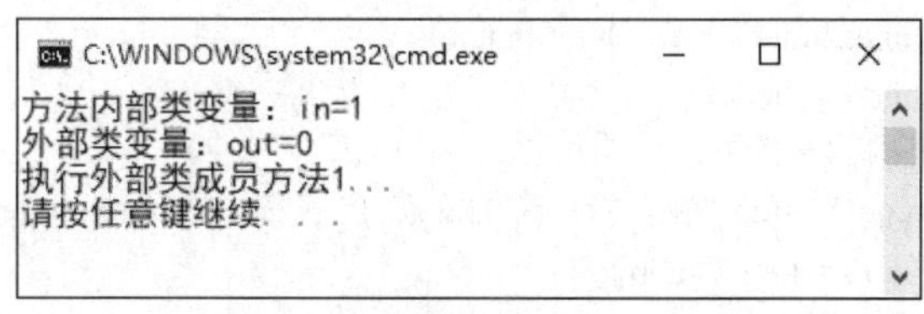

图 4-27　文件 4-22 的运行结果

注意：与方法内部成员使用规则一样，方法内部类不能使用任何访问修饰符，不能使用 static 修饰，即类中不能包含静态成员，但可以包含 final、abstract 修饰的成员。

4.5.3　静态内部类

如果在成员内部类前增加了 static 关键字进行修饰，这样的内部类称为静态内部类，又叫作嵌套内部类。静态内部类可以声明静态和非静态成员变量和方法，而成员内部类不能声明静态成员变量和方法。外部类可以访问内部类的所有成员，但是静态内部类只能直接访问外部类的静态成员。在类外部可以通过“外部类.内部类.静态成员”的方式访问内部类中的静态成员，但是其中的非静态成员需要通过创建静态内部类的实例对象才能访问。静态内部类的实例对象可以不依赖于外部类对象而进行直接创建，具体语法格式如下所示：

```
外部类名.静态内部类名 变量名 = new 外部类名.静态内部类名();
```

静态内部类的具体用法如文件 4-23 所示。

文件 4-23

```
//定义外部类 Outer
class Outer {
    static int out1 = 0;        // 定义外部类静态变量 out1
    int out2 = 1;               // 定义外部类实例变量 out2
    static class Inner {
        static int in = 2;
        void innermethod() {
            // 静态内部类访问外部类静态成员
            System.out.println("外部类静态变量：out1="+out1);
            // 静态内部不能直接访问外部类非静态成员
            //System.out.println("外部类实例变量：out2="+out2);
            // 通过外部类的实例可以访问外部类的非静态成员
            System.out.println("通过外部类的实例可以访问其实例变量：out2="+new Outer().out2);
        }
    }
    // 外部类访问静态内部类成员
    void method(){
        System.out.println("外部类访问静态内部类成员：in="+Inner.in);
    }
}
//定义测试类
public class Example23 {
    public static void main(String[] args) {
        // 静态内部类可以直接通过外部类创建
        Outer.Inner inner = new Outer.Inner();
        inner.innermethod();
        // 静态内部类的静态成员可以直接访问
        System.out.println("静态内部类的静态变量：in="+Outer.Inner.in);
        Outer outer = new Outer();
        outer.method();
    }
}
```

文件 4-23 的运行结果如图 4-28 所示。

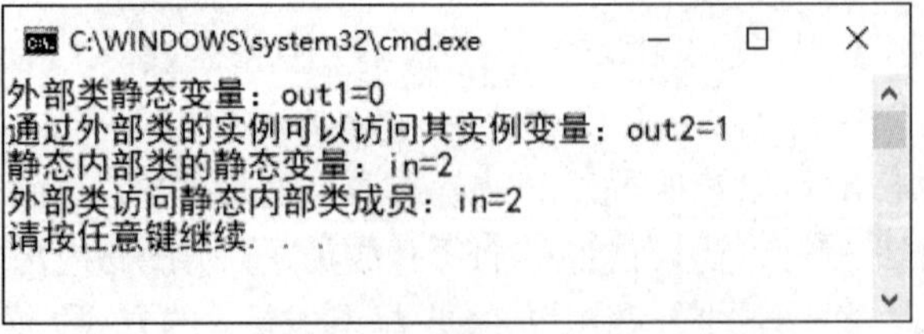

图 4-28　文件 4-23 的运行结果

注意：与类的静态成员相似，在静态内部类中，只能直接访问外部类的静态成员，如果需要调用非静态成员，可以通过外部类的实例对象进行访问，例如“new Outer().out2”。

4.5.4　匿名内部类

顾名思义，匿名内部类即没有类名的内部类。在一般情况下，类的定义都需要使用关键字 class，然后使用 new 进行实例化，但是如果对某个类只会使用一次，那么这个类的名字对于程序而言就可有可无，这时可以将该类的定义及其对象的创建放到一起完成，以简化程序的编写，这就是匿名内部类的使用场景，匿名内部类常用于简化抽象类和接口的实现。

定义匿名内部类的语法格式如下所示：

```
new 父类(参数列表) 或 父接口(){
    //匿名内部类实现部分
}
```

使用匿名内部类的前提是内部类可以继承一个类或者实现一个接口，所以实际上匿名内部类会隐式地继承一个类或者实现一个接口，或者说，匿名内部类是一个继承了该类或者实现了该接口的匿名子类。需要注意的是，由于接口没有构造方法，所以一个实现接口的匿名内部类的括号里一定是空参数；而继承一个类的匿名内部类会调用其父类的构造方法，所以括号里可以是空参数，也可以传入参数。匿名内部类的具体用法如文件 4-24 所示。

文件 4-24

```
//定义动物类接口
interface Animal {
    void shout();
}
public class Example24 {
    // 定义静态方法 animalShout()，接收接口类型参数
    public static void animalShout(Animal an) {
        an.shout();      // 调用传入对象 an 的 shout()方法
    }
    // 主方法
    public static void main(String[] args) {
        String name = "狸花猫";
        // 定义匿名内部类作为参数传递给 animalShout()方法
        animalShout(new Animal() {
            // 实现 shout()方法
            public void shout() {
            // JDK 8 开始，局部内部类、匿名内部类可以访问非 final 的局部变量
                System.out.println(name + "喵喵叫...");
            }
        });
    }
}
```

文件 4-24 的运行结果如图 4-29 所示。

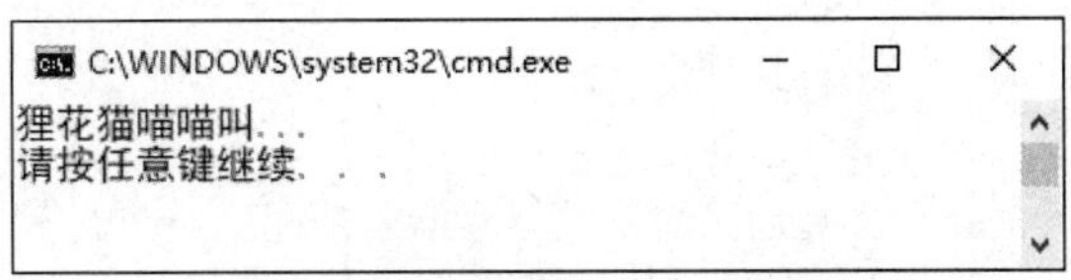

图 4-29　文件 4-24 的运行结果

在上述示例中，类 Example24 中有一个静态方法 animalShout()，该方法接收接口 Animal 类型的参数，在主方法中需要调用该方法输出“狸花猫喵喵叫...”。因为接口无法实例化，所以为了实现对 Animal 类型的参数的传递，首先应该定义一个实现 Animal 接口的类，然后用该类创建一个对象，再传递给 animalShout()完成调用。如果在实际开发的时候仅需要一个这样的实例对象，那么是否给这个类定义一个单独的类名意义并不大，在这种情况下，推荐使用匿名内部类来实现，以简化代码。

在上述示例中调用 animalShout()方法时，直接使用“new Animal(){}”的语法结构定义了匿名内部类，该类实现了 Animal 接口，重写了该接口中全部的抽象方法，同时还进行了实例对象的创建，完成了参数的传递。注意，在重写 Animal 接口的 shout()方法时，匿名内部类还访问了外部类的局部变量 name，因为从 JDK 8 开始，局部内部类、匿名内部类可以访问非 final 的局部变量。

注意：根据类的修饰符可以将内部类分为静态内部类和非静态内部类，匿名内部类不能被 static 修饰，因此它是非静态内部类的一种特殊情况。匿名内部类也是局部内部类，所以局部内部类的所有限制同样对匿名内部类生效。匿名内部类不能是抽象的，因此它必须要实现继承的类或者实现的接口的所有抽象方法。匿名内部类是实现接口或者继承的一种简便写法，在程序中不一定非要使用匿名内部类。

4.6 【综合案例】对动物园猴子的管理

【任务描述】

编写一个模拟对动物园猴子的管理程序，主要实现添加猴子、体重排序并输出所有猴子的信息、只输出母猴子的信息的功能。

【运行结果】

任务运行结果如图 4-30 所示。

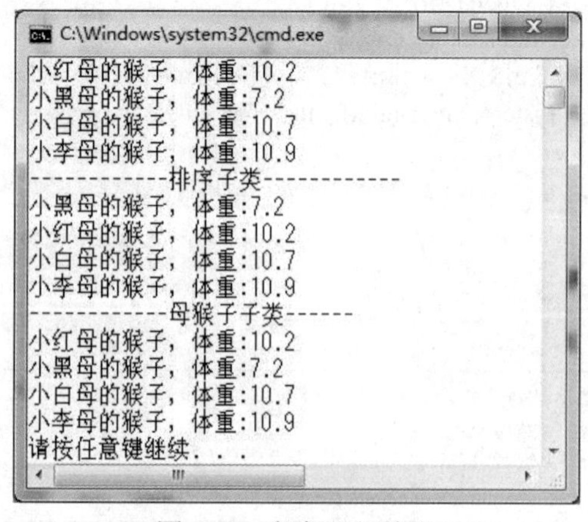

图 4-30 任务运行结果

【任务目标】

（1）学会分析“对动物园猴子的管理”程序的实现思路。
（2）根据思路独立完成“对动物园猴子的管理”的源代码编写、编译及运行。
（3）掌握面向对象封装、继承、多态的概念和使用。
（4）了解对象数组的使用。

【实现思路】

（1）通过任务分析可以得出需要 5 个类：猴子类、猴子管理类、实现按猴子体重排序的类、母猴子管理类和测试类。

（2）在猴子类中需要定义猴子的基本信息，并对属性进行封装，在猴子管理类中要实现添加功能，按猴子体重排序的类中实现排序功能，母猴子管理类中实现筛选出性别为母的猴子的功能。

【实现代码】

```
import java.util.Arrays;
//测试类
public class MonkeyDemo{
    public static void main(String[] args){
        Monkey ml= new Monkey("小红","母的",10.2f);
        Monkey m2= new Monkey("小黑","母的",7.2f);
        Monkey m3= new Monkey("小白","母的",10.7f);
        Monkey m4= new Monkey("小李","母的",10.9f);
        MonkeyManager mm = new MonkeyManager();
        mm.add(ml);
        mm.add(m2);
        mm.add(m3);
        mm.add(m4);
        Monkey[] ms1 = mm.getMonkeys();
        for(Monkey m:ms1){
            System.out.println(m.getInfo());
        }
        System.out.println("------------排序子类------------");
        WeightsortMonkeyManager wml = new WeightsortMonkeyManager();
        wml.add(ml);
        wml.add(m2);
        wml.add(m3);
        wml.add(m4);
        Monkey[] ms = wml.getMonkeys();
        for(Monkey u: ms){
            System.out.println(u.getInfo());
        }
        System.out.println("------------母猴子子类------");
```

```
        WomenMonkeyManager wm2 = new WomenMonkeyManager();
        wm2.add(ml);
        wm2.add(m2);
        wm2.add(m3);
        wm2.add(m4);
        Monkey[] ms2 = wm2.getMonkeys();
        for(Monkey u: ms2){
            System.out.println(u.getInfo());
        }
    }
}
/**
    猴子类
*/
class Monkey{
    private float weight;    //单价
    private String name;     //名称
    private String sex;      //公或母
    public Monkey(String name,String sex,float weight){
        this.name = name;
        this.sex = sex;
        this.weight = weight;
    }
    public void setWeight(float weight){
        this.weight=weight;
    }
    public float getWeight(){
        return weight;
    }
    public void setName(String name){
        this.name=name;
    }
    public String getName(){
        return name;
    }
    public void setSex(String sex){
        this.sex=sex;
    }
    public String getSex(){
        return sex;
    }
    public String getInfo(){
        return name+sex+"猴子，体重:"+weight;
    }
}
/**
```

```
    猴子管理类
*/
class MonkeyManager{
        private Monkey[] monkeys = new Monkey[3];
        private int count;        //记录当前猴子数量，即记数器
        //添加猴子功能
        public void add(Monkey m){
                if(count>=monkeys.length){
                //数组动态扩展
                        int newlen =(monkeys.length*3)/2+1;
                        monkeys = Arrays.copyOf(monkeys,newlen);
                }
                monkeys[count] = m;
                count++;
        }
                //输出所有猴子信息
        public Monkey[] getMonkeys(){
                Monkey[] ms = new Monkey[count];
                for(int i=0;i<ms.length;i++){
                        ms[i] = monkeys[i];
                }
                return ms;
        }
}
//实现按体重排序的子类
class WeightsortMonkeyManager extends MonkeyManager{
        //重写父类的方法
        public Monkey[] getMonkeys(){
                Monkey[] us = super.getMonkeys();
                Monkey temp=null;        //临时的交换变量
                for(int i=0;i<us.length-1;i++){
                        for(int j=0;j<us.length-1-i;j++){
                                if(us[j].getWeight() > us[j+1].getWeight()){
                                        temp = us[j];
                                        us[j]= us[j+1];
                                        us[j+1]=temp;
                                }
                        }
                }
        return us;
        }
}
//母猴子管理
class WomenMonkeyManager extends MonkeyManager{
        //重写父类的方法
        public Monkey[] getMonkeys(){
```

```
            Monkey[] src = super.getMonkeys();
            //创建一个 MonkeyManager 对象，用于存储母猴子
            MonkeyManager mm = new MonkeyManager();
            for(int i=0;i<src.length;i++){
                if("母的".equals(src[i].getSex())){
                    mm.add(src[i]);
                }
            }
            return mm.getMonkeys();
        }
    }
```

在文件中添加猴子 add()方法用到一个工具类 Arrays 中的方法 copyOf()方法，具体的用法如下：

```
public static <T> T[] copyOf(T[] original, int newLength)
```

该方法的功能是复制指定的数组，截取或用 null 填充（如有必要），以使副本具有指定的长度。

4.7 本章小结

本章主要介绍了继承、抽象类、接口以及内部类。Java 中的继承是代码重用的重要手段，通过子类和父类之间的关系可以使多种事物之间形成一种体系结构。通过继承，子类可以对父类的方法进行重写，从而实现多态。关键字 super 用于实现对父类对象的访问，关键字 final 用于实现最终类和最终方法。抽象类和接口用于派生新的子类，利用接口还可以实现多继承，弥补 Java 单继承特性带来的局限性。内部类是定义在类中的类，包括成员内部类、方法内部类、静态内部类和匿名内部类。匿名内部类则是一种最特殊的内部类，使用匿名内部类可以创建匿名的对象，并利用这个对象访问类里的成员，在简化代码的同时以最小的代价完成继承类或者实现接口的相关操作。

4.8 习题

一、单选题

1．在类的继承关系中，需要遵循（　　）原则。

A．多重继承　　B．单继承

C．双重继承　　D．不能继承

2．类中的一个成员方法被（　　）修饰符修饰时，该方法不能被继承。

A．public　　B．protected

C．private　　D．default

3．现有两个类 A、B，以下描述中表示 B 继承自 A 的是（　　）。

A．class A extends B　　B．class B implements A

C．class A implements B　　D．class B extends A

4．下列关于父类方法重写的描述中，错误的是（　　）。
   A．如果父类方法的访问权限是 public，子类重写父类该方法时的访问权限不能是 private
   B．子类重写父类方法时，重写的方法名、参数列表以及返回值类型必须和父类保持一致
   C．如果父类的方法被 final 修饰，那么该方法不能被子类重写
   D．子类继承父类后，可以重写父类定义的所有方法

5．已知类的继承关系如下：

```
class A
class B extends A
class C extends A
```

则以下语句能通过编译的是（　　）。
   A．A a=new B();　　B．C c=new B();　　C．C c=new A();　　D．B b=new C();

6．方法重写与方法重载的相同之处是（　　）。
   A．权限修饰符　　B．方法名　　C．返回值类型　　D．形参列表

7．下列选项中，（　　）不能被 final 修饰。
   A．类　　B．接口　　C．方法　　D．变量

二、多选题

1．关于 super 关键字的描述，正确的是（　　）。
   A．super 关键字可以调用父类的构造方法
   B．super 关键字可以调用父类的普通方法
   C．使用 super 与 this 调用构造方法时不能同时存在于同一个构造方法中
   D．使用 super 与 this 调用构造方法时 super 与 this 可以同时存在于同一个构造方法中

2．以下说法正确的是（　　）。
   A．Java 语言中允许一个类实现多个接口
   B．Java 语言中不允许一个类继承多个类
   C．Java 语言中允许一个类同时继承一个类并实现一个接口
   D．Java 语言中不允许一个类同时继承一个类并实现一个接口

3．关于抽象类和接口的说法正确的是（　　）。
   A．抽象类中可以有非抽象方法
   B．如果父类是抽象类，则子类必须重写父类所有的抽象方法，否则子类也应该被声明为抽象的
   C．不能用抽象类去创建对象
   D．JDK8 的接口中可以包含静态方法与默认方法

三、判断题

1．Object 类中的 toString()方法用于返回对象的字符串表示形式。　　（　　）

2．方法重写的前提是必须存在继承关系。　　（　　）

3．在实例化子类对象时，会自动调用父类无参的构造方法。（ ）
4．被 final 修饰的变量为常量，不能被第二次赋值或改变引用。（ ）
5．在多态中，使用父类引用可以操作子类的所有方法。（ ）
6．对象的类型转换可通过自动转换或强制转换进行。（ ）
7．所谓静态内部类，就是使用 static 关键字修饰的成员内部类。（ ）
8．final 修饰符不能和 abstract 修饰符一起使用。（ ）
9．在 Java 中多个类可以继承一个父类。（ ）
10．当子类 B 继承父类 A 时，创建类 B 的对象可以调用类 A 中的 public 修饰的成员变量。（ ）

四、简答题

1．简述子类与父类的关系。
2．简述接口的作用。
3．简述什么是多态。

五、编程题

请按照题目的要求编写程序并给出运行结果。

1．设计一个学生类 Student 和它的一个子类 UnderGraduate，要求如下：

（1）Student 类有 name（姓名）和 age（年龄）属性；一个包含两个参数的构造方法，用于给 name 和 age 属性赋值；一个 introduce()方法输出 Student 的属性信息。

（2）本科生类 UnderGraduate 增加一个 degree（学位）属性；有一个包含三个参数的构造方法，前两个参数用于给继承的 name 和 age 属性赋值，第三个参数给 degree 专业赋值，一个 introduce ()方法用于输出 UnderGraduate 的属性信息。

编写一个测试类，类名为 TestStudent，在测试类中分别创建 Student 对象和 UnderGraduate 对象并调用它们的 introduce ()方法，观察结果。

2．设计一个 Shape 接口，该接口有两个抽象方法，为 getArea()（该方法无参数，返回值类型为 float 型）和 printArea()（该方法无参数，无返回值，用来输出面积信息）。定义一个圆类 Circle，满足以下条件：

（1）Circle 类实现 Shape 接口。

（2）定义 Circle 类的成员变量 r，表示圆的半径，数据类型为 float。

（3）定义 Circle 类的构造方法，参数名为 r，用该参数初始化圆的半径。

（4）实现 getArea()，计算圆的面积（注：圆周率取 3.14）。

（5）实现 printArea()，输出圆的面积信息，输出格式为："圆的面积为："+面积值。

编写一个测试类，类名为 TestCircle，利用 Circle 类计算半径为 5.0 的圆的面积，输出面积信息。

第 4 章习题答案

第 5 章　Java API

【学习目标】

- 掌握 String 类和 StringBuffer 类的使用。
- 熟悉 Math 类和 Random 类的常用方法。
- 理解包装类的概念。
- 了解 System 类、Runtime 类、日期和时间类。

API（Application Programming Interface）即应用程序接口，是一些预先定义好的函数或指软件系统不同组成部分衔接的约定。从编程的角度来看，应用程序接口 API 就是事先已经封装好可提供给需要者调用的某些功能，而调用者不需要知道这些功能的具体实现过程，当然调用时必须遵循特定的协议。在不同场合，编程接口的含义是不同的，Java API 也就是在 Java 应用程序编程中的接口，通常指 Java 标准类库，它可以帮助开发者方便、快捷地开发 Java 程序。程序员在开发程序的时候，直接调用这些现成的类就可以了。本章将针对 JDK 中提供的各种常用功能的 Java 类进行详细讲解。

5.1　String 类和 StringBuffer 类

String 类和 StringBuffer 类

在应用程序开发中，字符串的使用频率很高，所谓字符串就是指一连串的字符，这些字符可以是英文字母、数字以及各种语言符号。在 Java 语言中，这些字符必须包含在一对英文的双引号（""）之内，例如"Monday"、"123abc"、"波斯猫"等。在 Java 中字符串属于对象，因此 Java 语言定义了 String 和 StringBuffer 两个类来封装字符串，并为之提供了一系列操作字符串的方法，也就是用于处理字符串的 Java API，它们位于 java.lang 包中，因此不需要显式地导入包就能直接使用。

5.1.1　String 类

String 类代表字符串。Java 程序中的所有字符串字面值都作为此类的实例实现。在操作 String 类之前，首先需要创建 String 类的实例。在 Java 中，用于创建 String 类实例的常用方法有如下两种。

（1）使用字符串常量创建 String 对象，其语法格式如下所示：

```
String 变量名 = 字符串字面值;
```

这种方式是最常用的，编译器会使用字符串字面值创建一个 String 对象，具体用法如下所示：

```
String str1 = "Monday";
```

```
String str2 = "";
String str3 = null;
```

注意：在创建字符串对象时，字符串字面值可以是常规的字符串常量，例如"Monday"，也可以是空字符串""，还可以为 null。

（2）使用 String 类的构造方法创建 String 对象。在 Java API 中，String 类有很多种构造方法，常用的 3 种构造方法见表 5-1。

表 5-1　String 类的常用构造方法

方法摘要	功能描述
String()	初始化一个内容为空的字符串对象
String(char[] value)	根据字符数组参数所包含的字符序列创建字符串对象
String(String value)	根据字符串参数内容创建字符串对象

上表中列出的构造方法提供了不同的参数，通过调用不同参数的构造方法，就能创建具有不同初始值的 String 对象，其具体用法如文件 5-1 所示。

文件 5-1

```
public class Example01{
    public static void main(String[] args) {
        String str1 = "Monday";
        String str2 = new String();
        char data[] = {'a', 'b', 'c'};
        String str3 = new String(data);
        String str4 = new String("Monday");
        System.out.println("str1:"+str1);
        System.out.println("str2:"+str2);
        System.out.println("str3:"+str3);
        System.out.println("str4:"+str4);
    }
}
```

文件 5-1 的运行结果如图 5-1 所示。

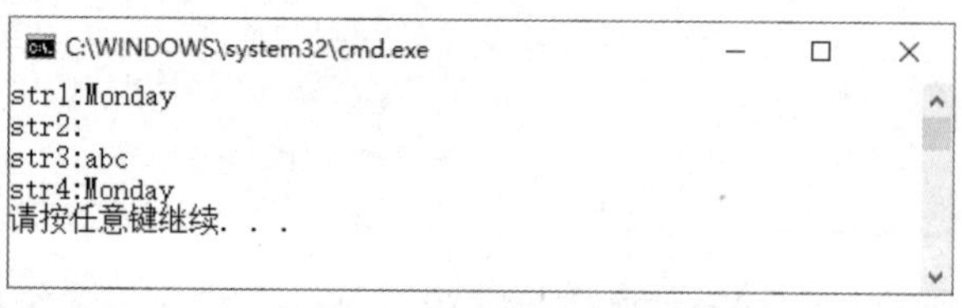

图 5-1　文件 5-1 的运行结果

在文件 5-1 中，首先使用了字符串常量创建了 String 对象 str1，然后使用了 3 种构造方法创建了 String 对象 str2、str3 以及 str4，最后在输出显示的时候使用了运算符“+”连接了两个字符串。

注意：使用字符串常量创建 String 对象存储在公共池中，而使用 String 类的构造方法创建 String 对象存储在堆上。具体实例如下所示，创建了 s1、s2、s3、s4 和 s5 一共 5 个 String 对象：

```
String s1 = "Hello";
String s2 = "Hello";
String s3 = s1;
String s4 = new String("Hello");
String s5 = new String("Hello");
```

这 5 个 String 对象在内存中的存储示意图如图 5-2 所示。

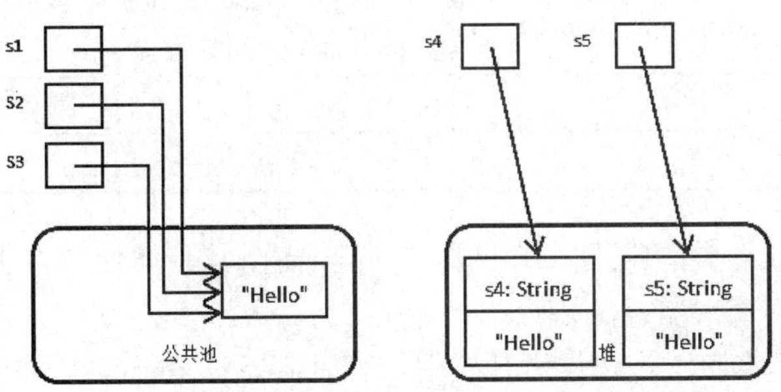

图 5-2　String 对象在内存中的存储示意图

请思考字符串对象 s1、s2、s3、s4、s5 是否相等？

5.1.2　String 类的常见操作

在实际应用开发中，经常需要对字符串进行各种处理，例如转换字母大小写、获取字符串长度等。为了方便对字符串进行处理，String 类中设计了很多方法，程序开发人员只需要调用这些方法，就能实现对字符串的相关操作。表 5-2 中列举了 String 类的常用方法。

表 5-2　String 类的常用方法

方法摘要	功能描述
int indexOf(int ch)	返回指定字符在此字符串中第一次出现处的索引
int lastIndexOf(int ch)	返回指定字符在此字符串中最后一次出现处的索引
char charAt(int index)	返回字符串中 index 位置上的字符，其中 index 的取值范围是：0～（字符串长度-1）
boolean endsWith(String suffix)	判断此字符串是否以指定的字符串结尾
int length()	返回此字符串的长度
boolean equals(Object anObject)	将此字符串与指定的字符串比较
boolean isEmpty()	当且仅当字符串长度为 0 时返回 true
boolean startsWith(String prefix)	判断此字符串是否以指定的字符串开始
boolean contains(CharSequence cs)	判断此字符串中是否包含指定的字符序列
String toLowerCase()	使用默认语言环境的规则将 String 中的所有字符都转换为小写
String toUpperCase()	使用默认语言环境的规则将 String 中的所有字符都转换为大写
String valueOf(int i)	返回 int 参数的字符串表示形式
char[] toCharArray()	将此字符串转换为一个字符数组
String replace (CharSequence oldstr CharSequence newstr)	返回一个新的字符串，它是通过用 newstr 替换此字符串中出现的所有 oldstr 得到的

续表

方法摘要	功能描述
String[] split(String regex)	根据参数 regex 将原来的字符串分割为若干个子字符串
String substring(int beginIndex)	返回一个新字符串，它包含字符串中索引 beginIndex 后的所有字符
String substring (int beginIndex, int endIndex)	返回一个新字符串，它包含此字符串中从索引 beginIndex 到索引 endIndex 之间的所有字符
String trim()	返回一个新字符串，它去除了原字符串首尾的空格
String concat(String str)	返回一个字符串，它包含指定字符串连接到此字符串的结尾

表 5-2 列举了 String 类的常用方法摘要与功能描述，其具体使用方法可通过以下示例进行学习。

（1）字符串的基本操作。在程序开发中，有时需要对字符串进行一些基本操作，如获得字符串长度、获得指定位置的字符等。String 类针对每一个操作都提供了对应的方法，如表 5-2 中的 length()、chartAt()、indexOf()、substring()等，具体用法如文件 5-2 所示。

文件 5-2

```
public class Example02{
    public static void main(String[] args) {
        String s = "HelloWorld!";
        System.out.println("字符串 s 是："+s);
        System.out.println("***********字符串的基本操作***********");
        System.out.println("字符串 s 的长度是："+s.length());
        System.out.println("------------------------");
        System.out.println("字符串 s 中第 1 个字符是："+s.charAt(0));
        System.out.println("------------------------");
        System.out.println("字符串 s 中第一次出现'l'字符的索引是："+s.indexOf('l'));
        System.out.println("从字符串 s 的第 5 个字符开始，出现字符'l'的索引是："+s.indexOf('l',4));
        System.out.println("------------------------");
        System.out.println("字符串 s 中第 6 个字符到结尾组成的新字符串是："+s.substring(5));
        System.out.println("字符串 s 中由第 2 个到第 5 个字符（包含）组成的新串是："
                +s.substring(1,5));
    }
}
```

文件 5-2 的运行结果如图 5-3 所示。

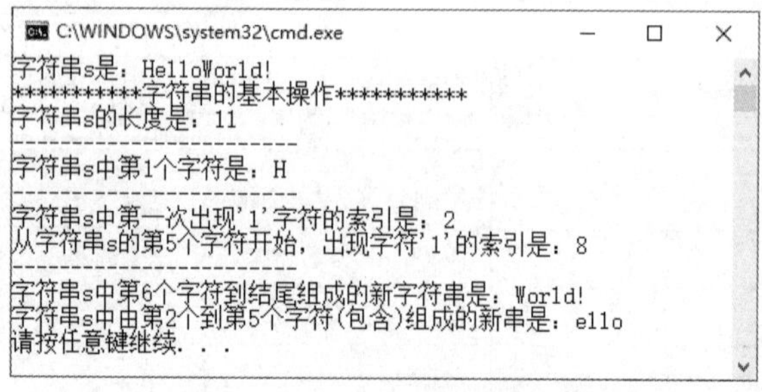

图 5-3　文件 5-2 的运行结果

在文件 5-2 中，String 对象调用了 String 类提供的方法，很方便地获得了字符串的长度、指定位置的字符以及新字符串。

注意：当访问字符串中的字符时，会用到字符的索引，其索引位置从 0 开始，因此在上例中字符串中第一个字符使用 charAt(0)来获取！如果字符的索引不存在，则会发生 StringIndexOutOfBoundsException（字符串角标越界异常）!

请思考如果使用 indexOf()查询一个字符串中不存在的字符出现的位置，结果会是什么？

（2）字符串的转换和拼接。在实际应用中，常常还需要将字符串转换成其他形式，例如将字符串转换成数组，将字符串中的字符进行大小写转换，或者对字符串进行拼接等操作，String 类针对以上操作提供了表 5-2 中的 toCharArray ()、toUpperCase ()、valueOf()等方法。具体用法如文件 5-3 所示。

文件 5-3

```
public class Example03{
    public static void main(String[] args) {
        String str = "Hello";
        System.out.println("字符串 str 是："+str);
        System.out.println("***********字符串的转换和拼接操作***********");
        System.out.println("将字符串转为字符数组后的结果：");
        char[] char1 = str.toCharArray();        // 字符串转换为字符数组
        System.out.println("***********遍历 charArray 数组***********");
        for (int i = 0; i < char1.length; i++) {
            if (i != char1.length - 1) {
                // 如果不是数组的最后一个元素，在元素后面加逗号
                System.out.print(char1[i] + ",");
            } else {
                // 数组的最后一个元素后面不加逗号
                System.out.println(char1[i]);
            }
        }
        System.out.println("-----------------");
        char[] char2 = { 'c', 'h', 'i', 'n','a' };
        System.out.println("通过 String 类的 valueOf()方法将字符数组 char2 转换成字符串：
                "+String.valueOf(char2));
        System.out.println("-----------------");
        int i = 100;
        System.out.println("通过 String 类的 valueOf()方法将 int 类型的 100 转换成字符串：
                "+String.valueOf(i));
        System.out.println("-----------------");
        System.out.println("字符串 str 的小写形式："+str.toLowerCase());
        System.out.println("字符串 str 的大写形式："+str.toUpperCase());
        System.out.println("-----------------");
        System.out.println("字符串 str 拼接'world'后，生成的新字符串是："+str.concat(" world!"));

    }
}
```

文件 5-3 的运行结果如图 5-4 所示。

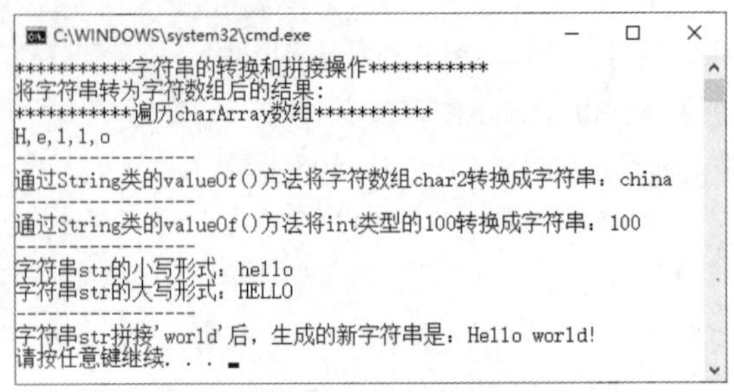
```
***********字符串的转换和拼接操作***********
将字符串转为字符数组后的结果:
***********遍历charArray数组***********
H,e,l,l,o
-----------------
通过String类的valueOf()方法将字符数组char2转换成字符串：china
-----------------
通过String类的valueOf()方法将int类型的100转换成字符串：100
-----------------
字符串str的小写形式：hello
字符串str的大写形式：HELLO
-----------------
字符串str拼接'world'后，生成的新字符串是：Hello world!
请按任意键继续. . .
```

图 5-4　文件 5-3 的运行结果

注意：在文件 5-3 中使用的 valueOf()方法有很多重载的形式，可以将 int、float、double、char 等基本类型的数据转换为 String 类型。

（3）字符串的替换和切割。在输入数据时，经常会有一些错误和空格，如果不对其进行处理，就会影响程序的正常运行，String 类中提供了许多对字符串进行替换、切割操作的方法，例如 replace()和 trim()，可针对不同需求对字符串进行空格替换与切割操作。具体用法如文件 5-4 所示。

文件 5-4

```
public class Example04{
    public static void main(String[] args) {
        String s1 = "5+5=25";
        System.out.println("将字符串 s1 中的字符+替换成=后："+s1.replace('+', '*'));
        String s2 = "You can't do it!";
        System.out.println("将字符串 s2 中的字符't 替换成空格后："+s2.replace("t", ""));
        String ages = "20-30";
        String[] strArray = ages.split("-");        // 根据符号“-”拆分字符串 ages 为字符串数组
        for (int x = 0; x < strArray.length; x++) {
            System.out.println("strArray 数组中的索引为"+x+"处的值是："+strArray[x]);
        }
        String s3 = "        hello world !        ";
        System.out.println("未去掉首尾空格的字符串 s3：" + s3);
        System.out.println("去掉首尾空格后的字符串 s3：" + s3.trim());
    }
}
```

文件 5-4 的运行结果如图 5-5 所示。

```
将字符串s1中的字符+替换成=后：5*5=25
将字符串s2中的字符't替换成空格后：You can  do it!
strArray数组中的索引为0处的值是：20
strArray数组中的索引为1处的值是：30
未去掉首尾空格的字符串s3：      hello world !
去掉首尾空格后的字符串s3：hello world !
请按任意键继续. . .
```

图 5-5　文件 5-4 的运行结果

trim()方法只能去除两端的空格，不能去除中间的空格。请思考若想去除字符串中间的空格可以选用什么方法来实现。

（4）字符串的判断。字符串作为程序中常用的数据，经常需要对其进行一些判断操作，如判断字符串是否以指定的前缀开始或结束，是否包含指定的字符串，字符串是否为空以及字符串与字符串是否相等。在 String 类中针对字符串的判定操作提供了很多方法，如 startsWith()、endsWith()、contains()、isEmpty()、equals()，返回值均为 boolean 类型，具体用法如文件 5-5 所示。

文件 5-5

```
public class Example05 {
    public static void main(String[] args)  {
        String s1 = "Hello world";
        String s2 = "Hello world";
        String s3 = new String("Hello world");
        System.out.println("判断是否以字符串 He 开头：" + s1.startsWith("He"));
        System.out.println("判断是否以字符串 ld 结尾：" + s1.endsWith("ld"));
        System.out.println("判断是否包含字符串 or：" + s1.contains("or"));
        System.out.println("判断是否包含字符串 abc：" + s1.contains("abc"));
        System.out.println("判断字符串是否为空：" + s1.isEmpty());
        System.out.println("使用 euqals 方法判断字符串 s1 和 s2 是否相等：" + s1.equals(s2));
        System.out.println("使用 euqals 方法判断字符串 s1 和 s3 是否相等：" + s1.equals(s3));
        System.out.println("使用==判断字符串 s1 和 s2 是否相等：" + (s1==s2));
        System.out.println("使用==判断字符串 s1 和 s3 是否相等：" + (s1==s3));
    }
}
```

文件 5-5 的运行结果如图 5-6 所示。

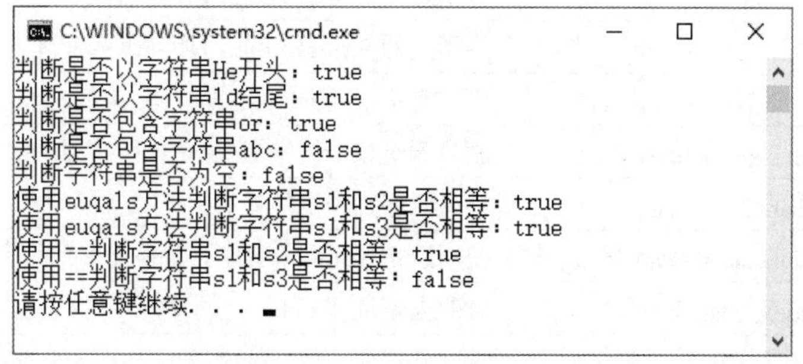

图 5-6　文件 5-5 的运行结果

注意：String 类的 equals()方法用于比较两个字符串中的字符内容是否相等；而“==”比较的是两个对象的地址是否相同，因此当不同的两个字符串对象的字符内容完全相同时，使用 equals()与“==”比较会得出不一样的结果，在实际应用中应该根据不同的使用场景进行选择。

请思考如果在上例中添加“String s4 = s1;”，分别使用 equals()与“==”比较会得出怎样的结果。

5.1.3　StringBuffer 类

在 Java API 中，String 字符串被定义为常量，一旦创建，其内容和长度是不可改变的。如果需要对一个 String 字符串进行修改，内存的实际操作是创建新的字符串，而原来的字符串就会成为垃圾占据内存空间，频繁地修改后，容易消耗更多的内存空间，降低程序的运行效率。为了弥补 String 字符串的这一缺点，Java 提供了另一个用于创建字符串变量的类型——StringBuffer 类。StringBuffer 类创建的字符串其内容和长度可以改变，这是它与 String 类最大的区别。StringBuffer 类也被称为字符串缓冲区，它类似一个字符容器，当在其中添加或删除字符时，可以直接在原字符串上进行操作，不会产生新的 StringBuffer 对象，避免了频繁操作字符串时过多内存垃圾的产生。除此之外，StringBuffer 的使用与 String 类似，创建 StringBuffer 对象之后，可调用该类提供的各种方法操作字符串对象。

（1）创建 StringBuffer 对象。创建 StringBuffer 对象需要调用其构造方法，StringBuffer 类有 4 种构造方法，常用的 2 种构造方法见表 5-3。

表 5-3　StringBuffer 类的常用构造方法

方法摘要	功能描述
StringBuffer()	构造 1 个不带字符的字符串缓冲区，其初始容量为 16 个字符
StringBuffer(String str)	构造 1 个字符串缓冲区，并将其内容初始化为指定的字符串内容

具体用法如下所示：

```
StringBuffer sb1 = new StringBuffer();
StringBuffer sb2 = new StringBuffer("Hello world");
```

（2）StringBuffer 字符串的添加和删除。StringBuffer 类提供了一系列便于字符串操作的方法，尤其是针对添加和删除字符的操作，常见方法见表 5-4。

表 5-4　StringBuffer 类的常用方法

方法摘要	功能描述
StringBuffer append(String str)	将指定字符串追加到此字符串对象
StringBuffer append(StringBuffer sb)	将指定的 StringBuffer 追加到此字符串对象
StringBuffer insert(int offset, String str)	将字符串中的 offset 位置插入字符串 str
StringBuffer delete(int start,int end)	删除此对象中指定范围的字符或字符串序列
StringBuffer deleteCharAt(int index)	移除此序列指定位置的字符
StringBuffer replace(int start,int end,String s)	使用给定 String 中的字符替换此序列的子字符串中的字符
void setCharAt(int index, char ch)	修改指定位置 index 处的字符序列为 ch
String toString()	返回此对象中数据的字符串表示形式
StringBuffer reverse()	将此字符序列用其反转形式取代

表 5-4 中所述方法的具体用法如文件 5-6 所示。

文件 5-6

```
public class Example06 {
    public static void main(String[] args) {
        System.out.println("-----------------------添加-----------------------");
        add();
        System.out.println("-----------------------删除-----------------------");
```

```
        remove();
        System.out.println("-----------------------修改-----------------------");
        alter();
    }
    public static void add() {
        StringBuffer sb = new StringBuffer();                    // 定义一个字符串缓冲区
        sb.append("There are students in our class.");         // 在末尾添加字符串
        System.out.println("append 添加结果：" + sb);
        sb.insert(10, 50);                                       // 在指定位置插入字符串
        System.out.println("insert 添加结果：" + sb);
    }
    public static void remove() {
        StringBuffer sb = new StringBuffer("0123456789");
        sb.delete(1, 5);                                         // 指定范围删除
        System.out.println("删除指定位置结果：" + sb);
        sb.deleteCharAt(2);                                      // 指定位置删除
        System.out.println("删除指定位置结果：" + sb);
        sb.delete(0, sb.length());                               // 清空缓冲区
        System.out.println("清空缓冲区结果：" + sb);
    }
    public static void alter() {
        StringBuffer sb = new StringBuffer("0123456789");
        sb.setCharAt(7, '@');                                    // 修改指定位置字符
        System.out.println("修改指定位置字符结果：" + sb);
        sb.replace(8, 10, "qq.com");                             // 替换指定位置字符串或字符
        System.out.println("替换指定位置字符（串）结果：" + sb);
        System.out.println("字符串翻转结果：" + sb.reverse());
    }
}
```

文件 5-6 的运行结果如图 5-7 所示。

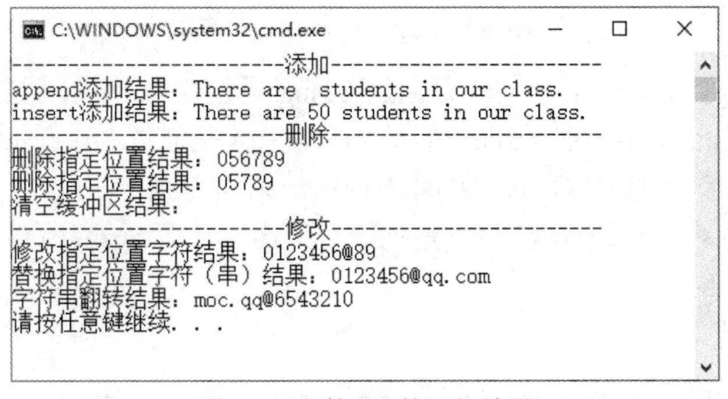

图 5-7　文件 5-6 的运行结果

在文件 5-6 中，StringBuffer 对象调用了 append()方法进行字符串的添加，调用了 insert()方法进行字符串的插入，这是该类中最常用的两个方法。

注意：在 StringBuffer 对象中，字符串的索引位置仍然从 0 开始，超过字符串索引位置的访问仍然会发生 StringIndexOutOfBoundsException（字符串角标越界异常）；在指定范围删除

delete(int start,int end)方法中，参数遵循“左闭右开”原则，即删除从索引位置 start（包含）开始到索引位置 end（不包含）的字符串。

（3）String 类和 StringBuffer 类的区别。

1）String 类创建的字符串是常量，其内容和长度都无法改变，适用于仅用于表示数据类型，不需要修改的字符串应用场景。使用 StringBuffer 类创建的字符串是变量，其内容和长度可以任意修改，适用于内容可变的字符串应用场景，例如需要经常增删操作的字符串。

2）String 类覆盖了 Object 类的 equals()方法，其中 equals()方法用于比较两个字符串中的字符是否相等。而 StringBuffer 类没有覆盖 Object 类的 equals()方法，使用 equals()方法是比较两个 StringBuffer 对象的地址是否相同，如文件 5-7 所示。

文件 5-7

```
public class Example07  {
    public static void main(String[] args)  {
        String str1 = new String("Helloworld");
        StringBuffer str2 = new StringBuffer("Helloworld");
        String str3 = new String("Helloworld");
        StringBuffer str4 = new StringBuffer("Helloworld");
        System.out.println(str1.equals(str3));
        System.out.println(str2.equals(str4));
        System.out.println(str1.equals(str4));
    }
}
```

文件 5-7 的运行结果如图 5-8 所示。

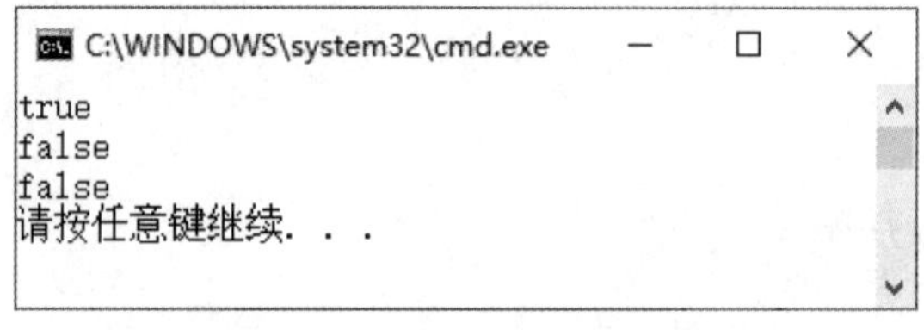

图 5-8　文件 5-7 的运行结果

在文件 5-7 中，字符串 str1 和 str2 是通过 String 类创建的，equals()方法比较的是两个字符串序列的内容，因此返回结果为 true，但是 str3 和 str4 是通过 StringBuffer 创建的，equals()方法比较的是两个字符串的引用地址，因此返回的结果为 false。

3）String 类对象可以用操作符“+”进行字符串连接，而 StringBuffer 类对象之间只能使用 append()方法进行连接。

System 类与 Runtime 类

5.2　System 类与 Runtime 类

5.2.1　System 类

System 类提供了代表标准输入、标准输出和错误输出的类变量，一些静态方法用于访问环境变量、系统属性的方法，还提供了加载文件和动态链接库的方法以及快速复制数组的一部分的实用方法，例如程序中常常使用的输出语句 System.out.println("Helloworld")，以及在垃圾回收机制中的 System.gc()。System 类不能被实例化，但是其中包含的字段和方法都是静态的，可以直接通过类名 System 访问。System 类的常用方法见表 5-5。

表 5-5　System 类的常用方法

方法摘要	功能描述
static void exit(int status)	该方法用于终止当前正在运行的 Java 虚拟机，其中参数 status 表示状态码，若状态码非 0 ，则表示异常终止
static void gc()	运行垃圾回收器，并对垃圾进行回收
static native long currentTimeMillis()	返回以毫秒为单位的当前时间
static void arraycopy(Object src, int srcPos, Object dest,int destPos, int length)	从 src 引用的指定源数组复制到 dest 引用的数组，复制从指定的位置开始，到目标数组的指定位置结束
static Properties getProperties()	取得当前的系统属性
static String getProperty(String key)	获取指定键描述的系统属性

接下来对其中的常用方法进行介绍。

（1）getProperties()与 getProperty(String key)方法。getProperties()方法用于取得当前的系统属性，其返回值 Properties 对象包含了系统属性集合键值对，getProperty(String key)方法用于获取指定键指示的系统属性，如果没有当前系统的属性集合，则先创建并初始化一个系统属性集合。Properties 对象包含的系统属性集合键值对见表 5-6。

表 5-6　Properties 对象包含的系统属性集合键值对

键	相关值的描述
java.version	Java 运行时环境版本
java.vendor	Java 运行时环境供应商
java.home	Java 安装目录
java.vm.specification.version	Java 虚拟机规范版本
java.vm.version	Java 虚拟机实现版本
java.specification.vendor	Java 运行时环境规范供应商
java.specification.name	Java 运行时环境规范名称
java.class.version	Java 类格式版本号
java.class.path	Java 类路径
os.name	操作系统的名称
os.version	操作系统的版本
file.separator	文件分隔符（在 UNIX 系统中是“/”）
path.separator	路径分隔符（在 UNIX 系统中是“:”）
user.name	用户的账户名称
user.home	用户的主目录
user.dir	用户的当前工作目录

该类方法的具体用法如文件 5-8 所示。

文件 5-8

```
import java.util.*;
public class Example08{
    public static void main(String[] args){
        Properties pro = System.getProperties();
        //System.out.println(pro);
        System.out.println(System.getProperty("java.version"));
        System.out.println(System.getProperty("java.home"));
        System.out.println(System.getProperty("java.vm.specification.vendor"));
        System.out.println(System.getProperty("java.class.path"));
        System.out.println(System.getProperty("os.name"));
        System.out.println(System.getProperty("user.name"));
        System.out.println(System.getProperty("user.dir"));
    }
}
```

文件 5-8 的运行结果如图 5-9 所示。

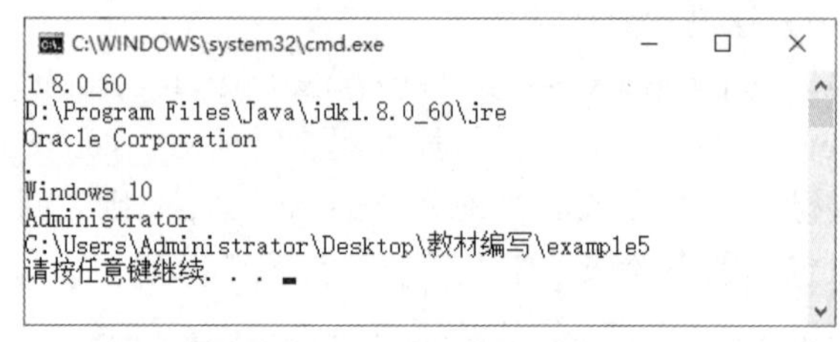

图 5-9　文件 5-8 的运行结果

在文件 5-8 中，getProperties()方法的返回值是当前系统的全部属性，鉴于篇幅限制，此处不进行展示，读者可自行输出查看。另外使用了 getProperty(String key)方法通过指定 key 值获取对应的系统属性，例如 Java 运行时环境版本等。

（2）currentTimeMillis()方法。currentTimeMillis()方法可获取当前系统时间与 1970 年 1 月 1 日 0 时 0 分 0 秒之前的毫秒差值，又被称作时间戳，常用于测试程序的执行时间。其具体使用方法如文件 5-9 所示。

文件 5-9

```
public class Example09 {
    public static void main(String args[]) {
        String tempstr = "abcdefghijklmnopqrstuvwxyz";
        int times = 5000;
        long lstart1 = System.currentTimeMillis();
        String str = "";
        for (int i = 0; i < times; i++) {
            str += tempstr;    }
        long lend1 = System.currentTimeMillis();
        long time1 = (lend1 - lstart1);
        System.out.println("使用 String 字符串常量叠加 5000 次耗时："+time1+"毫秒");
        long lstart2 = System.currentTimeMillis();
```

```
            StringBuffer sb = new StringBuffer();
            for (int i = 0; i < times; i++) {
                sb.append(tempstr); }   // StringBuffer 类对象不能用“+”进行连接
            long lend2 = System.currentTimeMillis();
            long time2 = (lend2 - lstart2);
            System.out.println("使用 StringBuffer 字符串变量叠加 5000 次耗时："+time2+"毫秒");
        }
    }
```

文件 5-9 的运行结果如图 5-10 所示。

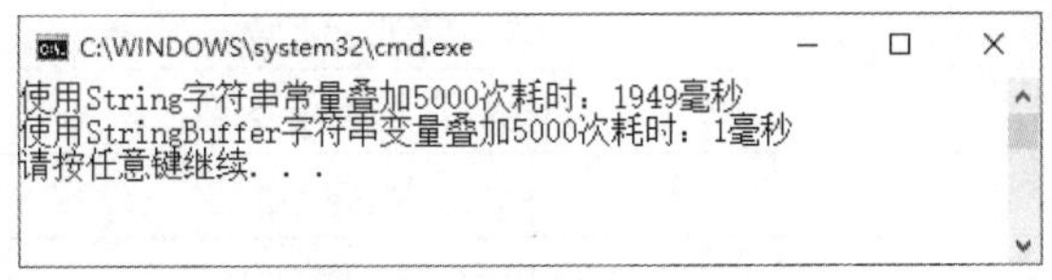

图 5-10　文件 5-9 的运行结果

文件 5-9 在循环前后分别调用了 System.currentTimeMillis()方法，用以获取当时的系统时间，然后通过时间差结果测试了采用 String 字符串常量和 StringBuffer 字符串变量进行字符串叠加 5000 次程序的时间消耗，直观地体现了在字符串需要频繁更改时采用 StringBuffer 类进行处理更为高效的结论。需要注意的是，由于处理器性能差异等原因，在不同环境下程序运行的实际结果会有所不同。

（3）exit(int status)方法。exit()方法可用于结束正在运行的 Java 程序、循环的特殊终止、程序的断点测试等。其中参数 status 传入一个数字即可，通常传入 0 记为正常状态，其他为异常状态。其具体使用方法如文件 5-10 所示。

文件 5-10

```
public class Example10 {
    public static void main(String[] args) {
        int counts = 0;
        while(true) {
            System.out.println("一直循环中...");
            if(counts==5) {
                System.exit(0);
            }
            counts++;
        }
    }
}
```

文件 5-10 的运行结果如图 5-11 所示。

```
C:\WINDOWS\system32\cmd.exe
一直循环中...
一直循环中...
一直循环中...
一直循环中...
一直循环中...
一直循环中...
请按任意键继续. . .
```

图 5-11　文件 5-10 的运行结果

在文件 5-10 中，当 while 无线循环结构中的 counts 变量值增加到 5 的时候，if 条件满足，程序将在执行“System.exit(0);”语句后结束正在运行的程序。

（4）arraycopy(Object src, int srcPos, Object dest, int destPos, int length)方法。arraycopy()方法用来实现将源数组部分元素复制到目标数组的指定位置。各个参数功能见表 5-7。

表 5-7 arraycopy()方法参数功能

参数摘要	参数描述
Object src	要复制的原数组
Int srcPos	数组源的起始索引
Object dest	复制后的目标数组
int destPos	目标数组起始索引
int length	指定复制的长度

该方法的具体使用如文件 5-11 所示。

文件 5-11

```
import java.util.Arrays;
public class Example11{
	public static void main(String[] args) {
		int[] arr1 = { 1, 2, 3, 4, 5 };
		int[] arr2 = { 6, 7, 8, 9, 0 };
		System.arraycopy(arr1, 3, arr2, 3, 2);
		System.out.println("数组 arr1 的内容是："+Arrays.toString(arr1));
		System.out.println("数组 arr2 的内容是："+Arrays.toString(arr2));
	}
}
```

文件 5-11 的运行结果如图 5-12 所示。

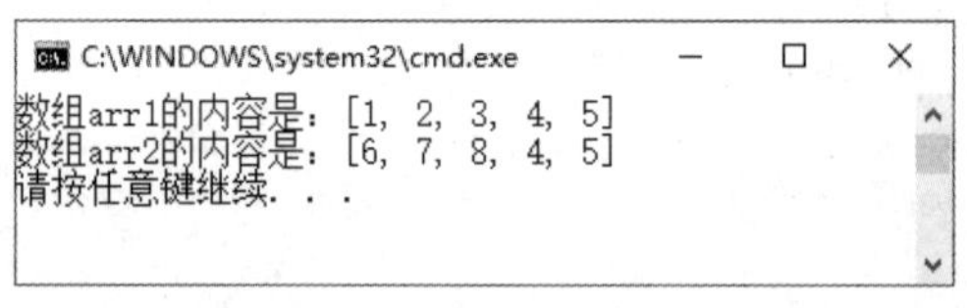

图 5-12 文件 5-11 的运行结果

注意：数组的下标索引从 0 开始，因此在文件 5-11 中调用 arraycopy(arr1, 3, arr2, 3, 2)方法时，是从第 4 个元素开始复制数组 arr1 的，并将这些元素复制到数组 arr2 的第 4 个元素的位置，一共复制了 2 个元素。

5.2.2 Runtime 类

Runtime 类封装了运行时的环境。每个 Java 应用程序都有一个 Runtime 类实例，使应用程序能够与其运行的环境相连接。Runtime 类一般不能直接实例化，应用程序也不能创建自己的 Runtime 类实例，但可以通过 getRuntime 方法获取当前 Runtime 运行时对象的引用，其具体用法如下：

```
Runtime runtime = Runtime.getRuntime();
```

获得了当前的 Runtime 对象的引用后，就可以调用 Runtime 对象的方法控制 Java 虚拟机的状态和行为。Runtime 类的常用方法见表 5-8。

表 5-8 Runtime 类的常用方法

方法摘要	功能描述
int availableProcessors()	向 Java 虚拟机返回可用处理器的数目
Process exec(String command)	在单独的进程中执行指定的字符串命令
void exit(int status)	通过启动虚拟机的关闭序列，终止当前正在运行的 Java 虚拟机
long freeMemory()	返回 Java 虚拟机中的空闲内存量
void gc()	运行垃圾回收器
static Runtime getRuntime()	返回与当前 Java 应用程序相关的运行时对象
long maxMemory()	返回 Java 虚拟机试图使用的最大内存量
long totalMemory()	返回 Java 虚拟机中的内存总量

该类的具体使用方法如文件 5-12 所示。

文件 5-12

```
public class Example12   {
    public static void main(String[] args)   {
        Runtime rt = Runtime.getRuntime();   // 获取当前 Runtime 运行时对象
        System.out.println("处理器的数量："+rt.availableProcessors());
        long mem1,mem2;
        Integer someints[] = new Integer[1000];
        System.out.println("Java 虚拟机中的内存总量：" + rt.totalMemory());
        mem1 = rt.freeMemory();
        System.out.println("Java 虚拟机中的原有的空闲内存量：" + mem1);
        rt.gc();       //调用垃圾回收器
        mem1 = rt.freeMemory();
        System.out.println("垃圾回收后 Java 虚拟机中的空闲内存量：" + mem1);
        //给数组赋值
        for(int i=0; i<1000; i++)
            someints[i] = new Integer(i);
        mem2 = rt.freeMemory();
        System.out.println("给数组赋值后 Java 虚拟机中的空闲内存量：" + mem2);
        System.out.println("给数组赋值所占内存空间大小：" +(mem1-mem2));
        //释放数组里的整型常量
        for(int i=0; i<1000; i++)
            someints[i] = null;
        rt.gc();        //调用垃圾回收器
        mem2 = rt.freeMemory();
        System.out.println("释放数组等垃圾后 Java 虚拟机中的空闲内存量：" + mem2);
    }
}
```

文件 5-12 的运行结果如图 5-13 所示。

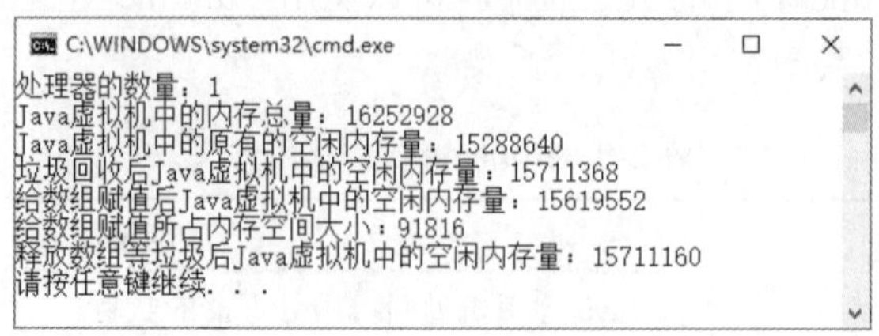

图 5-13 文件 5-12 的运行结果

在安全的环境中，Java 程序还可以调用 Runtime 类的 exec()方法在多任务操作系统中执行其他程序。exec()方法返回一个 Process 对象，可以使用该对象控制 Java 程序与新运行的进程进行交互。注意，exec()方法依赖于环境。文件 5-13 将使用 exec()方法启动 Windows 操作系统的记事本程序 notepad。

文件 5-13

```
import java.io.IOException;
class Example13 {
    public static void main(String[] args) {
        Runtime rt = Runtime.getRuntime();      // 获取当前 Runtime 运行时对象
        Process p = null;       //Process 实例可用来控制进程并获得相关信息
            try{
                p = rt.exec("notepad");
                p.waitFor();   //waitFor()方法等待程序直到子程序结束
            } catch (Exception e) {
                System.out.println("Error executing notepad.");
            }
        //exitValue()方法返回子进程结束时返回的值。如果没有错误，将返回 0，否则返回非 0
        System.out.println("Notepad returned " + p.exitValue());
    }
}
```

文件 5-13 的程序运行过程中如图 5-14 所示。当关闭记事本后，会继续运行程序，输出信息，运行结果如图 5-15 所示。

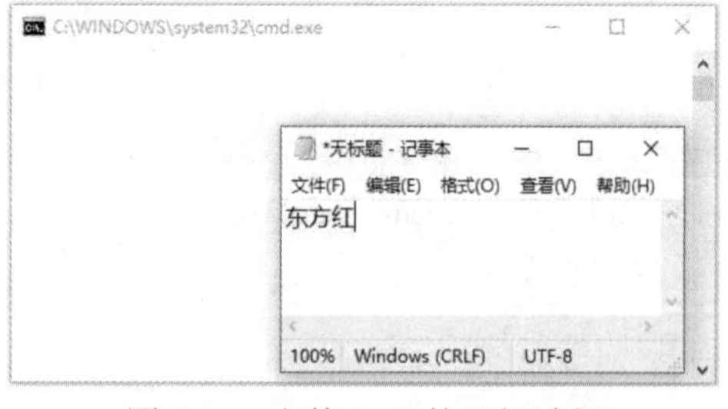

图 5-14 文件 5-13 的运行过程

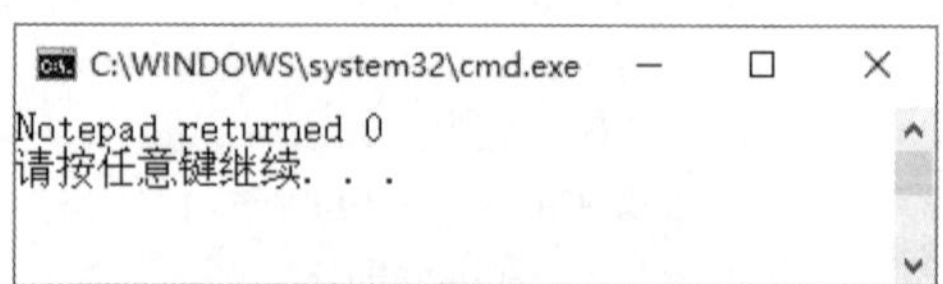

图 5-15 文件 5-13 的运行结果

文件 5-13 通过 Runtime.getRuntime()方法获取了当前 Runtime 运行时对象 rt，该对象调用 exec("notepad")方法启动了 Windows 操作系统的记事本程序 notepad，即创建了一个本机进程，为了便于操作该进程，程序中声明了一个 Process 对象，该对象可用来控制进程并获得相关信息，例如调用 waitFor()方法等待程序直到子程序结束，调用 exitValue()方法返回子进程结束时返回的值。

5.3　Math 类与 Random 类

Math 类与 Random 类

5.3.1　Math 类

在程序开发中，会遇到一些对数字进行运算处理的情况。这时，可以通过 Java API 提供的 Math 类，实现对数字的运算处理。Math 类包含了用于执行基本数学运算的属性和方法，如常量 PI 和 E、初等指数、对数、平方根和三角函数等，它们都可以在 JDK 帮助文档中查阅。

Math 的方法都被定义为 static 形式，通过 Math 类可以直接调用。Math 类中常见方法的具体使用如文件 5-14 所示。

文件 5-14

```
public class Example14  {
	public static void main(String[] args)  {
		System.out.println("π的值是："+Math.PI);
		System.out.println("自然对数的底数："+Math.E);
		System.out.println("3 的绝对值："+Math.abs(3));
		System.out.println("27 的立方根是："+Math.cbrt(27));
		System.out.println("16 的平方根是："+Math.sqrt(16));
		System.out.println("4 的平方是："+Math.pow(4, 2));     //4 的 2 次方
		System.out.println("12.345 使用 ceil 方法后的结果是："+Math.ceil(12.345));
		System.out.println("-12.345 使用 floor 方法后的结果是："
					+Math.floor(-12.345));
		for(int x=0; x<3 ;x++){
			System.out.println(Math.random());                  //1 以内的随机数
		}
		for(int x=0; x<3 ;x++){
			System.out.println((int)(Math.random()*100+1));     //100 以内的随机数
		}
	}
}
```

文件 5-14 的运行结果如图 5-16 所示。

```
C:\WINDOWS\system32\cmd.exe
π的值是：3.141592653589793
自然对数的底数：2.718281828459045
3的绝对值：3
27的立方根是：3.0
16的平方根是：4.0
4的平方是：16.0
12.345使用ceil方法后的结果是：13.0
-12.345使用floor方法后的结果是：-13.0
0.2360038593200161
0.82063919130314
0.6189519755202932
60
11
89
请按任意键继续. . .
```

图 5-16　文件 5-14 的运行结果

注意：Math 的 round()方法用于对某个小数进行四舍五入，此方法会将小数点后面的数字全部忽略，返回一个 int 值。而 ceil()方法和 floor()方法返回的都是 double 类型的数，这个数在数值上等于一个整数。Math.random()方法产生的随机数在不同的环境下结果不尽相同。

5.3.2 Random 类

文件 5-14 中的随机数是通过调用 Math 类中的 random()方法来生成的，在 JDK 的 java.util 包中有一个 Random 类，它包含多种随机产生数字的方法，比前者更为灵活。

在 Random 类中提供了两个构造方法，具体见表 5-9。

表 5-9 Random 类的构造方法

方法摘要	功能描述
Random ()	用于创建一个伪随机数生成器
Random (long seed)	使用一个 long 型的 seed 种子创建伪随机数生成器

Random 类的第一个构造方法是无参的，通过它创建的 Random 实例对象每次使用的种子是随机的，因此每个对象所产生的随机数不同。如果希望创建的多个 Random 实例对象产生相同序列的随机数，则可以调用第二个带参数的构造方法，传入相同的种子即可。Random 类的具体使用方法如文件 5-15 所示。

文件 5-15

```
import java.util.Random;
public class Example15 {
    public static void main(String args[]) {
        Random r = new Random();        // 不传入种子
        // 随机产生 10 个[0,100)之间的整数
        for (int x = 0; x < 10; x++)
            System.out.print(r.nextInt(100)+"");
    }
}
```

第一次执行程序，运行结果如图 5-17 所示（注意：不同的环境下结果可能不一样）。

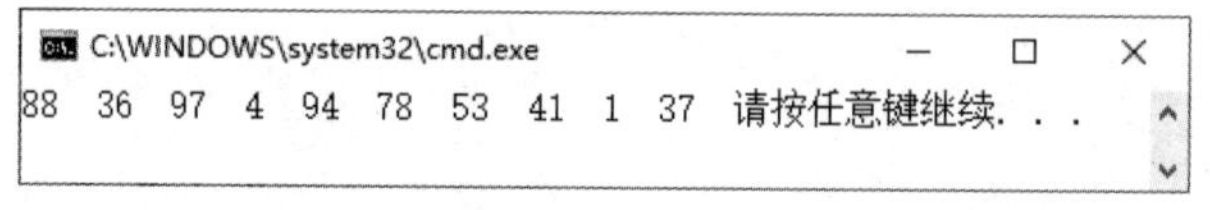

图 5-17 文件 5-15 的第一次运行结果

第二次执行程序，运行结果如图 5-18 所示。

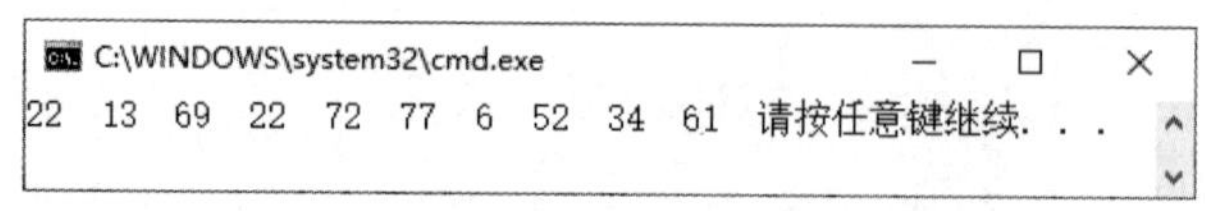

图 5-18 文件 5-15 的第二次运行结果

在文件 5-15 中使用无参构造方法创建了一个 Random 对象，并通过 for 循环调用 nextInt(100) 方法产生了 10 个 100 以内的随机数。从运行结果可以看出，两次产生的随机数序列是不一样

的。这是因为使用无参构造方法创建 Random 的实例对象时，系统会以当前时间戳作为种子产生随机数。如果使用带参数的构造方法产生随机数，可以控制产生的随机数序列，具体示例如文件 5-16 所示。

文件 5-16

```
import java.util.Random;
public class Example16 {
    public static void main(String args[]) {
        Random r = new Random(6);        // 传入种子
        // 随机产生 10 个[0,100)之间的整数
        for (int x = 0; x < 10; x++)
            System.out.print(r.nextInt(100)+"");
    }
}
```

第一次执行程序，运行结果如图 5-19 所示。

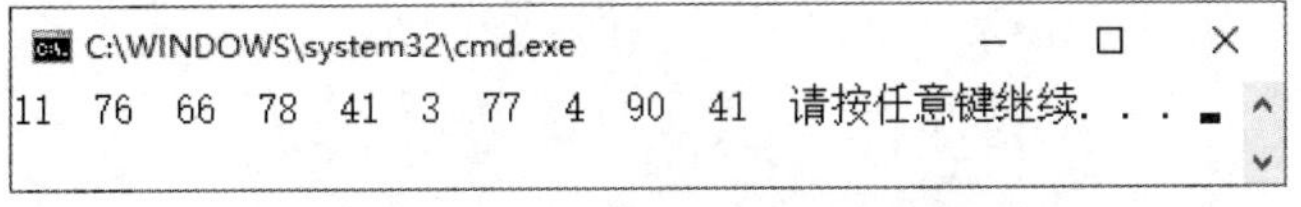

图 5-19　文件 5-16 的第一次运行结果

第二次执行程序，运行结果如图 5-20 所示。

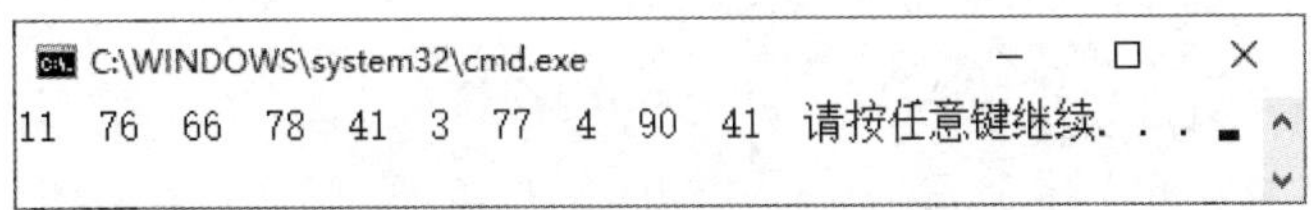

图 5-20　文件 5-16 的第二次运行结果

从运行结果可以看出，使用带参构造方法创建 Random 的实例对象在传入种子后，每个实例对象产生的随机数具有相同的序列。

除了能够通过种子控制随机数序列以外，Random 类还提供了更多的方法来生成不同类型的伪随机数，例如整数类型的随机数、浮点类型的随机数等，同时能够通过参数灵活地指定随机数的生成范围。Random 类的常用方法见表 5-10。

表 5-10　Random 类的常用方法

方法摘要	功能描述
boolean nextBoolean()	随机生成 boolean 类型的随机数
double nextDouble()	随机生成 0.0d～1.0d（不包括）之间 double 类型的随机数
float nextFloat()	随机生成 0.0f～1.0f（不包括）之间 float 类型的随机数
int nextInt()	随机生成 int 类型的随机数
int nextInt(int n)	随机生成 0～n（不包括）之间 int 类型的随机数
long nextLong()	随机生成 long 类型的随机数

其具体使用方法如文件 5-17 所示。

文件 5-17

```
import java.util.Random;
public class Example17 {
    public static void main(String[] args) {
        Random r = new Random();        // 创建 Random 实例对象
        System.out.println("产生 float 类型随机数："+ r.nextFloat());
        System.out.println("产生 0～100 之间 int 类型的随机数："+r.nextInt(100));
        System.out.println("产生 double 类型的随机数："+r.nextDouble());
    }
}
```

第一次执行程序，运行结果如图 5-21 所示。

```
C:\WINDOWS\system32\cmd.exe
产生float类型随机数：0.8626349
产生0～100之间int类型的随机数：98
产生double类型的随机数：0.8831334673147672
请按任意键继续. . .
```

图 5-21　文件 5-17 的第一次运行结果

第二次执行程序，运行结果如图 5-22 所示。

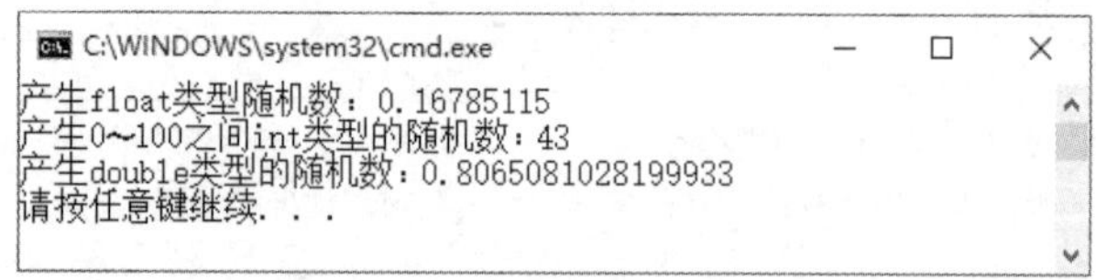

图 5-22　文件 5-17 的第二次运行结果

5.4　包装类

Java 语言是一个面向对象的语言，但 Java 中的基本数据类型却不是面向对象的。在程序开发中常常会使用很多基本数据类型，而 Java 中的很多方法只能接收引用类型的参数，此时如果将一个基本数据类型的值传入该方法，就会出现编译错误。为了解决这样的问题，Java API 提供了一系列的包装类，通过这些包装类可以将基本数据类型的值转换为引用数据类型的对象。

在 Java 中，每种基本类型都有对应的包装类，具体见表 5-11。

表 5-11　基本类型对应的包装类

基本数据类型	对应的包装类	基本数据类型	对应的包装类
byte	Byte	long	Long
char	Character	float	Float
int	Integer	double	Double
short	Short	boolean	Boolean

表 5-11 列举的 8 种基本数据类型与之对应的包装类中，除了 Integer 和 Character 类以外，其他包装类的名称和与之对应的基本数据类型的名称基本一致，只是类名的第一个字母需要大写。

基本数据类型与其包装类在进行转换时，引入了装箱和拆箱的概念。装箱是指将基本数据类型的值转为引用数据类型，而拆箱是指将引用数据类型的对象转为基本数据类型的值。以基本类型 int 转换为包装类 Integer 为例，文件 5-18 演示了装箱的具体操作。

文件 5-18

```
public class Example18 {
    public static void main(String args[]) {
        int a = 20;
        Integer in = new Integer(a);    //装箱
        System.out.println(in.toString());
        System.out.println(in);
        //关键字 instanceof 可用于判断该对象是否是某个类的实例
        System.out.println(in instanceof Integer);
        // System.out.println(a instanceof Integer);
    }
}
```

文件 5-18 的运行结果如图 5-23 所示。

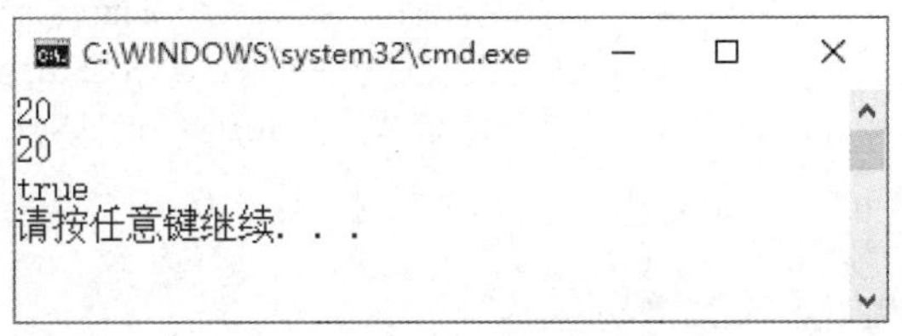

图 5-23　文件 5-18 的运行结果

类 Example18 创建了 Integer 对象 in，并将 int 类型的变量 a 作为参数传入，即完成了从基本数据类型 int 到引用型数据类型 Integer 的“装箱”过程。该对象即可调用 Integer 类的 toString() 方法，将 Integer 的值转换为有符号的十进制表示形式，并以字符串形式输出，也可以直接输出 Integer 对象。例程中使用了关键字 instanceof，用来判断该对象 in 是否属于类 Integer 的实例，输出结果为 true，但是如果取消最后一句代码的注释，通过基本数据类型变量 a 使用该关键字会出现编译错误，如图 5-24 所示。

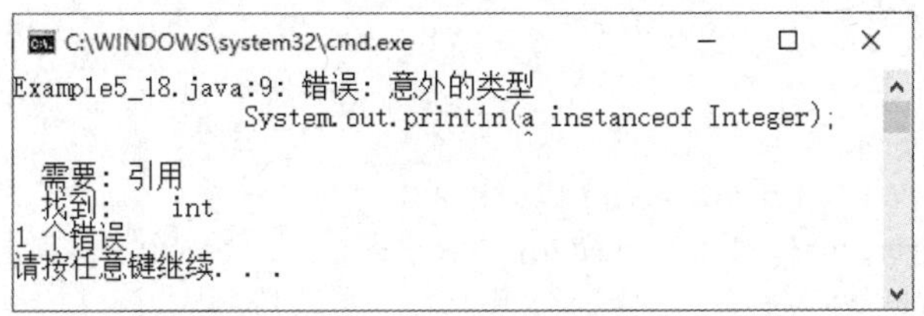

图 5-24　编译错误

将基本数据类型装箱为引用数据类型，除了能实现面向对象特征的统一以外，还因为这些包装类能提供一些特有的字段或者方法，便于在程序中更加灵活地处理数据，例如某基本类型的数值范围、整数的进制转换等，以 Integer 类为例，其常用方法见表 5-12。

表 5-12　Integer 类的常用方法

方法摘要	功能描述
toBinaryString(int i)	以二进制无符号整数形式返回一个整数参数的字符串
toHexString(int i)	以十六进制无符号整数形式返回一个整数参数的字符串
toOctalString(int i)	以八进制无符号整数形式返回一个整数参数的字符串
valueOf(int i)	返回一个表示指定的 int 值的 Integer 实例
valueOf(String s)	返回保存指定的 String 值的 Integer 对象
parseInt(String s)	将字符串参数作为有符号的十进制整数进行解析
intValue()	将 Integer 类型的值以 int 类型返回

其具体使用方法如文件 5-19 所示。

文件 5-19

```
public class Example19 {
    public static void main(String[] args) {
        System.out.println("int 数据类型的最大值是"+Integer.MAX_VALUE);
        System.out.println("int 数据类型的最小值是"+Integer.MIN_VALUE);
        // 分别把 18 转变成二进制、八进制、十六进制
        System.out.println("18 的二进制值是："+Integer.toBinaryString(18));
        System.out.println("18 的八进制值是："+Integer.toOctalString(18));
        System.out.println("18 的十六进制值是："+Integer.toHexString(18));
    }
}
```

文件 5-19 的运行结果如图 5-25 所示。

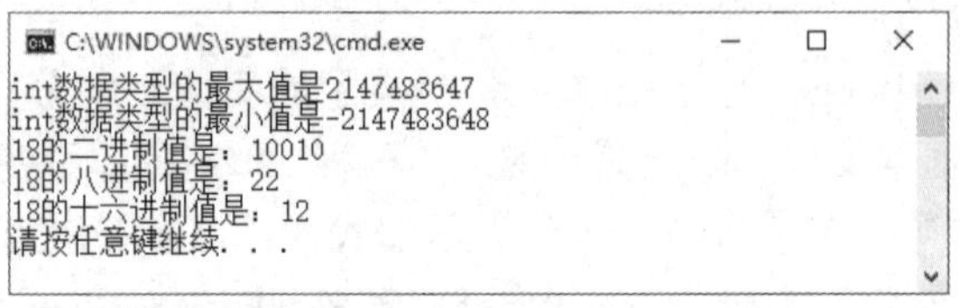

图 5-25　文件 5-19 的运行结果

表 5-12 所列举的包装类 Integer 的常用方法中，intValue()方法可以将 Integer 类型的值转为 int 类型，即拆箱。具体使用方法如文件 5-20 所示。

文件 5-20

```
public class Example20 {
    public static void main(String args[])  {
        Integer num1 = new Integer(10);
        int num2 = 10;
        int sum = num1.intValue() + num2;   //拆箱
        System.out.println("sum="+sum);
        //System.out.println("sum="+(num1+num2));
    }
}
```

文件 5-20 的运行结果如图 5-26 所示。

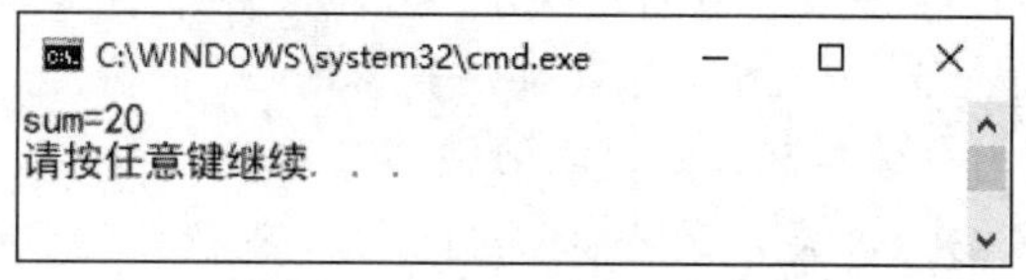

图 5-26 文件 5-20 的运行结果

注意：在上例中，如果将引用数据类型 num1 和基本数据类型 num2 直接进行四则运算，程序也能正常运行。这是源于 JDK5.0 的新特性——自动拆箱和装箱，即基本数据类型和包装类对象之间的转换可以自动进行，如果添加一行代码“System.out.println("sum="+(num1+num2));”，相当于程序自动执行了语句“int num1 = num1. intValue();”。因为自动拆箱和装箱的特性，在 JDK5.0 版本后，基本数据类型和包装类型能够直接进行混合数学运算，简化了程序设计时的转换过程。

另外，表 5-12 中的 parseInt()方法在程序中也很常用，它是一个静态方法，用于将一个字符串形式的数值转成 int 类型，常用于处理从键盘上输入数值型数据的问题。具体使用方法如文件 5-21 所示，该例程实现在屏幕上输出由“*”组成的指定高和宽的矩形方阵图。

文件 5-21

```
public class Example21 {
    public static void main(String args[]) {
        int width = Integer.parseInt(args[0]);
        int height = Integer.parseInt(args[1]);
        for(int i=0;i<height;i++){
            StringBuffer sb=new StringBuffer();
            for(int j=0;j<width;j++){
                sb.append("*");
            }
            System.out.println(sb.toString());
        }
    }
}
```

文件 5-21 在执行程序时，需要同时传入参数宽和高，程序的执行命令与运行结果如图 5-27 所示。

```
C:\WINDOWS\system32\cmd.exe
E:\教材编写\example5>java Example5_21 5 6
*****
*****
*****
*****
*****
*****

E:\教材编写\example5>
```

图 5-27 文件 5-21 的程序执行命令与运行结果

文件 5-21 要实现在屏幕上输出由“*”组成的矩形，其中宽和高由运行时传入的参数来决定。程序运行时从键盘输入了两个参数，其中第一个参数作为矩形的宽度，第二个参数作为矩形的高度。由于键盘输入的参数都是字符串类型，不能直接使用，因此，通过调用包装类 Integer 的 parseInt()方法将字符串转为整数，从而实现了程序的正常运行。

注意：本小节以 Integer 为例讲解了包装类的具体用法，其他包装类的用法也能通过举一反三实现学习。但是在使用包装类时，仍需要注意以下几点：

（1）包装类都重写了 Object 类中的 toString()方法，可以实现以字符串的形式返回被包装的基本数据类型的值。

（2）除了 Character 以外，其他的包装类都有 valueOf(String s)方法，可以根据 String 类型的参数创建包装类对象，但参数字符串 s 不能为 null，而且字符串必须是可以解析为相应基本数据类型的数据，否则虽然编译通过，但运行时会报错。具体示例如下所示。

```
Integer i1=Integer.valueOf("100");        //合法
Integer i2=Integer.valueOf ("10a");       //不合法
```

（3）除了 Character 外，其余包装类都有 parse×××(String s)的静态方法，将字符串转换为对应的基本数据类型的数据，但是参数 s 也不能为 null，而且字符串必须是可以解析为相应基本数据类型的数据，否则虽然编译通过，但运行时会报错。具体示例如下所示。

```
int i1=Integer .parseInt ("100") ;          //合法
Integer in1= Integer .parseInt ("10a") ;    //不合法
```

5.5 Date 类、Calendar 类、DateFormat 类和 SimpleDateFormat 类

在实际应用开发中，时间日期的使用非常常见，在 Java API 中，针对日期类型的操作提供了 3 个类，分别是 java. util. Date Java、util. Calendar 和 java. text. DateFormat。

5.5.1 Date 类

Date 类用于表示日期和时间。Date 类中大部分构造方法都被声明为已过时，只有两个构造方法是建议使用的。一个是无参的构造方法 Date()，用来创建当前日期时间的 Date 对象；另一个是接收一个 long 型参数 date 的构造方法 Date(long date)，用于创建指定时间的 Date 对象，其中 date 参数表示 1970 年 1 月 1 日 0 时 0 分 0 秒以来的毫秒数，即时间戳。具体用法如文件 5-22 所示。

文件 5-22

```
import java.util.Date;
public class Example22{
    public static void main(String[] args) {
        // 无参构造方法创建 Date 对象
        Date d1 = new Date();
        System.out.println(d1);
        System.out.println("****************");
        //带参构造方法创建指定时间的 Date 对象
        Date d2 = new Date(1660000000000L);
        System.out.println(d2);
        System.out.println("-------------------");
    }
}
```

文件 5-22 的运行结果如图 5-28 所示。

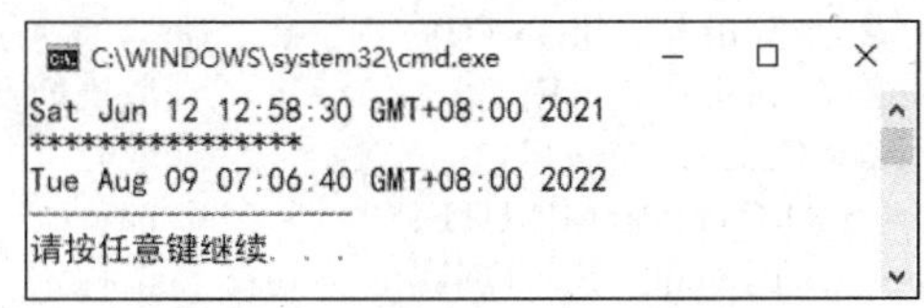

图 5-28　文件 5-22 的运行结果

文件 5-22 中，Date 对象 d1 获取的是当前的系统日期和时间，d2 则是指定的自 1970 年 1 月 1 日 0 时 0 分 0 秒以来 1660000000000ms 后的日期和时间。在程序开发中可以根据实际需求选择构造方法进行 Date 对象的创建。由于 Date 类在设计之初，没有考虑国际化的问题，因此从 JDK 1.1 开始，Date 类中相应的功能被 Calendar 类中的方法取代了。对于 Date 类，只需要了解如何通过创建对象封装时间值即可。

5.5.2　Calendar 类

Calendar 常用于完成日期和时间字段的操作，它可以通过特定的方法设置和读取日期的特定部分，比如年、月、日、时、分和秒等。Calendar 类是抽象类，不可以被实例化，在程序中需要调用其静态方法 getInstance()来得到 Calendar 对象，然后调用其相应的方法，具体示例如下所示。

```
Calendar c=Calendar.getInstance ();
```

Calendar 类包含了大量操作日期和时间的方法，其中常用方法见表 5-13。

表 5-13　Calendar 的常用方法

方法摘要	功能描述
int get(int field)	返回指定日历字段的值
void add(int field,int amount)	根据日历规则，为指定的日历字段增加或减去指定的时间量
void set(int field,int value)	为指定日历字段设置指定值
void set(int year, int month, int date)	设置 Calendar 对象的年、月、日 3 个字段的值
void set (int year, int month, int date, int hourOfDay,int minute,int second)	设置 Calendar 对象的年、月、日、时、分、秒 6 个字段的值

表 5-13 中大部分方法都用到了 int 类型的参数 field，该参数需要接收 Calendar 类中定义的常量值，这些常量值分别表示不同的字段，如 Calendar.YEAR 用于表示年份，Calendar.MONTH 用于表示月份，Calendar. SECOND 用于表示秒等。在使用 Calendar. MONTH 字段时需注意，月份的起始值是从 0 开始而不是 1，比如现在是 2 月份，得到的 Calendar.MONTH 字段的值则是 1。具体用法如文件 5-23 所示。

文件 5-23

```
import java.util.*;
public class Example23 {
    public static void main(String[] args) {
        Calendar c = Calendar.getInstance();            // 获取表示当前时间的 Calendar 对象
```

```
        System.out.println(c);
        int year = c.get(Calendar.YEAR);            // 获取当前年份
        int month = c.get(Calendar.MONTH) + 1;      // 获取当前月份
        int date = c.get(Calendar.DATE);            // 获取当前日
        int hour = c.get(Calendar.HOUR);            // 获取时
        int minute = c.get(Calendar.MINUTE);        // 获取分
        int second = c.get(Calendar.SECOND);        // 获取秒
        System.out.println("当前时间为：" + year + "年 " + month + "月 " + date + "日 "
                + hour + "时 " + minute + "分 " + second + "秒");
    }
}
```

文件 5-23 的运行结果如图 5-29 所示（代码“System.out.println(c)”的输出未能完全展示）。

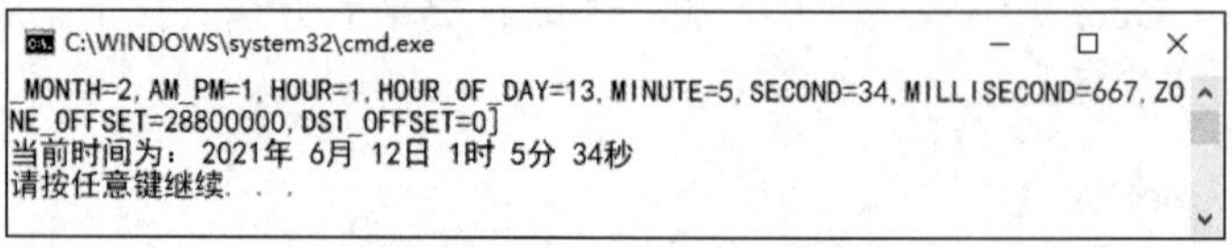

```
C:\WINDOWS\system32\cmd.exe
_MONTH=2,AM_PM=1,HOUR=1,HOUR_OF_DAY=13,MINUTE=5,SECOND=34,MILLISECOND=667,ZO
NE_OFFSET=28800000,DST_OFFSET=0]
当前时间为：2021年 6月 12日 1时 5分 34秒
请按任意键继续. . .
```

图 5-29 文件 5-23 的运行结果

文件 5-23 调用 Calendar 的 getInstance()方法创建了一个代表默认时区内当前系统时间的 Calendar 对象，第 5 行代码输出了该对象包含的所有字段值，此时的输出结果不利于理解，从第 6 行代码开始，通过 get(int field)方法分别获取到了该对象的日期、时间等各个字段的值，这样在最后一行输出代码输出时就非常人性化了。特别需要注意的是，获取的 Calendar.MONTH 字段值需要加 1 才表示当前时间的月份。

在实际应用开发中，除了需要获取当前系统的日期时间外，还会经常设置或修改某个时间，例如要查询 2000 年的 2 月一共有多少天，这时可以首先将 Calendar 对象的日期设置为 2000 年 3 月 1 日，然后将 Calendar 对象表示的日期向前推 1 日，即 2000 年 2 月的最后一天，最后输出 2 月的最后一天的数字，即 2000 年 2 月份的天数。可以通过调用 Calendar 类的 set()和 add()方法来实现上述过程，具体方法如文件 5-24 所示。

文件 5-24

```
import java.util.Calendar;
public class Example24 {
    public static void main(String[] args) {
        Calendar c = Calendar.getInstance();
        int year = 2000;
        c.set(year, 2, 1);                  // 把日期设置为 2000 年 3 月 1 日
        c.add(Calendar.DATE, -1);           // 把日期往前推 1 日
        System.out.println("2000 年 2 月份的天数是："+c.get(Calendar.DATE));
    }
}
```

文件 5-24 的运行结果如图 5-30 所示。

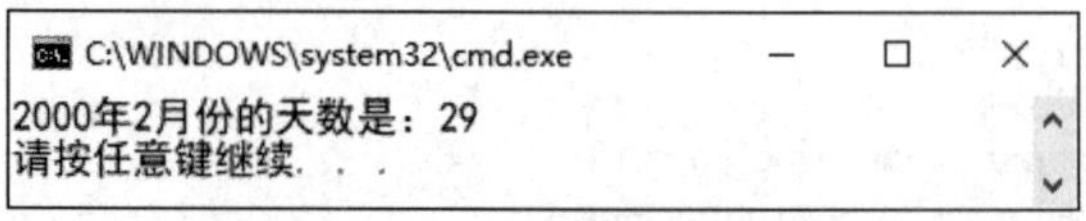

```
C:\WINDOWS\system32\cmd.exe
2000年2月份的天数是：29
请按任意键继续. . .
```

图 5-30 文件 5-24 的运行结果

5.5.3　DateFormat 类

无论是 Date 对象还是 Calendar 对象在输出日期时间时，默认的都是英文格式，如果要输出中文格式的日期时间都不是特别方便，JDK 提供了一个专门用于将日期格式化为字符串，或者用特定格式将显示的日期字符串转换成一个 Date 对象的类——DateFormat 类。DateFormat 是抽象类，不能被直接实例化，但它提供了静态方法用于获取 DateFormat 类的实例对象，并提供了用于日期时间格式设置的相应方法，这些常用方法见表 5-14。

表 5-14　DateFormat 的常用方法

方法摘要	功能描述
static DateFormat getDateInstance()	用于创建默认语言环境和格式化风格的日期格式器
static DateFormat getDateInstance(int style)	用于创建默认语言环境和指定格式化风格的日期格式器
static DateFormat getDateTimeInstance()	用于创建默认语言环境和格式化风格的日期/时间格式器
static DateFormat getDateTimeInstance(int dateStyle,int timeStyle)	用于创建默认语言环境和指定格式化风格的日期/时间格式器
String format(Date date)	将一个 Date 格式化为日期/时间字符串
Date parse(String source)	将给定字符串解析成一个日期

表中列出了 DateFormat 类的 4 个静态方法用于获得 DateFormat 类的实例对象，每一种方法返回的对象都具有不同的作用，可以分别对日期或者时间部分进行格式化。在 DateFormat 类中定义了 4 个常量值作为参数传递给这些方法，其中包括 FULL、LONG、MEDIUM 和 SHORT。FULL 常量用于表示完整格式，LONG 常量用于表示长格式，MEDIUM 常量用于表示普通格式，SHORT 常量用于表示短格式。具体用法如文件 5-25 所示。

文件 5-25

```
import java.text.*;
import java.util.*;
public class Example25 {
    public static void main(String[] args) {
        Date d = new Date();
        // Full 格式的日期格式器对象
        DateFormat fullF = DateFormat.getDateInstance(DateFormat.FULL);
        // Long 格式的日期格式器对象
        DateFormat longF = DateFormat.getDateInstance(DateFormat.LONG);
        // medium 格式的日期/时间格式器对象
        DateFormat mediumF = DateFormat.getDateTimeInstance(
                DateFormat.MEDIUM, DateFormat.MEDIUM);
        // short 格式的日期/时间格式器对象
        DateFormat shortF = DateFormat.getDateTimeInstance(
                DateFormat.SHORT, DateFormat.SHORT);
        // 下面输出格式化后的日期或者日期/时间
        System.out.println("当前日期的完整格式为：" + fullF.format(d));
        System.out.println("当前日期的长格式为：" + longF.format(d));
```

```
        System.out.println("当前日期的普通格式为：" + mediumF.format(d));
        System.out.println("当前日期的短格式为：" + shortF.format(d));
    }
}
```

文件 5-25 的运行结果如图 5-31 所示。

```
C:\WINDOWS\system32\cmd.exe
当前日期的完整格式为：2021年6月12日 星期六
当前日期的长格式为：2021年6月12日
当前日期的普通格式为：2021-6-12 13:15:35
当前日期的短格式为：21-6-12 下午1:15
请按任意键继续. . .
```

图 5-31　文件 5-25 的运行结果

另外，DateFormat 中还提供了一个 parse(String source)方法，能够将一个字符串解析成 Date 对象，但是它要求字符串必须符合日期/时间的格式要求，具体用法如文件 5-26 所示。

文件 5-26

```
import java.util.Date;
import java.text.DateFormat;
public class Example26 {
    public static void main(String[] args) throws Exception {
        String date1 = "2020-6-1";
        //通过 DateFormat 的静态方法 getDateInstance()方法获取 DateFormat 实例对象
        DateFormat df = DateFormat.getDateInstance();
        //将字符串格式的日期转成 Date 类型的对象
        Date date2 = df.parse(date1);
        System.out.println("将'"+date1+"'转换成 Date 类型的结果是：");
        System.out.println(date2);
    }
}
```

文件 5-26 的运行结果如图 5-32 所示。

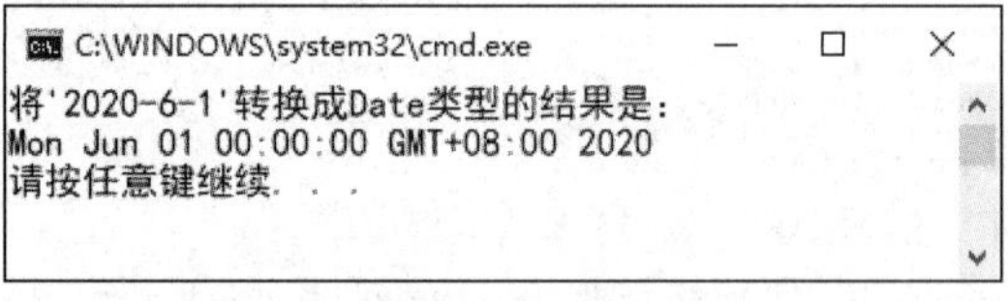
C:\WINDOWS\system32\cmd.exe
将'2020-6-1'转换成Date类型的结果是:
Mon Jun 01 00:00:00 GMT+08:00 2020
请按任意键继续. . .

图 5-32　文件 5-26 的运行结果

5.5.4 SimpleDateFormat 类

使用 DateFormat 对象将字符串解析为日期时，需要输入固定格式的字符串，否则就会抛出异常；使用 DateFormat 对象将日期转换成字符串时，输出的也都是固定格式的日期，这些显然不够灵活。JDK 中提供了 SimpleDateFormat 类，该类是 DateFormat 类的子类，使用 SimpleDateFormat 类可以自定义日期时间格式的模板。首先创建 SimpleDateFormat 对象，然后传入该字符串的日期格式模板，接着调用 parse()或 format()方法即可实现日期和字符串之间的灵活转换。具体用法如文件 5-27 所示。

文件 5-27

```
import java.text.ParseException;
import java.text.SimpleDateFormat;
import java.util.Date;
public class Example27 {
    public static void main(String[] args) throws ParseException {
        // 创建日期对象
        Date d1 = new Date();
        SimpleDateFormat sdf1 = new SimpleDateFormat("yyyy 年 MM 月 dd 日  HH:mm:ss");
        System.out.println("****按照自定义的字符串形式格式化当前日期****");
        //根据自定义的字符串形式格式化当前日期
        String str = sdf1.format(d1);
        System.out.println("将"+d1+"转换成年月日时分秒的形式:");
        System.out.println(str);
        System.out.println("--------------------------");
        String s = "2020-6-1 08:00:00";
        SimpleDateFormat sdf2 = new SimpleDateFormat("yyyy-MM-dd HH:mm:ss");
        System.out.println("****按照自定义的字符串的格式将 s 解析成 Date 形式****");
        //按照自定义的字符串的格式将字符串解析成 Date 形式
        Date d2= sdf2.parse(s);
        System.out.println("将字符串"+s+"解析成 Date 形式：");
        System.out.println(d2);
        System.out.println("--------------------------");
        System.out.println("****按照另一种自定义的字符串形式格式化当前日期****");
        //根据自定义的另一种字符串形式格式化当前日期
        SimpleDateFormat sdf3 = new SimpleDateFormat(
                "Gyyyy 年 MM 月 dd 日：今天是 yyyy 年的第 D 天，E");
        System.out.println(sdf3.format(new Date()));
    }
}
```

文件 5-27 的运行结果如图 5-33 所示。

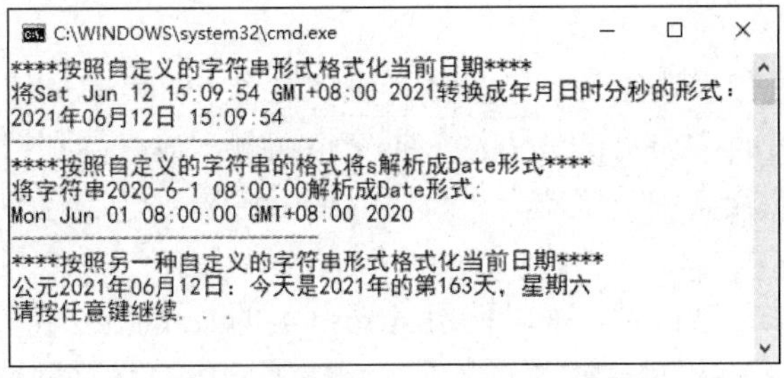

图 5-33 文件 5-27 的运行结果

可见 SimpleDateFormat 的功能非常强大，在创建 SimpleDateFormat 对象时，只要传入合适的格式字符串参数，就能解析各种形式的日期字符串或者将 Date 日期格式化成任何形式的字符串。其中，格式字符串参数是一个使用日期/时间字段占位符的日期模板，初学者可以通过查看 SimpleDateFormat 类的帮助文档进行详细了解。

5.6 【综合案例】字符串排序

【任务描述】

编写一个字符串排序程序，对一个字符串中的数值进行从小到大的排序，例如字符串为“30 -2 10 -9 54 78 94 25”，排序后的字符串为“-9 -2 10 25 30 54 78 94”。要求使用包装类将数值类型的字符串转换成整型进行排序。

【运行结果】

任务运行结果如图 5-34 所示。

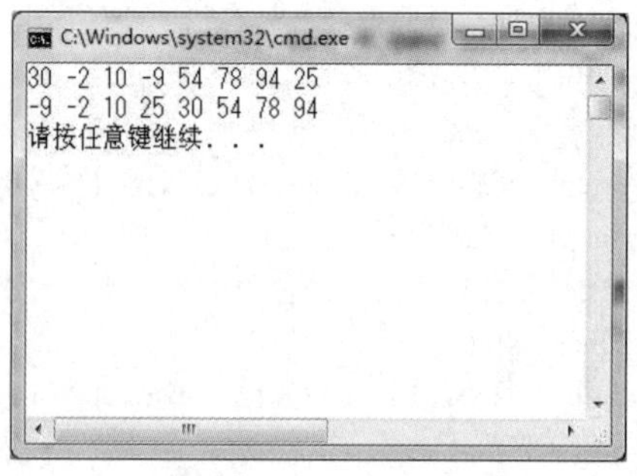

图 5-34 任务运行结果

【任务目标】

（1）学会分析“字符串排序”程序的实现思路。

（2）根据思路独立完成“字符串排序”程序的源代码编写、编译及运行。

（3）掌握 String 类和 StringBuffer 类的使用。

（4）掌握包装类中常用方法的使用。

【实现思路】

（1）通过任务描述以及观察运行结果图，发现这个字符串中是使用空格来对数值进行分隔的。这里可以通过 String 类的 split()方法根据空格切割，最终得到一个字符串数组。

（2）字符串不能比较其中数字的大小，可以使用包装类将字符串数组转换成整型数组再进行排序。

（3）为了将数组按升序排列，可以使用 Arrays 类的 sort()方法将转换后的数组进行排序。

（4）排序完成之后将整型数组再转换回字符串输出，此处可以借助 StringBuffer 类的 append()方法将数组元素和空格连接成字符串。

【实现代码】

```
import java.util.Arrays;
/**
```

```
 * 字符串排序程序
 *
 */
public class WrapperSort {
    private static final String SPACE_SEPARATOR = "";

    public static void main(String[] args) {
        String numStr = "30 -2 10 -9 54 78 94 25";
        System.out.println(numStr);
        numStr = sortStringNumber(numStr);
        System.out.println(numStr.toString());
    }

    public static String sortStringNumber(String numStr) {
        // 1. 将字符串变成字符串数组
        String[] str_arr = stringToArray(numStr);
        // 2. 将字符串数组变成 int 数组
        int[] num_arr = toIntArray(str_arr);
        // 3. 对 int 数组排序
        mySortArray(num_arr);
        // 4. 将排序后的 int 数组变成字符串
        String temp = arrayToString(num_arr);
        return temp;
    }

    public static String arrayToString(int[] num_arr) {
        StringBuffer sb = new StringBuffer();
        for (int x = 0; x < num_arr.length; x++) {
            if (x != num_arr.length - 1)
                sb.append(num_arr[x] + SPACE_SEPARATOR);
            else
                sb.append(num_arr[x]);
        }
        return sb.toString();
    }

    public static void mySortArray(int[] num_arr) {
        Arrays.sort(num_arr);
    }

    public static int[] toIntArray(String[] str_arr) {
        int[] arr = new int[str_arr.length];
        for (int i = 0; i < arr.length; i++) {
            arr[i] = Integer.parseInt(str_arr[i]);
        }
        return arr;
    }
```

```
        public static String[] stringToArray(String numStr) {
            String[] str_arr = numStr.split(SPACE_SEPARATOR);
            return str_arr;
        }
    }
```

文件中定义了 sortStringNumber()、stringToArray()、arrayToString()和 toIntArray()这 4 个核心方法实现了字符串的排序。

5.7 本章小结

本章主要介绍 Java API 中的常用类，5.1 节介绍了 String 和 StringBuffer 类及其不同之处，5.2 节介绍了 System 类和 Runtime 类的使用，5.3 节介绍了 Math 类与 Random 类以及其如何产生随机数，5.4 节简单介绍了包装类及其装箱和拆箱操作，5.5 节介绍了 Data 类、Calendar 类、DateFormat 类和 SimpleDateFormat 类，这些类在编程中都有着很重要的作用。当然 Java API 中的类非常多，在有限的时间内不可能讲解完所有的类，使用者可以通过查看 API 帮助文档进行学习。

5.8 习题

一、单选题

1．下列选项中，可以正确实现 String 初始化的是（　　）。

A．String str = "abc";　　B．String str = 'abc';

C．String str = abc;　　D．String str = 0;

2．已知 String s="abcdefg"，则 s.substring(2,5)的返回值为（　　）。

A．"bcde"　　B．"cde"　　C．"cdef"　　D．"def"

3．若“double val = Math.ceil(-11.9);”，则 val 的值是（　　）。

A．11.9　　B．-11.0　　C．-11.5　　D．-12.0

4．（　　）可以获取 Runtime 类的实例。

A．Runtime r = new Runtime();　　B．Runtime r = Runtime.getRuntime();

C．Runtime r = Runtime.getInstance();　　D．以上选项都不能获取 Runtime 实例

5．假如 indexOf()方法未能找到所指定的子字符串，那么其返回值为（　　）。

A．false　　B．0　　C．-1　　D．以上答案都不对

6．以下有关 Calendar 类相关描述，错误的是（　　）。

A．Calendar 类是一个抽象类，不可以被实例化

B．在使用 Calendar.MONTH 字段时，月份的起始值从 1 开始

C．添加和修改时间的功能就可以通过 Calendar 类中的 add()和 set()方法来实现

D．Calendar.Date 表示的是天数，当天数累加到当月的最大值时，如果继续累加一次，就会从 1 开始计数，同时月份值会加 1

7．下列是 Math 类中的一些常用方法，其中用于获取大于等于 0.0 且小于 1.0 的随机数的方法是（　　）。

A．random()　　B．abs()　　C．sin()　　D．pow()

8．下列是 Random 类的一些常用方法，其中能获得指定范围随机数的方法是（　　）。

A．nextInt()　　B．nextLong()　　C．nextBoolean()　　D．nextInt(int n)

二、多选题

1．下面选项中，属于 java.util.Random 类中的方法的是（　　）。

A．next(intbits)　　B．nextInt()　　C．nextLong()　　D．random()

2．下列关于 String 类和 StringBuffer 类的说法中，正确的是（　　）。

A．String 类表示的字符串是常量，一旦创建后，内容和长度都是无法改变的。而 StringBuffer 表示字符容器，其内容和长度都可以随时修改

B．String 类覆盖了 Object 类的 equals()方法，而 StringBuffer 类没有覆盖 Object 类的 equals()方法

C．String 类对象可以用操作符“+”进行连接，而 StringBuffer 类对象之间不能

D．String 类覆盖了 Object 类的 toString()方法，而 StringBuffer 类没有覆盖 Object 类的 toString()方法

三、判断题

1．包装类的作用之一就是将基本类型包装成引用类型。　（　　）

2．Java 中拆箱是指将引用数据类型的对象转为基本数据类型。　（　　）

3．String 类的 equals()方法和“==”的作用是一样的。　（　　）

4．System.getProperties()方法可以获取操作系统的属性。　（　　）

5．Math.round(double d)方法的作用是将一个数四舍五入，并返回一个 double 数。　（　　）

6．使用 String 类的 toCharArray()方法可以将一个字符串转为一个字符数组。　（　　）

7．DateFormat 类专门用于将日期格式化为字符串，或者将用特定格式显示的日期字符串转换成一个 Date 对象。　（　　）

8．System 类中的 currentTimeMillis()方法返回一个 long 类型的值。　（　　）

9．java.util.Random 的 nextInt()方法会生成一个正整数类型的伪随机数。　（　　）

10．包装类都是被 final 修饰的类。　（　　）

四、简答题

1．简述 String 类和 StringBuffer 类的区别。

2．简述装箱和拆箱操作。

五、编程题

请按照题目的要求编写程序并给出运行结果。

1．编写一个程序，实现字符串大小写的转换并倒序输出，要求如下：

（1）使用 for 循环将字符串“HelloWorld”从最后一个字符开始遍历。

（2）遍历的当前字符如果是大写字符，就使用 toLowerCase()方法将其转换为小写字符，反之则使用 toUpperCase()方法将其转换为大写字符。

（3）定义一个 StringBuffer 对象，调用 append()方法依次添加遍历的字符，最后调用 StringBuffer 对象的 toString()方法将得到的结果输出。

2．利用 Random 类产生 10 个 100～999 之间的随机整数。

提示：[n-m]（n、m 均为整数，n<m）之间的随机数的公式为 n+(new Random()).nextInt(m-n+1)。

第 5 章习题答案

第6章 集合

【学习目标】

- 掌握常用集合类的使用。
- 掌握 Iterator 迭代器的使用。
- 理解泛型的概念。
- 了解常用工具类 Collections 与 Arrays。

集合是 Java 数据结构的实现，用于将多个数据以统一的方式进行处理，它允许将多个数据按数组、链表、树等方式以元素的形式分组，并定义了各种使这些元素更容易操作的方法。不同的集合类有不同的功能和特点，适合不同的场合，用以解决一些实际问题。

6.1 集合概述

在没有集合之前，数组常用于在程序中组织多个数据，数组不仅可以存放基本数据类型也可以容纳属于同一种类型的对象。数组的操作是高效率的，但也有缺点，例如数组的长度是不可以变的，数组只能存放同一种类型的对象等。如果需要同时处理多种类型的可变长度的数据，利用数组是很难实现的。

在程序设计中还会经常构建一些特殊的数据结构，用以描述或者表达现实情况，例如描述火车进站出站，会使用“栈”这个数据结构。常用的数据结构还有队列、链接表、树和散列表等。这些数据结构几乎在每一段程序设计过程中都会使用到，但是如果每次编程都要重新构建这些数据结构显然违背了软件组件化的思想，因此 Java 的设计者考虑把这些通用的数据结构做成 API 供程序员调用，降低编程难度。

为解决以上问题，使得在实际程序开发中能够方便地存储和操纵数目不固定的一组数据，Java 提供了集合。集合就像一个容器，可以保存多个数据，但是与 Java 数组不同，Java 集合不能存放基本数据类型数据，集合容纳的对象都是 Object 类的实例，一旦把一个对象置入集合类中，它本身的类信息将丢失，也就是说，集合类中容纳的都是指向 Object 类对象的指针。这样的设计是为了使集合类具有通用性，因为 Object 类是所有类的祖先，所以可以在这些集合中存放任何类而不受限制，当然这也带来了不便，例如在使用集合成员之前必须对它进行重新造型。如果在集合中既想使用简单数据类型，又想利用集合的灵活性，还可以把简单数据类型数据变成该数据类型（包装类）的对象再放入集合中处理。

Java 提供了多种集合，这些集合之间形成了一个继承体系，其框架结构如图 6-1 所示，图中虚线框中是接口类型，实线框中是具体的实现类。

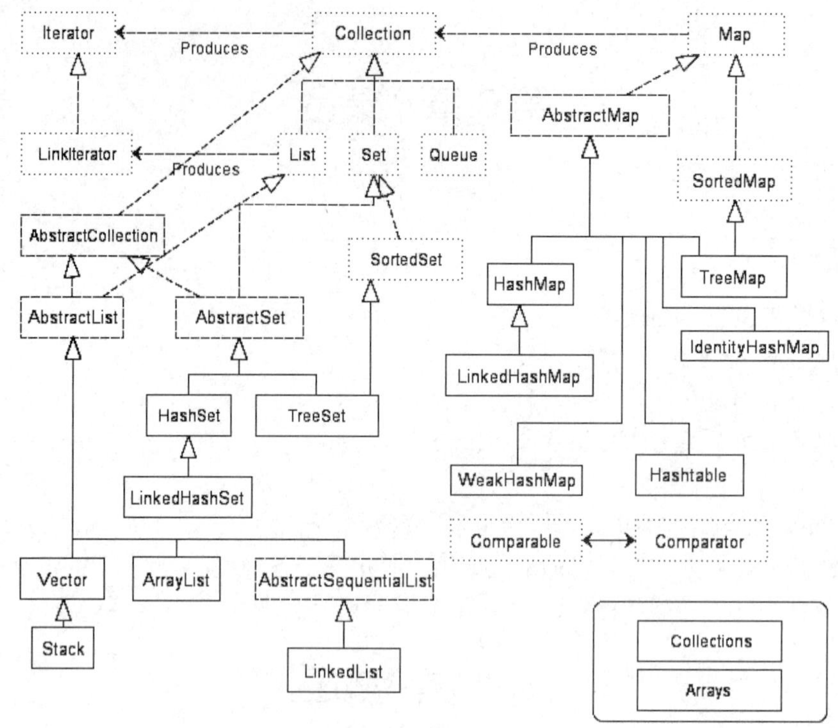

图 6-1 Java 集合框架

从图 6-1 可以看到，Java 集合框架主要包括两种类型的容器，一种是单列集合（Collection），用于存储一个元素集合，另一种是双列集合（Map），用于存储键/值对映射。Collection 接口又有 3 种子类型，List、Set 和 Queue，再下面是一些抽象类，最后是具体实现类，常用的有 ArrayList、LinkedList、HashSet、LinkedHashSet、HashMap、LinkedHashMap 等。

集合框架是一个用来代表和操纵集合的统一架构。所有的集合框架都包含如下内容：

（1）接口：是代表集合的抽象数据类型，例如，Collection、List、Set、Map 等。之所以定义多个接口，是为了以不同的方式操作集合对象。

（2）实现（类）：是集合接口的具体实现。从本质上讲，它们是可重复使用的数据结构，例如，ArrayList、LinkedList、HashSet、HashMap。

（3）算法：是为实现集合接口的对象里的方法执行的一些有用的计算，例如，搜索和排序。这些算法被称为多态，因为相同的方法可以在相似的接口上有着不同的实现。

总之，Java 集合框架提供了一套性能优良、使用方便的接口和类，需要注意的是，框架中的所有 Java 集合都位于 Java.util 包中，在使用之前必须使用 import 语句导包。

单列集合 Collection 和双列集合 Map 的特点具体如下：

（1）Collection：单列集合类的根接口，用于存储一系列符合某种规则的元素，它有 3 个子接口，分别是 List、Set 和 Queue。List 接口的主要实现类有 ArrayList 和 LinkedList，Set 接口的主要实现类有 HashSet 和 TreeSet。Collection 的继承体系如图 6-2 所示。

（2）Map：双列集合类的根接口，用于存储具有键（Key）、值（Value）映射关系的元素，每个元素都包含一对键值。Map 接口的主要实现类有 HashMap 和 TreeMap。Map 的继承体系如图 6-3 所示。

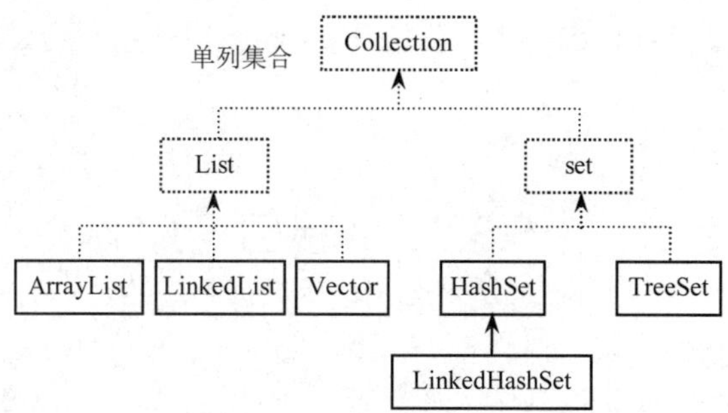

图 6-2　单列集合 Collection 的继承体系

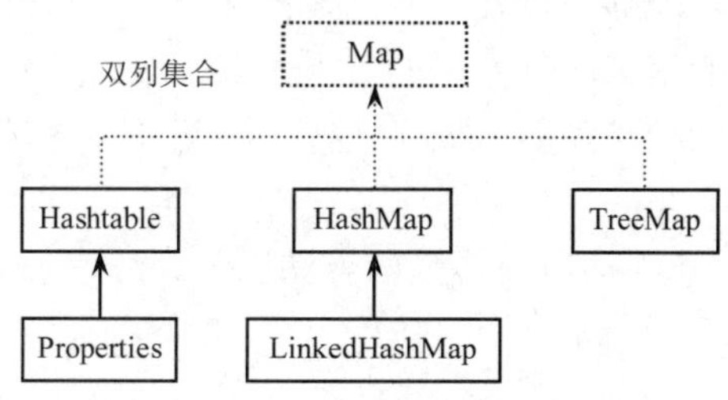

图 6-3　双列集合 Map 的继承体系

Collection 接口

6.2　Collection 接口

Collection 是所有单列集合的父接口，也是最基本的集合接口。一个 Collection 代表一组 Object，即 Collection 的元素都是 Object 对象。Java 不提供直接继承自 Collection 接口的类，只提供继承于它的子接口，常用的是 List 和 Set。在 Collection 中定义了单列集合通用的一些方法，这些方法可用于操作所有的单列集合，见表 6-1。

表 6-1　Collection 接口的常用方法

方法摘要	功能描述
boolean add(Object o)	向集合中添加一个元素
boolean addAll(Collection c)	将指定 Collection 中的所有元素添加到该集合中
void clear()	删除该集合中的所有元素
boolean remove(Object o)	删除该集合中指定的元素
boolean removeAll(Collection c)	删除指定集合中的所有元素
boolean isEmpty()	判断该集合是否为空
boolean contains(Object o)	判断该集合中是否包含某个元素
boolean containsAll(Collection c)	判断该集合中是否包含指定集合中的所有元素
Iterator iterator()	返回在该集合的元素上进行迭代的迭代器（Iterator），用于遍历该集合所有元素
int size()	获取该集合元素个数

表 6-1 中列举了 Java 的 API 文档中有关 Collection 接口的常见方法，更多方法以及其具体用法也可查阅 JDK 帮助文档。

List 接口

6.3 List 接口

6.3.1 List 接口简介

List 接口是 Collection 的子接口，它是单列集合的一个重要分支。使用 List 接口能够精确地控制每个元素插入的位置，能够通过索引（元素在 List 中位置，类似于数组的下标）来访问 List 中的元素，需要注意的是第一个元素的索引为 0。List 接口允许有相同的元素，并且其中的元素有序，即元素的存入顺序和取出顺序一致，因此 List 接口常用于存储一组不唯一、有序的对象。

List 接口除继承了 Collection 接口中的全部方法以外，还增加了一些根据元素索引来操作集合的特有方法，见表 6-2。

表 6-2 List 集合的常用方法

方法摘要	功能描述
void add(int index, Object element)	将元素 element 插入 List 集合的 index 处
boolean addAll(int index,Collection c)	将集合 c 所包含的所有元素插入 List 集合的 index 处
Object get(int index)	返回集合索引 index 处的元素
Object remove(int index)	删除 index 索引处的元素
Object set(int index, Object element)	将索引 index 处元素替换成 element 对象，并将替换后的元素返回
int indexOf(Object o)	返回此列表中第一次出现的指定元素的索引，如果此列表不包含该元素，则返回-1
int lastIndexOf(Object o)	返回此列表中最后出现的指定元素的索引，如果列表不包含此元素，则返回-1
List subList(int fromIndex, int toIndex)	返回从索引 fromIndex（包括）到 toIndex（不包括）处所有元素集合组成的子集合

6.3.2 ArrayList 集合

ArrayList 是 List 接口的一个实现类，它实现了可变大小的数组，是程序中最常见的一种集合。从数据结构来看，在 ArrayList 内部封装了一个长度可变的数组对象，当存入的元素超过数组长度时，ArrayList 会在内存中分配一个更大的数组来存储这些元素，因此可以将 ArrayList 集合看作一个长度可变的数组。

ArrayList 集合继承了父接口 Collection 和 List 中的大部分方法，其中 add()方法和 get()方法用于实现元素的存取。具体使用方法如文件 6-1 所示，该示例将实现 ArrayList 集合的定义、集合元素的存储和取出操作。

文件 6-1

```
import java.util.*;
public class Example01{
    public static void main(String[] args) {
            ArrayList list = new ArrayList();
            System.out.println("list 集合是否为空："+list.isEmpty());
            list.add("zhangsan");
            list.add("lisi");
            list.add("wangwu");
            list.add("zhaoliu");
            list.add(0,"liuyi");
            System.out.println("list 集合是否为空："+list.isEmpty());
            System.out.println("集合的长度：" + list.size());
            System.out.println(list);
            System.out.println("第 2 个元素是：" + list.get(1));
            list.remove(0);
            System.out.println("删除指定索引位置的元素后集合的长度：" + list.size());
            System.out.println(list);
    }
}
```

文件 6-1 的运行结果如图 6-4 所示。

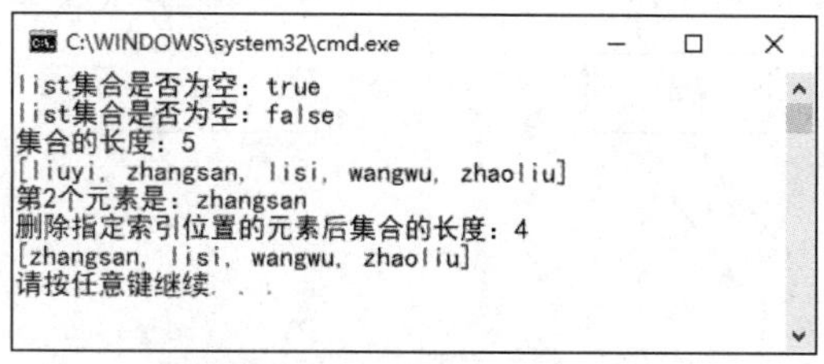

图 6-4　文件 6-1 的运行结果

在文件 6-1 中，首先创建了一个 ArrayList 集合对象 list，紧接着调用 isEmpty()方法判断集合是否为空，然后多次调用 add()方法向其中添加了 5 个元素，其中第 5 个元素的添加指定了索引位置，接着判断集合是否为空并调用 size()方法获取集合的长度，即集合中元素的个数，然后通过调用 get()方法取出指定索引位置的元素，最后调用 remove()方法删除指定索引位置的元素并重新获取并输出集合中元素的个数。从运行结果可以看出，索引位置为 1 的元素是集合中的第 2 个元素，说明集合和数组一样，索引的取值范围是从 0 开始的，最后一个索引是 list.size()-1，在访问元素时要注意索引不可超出此范围，否则会抛出角标越界异常错误 IndexOutOfBoundsException。

由于 ArrayList 集合的底层使用一个数组来保存元素，在增加或删除指定位置的元素时，会导致新数组的创建，因此不适合做大量的增删操作。但这种数组结构允许程序通过索引的方式来访问元素，因此使用 ArrayList 集合进行元素查找非常便捷。

注意：*在初学集合时，需要注意以下两个问题：*

（1）在编译时，会得到如图 6-5 所示的警告，其含义是在使用 ArrayList 集合时并没有显式指定集合中存储什么类型的元素，可能会产生安全隐患，但是此警告对程序输出结果没有影响。

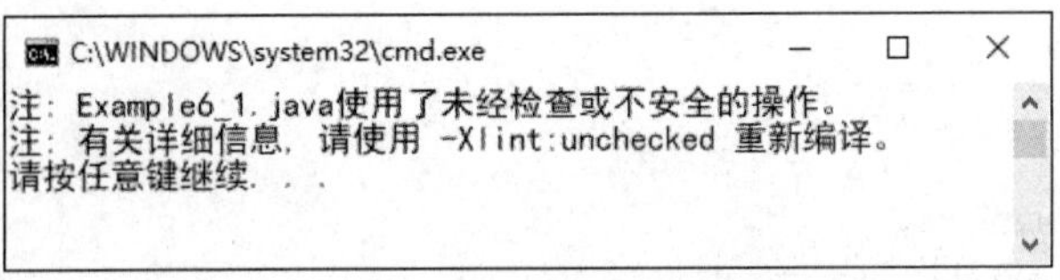

图 6-5 编译警告

（2）在编写程序时，不要忘记使用“import java.util.*;”语句导入 util 包，否则程序将会编译失败，显示类找不到。如果程序中仅使用该包中的少数类，也可以使用“import java.util.ArrayList;”等语句单独导入。

6.3.3 LinkedList 集合

在 6.3.2 中提到 ArrayList 集合在增加或删除指定位置的元素时会创建新的数组，效率比较低，因此不适合做大量的增删操作，在实际应用中可以使用 List 接口的另一个实现类 LinkedList。LinkedList 集合内部维护了一个双向循环链表，链表是一种常见的基础数据结构，它是一种线性表，但是并不会按线性的顺序存储数据，而是在每一个节点里存储到下一个节点的地址。链表中的每一个元素都使用引用的方式来记录它的前一个元素和后一个元素，从而可以将所有的元素彼此连接起来。当插入一个新元素时，只需要修改元素之间的这种引用关系即可，删除一个节点也是如此，在链表中添加元素和删除元素的过程如图 6-6 所示。

添加元素，即改变引用关系

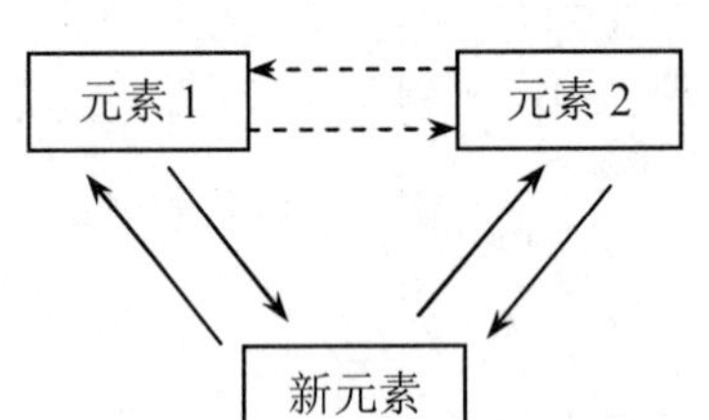

删除元素 3，即将元素 1 和元素 2 相互引用

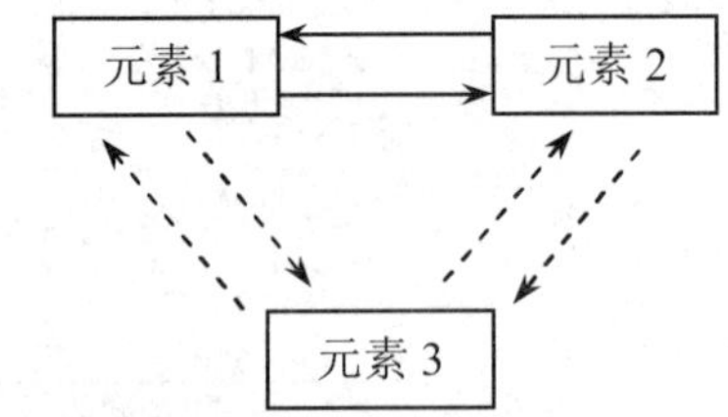

图 6-6 双向循环链表添加元素和删除元素的过程

图 6-6 中，左图为添加一个元素，图中的元素 1 和元素 2 在集合中彼此连接为前后节点关系，在它们之间添加一个元素时，只需要让元素 1 与新元素彼此连接为前后节点关系，让新元素与元素 2 彼此连接为前后节点关系即可。右图为删除元素，要想删除元素 1 与元素 2 之间的元素 3，只需要让元素 1 与元素 2 变成前后节点关系即可。

双向循环链表的存储结构让 LinkedList 集合对于元素的增删操作具有很高的效率。在 LinkedList 集合中专门针对元素的增删操作定义了一些特有的方法，见表 6-3。

表 6-3 LinkedList 中定义的方法

方法摘要	功能描述
void add(int index, E element)	在此列表中指定的位置插入指定的元素
void addFirst(Object o)	将指定元素插入此列表的开头
void addLast(Object o)	将指定元素添加到此列表的结尾
Object getFirst()	返回此列表的第一个元素

续表

方法摘要	功能描述
Object getLast()	返回此列表的最后一个元素
Object removeFirst()	移除并返回此列表的第一个元素
Object removeLast()	移除并返回此列表的最后一个元素

表 6-3 中列出的方法主要针对 LinkedList 集合中的元素进行增加、删除和获取操作，尤其是针对 LinkedList 集合开头和末尾位置进行的操作。其具体用法如文件 6-2 所示。

文件 6-2

```
import java.util.*;
public class Example02 {
    public static void main(String[] args) {
        LinkedList link = new LinkedList();
        link.add("Tom");
        link.add("Jack");
        link.add("Rose");
        link.add("Jane");
        System.out.println("link 集合的长度：" + link.size());
        System.out.println(link);
        link.add(3, "Bob");
        link.addFirst("Alice");
        System.out.println("添加元素后 link 集合的长度：" + link.size());
        System.out.println(link);
        System.out.println("当前 link 集合的第一个元素："+link.getFirst());
        link.remove(3);
        link.removeFirst();
        System.out.println("删除元素后 link 集合的长度：" + link.size());
        System.out.println(link);
    }
}
```

文件 6-2 的运行结果如图 6-7 所示。

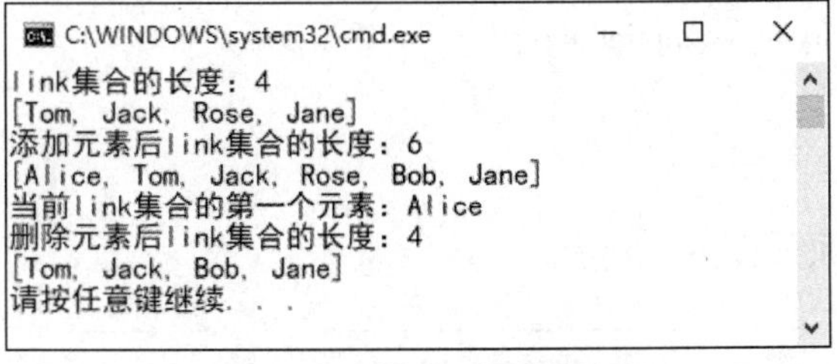

图 6-7　文件 6-2 的运行结果

文件 6-2 首先创建了 LinkedList 集合对象 link，紧接着添加了 4 个元素，然后通过 add() 和 addFirst()方法分别在集合的指定位置和第一个位置（索引 0 位置）添加元素，最后使用 remove()和 removeFirst()方法将指定位置的元素移除，便捷地完成了元素的增删操作。与 ArrayList 相比，LinkedList 的增加和删除操作效率更高，但是查找和修改的操作效率较低。

6.3.4 Iterator 接口

在实际应用中，常常需要访问集合中的所有元素，即遍历集合。针对这种需求，JDK 专门提供了一个接口 Iterator。Iterator 接口也是 Java 集合框架中的一员，但是它不是一个集合，不能用于存储数据，它专门用于访问集合，又称为迭代集合。Iterator 是 Java 迭代器最简单的实现，可用于迭代 Collection 集合。通常需要调用 Collection 集合的 iterator() 方法获取 Iterator 对象，该对象也被称为迭代器，具体方法如下所示。

```
Iterator iterator = list.iterator();   //list 是一个 Collection 集合对象
```

获得 Iterator 对象后，可以调用该对象的方法用于访问集合。Iterator 接口提供了 3 种常用方法，见表 6-4。

表 6-4　Iterator 接口的常用方法

方法摘要	功能描述
boolean hasNext()	如果仍有元素可以迭代，则返回 true
Object next()	返回迭代的下一个元素
void remove()	从迭代器指向的 collection 中移除迭代器返回的最后一个元素（可选操作）

Iterator 迭代器的具体使用如文件 6-3 所示。

文件 6-3

```
import java.util.*;
public class Example03 {
    public static void main(String[] args) {
        ArrayList list = new ArrayList();   // 创建 ArrayList 集合
        list.add("Beijing");                // 向该集合中添加字符串
        list.add("Shanghai");
        list.add("Shenzhen");
        list.add("Chongqing");
        Iterator it = list.iterator();      // 获取 Iterator 对象
        while (it.hasNext()) {              // 判断 ArrayList 集合中是否存在下一个元素
            Object obj = it.next();         // 获取 ArrayList 集合中的元素
            System.out.println(obj);        // 输出该元素
        }
    }
}
```

文件 6-3 的运行结果如图 6-8 所示。

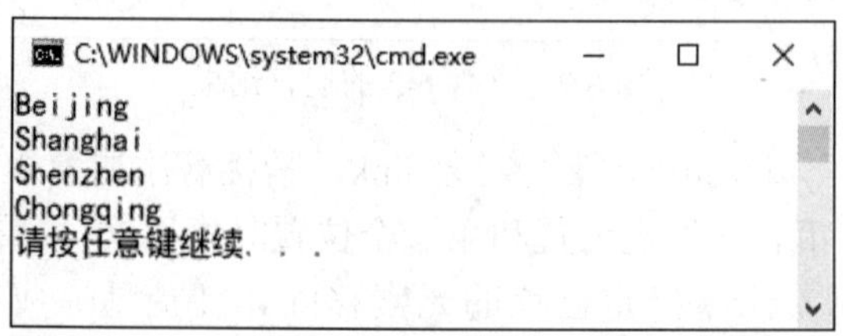

图 6-8　文件 6-3 的运行结果

文件 6-3 演示了 Iterator 迭代器遍历集合的基本过程。首先通过调用 ArrayList 集合的 iterator()方法获得迭代器对象，然后在 while 循环中使用 hasNext()方法判断集合中是否存在下一个元素，如果存在则调用 next()方法获取该元素，接着可对该元素进行操作，例如输出等，如果 hasNext()方法返回值为 false 说明已到达了集合末尾，停止遍历元素。

事实上，Iterator 迭代器在遍历集合时，内部采用指针的方式来跟踪集合中的元素，其工作原理如图 6-9 所示。

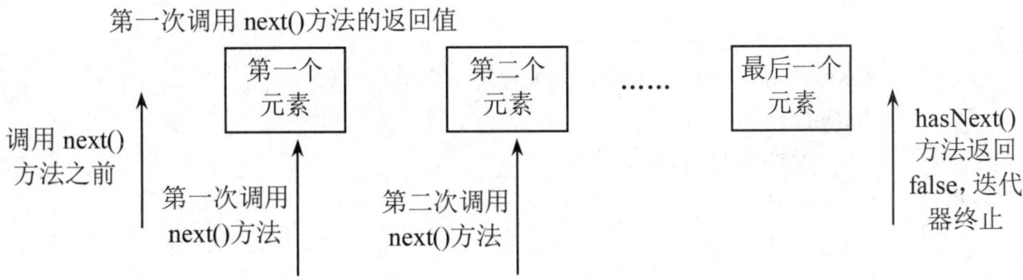

图 6-9　Iterator 迭代器遍历集合工作原理

获得 Iterator 迭代器后，在调用 Iterator 迭代器的 next()方法之前，迭代器的索引位于第一个元素之前，不指向任何元素。当第一次调用迭代器的 next()方法后，迭代器的索引会向后移动一位，指向第一个元素并将该元素返回；当再次调用 next()方法时，迭代器的索引会指向第二个元素并将该元素返回；依此类推，直到 hasNext()方法返回 false，表示到达了集合的末尾，终止对元素的遍历。

注意：

（1）当通过迭代器获取 ArrayList 集合中的元素时，都会将这些元素当作 Object 类型来看待，如果想得到特定类型的元素，则需要进行强制类型转换。

（2）在通过 next()方法获取元素时，必须保证要获取的元素存在，否则会抛出 NoSuchElementException 异常。

6.3.5　foreach 循环

在遍历集合时，通常可以选择使用 Iterator 来遍历集合中的元素，但代码书写比较烦琐，为了简化书写，自 JDK5.0 开始，Java 提供了 foreach 循环用于遍历数组或集合中的元素。foreach 循环是一种更加简洁的 for 循环，又称增强 for 循环，其语法格式如下所示。

```
for(容器中元素类型临时变量:容器变量) {
        // 执行语句
}
```

与 for 循环相比，foreach 循环不需要通过代码获取容器的长度，也不需要根据索引访问容器中的元素，它会自动遍历容器中的每个元素。其具体用法如文件 6-4 所示。

文件 6-4

```
import java.util.ArrayList;
public class Example04 {
    public static void main(String[] args) {
```

```
        ArrayList list = new ArrayList();
        list.add("Beijing");
        list.add("Shanghai");
        list.add("Shenzhen");
        list.add("Chongqing");
        System.out.println("使用 foreach 循环遍历 ArrayList 对象：");
        for(Object obj : list) {
            System.out.println(obj);            //取出集合 list 中的元素并输出
        }
        int[] arr = {1,2,3};                    //创建数组
        System.out.println("使用 foreach 循环遍历数组对象：");
        for(int a:arr){
            System.out.print(a+"");
        }
    }
}
```

文件 6-4 的运行结果如图 6-10 所示。

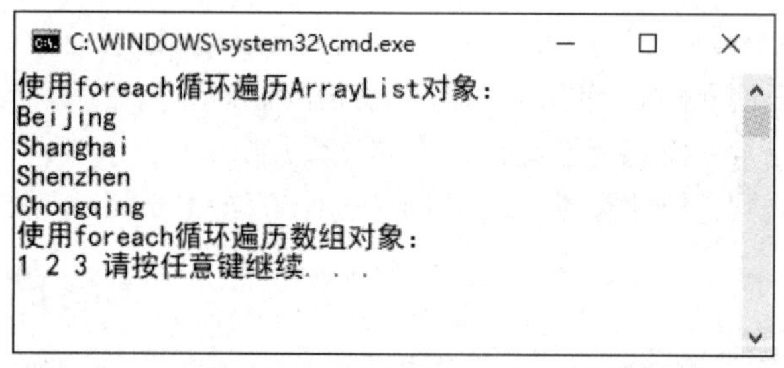

图 6-10　文件 6-4 的运行结果

比较文件 6-3 与文件 6-4，可以得出 foreach 循环在遍历集合（数组）时语法非常简洁，不使用循环条件，不使用迭代语句，循环的次数由容器中元素的个数决定，每次循环时，foreach 通过临时变量记录当前循环的元素，然后通过操作这个临时变量输出集合中的元素。

需要注意如下两点：

（1）foreach 循环虽然语法简洁，但在使用上存在一定的局限性。当使用 foreach 循环遍历集合或者数组时，只能访问集合中的元素，不能对其中的元素进行修改。具体使用情况如文件 6-5 所示。

文件 6-5

```
class Example05 {
    public static void main(String[] args) {
        int[] arr = {1,2,3};
        // foreach 循环遍历数组
        for (int a : arr)
            a += 1;
        System.out.println("foreach 循环修改后的数组：" + arr[0] + "," + arr[1] + ","+ arr[2]);
        // for 循环遍历数组
        for (int i = 0; i < arr.length; i++)
```

```
            arr[i] += 1;
        System.out.println("普通 for 循环修改后的数组：" + arr[0] + "," + arr[1] + ","+ arr[2]);
    }
}
```

文件 6-5 的运行结果如图 6-11 所示。

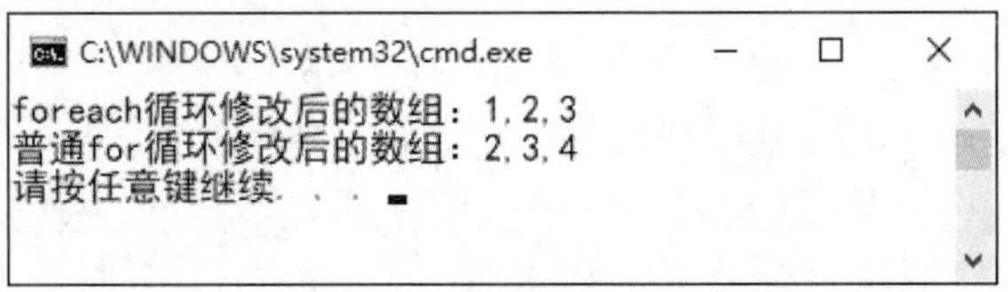

图 6-11　文件 6-5 的运行结果

文件 6-5 中，分别使用 foreach 循环和普通 for 循环去修改数组 arr 中的元素，程序编译和执行都没有报错，但是从运行结果可以看出 foreach 循环并不能修改数组中元素的值。其原因是在 foreach 循环中，代码“a += 1;”只是将临时变量 a 的值增加了 1，它与数组 arr 中的元素没有任何关系。而在普通 for 循环中，是可以通过索引的方式来引用数组中的元素并将其值进行修改的。因此，如果在遍历集合或者数组的同时需要修改其中的内容，不建议使用 foreach 循环。

（2）在使用 Iterator 迭代器对集合中的元素进行迭代时，如果调用集合对象的 remove() 方法去删除元素，会出现 ConcurrentModificationException 异常。假设在一个集合中存储了学校所有学生的姓名，有一个名为 zhangsan 的学生中途转学，这时就需要在集合中找出该元素并将其删除，即迭代查询集合并删除符合条件的元素，具体使用如文件 6-6 所示。

文件 6-6

```
import java.util.*;
public class Example06 {
    public static void main(String[] args) {
        ArrayList list = new ArrayList();          //创建 ArrayList 集合
        list.add("zhangsan");
        list.add("lisi");
        list.add("wangwu");
        list.add("zhaoliu");
        list.add(0,"liuyi");
        Iterator it = list.iterator();             // 获得 Iterator 对象
        while (it.hasNext()) {                     // 判断该集合是否有下一个元素
            Object obj = it.next();                // 获取该集合中的元素
            if ("zhangsan".equals(obj)) {          // 判断该集合中的元素是否为 zhangsan
                list.remove(obj);                  // 删除该集合中的元素
            }
        }
        System.out.println(list);
    }
}
```

文件 6-6 的运行结果如图 6-12 所示。

```
C:\WINDOWS\system32\cmd.exe
Exception in thread "main" java.util.ConcurrentModificationException
        at java.util.ArrayList$Itr.checkForComodification(ArrayList.java:901)
        at java.util.ArrayList$Itr.next(ArrayList.java:851)
        at Example6_6.main(Example6_6.java:12)
请按任意键继续. . .
```

图 6-12 文件 6-6 的运行结果

文件 6-6 编译没有错误，但是在运行时出现了异常，程序异常终止。该异常是并发修改 ConcurrentModificationException，这个异常是迭代器 it 抛出的。出现异常的原因是在迭代集合的过程中删除了元素，这会导致迭代器预期的迭代次数发生改变，最终导致迭代器的结果不准确。根据具体情况，解决上述问题的方法有两种：

第一种：如果只需要达到将姓名为 zhangsan 的学生找到并删除的目的，则只需在找到该学生并删除后跳出循环不再迭代即可，即在第 14 行代码后面增加一个 break 语句。在使用 break 语句跳出循环以后，由于没有继续使用迭代器对集合中的元素进行迭代，也就不会出现迭代器结果不准确的异常了。

第二种：如果查找的结果可能有多个，就需要在集合的整个迭代期间对集合中的元素进行删除，此时可以使用迭代器本身的删除方法，而不是集合本身的删除方法。即将文件 6-6 中代码“list.remove(obj);”替换成“it. remove();”。替换代码后再次运行程序，运行结果如图 6-13 所示。

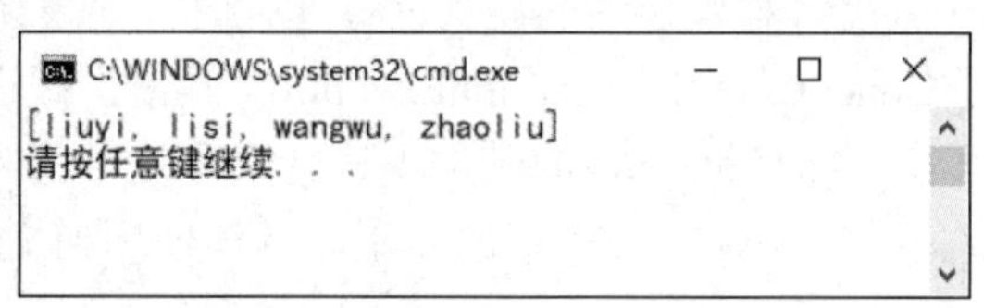
C:\WINDOWS\system32\cmd.exe
[liuyi, lisi, wangwu, zhaoliu]
请按任意键继续. . .

图 6-13 文件 6-6 修改代码后的运行结果

从运行结果可以看出，学生 zhangsan 被删除并且程序没有出现异常，这是因为调用迭代器的 remove()方法在删除元素时，所导致的迭代次数变化是被迭代器所预知的。

6.3.6 ListIterator 接口

ListIterator 接口是 JDK 中定义的另一个迭代器，它是 Iterator 的子接口，该接口除了继承了父接口的 hasNext()和 next()等方法以外，还增加了一些特有的方法，可以使迭代方式更加多元化，这些特有方法见表 6-5。

表 6-5 ListIterator 的特有方法

方法摘要	功能描述
void add(Object o)	将指定的元素插入列表
boolean hasPrevious()	逆向遍历列表时，如果列表迭代器有多个元素，则返回 true
Object previous()	返回列表中的前一个元素
void remove()	从列表中移除由 next 或 previous 返回的最后一个元素

ListIterator 接口中增加了 hasPrevious()方法和 previous()方法，这两个方法可以实现反向迭代元素，另外还增加了 add()方法用于增加元素。具体使用方法如文件 6-7 所示。

文件 6-7

```
import java.util.*;
public class Example07 {
        public static void main(String[] args) {
            List list = new ArrayList();
            list.add("Apple");
            list.add("Banana");
            list.add("Cherry");
            ListIterator lit = list.listIterator();   // 获得 ListIterator 对象
            System.out.println("正向遍历集合：");
            while (lit.hasNext()) {
                Object o = lit.next();
                // 遍历到 Cherry 元素时，向集合中添加一个元素
                if ("Banana ".equals(o))
                    lit.add("Dragon fruit");
                System.out.println(o);
            }
            // 逆向遍历集合
            System.out.println("逆向遍历集合：");
            while (lit.hasPrevious()) {                // 判断该对象中是否有上一个元素
                Object obj = lit.previous();           // 迭代该对象的上一个元素
                System.out.println(obj + "");          // 获取并输出该对象中的元素
            }
        }
}
```

文件 6-7 的运行结果如图 6-14 所示。

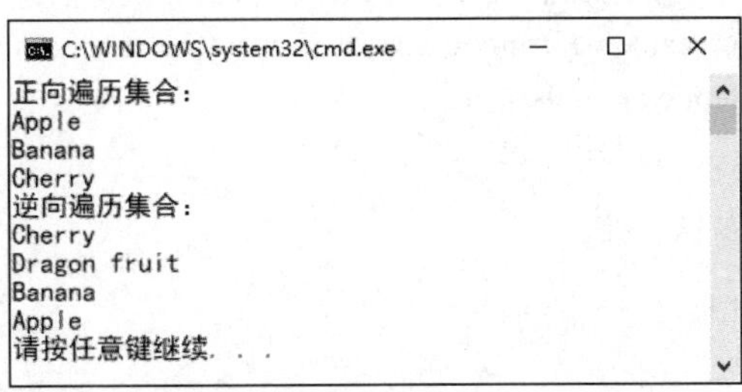

图 6-14　文件 6-7 的运行结果

在文件 6-7 中，首先调用 List 集合的 listIterator()方法获得 ListIterator 对象，然后在 while 循环中通过 hasNext()方法和 next()方法实现集合的正向迭代，根据需求遍历到 Banana 元素时，向集合中添加元素 Dragon fruit，之后再使用迭代器对象的 hasPrevious()方法和 previous()方法实现了逆向迭代。

注意：

（1）在迭代过程中如果需要增加元素，不能调用集合对象的 add()方法，需要使用 ListIterator 对象的 add()方法，否则会出现并发修改异常 ConcurrentModificationException。

（2）ListIterator 迭代器只能用于 List 集合。

（3）获得 ListIterator 对象的另一个方法是 listIterator(int index)，此方法需要传递一个 int 类型的参数，用于指定迭代的起始位置。

6.3.7 Enumeration 接口

在 JDK1.2 以前，集合框架中是没有 Iterator 接口的，如果需要遍历集合，就使用 Enumeration 接口，此接口的功能与 Iterator 接口的功能是重复的。由于 Iterator 接口添加了一个可选的移除操作，并使用较短的方法名，因此以新的遍历集合实现应该优先考虑使用 Iterator 接口而不是 Enumeration 接口。但由于很多应用程序中使用了 Enumeration，了解该接口的用法有利于后期对这些应用程序的维护与升级。

Enumeration 接口常用于遍历 Vector 集合，该集合是 List 接口的一个实现类，用法与 ArrayList 完全相同，区别在于 Vector 集合是线程安全的，而 ArrayList 集合是线程不安全的。在 Vector 类中提供了一个 elements()方法用于返回 Enumeration 迭代器对象，通过 Enumeration 迭代器对象可以遍历该集合中的元素。具体用法如文件 6-8 所示。

文件 6-8

```
import java.util.*;
public class Example08 {
    public static void main(String[] args) {
        Vector v = new Vector();             //创建 Vector 集合
        v.addElement("北京");                 //在集合中添加元素
        v.addElement("上海");
        v.addElement("深圳");
        v.addElement("重庆");
        Enumeration e = v.elements();   // elements()方法获取 Enumeration 迭代器对象
        //Enumeration 迭代器遍历 Vector 集合
        while (e.hasMoreElements()) { // hasMoreElements()方法返回此集合是否包含更多的元素
            String name = (String) e.nextElement(); // nextElement()方法返回此集合的下一个元素
            System.out.println(name);
        }
    }
}
```

文件 6-8 的运行结果如图 6-15 所示。

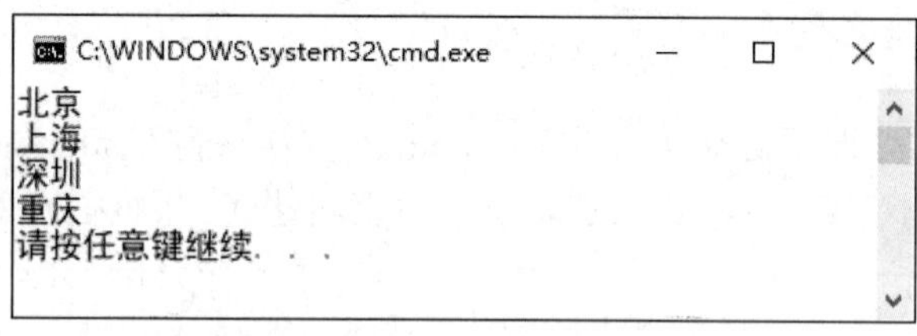

图 6-15　文件 6-8 的运行结果

文件 6-8 创建了一个 Vector 集合，并通过调用 addElement()方法向集合添加 4 个元素，然后调用 elements()方法返回一个 Enumeration 对象，接着使用该对象在 while 循环中对集合中的元素进行迭代，其过程与 Iterator 迭代的过程类似，其中 hasMoreElements()方法用于判断集合中是否存在下一个元素，如果存在，则通过 nextElement()方法获取该元素。

6.4　Set 接口

Set 接口

6.4.1　Set 接口简介

在单列集合 Collection 接口的框架中，除了 List 以外，还有另一个常用的子接口 Set，它继承了 Collection 接口的绝大部分方法，没有增加专属于自己的新方法，但是对继承自 Collection 接口的方法做了更加严格的限制，其中 Set 接口与 List 接口最大的区别是：Set 接口中元素无序，并且都会以某种规则保证存入的元素不重复。

Set 接口主要有两个实现类，分别是 HashSet 和 TreeSet。其中，HashSet 根据对象的哈希值来确定元素在集合中的存储位置，具有良好的存取和查找性能。TreeSet 则以二叉树的方式来存储元素，它可以实现对集合中的元素进行排序。

6.4.2　HashSet 集合

HashSet 集合是 Set 接口的一个实现类，其数据结构存储原理源于哈希表。当通过 add()方法向 HashSet 集合中添加一个对象时，集合首先会自动调用它的 hashCode ()方法以确定对象的存储位置，如果该位置上没有对象存在，就将该对象存入集合，如果该位置存在对象，再自动调用它的 equals()方法判断已存在对象与待加入对象是否相等，如果不相等就将该对象存入集合，否则就舍弃该对象，因此 Hashset 集合所存储的元素是无序的且不重复的。整个存储的流程如图 6-16 所示。

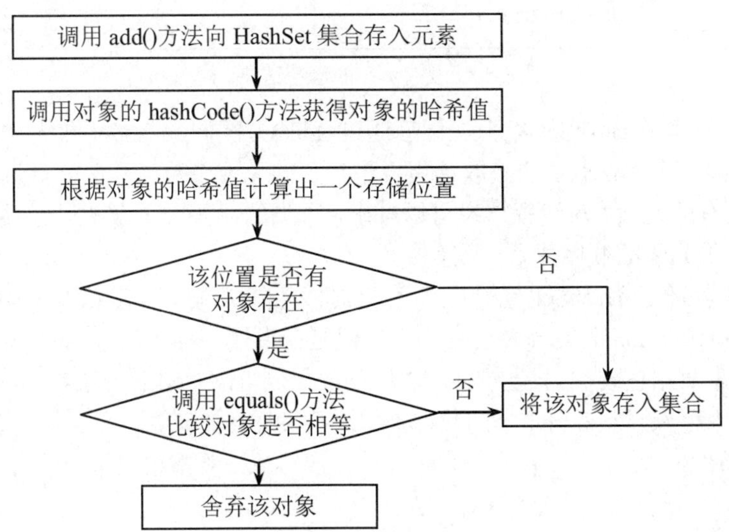

图 6-16　HashSet 集合元素存储流程

HashSet 集合的具体使用方法如文件 6-9 所示。

文件 6-9

```
import java.util.*;
public class Example09 {
```

```
        public static void main(String[] args) {
            // 创建 HashSet 集合
            HashSet hs = new HashSet();
            //向 HashSet 集合中添加元素，其中包括重复元素
            hs.add("Beijing");
            hs.add("Shanghai");
            hs.add("Shenzhen");
            hs.add("Chongqing");
            hs.add("Shenzhen");
            hs.add("Beijing");
            // 输出集合中元素的个数
            System.out.println("添加后集合中元素个数："+hs.size());
            // 遍历集合
            Iterator it = hs.iterator();
            System.out.println("添加后集合中包含以下元素：");
            while (it.hasNext()) {
                System.out.println(it.next());
            }
        }
    }
```

文件 6-9 的运行结果如图 6-17 所示。

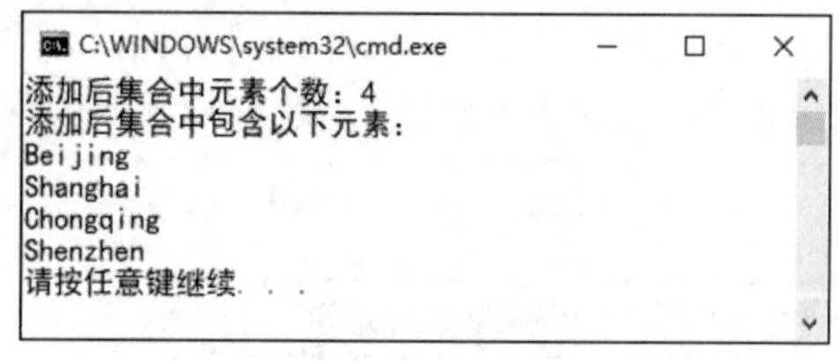

图 6-17　文件 6-9 的运行结果

文件 6-9 首先创建了 HashSet 集合，然后通过 add()方法向 HashSet 集合中依次添加了 6 个字符串对象，接着通过 size()方法获取该集合中包含的元素个数（4 个），最后通过 Iterator 迭代器遍历输出所有的元素。从运行结果可以看出，添加的元素中重复的已经被舍弃，并且取出元素的顺序与添加元素的顺序并不一致。

在文件 6-9 中验证了 HashSet 集合在存入元素时会自动调用该对象的 hashCode()方法和 equals()方法，以保证 HashSet 集合的正常工作。但是在上例中存入的是 String 类型的对象，String 类和一些基本数据包装类已经重写了父类 Object 的 hashCode()方法和 equals()方法，如果在 HashSet 集合中存入开发者自定义的数据类型，结果又会如何呢？在文件 6-10 自定义一个 Person 类，存入 HashSet 集合，其中含有重复的 Person 对象，观察结果是否含有重复的对象。

文件 6-10

```
import java.util.*;
class Person {
    String id;
    String name;
    public Person(String id,String name) {
        this.id=id;
        this.name = name;
```

```
	}
	public String toString() {                    // 重写 toString()方法
		return "Person"+id+":"+name;
	}
}
public class Example10 {
	public static void main(String[] args) {
		HashSet hs = new HashSet();                // 创建 HashSet 集合
		Person per1 = new Person("1", "Liuyi");
		Person per2 = new Person("2", "Zhangsan");
		Person per3 = new Person("2", "Zhangsan");
		Person per4 = new Person("3", "Lisi");
		hs.add(per1);   //添加对象元素
		hs.add(per2);
		hs.add(per3);
		hs.add(per4);
		//遍历集合
		Iterator it = hs.iterator();
		while (it.hasNext()) {
				System.out.println(it.next());
		}
	}
}
```

文件 6-10 的运行结果如图 6-18 所示。

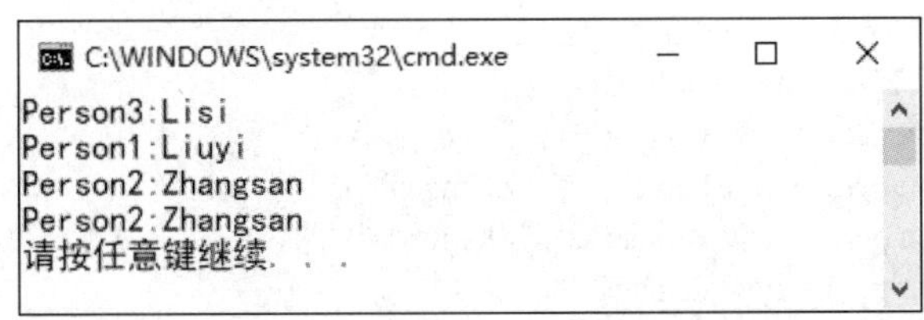

图 6-18　文件 6-10 的运行结果

从文件 6-10 的运行结果中发现，HashSet 集合中出现了两个相同的 Person 对象信息 Person2:Zhangsan，这从业务逻辑上来讲它们应该是重复元素，不允许同时出现在集合中。为什么 HashSet 没有去掉这样的重复元素呢？这是因为在自定义的 Person 类没有重写 hashCode()和 equals()方法，Object 类中这两个方法都是针对“对象本身”来进行判断的，在上例中对象 per2 和 per3 是两个不同的对象，因此 HashSet 会将它们都加入到集合中。解决该问题的实质就是要针对对象中的某些属性进行哈希值是否相等的判断，这就需要重写其 hashCode()和 equals()方法。接下来在文件 6-10 的基础上对 Person 类进行改写，设定如果 id 相同的对象就判断为同一个对象，改写后的代码如文件 6-11 所示，运行结果如图 6-19 所示。

文件 6-11

```
import java.util.*;
class Person {
	private String id;
	private String name;
	public Person(String id, String name) {
```

```
            this.id = id;
            this.name = name;
        }
        // 重写 toString()方法
        public String toString() {
            return "Person"+id + ":" + name;
        }
        // 重写 hashCode 方法
        public int hashCode() {
            return id.hashCode();
        } // 返回 id 属性的哈希值
        // 重写 equals 方法
        public boolean equals(Object obj) {
            if (this == obj) {                  // 判断是否是同一个对象
                return true;
            }                                   // 如果是，直接返回 true
            if (!(obj instanceof Person)) {     // 判断对象是为 Person 类型
                return false;
            }                                   // 如果对象不是 Person 类型，返回 false
            Person per = (Person) obj;          // 将对象强转为 Person 类型
            boolean b = this.id.equals(per.id); // 判断 id 值是否相同
            return b;                           // 返回判断结果
        }
    }
    class Example11 {
        public static void main(String[] args) {
            HashSet hs = new HashSet();
            Person per1 = new Person("1", "Liuyi");
            Person per2 = new Person("2", "Zhangsan");
            Person per3 = new Person("2", "Zhangsan");
            Person per4 = new Person("3", "Lisi");
            hs.add(per1);   //添加对象元素
            hs.add(per2);
            hs.add(per3);
            hs.add(per4);
            //遍历集合
            Iterator it = hs.iterator();
            while (it.hasNext()) {
                    System.out.println(it.next());
            }
        }
    }
```

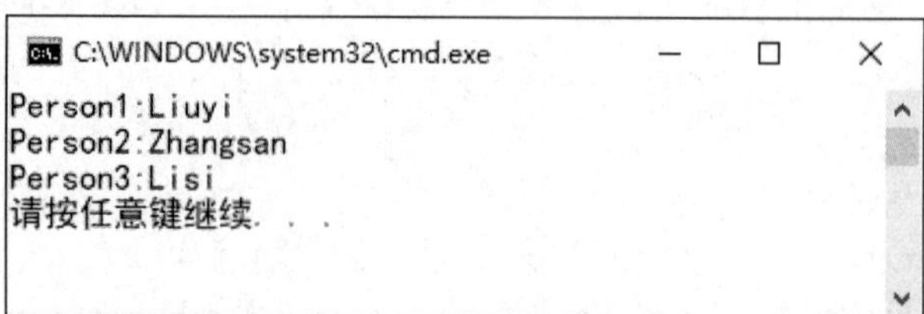

图 6-19　文件 6-11 的运行结果

在文件 6-11 中，Person 类重写了 Object 类的 hashCode()和 equals()方法，在 hashCode()方法中返回 id 属性的哈希值，在 equals()方法中比较对象的 id 属性是否相等，并返回结果。当调用 HashSet 集合的 add()方法添加 per3 对象时，发现它的哈希值与对象 per2 相同，而且 per2.equals(per3)返回 true，HashSet 集合认为两个对象相同，因此重复的 Person 对象被成功去除了。

6.4.3　TreeSet 集合

TreeSet 集合是 Set 接口的另一个实现类，其内部数据存储结构采用自平衡的排序二叉树，这种数据结构可既能保证集合中没有重复的元素，还能实现集合元素的排序，弥补了 HashSet 集合元素无序的缺点。

树是一种数据结构，它是由 n（n>=1）个有限节点组成的一个具有层次关系的集合，把它叫作“树”是因为它看起来像一棵倒挂的树。集合中的元素称为树的节点，所定义的关系称为父子关系，父子关系在树的节点之间建立了一个层次结构，在这种层次结构中有一个结点具有特殊的地位，这个结点称为该树的根结点，或称为树根。每个节点有 0 个或多个子节点，每个节点及其子节点组成的树被称为子树。二叉树的特点是每个结点最多只能有两棵子树，且有左右之分，通常左侧的被称为“左子树”，右侧的被称为“右子树”。二叉树中元素的存储结构如图 6-20 所示。

二叉树是树形结构的一个重要类型，计算机中常常使用线索二叉树、霍夫曼树、排序二叉树、平衡二叉树等结构以达到特有的数据存储要求。TreeSet 集合内部使用的是自平衡的排序二叉树，其特点是能保证存储的元素按照大小排序（有序），并能去除重复元素。例如向一个二叉树中存入 8 个元素，依次为 10、5、14、14、1、8、12、22，如果以排序二叉树的方式来存储，在集合中的存储结构会形成一个树状结构，如图 6-21 所示。

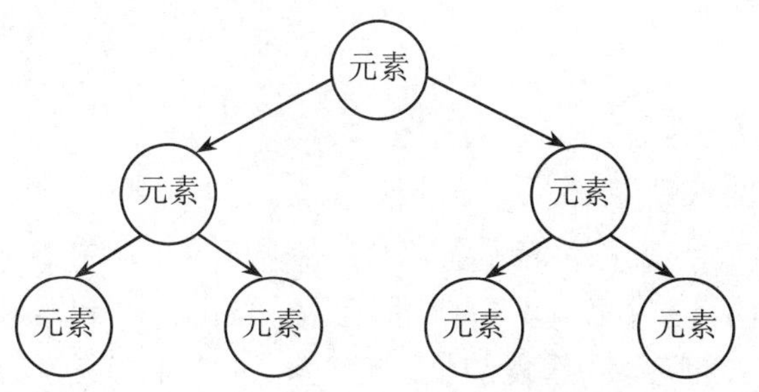

图 6-20　二叉树中元素的存储结构

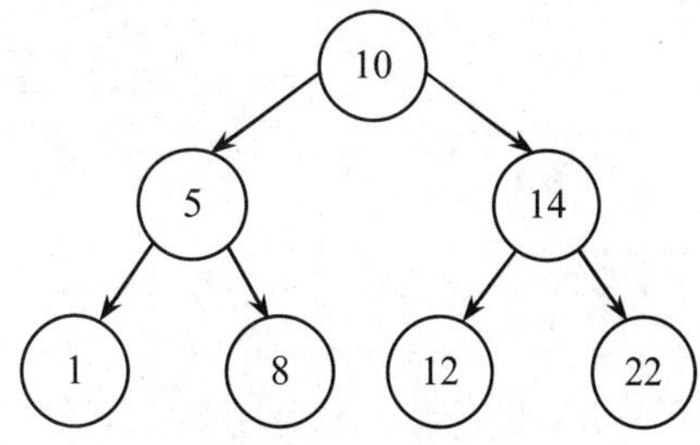

图 6-21　排序二叉树

从图 6-21 可以看出，在以排序二叉树的结构存入元素时，首先将第 1 个元素放在二叉树的树根，然后存入第 2 个元素时，会先与第 1 个元素进行比较，如果小于第 1 个元素就将该元素放在左子树上，如果大于第 1 个元素，就将该元素放在右子树上，按照左子树元素小于右子树元素的顺序，依此类推，最后将所有元素存入。在存入的过程中，如果当前节点中已经存入一个相同的元素，例如 14，再向集合中存入一个为 14 的元素，二叉树会把重复的元素去掉。这就是二叉树存放元素的原理，因此能保证 TreeSet 集合的有序且不重复的特点。具体用法如文件 6-12 所示。

文件 6-12

```
import java.util.*;
public class Example12 {
    public static void main(String[] args) {
        // 创建 HashSet 集合
        TreeSet ts = new TreeSet();  //创建 TreeSet 集合
        //向 HashSet 集合中添加元素，其中包括重复元素
        ts.add("Beijing");
        ts.add("Shanghai");
        ts.add("Shenzhen");
        ts.add("Chongqing");
        ts.add("Shenzhen");
        ts.add("Beijing");
        // 输出集合中元素的个数
        System.out.println("添加后集合中元素个数："+ts.size());
        // 遍历集合
        Iterator it = ts.iterator();
        System.out.println("添加后集合中包含以下元素：");
        while (it.hasNext()) {
            System.out.println(it.next());
        }
    }
}
```

文件 6-12 的运行结果如图 6-22 所示。

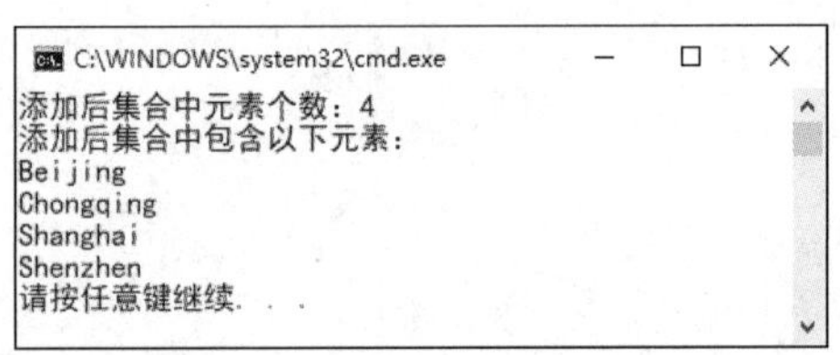

图 6-22　文件 6-12 的运行结果

从图 6-22 可以看出，文件 6-12 通过 add()方法向 TreeSet 集合中依次添加了 6 个字符串对象，接着通过 size()方法获取了该集合中包含的元素个数（4 个），最后通过 Iterator 迭代器遍历输出所有的元素。从运行结果可以看出，添加的元素中重复的已经被舍弃，并且取出元素的顺序与字母表的顺序一致。

集合中的元素能够有序是因为每次向 TreeSet 集合中存入一个元素时，都会将该元素与其他元素进行比较，最后将它插入有序的对象序列中。事实上，集合中的元素在进行比较时，会自动调用 compareTo()方法，该方法是 Comparable 接口中定义的，此接口对实现它的每个类的对象进行整体排序，而这种排序被称为类的自然排序。如果要对集合中的元素进行排序就必须实现 Comparable 接口。JDK 中大部分的类都实现 Comparable 接口，拥有接口中的 compareTo()方法，例如包装类 Integer、Double 和 String 等。因此，如果在 TreeSet 中添加的元素是这些类的对象，默认情况下就会以自然排序的方式被有序地存储起来。

但是，如果要在 TreeSet 集合中存放自定义类型，例如 Person 对象，如果 Person 类没有

实现 Comparable 接口，则 Person 类型的对象将不能进行比较，此时 TreeSet 集合就不知道按照什么排序规则对 Person 对象进行排序，最终导致程序报错，如文件 6-13 所示。

文件 6-13

```
import java.util.*;
class Person {
    String name;
    int age;
    public Person(String name,int age) {
        this.name = name;
        this.age = age;    }
    public String toString() {                        // 重写 toString()方法
        return name + ":" + age;        }
}
public class Example13 {
    public static void main(String[] args) {
        TreeSet ts = new TreeSet();                   // 创建 HashSet 集合
        Person per1 = new Person("Liuyi",18);
        Person per2 = new Person("Zhangsan",19);
        Person per3 = new Person("Zhangsan",19);
        Person per4 = new Person("Lisi",17);
        ts.add(per1);    //添加对象元素
        ts.add(per2);
        ts.add(per3);
        ts.add(per4);
        //遍历集合
        Iterator it = ts.iterator();
        while (it.hasNext()) {
                System.out.println(it.next()); }
    }
}
```

文件 6-13 的运行结果如图 6-23 所示。

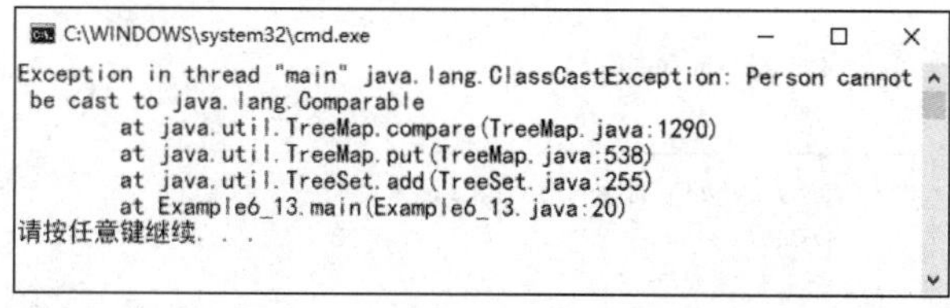

图 6-23　文件 6-13 的运行结果

文件 6-13 编译通过，但是程序运行时出现异常 ClassCastException，异常的原因是在将 Person 类对象加入 TreeSet 集合时，会调用 Comparable 接口中的 compareTo()方法，但是该类没有实现 Comparable 接口，因此无法比较。为了解决这个问题，必须在 Person 类中实现 Comparable 接口。在重写 compareTo()方法时，可以进行自然比较，也可以按照比较的需求自定义比较方式。接下来对文件 6-13 进行修改，让 Person 类实现 Comparable 接口，按照 Person 对象的年龄 age 进行比较。具体实现如文件 6-14 所示。

文件 6-14

```
import java.util.*;
class Person implements Comparable {
    String name;
    int age;
    public Person(String name,int age) {
        this.name = name;
        this.age = age;   }
    public String toString() {                          // 重写 toString()方法
        return name + ":" + age;     }
    public int compareTo(Object obj){                   // 重写 Comparable 接口的 compareTo 方法
        Person p = (Person) obj;                        // 将比较对象强转为 Person 类型
        if(this.age -p.age > 0) {                       // 定义比较方式
                return 1;   }
        if(this.age -p.age == 0) {
            return this.name.compareTo(p.name); }       // 将比较结果返回
        return -1;   }
}
public class Example14 {
    public static void main(String[] args) {
        TreeSet ts = new TreeSet();                     // 创建 HashSet 集合
        Person per1 = new Person("Liuyi",18);
        Person per2 = new Person("Zhangsan",19);
        Person per3 = new Person("Zhangsan",19);
        Person per4 = new Person("Lisi",17);
        ts.add(per1);                         //添加对象元素
        ts.add(per2);
        ts.add(per3);
        ts.add(per4);
        //遍历集合
        Iterator it = ts.iterator();
        while (it.hasNext()) {
                System.out.println(it.next()); }
    }
}
```

文件 6-14 的运行结果如图 6-24 所示。

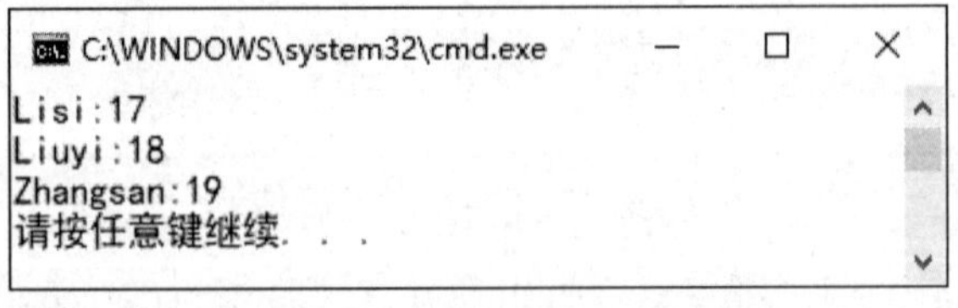

图 6-24 文件 6-14 的运行结果

在文件 6-14 中，Person 类实现了 Comparable 接口，重写 compareTo()方法时以 Person 对象中 age 为主要比较条件，如果 age 相等再比较 name，程序的运行结果显示，这样修改能够实现通过自定义比较的方式对 TreeSet 集合中的元素进行排序。

另外，如果一个类没有实现 Comparable 接口，或者已实现了 Comparable 接口，但是当前不想按照既定的 compareTo()方法进行排序，怎么办？可以首先自定义比较器，然后在创建 TreeSet 集合时指定比较器。具体方法如文件 6-15 所示。

文件 6-15

```
import java.util.*;
public class Example15 {
    public static void main(String[] args) {
        //创建 TreeSet 集合时指定比较器
        TreeSet ts = new TreeSet(new MyComparator());
        ts.add(new Person("Liuyi",18));
        ts.add(new Person("Zhangsan",19));
        ts.add(new Person("Zhangsan",19));
        ts.add(new Person("Lisi",17));
        ts.add(new Person("Wangwu", 20));
        ts.add(new Person("Liuyi", 20));
        Iterator it = ts.iterator();
        while (it.hasNext()) {
            System.out.println(it.next()); }
    }
}
//定义比较器实现 Comparator 接口
class MyComparator implements Comparator {
    public int compare(Object o1, Object o2) {
        // 类型转换，比较的是 Person 对象
        Person p1 = (Person) o1;
        Person p2 = (Person) o2;
        // 以年龄为主要条件
        int num = p1.getAge() - p2.getAge();
        return num == 0 ? p1.getName().compareTo(p2.getName()) : num;
    }
}
//Person 类没有实现 Comparable 接口
class Person {
        private String name;
        private int age;
        public Person(String name,int age) {
            this.name = name;
            this.age = age;    }
        public String toString(){
            return "Person "+name + ":" + age;      }
        public String getName() {
            return name;          }
        public void setName(String name) {
            this.name = name;   }
        public int getAge() {
            return age;    }
        public void setAge(int age) {
            this.age = age;     }
}
```

文件 6-15 的运行结果如图 6-25 所示。

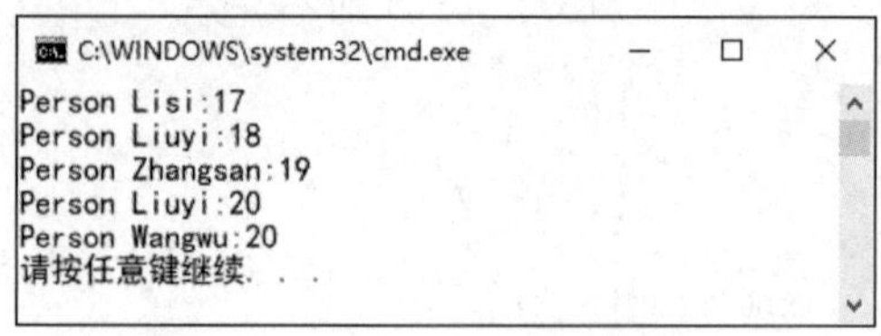

图 6-25 文件 6-15 的运行结果

文件 6-15 的定义了一个比较器，即定义了一个类 MyComparator 实现 Comparator 接口，并在重写 compare()方法时按照需求进行元素比较。在创建 TreeSet 集合对象时，将 MyComparator 比较器对象作为构造方法的参数传入，这样当向集合中添加元素时，比较器对象的 compare()方法就会被自动调用，从而使存入 TreeSet 集合中的元素按照比较要求进行排序。

6.5 Map 接口

6.5.1 Map 接口简介

在实际应用中，有些数据并不是单一的，而是呈现一对一的映射关系，例如一个学号对应一个学生，通过学号可以查询到该名同学的信息。在程序开发中，如果想处理这种具有对应关系的数据，需要使用 JDK 中提供的 Map 接口。Map 接口是一种双列集合，存储一组成对的键（key）/值（value）对象，提供 key 到 value 的映射，其中每个键 key 最多只能映射到一个值 value。Map 中的 key 不要求有序，不允许重复；value 同样不要求有序，但可以重复。从 Map 集合中访问元素时，只要指定了键 key，就能找到对应的值 value。

为了实现双列集合的基本操作，Map 接口中定义了若干方法，见表 6-6。

表 6-6 Map 接口的常用方法

方法摘要	功能描述
void put(Object key, Object value)	将指定的值与此映射中的指定键关联（可选操作）
Object get (Object key)	返回指定键所映射的值，如果此映射不包含该键的映射关系，则返回 null
boolean containsKey(Object key)	如果此映射包含指定键的映射关系，则返回 true
boolean containsValue(Object value)	如果此映射将一个或多个键映射到指定值，则返回 true
Set keySet()	返回此映射中包含的键的 Set 视图
Collectionvalues()	返回此映射中包含的值的 Collection 视图
Set<Map. Entry<K,V>> entrySet()	返回此映射中包含的映射关系的 Set 视图

表 6-6 中的 put(Object key ,Object value)和 get(Object key)方法分别用于向 Map 中存入元素和取出元素，containsKey(Object key)和 containsValue(Object value)方法分别用于判断 Map 中是否包含某个指定的键或值，Map 接口提供三种视图，允许以键集、值集或键/值映射关系集的形式查看某个映射的内容，其中 keySet()和 values()方法分别用于获取 Map 中所有的键和值，而 entrySet()用于获取 Map 中所有的键/值对。

在 JDK 中，Map 接口提供了很多实现类，常用的有 HashMap、TreeMap 和 Properties。

6.5.2　HashMap 集合

Map 接口的实现类 HashMap，它用于存储键值映射关系，其底层数据结构依赖于哈希表，所以又称为散列表。HashMap 根据键的哈希值存储数据，具有很快的访问速度，HashMap 是无序的，即不会记录插入的顺序，但必须保证不出现重复的键。HashMap 实现了 Map 接口的所有方法，能完成集合的创建，元素的增加、移除、判断等操作，具体用法如文件 6-16 所示。

文件 6-16

```
import java.util.*;
public class Example16 {
	public static void main(String[] args) {
		// 创建集合对象
		HashMap map = new HashMap();
		// 添加元素
		map.put("20201010001", "张三");
		map.put("20201010002", "李四");
		map.put("20201010003", "王五");
		// 添加元素，如果键存在，就替换，返回以前与 key 关联的值
		System.out.println(map.put("20201010001", "刘一"));
		// remove(Object key)：根据指定的键删除键值对
		System.out.println("remove:" + map.remove("20201010003"));
		// 判断指定的键是否在集合中存在
		System.out.println("containsKey:" + map.containsKey("20201010002"));
		System.out.println("containsKey:" + map.containsKey("20201010003"));
		// 判断指定的值是否在集合中存在
		System.out.println("containsValue:" + map.containsValue("李四"));
		// 判断集合是否为空
		System.out.println("isEmpty:" + map.isEmpty());
		// 集合中元素的个数
		System.out.println("size:" + map.size());
		// 根据键获取值
		System.out.println("20201010001:" + map.get("20201010001"));
		// 输出集合对象名称
		System.out.println("map:" + map);
	}
}
```

文件 6-16 的运行结果如图 6-26 所示。

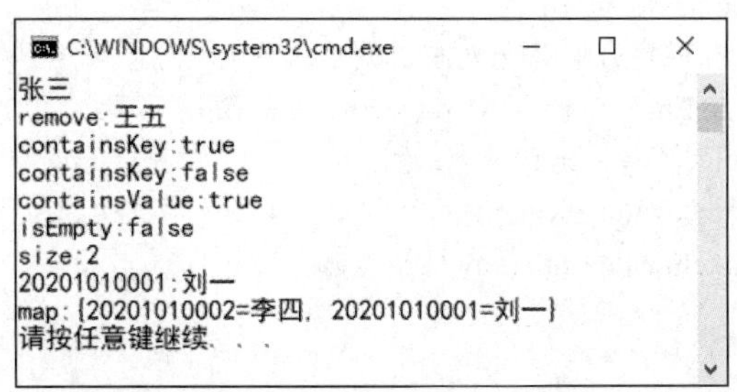

图 6-26　文件 6-16 的运行结果

在文件 6-16 中首先创建了 HashMap 集合，然后调用 put()方法向集合中加入 4 个元素，注意第 4 个添加的元素的键和第 3 个添加的元素的键是相同的，使用 put()方法向集合中添加元素时，如果该集合已包含了一个该键的映射关系，则旧值被替换，且返回与 key 关联的旧值，如果 key 没有任何映射关系，则返回 null，接着调用 remove()方法删除指定键元素。调用 containsKey()和 containsValue()方法用于判断集合中是否存在指定的键或者值，isEmpty()方法用于判断集合是否为空，调用 size()方法返回集合的长度，get()方法用于获取指定键对应的值。

注意：Map 中的键必须是唯一的，不能重复。如果存储了相同的键，后存储的值则会覆盖原有的值，简而言之就是：键相同，值覆盖。

文件 6-16 最后一句代码“System.out.println("map:" + map);”直接输出了 HashMap 集合，输出效果如图 6-26 所示。如果在程序开发中需要取出 Map 中的键和值进行下一步的操作，则需要遍历 Map 中所有的键值对。遍历 Map 集合的方式有两种，第一种方式是先遍历 Map 集合中所有的键，再根据键获取相应的值。第二种遍历的方式是先获取集合中所有的键/值映射关系，然后从映射关系中取出键和值。具体使用方法如文件 6-17 所示。

文件 6-17

```
import java.util.*;
public class Example17 {
    public static void main(String[] args) {
        Map map = new HashMap();                        // 创建 Map 集合
        map.put("1", "Jack");                           // 存储元素
        map.put("2", "Rose");
        map.put("3", "Lucy");
        System.out.println(map);
        // 第一种遍历方式：使用 keySet()方法
        Set keySet = map.keySet();                      // 获取键的集合
        Iterator it1 = keySet.iterator();               // 迭代键的集合
        while (it1.hasNext()) {
            Object key = it1.next();
            Object value = map.get(key);                // 获取每个键所对应的值
            System.out.println(key + ":" + value);      }
        // 第二种遍历方式：使用 entrySet()方法
        Set entrySet = map.entrySet();
        Iterator it2 = entrySet.iterator();             // 获取 Iterator 对象
        while (it2.hasNext()) {
            // 获取集合中键/值对映射关系
            Map.Entry entry = (Map.Entry) (it2.next());
            Object key = entry.getKey();                // 获取 Entry 中的键
            Object value = entry.getValue();            // 获取 Entry 中的值
            System.out.println(key + ":" + value);      }
    }
}
```

文件 6-17 的运行结果如图 6-27 所示。

```
C:\WINDOWS\system32\cmd.exe
{1=Jack, 2=Rose, 3=Lucy}
1:Jack
2:Rose
3:Lucy
1:Jack
2:Rose
3:Lucy
请按任意键继续. . .
```

图 6-27　文件 6-17 运行结果

在文件 6-17 中，第一种遍历 Map 的方式首先调用 map 对象的 keySet()方法，获得存储 Map 中所有键的 Set 集合，然后通过 Iterator 迭代 Set 集合的每一个元素，即每一个键，最后通过调用 get(String key)方法，根据键获取对应的值。第二种遍历 Map 的方式首先调用 map 对象的 entrySet()方法获得存储在 Map 中所有映射的 Set 集合，这个集合中存放了 Map.Entry 类型的元素（Entry 是 Map 接口内部类），每个 Map.Entry 对象代表 Map 中的一个键/值对，然后迭代 Set 集合，获得每一个映射对象，最后分别调用映射对象的 getKey()和 getValue()方法获取键和值以实现遍历。

除了上述遍历 Map 集合的方法之外，在 JDK 8 中根据 Lambda 表达式特性新增了一个 forEach(BiConsumer action)方法来遍历 Map 集合，该方法所需要的参数是一个函数式接口，可以使用 Lambda 表达式的形式来进行集合遍历。具体语法格式如下所示，注意其中的 map 是实际被遍历的 Map 集合对象。

```
map.forEach((key,value) -> System.out.println(key + ":" + value));
```

在 Map 中，还提供了一个 values()方法，通过这个方法可以直接获取 Map 中存储所有值的 Collection 集合，具体示例如文件 6-18 所示。

文件 6-18

```
import java.util.*;
public class Example18 {
    public static void main(String[] args) {
        Map map = new HashMap();                    // 创建 Map 集合
        map.put("1", "Mike");                       // 存储元素
        map.put("2", "Tom");
        map.put("3", "Jerry");
        System.out.println(map);
        Collection values = map.values();           // 获取 Map 集合中 value 值集合对象
        // 遍历 Map 集合所有值对象 V
        values.forEach(v -> System.out.println(v));
    }
}
```

文件 6-18 的运行结果如图 6-28 所示。

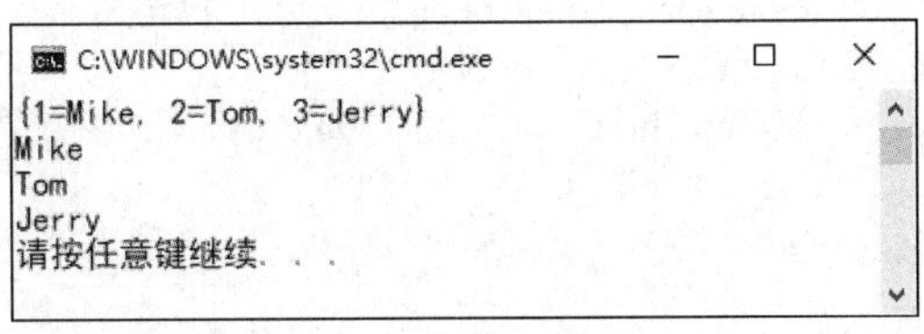

图 6-28　文件 6-18 的运行结果

文件 6-18 通过调用 Map 的 values()方法获取了包含 Map 中所有值的 Collection 集合，然后迭代出集合中的每一个值。

6.5.3 TreeMap 集合

在 JDK 中，Map 接口还有一个常用的实现类 TreeMap。TreeMap 集合是用来存储键/值映射关系的，其中不允许出现重复的键。在 TreeMap 中通过二叉树的原理来保证键的唯一性，这与 TreeSet 集合存储的原理相同，因此 TreeMap 中所有的键是按照某种顺序排列的。具体用法如文件 6-19 所示。

文件 6-19

```
import java.util.Map;
import java.util.TreeMap;
public class Example19 {
	public static void main(String[] args) {
		Map map = new TreeMap();
		map.put("2", "Rose");
		map.put("1", "Jack");
		map.put("3", "Lucy");
		System.out.println(map);
	}
}
```

文件 6-19 的运行结果如图 6-29 所示。

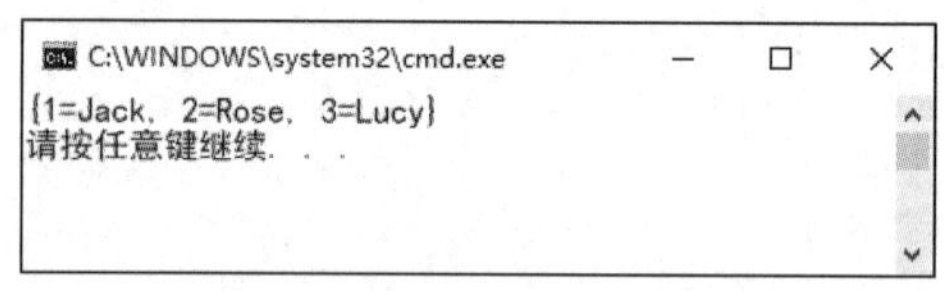

图 6-29 文件 6-19 的运行结果

在文件 6-19 中，首先创建了 TreeMap 集合，然后使用 put()方法将 3 个学生的信息存入集合，其中学号作为键，姓名作为值，接着对学生信息进行了遍历。从运行结果可以看出，从集合中取出的元素按照学号的自然顺序进行了排序，这是因为学号是 String 类型，而 String 类已经实现了 Comparable 接口，因此默认会按照自然顺序进行排序。

在使用 TreeMap 集合时，如果需要按照自定义的排序顺序进行键的排序，可以通过自定义比较器的方式来实现。具体方法如文件 6-20 所示，该示例实现将学生对象按照学号由大到小的顺序进行排序。

文件 6-20

```
import java.util.*;
class CustomComparator implements Comparator {          // 自定义比较器
	public int compare(Object obj1, Object obj2) {
		String key1 = (String) obj1;          // 将 Object 类型的参数强制转换为 String 类型
		String key2 = (String) obj2;
		return key2.compareTo(key1);          // 将比较之后的值返回
	}
}
```

```
public class Example20 {
    public static void main(String[] args) {
        Map map = new TreeMap(new CustomComparator());      // 创建 TreeMap 集合
        map.put("2", "Rose");
        map.put("1", "Jack");
        map.put("3", "Lucy");
        System.out.println(map);
    }
}
```

文件 6-20 的运行结果如图 6-30 所示。

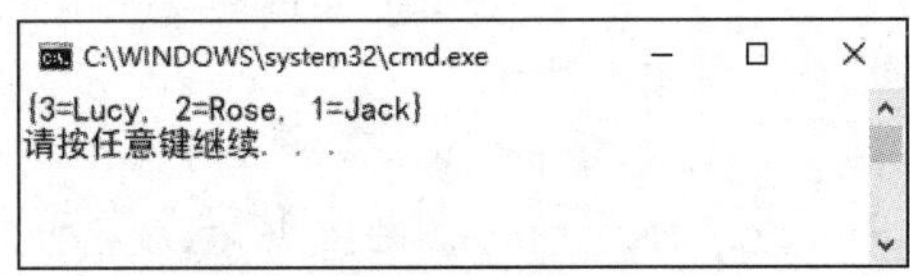

图 6-30　文件 6-20 的运行结果

在文件 6-20 中，自定义了比较器 CustomComparator 针对 String 类型的 id 进行比较，在实现 compare() 方法时，调用了 String 对象的 compareTo() 方法。由于方法中返回的是 key2.compareTo(keyl)，因此最终输出结果中的 key 按照与字典顺序相反的顺序进行了排序。

6.6　泛型

集合可以存储任何类型的对象，但是当把一个对象存入集合后，集合会将该对象统一“变成”Object 类型。因此，在程序中无法确定一个集合中的元素到底是什么类型。如果在取出元素时需要进行强制类型转换，这种情况下就很容易出错。如文件 6-21 所示。

文件 6-21

```
import java.util.ArrayList;
public class Example21 {
    public static void main(String[] args) {
        ArrayList list = new ArrayList();           // 创建 ArrayList 集合
        list.add("String");                         // 添加字符串对象
        list.add("Collection");
        list.add(1);                                // 添加 Integer 对象
        for (Object obj : list) {                   // 遍历集合
            String str = (String) obj;              // 强制转换成 String 类型
            System.out.println(str); }
    }
}
```

文件 6-21 的运行结果如图 6-31 所示。

```
C:\WINDOWS\system32\cmd.exe
Collection
Exception in thread "main" java.lang.ClassCastException:
 java.lang.Integer cannot be cast to java.lang.String
        at Example6_21.main(Example6_21.java:10)
请按任意键继续. . .
```

图 6-31　文件 6-21 的运行结果

在文件 6-21 中，List 集合被存入了 3 个元素，分别是 2 个字符串和 1 个整数。在取出这些元素时，都将它们强制转换为 String 类型，由于 Integer 对象无法转换为 String 类型，因此在程序运行时会出现如图 6-31 所示的异常，导致程序异常终止。

为了解决这个问题，在 Java 中引入了“参数化类型（parameterized type）”这个概念，即泛型。它可以限定方法操作的数据类型，在定义集合类时，使用“<参数化类型>”的方式指定该类中方法操作的数据类型，即可限制存入集合时元素的类型。如果以 ArrayList 为例，其语法格式如下所示：

```
ArrayList＜参数化类型＞list=new ArrayList＜参数化类型>();
```

如果对文件 6-21 进行修改，在创建 ArrayList 集合对象时，使用泛型限定 ArrayList 集合只能存储 String 类型元素，具体示例如下所示：

```
ArrayList<String>list=new ArrayList<String>();
```

将改写后的程序再次编译，程序在编译时就会出现错误提示，如图 6-32 所示。

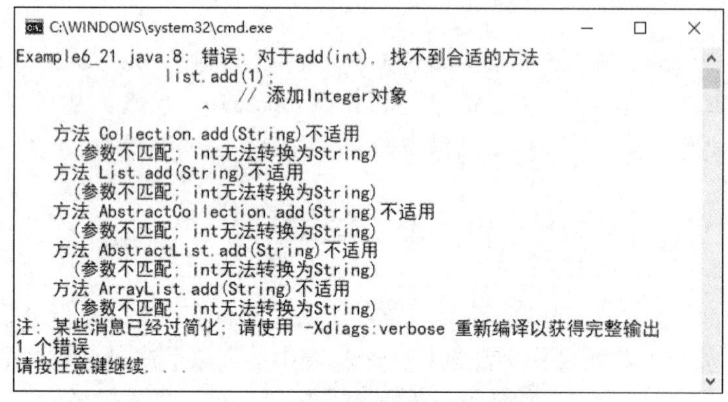

图 6-32　改写文件 6-21 后的程序编译出错

程序编译报错的原因是修改后的代码限定了集合元素的数据类型，ArrayList<String>这样的集合只能存储 String 类型的元素，程序在编译时，编译器检查出 Integer 类型的元素与 List 集合的规定类型不匹配，编译不通过，这样就可以在编译时解决错误，避免程序在运行时发生错误。

根据编译时的错误提示，对文件 6-21 进行再次改写，如文件 6-22 所示。

文件 6-22

```
import java.util.ArrayList;
public class Example22 {
    public static void main(String[] args) {
        ArrayList<String> list = new ArrayList<String>();  // 创建泛型 ArrayList 集合
        list.add("String");                     // 添加字符串对象
        list.add("Collection");
        for (String str : list) {               // 遍历集合，可以直接指定元素类型
            System.out.println(str);    }
    }
}
```

文件 6-22 的运行结果如图 6-33 所示。

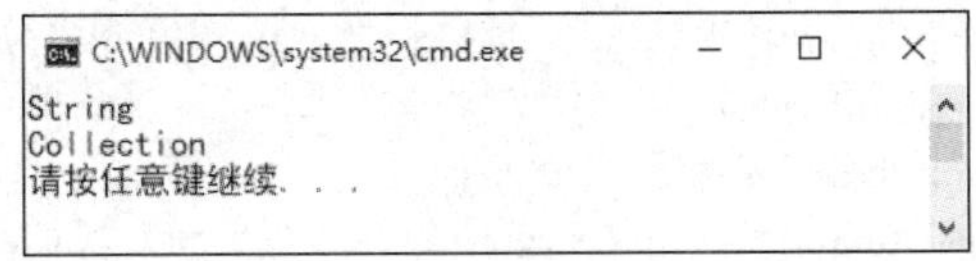

图 6-33 文件 6-22 的运行结果

文件 6-22 使用泛型限定了 ArrayList 集合只能存入 String 类型元素，然后向集合中存入了两个 String 类型元素，接着对该集合进行了遍历，从图 6-33 所示的运行结果可以看出该程序可以正常运行。需要注意的是，在使用泛型后每次遍历集合元素时，可以指定元素类型为 String，而不是 Object，这样就避免了在程序中进行强制类型转换。

6.7 常用工具类

6.7.1 Collections 类

在实际开发中，数据的存储与处理常常使用集合来完成，针对集合的各种操作，例如排序、查找和修改等的使用就非常频繁。为了简化集合数据的处理过程，Java 提供了一个工具类 Collections 专门用来操作集合，该类位于 java.util 包中。Collections 类中提供了大量的静态方法用于对集合中的元素进行排序、查找和修改等操作，在程序中只需要直接调用这些方法，就能实现相应的操作，大大提高了程序开发的效率。

（1）添加、排序的常用方法。Collections 类中提供了一系列方法用于对 Collection 集合进行添加、排序操作，见表 6-7。

表 6-7 Collections 类添加、排序的常用方法

方法摘要	功能描述
static <T> boolean addAll(Collection<? super T> c, T... elements)	将所有指定元素添加到指定集合 c 中
static void reverse(List list)	反转指定 List 集合中元素的顺序
static void shuffle(List list)	对 List 集合中的元素进行随机排序
static void sort(List list)	根据元素的自然顺序对 List 集合中的元素进行排序
static void swap(List list,int i,int j)	将指定 List 集合中角标 i 处元素和 j 处元素进行交换

其具体用法如文件 6-23 所示。

文件 6-23

```
import java.util.*;
public class Example23 {
    public static void main(String[] args) {
        ArrayList alist=new ArrayList();
        Collections.addAll(alist, "A","N","I","H","C");        // 添加元素
        System.out.println("排序前：" + alist);                // 输出排序前的集合
        Collections.reverse(alist);                             // 反转集合
        System.out.println("反转后：" + alist);
        Collections.sort(alist);                                 // 按自然顺序排列
```

```
                System.out.println("按自然顺序排序后：" + alist);
                Collections.shuffle(alist);                         // 随机打乱集合元素
                System.out.println("洗牌后：" + alist);
                Collections.swap(alist, 0, alist.size()-1);         // 将集合首尾元素交换
                System.out.println("集合首尾元素交换后：" + alist);
        }
}
```

文件 6-23 的运行结果如图 6-34 所示。

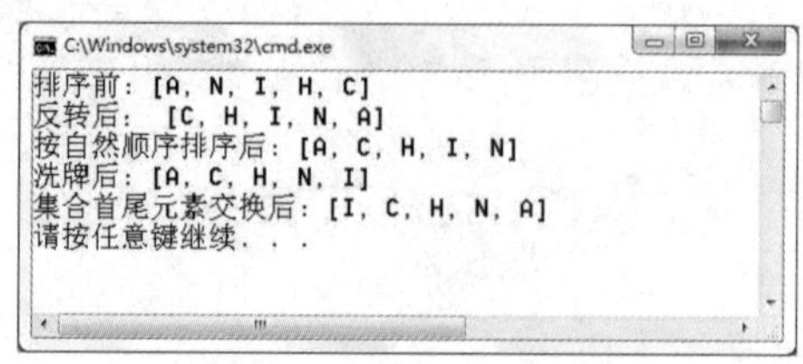

图 6-34　文件 6-23 的运行结果

在上述示例中，首先创建了一个 ArrayList 集合对象 alist，然后使用工具类 Collections 直接调用其静态方法 addAll()在集合对象 alist 中添加了 5 个元素，接下来直接调用其 reverse()方法实现了集合中元素的顺序反转，调用其 sort()方法实现了集合中元素的自然排序，调用其 shuffle()方法实现了集合中元素的随机排序，调用其 swap()方法实现了首尾元素的位置交换，非常便捷地实现了集合的添加、排序等操作。注意，Collections 位于 java.util 包，使用前需要导入。

（2）查找、替换的常用方法。Collections 类中还提供了一系列方法用于对 Collection 集合进行查找、替换操作，见表 6-8。

表 6-8　Collections 类查找、替换的常用方法

方法摘要	功能描述
static int binarySearch(List list,Object key)	使用二分法搜索指定对象在 List 集合中的索引，查找的 List 集合中的元素必须是有序的
static Object max(Collection col)	根据元素的自然顺序，返回给定集合中最大的元素
static Object min(Collection col)	根据元素的自然顺序，返回给定集合中最小的元素
static boolean replaceAll(List list,Object oldVal, Object newVal)	用一个新值 newVal 替换 List 集合中所有的旧值 oldVal

其具体用法如文件 6-24 所示。

文件 6-24

```
import java.util.ArrayList;
import java.util.Collections;
public class Example24 {
        public static void main(String[] args) {
                ArrayList<Integer> alist = new ArrayList<>();
                Collections.addAll(alist, 100,60,90,85,-9);  // 向集合中添加所有指定元素
                System.out.println("集合中的元素：" + alist);
                System.out.println("集合中的最大元素：" + Collections.max(alist));
                System.out.println("集合中的最小元素：" + Collections.min(alist));
```

```
        Collections.replaceAll(alist, -9, 0);    // 将集合中的-9 用 0 替换掉
        System.out.println("替换后的集合：" + alist);
        Collections.sort(alist);                  //使用二分查找前，必须保证元素有序
        System.out.println("集合排序后为："+alist);
        int index = Collections.binarySearch(alist, 100);
        System.out.println("集合通过二分查找方法查找元素 100 所在角标为："+index);
    }
```

文件 6-24 的运行结果如图 6-35 所示。

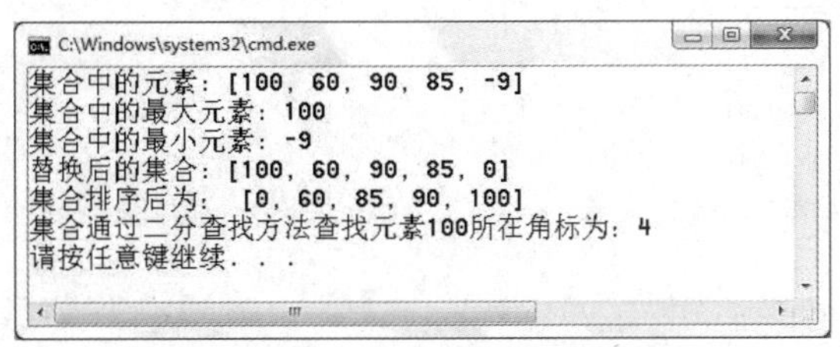

图 6-35　文件 6-24 的运行结果

在上述示例中，首先创建了 ArrayList 集合对象 alist，并使用泛型限制了集合元素的类型为 Integer 类型，然后调用 Collections 类的静态方法 addAll()向集合中添加了指定元素，接着通过调用其静态方法 max()、min()分别找出了集合中的最大和最小元素，调用 replaceAll()方法实现了指定元素的替换，调用 binarySearch ()方法通过二分查找法查找指定元素的角标位置。需要注意的是，在使用二分查找前，必须保证元素有序，所以在这里调用了 sort()方法对集合进行了自然排序。

通常情况下，使用工具类 Collections 实现集合操作是十分便捷的，Collections 类中还提供了其他方法，在具体使用时可以根据需要查阅 API 帮助文档。当然，如果该类中提供的方法无法满足实际需求，也可以使用前面章节所描述的集合的基本操作来实现。

6.7.2　Arrays 类

在 java.util 包中，针对数组操作提供了一个工具类——Arrays。该类是一个专门用于操作数组的工具类，其中提供了大量的静态方法，可以非常便捷地实现对数组数据的处理，例如排序、查找以及替换等操作。Arrays 类提供的常用方法见表 6-9。

表 6-9　Arrays 类的常用方法

方法摘要	功能描述
static void sort(Object[] a)	根据元素的自然顺序对指定对象数组按升序进行排序，数组中的所有元素都必须实现 Comparable 接口
static int binarySearch(Object[] a, Object key)	使用二分搜索法来搜索指定数组，获得指定对象，搜索前必须根据元素的自然顺序对数组进行升序排序
static int[] copyOfRange(int[] original, int from, int to)	将指定数组的指定范围复制到一个新数组，该范围初始索引 from 必须位于 0 和 original.length（包括）之间，要复制的范围的最后索引 to（不包括）可以位于数组范围之外
static void fill(Object[] a, Object val)	将指定的 Object 引用 val 分配给指定 Object 数组 a 的每个元素，即填充

下面将对表 6-9 中 Arrays 类的常用方法的具体使用进行举例说明。

（1）使用 Arrays 的 sort()方法实现数组排序的具体用法如文件 6-25 所示。

文件 6-25

```
import java.util. Arrays;
public class Example25 {
    public static void main(String[] args) {
        int[] arr = { 5, 18, -2, 13, 100 };              // 创建一个数组
        System.out.print("排序前：");
        arrayPrint(arr);                                  // 输出原数组
        Arrays.sort(arr);                                 // 调用 Arrays 的 sort 方法排序
        System.out.print("排序后：");
        arrayPrint(arr);                                  // 输出排序后的数组
    }
    public static void arrayPrint(int[] arr) {            // 定义输出数组的方法
        System.out.print("[");
        for (int i = 0; i < arr.length; i++) {
            if (i != arr.length - 1) {
                System.out.print(arr[i] + ", ");
            } else {
                System.out.println(arr[i] + "]");
            }
        }
    }
}
```

文件 6-25 的运行结果如图 6-36 所示。

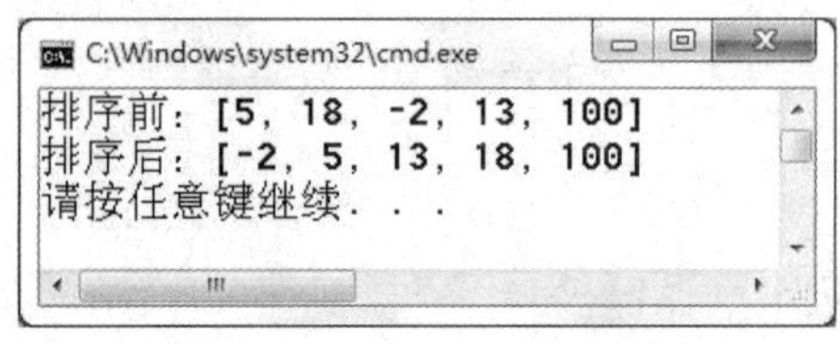

图 6-36　文件 6-25 的运行结果

在上述示例中，首先创建了一个数组 arr，然后调用自定义的输出数组的方法 arrayPrint 输出原数组，接着调用了 Arrays 类的 sort 方法对数组 arr 进行了排序，最后输出了排序后的数组。Arrays 的 sort()方法使用很简单，只需要将数组作为参数传递给 sort()方法即可，同时在程序中不需要关心排序方法的具体实现，大大减少了代码的书写量。

（2）使用 Arrays 的 binarySearch(Object a, Object key)方法实现查找元素的具体用法如文件 6-26 所示。

文件 6-26

```
import java.util.Arrays;
public class Example26 {
    public static void main(String[] args) {
        int[] arr = { 5, 18, -2, 13, 100 };
        Arrays.sort(arr);                                 // 调用排序方法，对数组进行排序
        int index = Arrays.binarySearch(arr, 18);         // 查找指定元素 18
```

```
        System.out.println("元素 18 的索引是: " + index); // 输出元素所在的索引位置
    }
}
```

文件 6-26 的运行结果如图 6-37 所示。

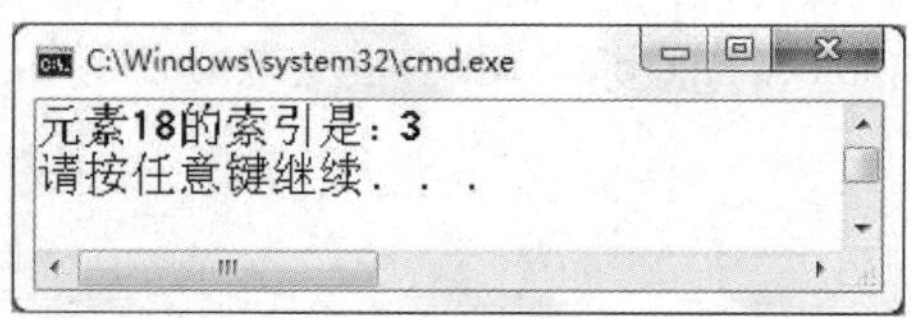

图 6-37 文件 6-26 的运行结果

在上述示例中，需要在数组 arr 中查找指定的元素"18"，类似的查找操作在实际开发中会经常遇见，直接在数组中进行查找会非常烦琐，Arrays 的 binarySearch(Object[] a, Object key) 方法封装了一种高效的"二分法查找"功能，使用时也只需要将数组以及需要查找的指定对象分别作为参数传递给 binarySearch()方法即可，从图 6-37 的运行结果可以看出查找的快捷性与正确性。需要注意的是，该方法只能针对排序后的数组进行元素的查找，因此在查找之前必须对数组进行排序！

（3）使用 Arrays 的 int[] copyOfRange(int[] original, int from, int to)方法实现复制元素的具体用法如文件 6-27 所示。

文件 6-27

```
import java.util.*;
public class Example27 {
    public static void main(String[] args) {
        int[] arr1 = { 5, 18, -2, 13, 100 };
        int[] arr2 = Arrays.copyOfRange(arr1, 1, 4);
        for (int i = 0; i < arr2.length; i++) {
            System.out.print(arr2[i] + "");
        }
        System.out.println();
    }
}
```

文件 6-27 的运行结果如图 6-38 所示。

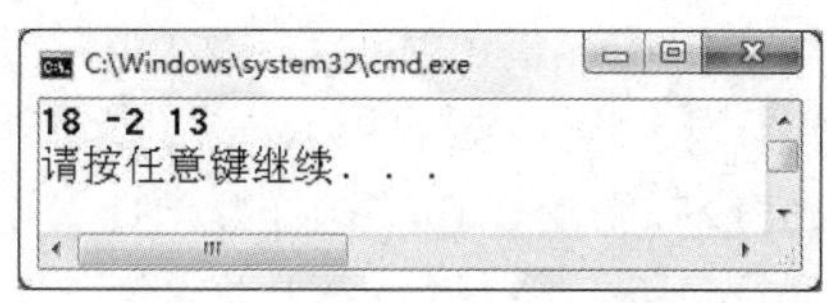

图 6-38 文件 6-27 的运行结果

在上述示例中，需要从已经存在的数组 arr1 中复制一部分元素作为新数组 arr2 的元素，程序调用了 Arrays 的 copyOfRange(arr1,1,4)方法进行实现，其中第一个参数"arr1"表示原始数组，第二个参数"1"表示复制的起始索引位置（包括该位置上的元素），即从数组元素 arr1[1] 开始复制，第三个参数"4"表示复制范围的最后索引（不包括该位置上的元素），即 arr1[3]，从图 6-38 可以看出，复制生成的新数组为 arr2={18,-2,13}。

Arrays 的 copyOfRange()方法常常应用于需要在不破坏原数组的前提下，用其中的一部分元素组成新数组的情况，值得注意的是，该方法中的第三个参数表示复制范围的最后索引值可以超出原数组的长范围，在这种情况下，超出范围的元素以默认值 0 进行填充。另外，Arrays 的 copyOfRange()方法有多种重载情况，可适用于各种类型数组的复制操作。

（4）使用 Arrays 的 fill(Object[] a,Object val)方法实现填充元素的具体用法如文件 6-28 所示。

文件 6-28

```
import java.util.Arrays;
public class Example28 {
	public static void main(String[] args) {
		int[] arr = { 5, 18, -2, 13, 100 };
		Arrays.fill(arr, 0);		// 用 0 替换数组中的每一个值
		for (int i = 0; i < arr.length; i++) {
			System.out.println("arr[" + i +"]"+ "= " + arr[i]);
		}
	}
}
```

文件 6-28 的运行结果如图 6-39 所示。

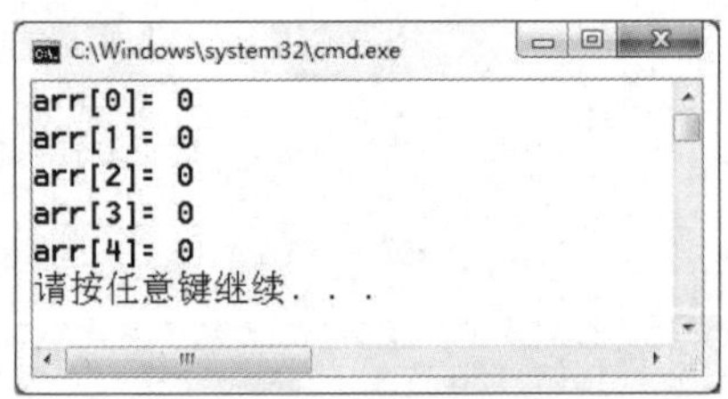

图 6-39　文件 6-28 的运行结果

在上述示例中，需要将数组 arr 中的所有元素都替换成新的值“0”，程序调用了 Arrays 的 fill(Object[] a, Object val)方法进行实现，其中第一个参数“arr”表示需要操作的数组，第二个参数“0”表示替换的值，从图 6-39 可以看出，数组 arr 中的所有元素都被“0”替换了。

由于 fill()方法对数组中的所有元素进行替换，就好像使用一个新的值填充了整个数组，因此该方法常被称为对数组的填充方法。同样地，Arrays 的 fill()方法有多种重载情况，可适用于各种类型的数组，甚至可以在数组中指定范围进行填充操作。

除了上述方法以外，Arrays 类中还提供了其他方法，在具体使用时可以根据需要查阅 API 帮助文档。由于 Arrays 类提供了很多操作数组的方法，因此在实际的程序开发中，更推荐使用 Arrays 类提供的静态方法来完成数组的操作，这样既便捷又不容易发生错误。

6.8 【综合案例】用集合模拟数据库进行增删改查操作

【任务描述】

编写一个程序，用集合框架来模拟数据库，实现对用户的增加、删除、修改、查找功能。要求此例用 ArrayList 来实现相应的功能。

【运行结果】

任务运行结果如图 6-40 所示。

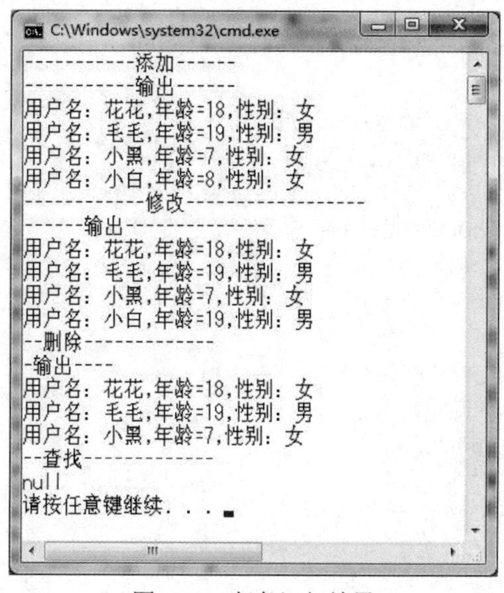

图 6-40 任务运行结果

【任务目标】

（1）学会分析“用集合模拟数据库进行增删改查操作”程序的实现思路。

（2）根据思路独立完成“用集合模拟数据库进行增删改查操作”的源代码编写、编译及运行。

（3）掌握 ArrayList 和 HashMap 集合的特点及使用。

【实现思路】

（1）为了便于存储用户信息，需要创建一个用户类，在类中对用户类的基本属性和方法进行定义。除用户类外，还需创建用户管理类、用于测试的测试类。

（2）用户管理类用来模拟数据库，该类中可以用 ArrayList 集合来创建模拟数据库，然后添加用户信息。

（3）在模拟的数据库中添加数据之后，就可以实现删除、修改、查找功能。

【实现代码】

```
import java.util.*;
//测试类
public class ArrayListTest {
    public static void main(String[] args){
        UserService us = new UserService();
        System.out.println("-----------添加------");
        us.add(new User("小花",18,"女"));
```

```
        us.add(new User("小红",19,"男"));
        us.add(new User("小黑",17,"女"));
        us.add(new User("小白",18,"女"));
        System.out.println("-----------输出------");
        us.print();
        System.out.println("------------修改-----------------");

        us.update(new User("小白",19,"男"));
        System.out.println("------输出-------------");
        us.print();
        System.out.println("--删除------------");
        us.delete("小白");
        System.out.println("-输出----");
        us.print();
        System.out.println("--查找------------");
        User u=us.find("小梦");
        System.out.println(u);
    }
}
//用户类
class User {
    private String name;
    private int age;
    private String sex;
    public User(String name,int age,String sex){
        super();
        this.name = name;
        this.age = age;
        this.sex = sex;
    }
    public User(){
        super();
    }
    public String getName(){
        return name;
    }
    public void setName(String name){
        this.name = name;
    }
    public int getAge(){
        return age;
    }
    public void setAge(int age) {
        this.age = age;
    }
    public String getSex(){
```

```
            return sex;
        }
        public void setSex(String sex) {
            this.sex = sex;
        }
        public String toString() {
            return "用户名："+ name +"，年龄=" + age +"，性别："+sex;
        }
}
//用户管理类
class UserService {
        private List<User> users;
        public UserService(){
        //构造方法中创建容器
            users = new ArrayList<User>();
        }
        //添加方法
        public void add(User user){
            users.add(user);
        }
        // 修改方法
        public void update(User user){
            User u = find(user.getName());
            if(u==null){
                return;
            }
        //修改的属性
            u.setAge(user.getAge());
            u.setSex(user.getSex());
        }
        // 删除方法
        public void delete(String name){
            User u = find(name);
            if(u==null){
                return;
            }
            users.remove(u);
        }
        //查找方法
        public User find(String name){
            for (int i =0;i<users.size();i++){
                User u = users.get(i);
                if(u.getName().equals(name)){
                    return u;
                }
            }
```

```
            return null;
        }
        //输出所有用户信息
        public void print(){
            for (int i = 0;i < users.size();i++){
                System.out.println(users.get(i));
            }
        }

    }
```

案例中利用集合模拟数据库，针对里面的数据做增加、删除、修改、查找操作。文件中的用户管理类通过查找方法 find()利用查找的名字和数据库中名字进行比较，如果相等，返回该名字；如果没有找到，返回 null。例如在测试类中，查找的是“小梦”，没有这个名字，所以在图 6-40 中看到输出的结果是 null。

6.9 本章小结

本章详细介绍了 Java 的几种常用集合类，首先简单介绍了 Collection 和 Map 接口的继承框架，然后介绍了 List 集合、Set 集合与 Map 集合以及它们之间的区别，其中重点介绍了这些集合的常用实现类、其使用方法以及需要注意的问题，最后介绍了泛型的概念以及常用的工具类 Collections 和 Arrays。

通过本章的学习，必须熟练掌握各种集合类的使用场景，以及需要注意的细节。理解泛型的概念，可以更好地理解 Java API 中其他类的使用。

6.10 习题

一、单选题

1．Java 语言中，集合类都位于（　　）包中。

A．java.util　　B．java.lang

C．java.array　　D．java.collections

2．下列集合中，不属于 Collection 接口的子类的是（　　）。

A．ArrayList　　B．LinkedList

C．TreeSet　　D．Properties

3．下列选项中，（　　）可以正确地定义一个泛型。

A．ArrayList<String> list = new ArrayList<String>();

B．ArrayList list<String> = new ArrayList ();

C．ArrayList list<String> = new ArrayList<String>();

D．ArrayList<String> list = new ArrayList ();

4．下列关于集合的描述中错误的是（　　）。

A．集合按照存储结构可以分为单列集合 Collection 和双列集合 Map

B．List 集合的特点是元素有序、元素可重复

C．Set 集合的特点是元素无序并且不可重复

D．集合存储的对象必须是基本数据类型

5．阅读下面的代码：

```
public class Example{
    public static void main(String[] args) {
        String[] strs = { "Zhangsan", "Lisi", "Wangwu" };
        // foreach 循环遍历数组
        for (String str : strs) {
            str = "Zhaoliu";
        }
        System.out.println(strs[0]+ "," + strs[1] + "," + strs[2]);
    }
}
```

程序的运行结果是（　　）。

A．Zhangsan,Lisi　　　　B．Zhangsan,Lisi, Zhaoliu

C．Zhangsan,Lisi,Wangwu　　　　D．以上都不对

二、多选题

1．下列关于 LinkedList 的描述中，正确的是（　　）。

A．LinkedList 集合对于元素的增删操作具有很高的效率

B．LinkedList 集合中每一个元素都使用引用的方式来记录它的前一个元素和后一个元素

C．LinkedList 集合对于元素的查找操作具有很高的效率

D．LinkedList 集合中的元素索引从 0 开始

2．下面关于 Map 接口相关说法正确的是（　　）。

A．Map 中的映射关系是一对一的

B．一个键对象 Key 对应唯一一个值对象 Value

C．键对象 Key 和值对象 Value 可以是任意数据类型

D．访问 Map 集合中的元素时，只要指定了 value，就能找到对应的 key

3．下列方法中，用于删除 Collection 集合中元素的是（　　）。

A．clear()　　　　B．isEmpty()

C．remove()　　　　D．removeAll()

4．下列选项中，属于 java.util.Iterator 类中的方法的是（　　）。

A．hasNext()　　　　B．next()

C．remove()　　　　D．add(Objectobj)

5．下列遍历方式中，（　　）可以用来遍历 List 集合。

A．Iterator 迭代器实现　　　　B．增强 for 循环实现

C．get()和 size()方法结合实现　　　　D．get()和 length()方法结合实现

三、判断题

1．ArrayList 类的底层实现是数组结构。（ ）
2．向 HashSet 存入对象时，对象的 equals()方法一定会被执行。（ ）
3．HashMap 集合存储的对象必须保证不出现重复的键。（ ）
4．foreach 的出现简化了程序代码的书写。（ ）
5．HashSet 根据对象的哈希值来确定元素在集合中的存储位置，因此具有良好的存取和查找性能。（ ）
6．Map 集合遍历的方式和单列集合 Collection 集合遍历的方式完全相同。（ ）
7．合理使用泛型可以避免在程序中进行强制类型转换。（ ）
8．向 TreeSet 集合添加元素时，无论元素的添加顺序如何，这些元素都能够按照一定的顺序进行排列。（ ）
9．List 集合可以使用 ListIterator 接口中的方法进行元素的反向迭代。（ ）
10．Iterator 接口是 Java 集合框架中的成员。（ ）

四、简答题

1．简述什么是集合，并列举集合中常用的类和接口。
2．简述使用迭代器遍历集合的常用步骤。
3．简述 HashSet 集合保证元素不重复的基本原理。

五、编程题

请按照题目的要求编写程序并给出运行结果。

1．使用 ArrayList 集合，对其添加 10 个不同的元素（A1～A10），并使用 Iterator 遍历该集合。

提示：

（1）使用 add()方法将元素添加到 ArrayList 集合中。

（2）调用集合的 iterator()方法获得 Iterator 对象，并调用 Iterator 的 hasNext ()和 next()方法，迭代出集合中的所有元素。

2．在 HashSet 集合中添加 3 个 Student 对象，把姓名相同的人当作同一个人，禁止重复添加。

提示：Student 类中定义 name 和 age 属性，重写 hashCode()方法和 equals()方法，针对 Student 类的 name 属性进行比较，如果 name 相同，hashCode ()方法的返回值相同，equals()方法返回 true。

第 6 章习题答案

第 7 章　异常处理

【学习目标】

- 理解异常处理机制。
- 掌握常用的异常。
- 了解自定义异常。

在生活中，看似正常的日程有可能会发生一些非正常的情况，例如一个健康的人可能会因为受到感冒病毒侵袭而发烧，平时工作正常的计算机也有可能因为系统文件被破坏而死机等。这些异常情况会打断我们的生活，为了让生活回归正常，我们需要对这些非正常的情况进行处理。在程序运行的过程中，也有可能发生一些非正常状况，例如程序运行时磁盘空间不足、网络连接中断、被加载的类不存在等，这些程序在运行过程中出现的非正常情况往往不可避免，它们会导致程序的非正常终止，因此程序中需要提供应对这些非正常情况的处理策略和机制，以保证程序在任何情况下都能正常执行。Java 语言将程序中出现的异常情况及其处理方式带到了面向对象的世界中，Java 语言以异常类的形式对这些非正常情况进行封装，同时通过异常处理机制对程序运行时发生的各种问题进行处理。

7.1　异常的基本概念

异常（exception）是在程序运行过程中发生的异常事件，通常是由外部问题（如硬件错误、输入错误）所导致的。

在软件开发过程中，程序出现错误或异常是不可避免的。程序中的错误有很多种，有些错误能够被系统发现，而有些错误则不能被系统发现。程序中出现的错误按不同的性质可分为语法错误、语义错误和逻辑错误。语法错误是指因违反程序设计语言的语法规则而产生的错误，如语句末尾缺少分号、变量数据类型的声明和赋值不匹配、变量未定义等，这类错误通常在编译时就能被发现，并能给出错误的位置和性质，所以又称为编译错误。语法错误由程序设计语言的编译系统负责检测和报告，没有语法错误是一个程序能正常运行的基本条件。语义错误是指程序在语法上正确，但是在语义上存在错误，如数组下标越界、除数为 0 等，这类错误不能被编译系统检测到，含有语义错误的程序能够通过编译，只有到程序运行时才能发现，所以语义错误又称为运行错误。语义错误有的能够被程序事先发现，有的不能被程序事先发现，如输入/输出处理中打开的文件不存在，这类错误的发生不由程序本身所控制，因此编译时无法发现和处理，需要有专门的处理机制。逻辑错误是指程序能够通过编译，也可以运行，但运行结果与预期结果不符，例如由于循环条件不正确而没有结果、循环次数不对等因素导致的计算结果不正确等，这类错误是指程序不能实现程序员的设计意图和设计功能而产生的错误，所以称为逻辑错误。系统无法找到逻辑错误，程序员必须凭借自身的程序设计经验找出错误的原因及位置，从而改正错误。

程序中出现的运行错误按严重程度可分为错误和异常。错误是指程序在执行过程中所遇到的硬件或操作系统的错误，如内存溢出、虚拟机错误等。错误对于程序而言是致命的，错误将导致程序无法运行，而且程序本身不能处理错误，只能依靠外界干预，否则程序会一直处于非正常状态。异常是指在硬件和操作系统正常的情况下程序遇到的运行错误，有些异常是由于算法考虑不周而引起的，有些异常是由于编程过程中的疏忽大意而引发的，如操作数超出数据范围、数组下标越界、文件找不到等。异常对于程序而言是非致命性的，但是仍然会导致程序非正常终止，需要妥善处理。

因此，为了增强程序的健壮性，在进行程序设计时必须考虑到可能发生的异常事件并做出相应的处理。在不支持异常处理的程序设计语言中，每一个运行时错误都必须由程序员手动控制，这样不仅会增加程序员的工作量，而且处理过程也相对麻烦。

Java 语言将面向对象的思想引入异常处理，所有的异常都以类的形式存在，除了内置的异常类之外，Java 还允许自定义异常类。Java 中的每个异常类都代表了一种运行错误，每当 Java 程序运行过程中发生一个可识别的运行错误时，系统都会产生一个相应的异常类的对象，即产生一个异常。一旦一个异常对象产生了，系统中就一定要有相应的机制来处理它，以确保不会产生因程序异常终止给系统带来的损害，从而保证整个程序运行的安全性。Java 语言的异常处理机制使程序自身能够捕获和处理异常，并由异常处理代码调整程序运行方向，使程序在异常发生之后仍然可以继续运行。实践证明，在设计 Java 程序时，充分利用 Java 异常处理机制可大大提高程序的稳定性、安全性和效率。

7.2 异常和异常类

Java 语言提供了大量的异常类，这些类都继承自 java.lang.Throwable 类，Throwable 类是 Java 语言中所有错误或异常的超类。只有当对象是此类（或其子类之一）的实例时，才能实现 Java 的异常处理机制。Throwable 类中的常用方法见表 7-1。

表 7-1 Throwable 类的常用方法

方法摘要	功能描述
String getMessage()	返回此异常的详细消息字符串
void printStackTrace()	将此异常及其追踪输出至标准错误流
void printStackTrace(PrintStream s)	将此异常及其追踪输出到指定的输出流
String toString()	返回此异常的简短描述

Throwable 类中的常用方法可以获取异常产生的详细信息、异常产生的位置等内容，用以实现对异常的追踪和处理。

Throwable 类派生出两个子类，即 Error 类和 Exception 类。子类 Error 由系统保留，用于指示合理的应用程序不应该试图捕获的严重问题。Error 类及其子类的对象代表了程序运行时 Java 系统内部的错误。这些类的对象是由 JVM 生成并抛给系统的，例如内存溢出错误、栈溢出错误、系统内部错误、资源耗尽错误等。Error 类的错误被认为是不能恢复的严重错误，在发生了 Error 的情况下，除了通知用户并试图终止程序外几乎不能做任何处理。因此，Java 规定程序不应该抛出这种类型的错误，而是直接让程序中断，交由操作系统处理。

子类 Exception 供应用程序使用，用于指出合理的应用程序想要捕获的条件，即用户程序能够捕捉到的异常情况。通常，Exception 类及其子类对象是由 Java 程序抛出和处理的，其不同的子类分别对应于各种不同类型的异常。由于应用程序不处理 Error 类，在 Java 程序开发中进行的异常处理都是针对 Exception 类及其子类的。

Exception 类的子类有两个大的分支，其中一个分支被称为运行时异常 RuntimeException，也称为 unchecked 异常。运行时异常是在程序运行时由 Java 虚拟机自动进行捕获处理的，所以针对 RuntimeException 可以不编写异常处理的程序代码，依然可以成功编译，例如除数为 0 异常、数组下标越界异常、空指针异常等。如果程序在运行时产生了这类异常，若没有相应的处理代码，程序会非正常终止，所以应通过程序调试尽量避免此类情况发生。

Exception 子类的另一个分支就是非运行时异常，又称为编译时异常、checked 异常，这种异常通常是在程序运行过程中由环境原因造成的异常，如输入/输出异常、网络地址不能打开、文件未找到等。这类异常无法由 Java 虚拟机自动进行捕获处理，Java 编译器要求 Java 程序必须捕捉或声明所有的非运行时异常，如果程序不加以捕捉，Java 编译器则给出编译错误信息，程序就无法通过编译。在非运行时异常类中最常见的是 IOException 类，所有使用输入/输出相关命令的情况都必须处理 IOException 所引发的异常。

总之，程序对错误和异常的处理方式有以下 3 种：①程序不能处理的错误（Error）；②程序应捕获的运行时异常（RuntimeException）；③程序必须捕获的非运行时异常。部分常见异常类的层次结构如图 7-1 所示。

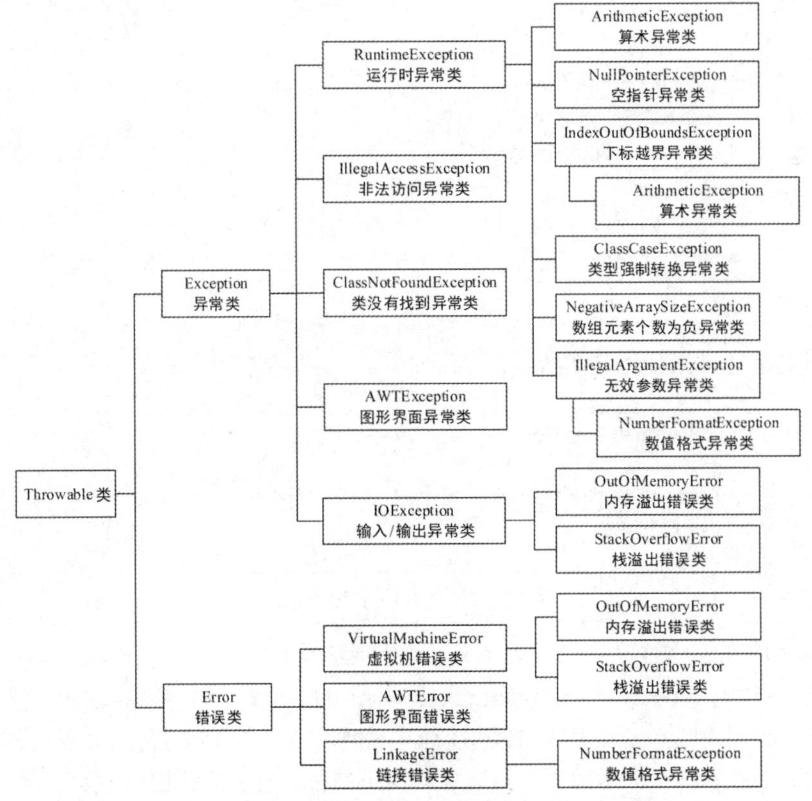

图 7-1　部分常见异常类的层次结构

Exception 类继承了父类 Throwable 所有的非私有属性和方法，其常用的构造方法见表 7-2。

表 7-2 Exception 类的常用构造方法

方法摘要	功能描述
Exception()	构造详细消息为 null 的新异常
Exception(String s)	构造带指定详细消息的新异常

其中 Exception(String s)构造方法可以接收字符串参数传入的信息，这些信息通常是对该异常所对应的错误的描述。

7.3 Java 中的异常处理

7.3.1 异常的产生

在 Java 的异常处理机制中，每当程序出现了非正常情况，系统都会产生一个相应的异常类的对象，即产生一个异常。通过系统抛出的异常，程序可以很容易地捕获并处理。具体示例如文件 7-1 所示。

文件 7-1

```
public class Example01 {
    public static void main(String args[]) {
        int a = 10;
        System.out.println("a="+a);
        int b = 0;
        System.out.println("b="+b);
        int c = a/b;
        System.out.println("c="+c);
        System.out.println("程序正常结束！");
    }
}
```

文件 7-1 的运行结果如图 7-2 所示。

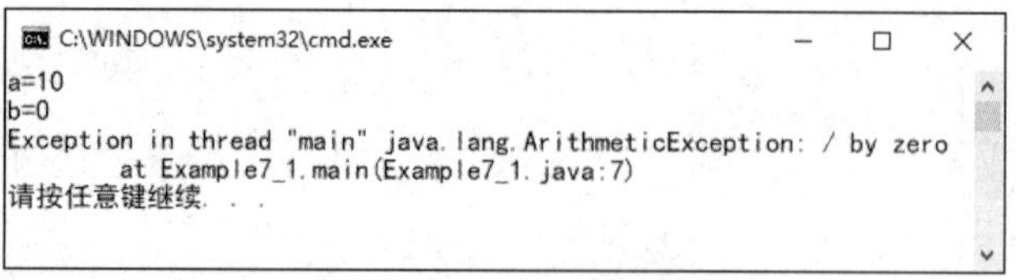

图 7-2 文件 7-1 的运行结果

上述示例程序在编译时没有错误，但是当程序运行到“int c = a/b;”时产生了除数为 0 的异常，系统抛出了 java.lang.ArithmeticException 的异常，该异常是一个运行时异常 RuntimeException，因此能够被 JVM 自动捕获和处理，但是 Java 的自动处理方法就是向用户显示异常的消息，然后程序立即终止，无法继续向下执行。为了保证程序能够正常运行和终止，Java 中提供了一种对异常进行处理的方式——异常的捕获与处理。

7.3.2 异常的捕获与处理

JVM 自动捕获异常对象并输出相应的信息后，会终止程序，导致其后的正常代码也无法运行，这其实并不是使用者所期望的，因此需要程序来接收和处理异常对象，而不影响其他正常语句的执行，这就是异常捕获和处理的真正意义所在。当一个异常被抛出时，应该有专门的语句来接收这个被抛出的异常对象，这个过程就是捕获异常。当一个异常类的对象被捕获或接收后，程序就会发生流程跳转，即系统终止当前的流程而跳转到专门的异常处理语句块，或直接跳出当前程序和 JVM 回到操作系统。

在 Java 语言的异常处理机制中，提供了 try-catch-finally 语句来捕获和处理一个或多个异常，其语法格式如下所示：

```
try {
    可能产生异常的代码
}
catch(ExceptionType e){                   //要捕获的异常类型 ExceptionType
    对 ExceptionType 异常 e 的处理          //异常处理，可以为空
}
finally{                                  //可缺省
    一定会运行的语句序列                    //无论是否发生异常，此代码块代码总会执行
}
```

首先将可能会产生异常的程序代码放在 try 语句块里面，然后将可能被捕获的异常类型放在关键字 catch 后面的括号里，而对应的 catch 分支里编写用于处理该异常的程序代码，最后的 finally 语句块可以缺省，常用于处理无论是否发生异常都会执行的代码。

try-catch-finally 语句捕获和处理异常的原理如下：

（1）在异常捕获的过程中，程序会做两个判断：一是 try 语句块中是否有异常产生；二是产生的异常是否与 catch 后面括号内欲捕获的异常类型匹配。如果 try 语句块中没有异常，那么程序将跳过所有 catch 子句。

（2）在一个 try 语句块中可能产生多种类型的异常，这时需要用多个 catch 语句块来捕获和处理。当异常产生时，Java 将逐个检查这些 catch 子句。如果 try 语句块中的代码产生了一个属于某 catch 子句所声明类的异常，程序将跳过 try 语句块中的剩余代码并执行与产生异常类型匹配的 catch 子句的异常处理代码。catch 语句块中的语句应根据异常类型的不同而执行不同的操作，比较通用的做法是输出异常的相关信息，包括异常名称、产生异常的方法名等。

（3）当异常产生时，方法的执行流程以非线性方式进行，甚至在没有匹配的 catch 子句的情况下，可能从方法中过早退出。但有时候，无论异常未产生还是产生后被捕获，都希望有些语句必须执行，finally 语句就提供了上述问题的解决办法，即在 try-catch 语句块之后创建一个 finally 语句块。如果 try 语句块中的代码产生了一个不属于任何 catch 子句所声明类的异常，那么该方法会立即退出，其后的代码也不会被执行。可以通过 finally 语句块来为异常处理提供一个统一的出口，使得在流程跳转到程序的其他部分之前能够对程序的状态进行统一管理，所以 finally 语句块经常用于资源的清理工作，如关闭打开的文件等。

（4）finally 语句块是可以省略的，若省略 finally 语句块，则在 catch 语句块结束后，程序跳转到 try-catch 语句块之后的语句继续运行。特殊情况是，当 catch 语句块中含有“System.exit(0);”语句时，程序将不执行 finally 语句块中的语句，直接终止；当 catch 语句块

中含有 return 语句时，程序在执行完 finally 语句块中的语句后再终止程序。其具体用法如文件 7-2 所示。

文件 7-2

```
public class Example02 {
    public static void main(String args[]) {
        int a = 10;
        System.out.println("a="+a);
        int b = 0;
        System.out.println("b="+b);
        try{
            int c = a/b;
            System.out.println("c="+c);}
        catch (ArithmeticException e){
            System.out.println("捕获到除零异常：");
            System.out.println(e.getMessage());}
        finally {
            System.out.println("关闭文件！");}
        System.out.println("程序正常结束！");
    }
}
```

文件 7-2 的运行结果如图 7-3 所示。

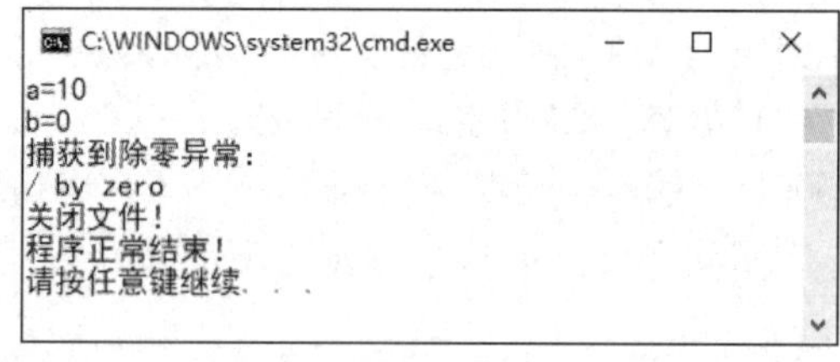

图 7-3　文件 7-2 的运行结果

上述示例中，程序在执行“int c = a/b;”时，由于被除数为 0，产生了一个 ArithmeticException 异常，这个异常由系统自动抛出。在 try-catch 语句块中，ArithmeticException 异常将被捕获，接着程序跳转到 catch 语句块中处理，所以在程序的运行结果中输出了“捕获到除零异常”以及该异常的基本信息。然后 finally 语句块中语句被执行一次，最后 try-catch-finally 语句块之后的其他语句也正常执行。

对比文件 7-1 和文件 7-2，由于后者使用了 try-catch-finally 语句，在程序中捕获并处理了异常产生之后的程序的执行情况，避免了程序在产生异常后的异常终止。

注意：在 catch 后面括号内的异常类后边都有一个变量 e，其作用是声明此处可以捕获的异常类型，如果有对应类型的异常对象产生，则该异常对象就会被传递给变量 e，即捕获到了异常对象。事实上，可以将 catch 括号里的内容想象成方法中的形参定义，该“形参”接收到由异常类产生的对象后，进入相应的 catch 块中进行处理。

7.3.3　多异常处理

在实际开发中，程序代码可能产生多种不同的异常，如果希望能采取不同的方法来处理这些不同的异常，就需要使用多异常处理机制。其语法格式如下所示：

```
try {
    可能产生异常的代码                          //可能产生异常的代码块
}
catch(ExceptionType_1 e){                      //要捕获的异常类型 ExceptionType_1
    对 ExceptionType_1 异常 e 的处理             //异常处理，可以为空
}
……
catch(ExceptionType_n e{                       //要捕获的异常类型 ExceptionType_n
    对 ExceptionType_n 异常 e 的处理             //异常处理，可以为空
}
finally{                                       //可缺省
    一定会运行的语句序列                         //无论是否发生异常，此代码块代码总会执行
}
```

多异常处理是通过在一个 try 语句块后面定义若干个 catch 语句块来实现的，每个 catch 语句块用来接收和处理一种特定的异常对象。

由于异常对象与 catch 语句块的匹配是按照 catch 语句块的先后排列顺序进行的，因此在处理多异常时应注意设计各 catch 语句块的排列顺序。一般来讲，处理较具体、较常见异常的 catch 语句块应放在前面，而可以与多种异常类型相匹配的 catch 语句块应放在较后的位置。

其具体用法如文件 7-3 所示。

文件 7-3

```
public class Example03 {
    public static void main(String args[]){
        int a[] = {1,2,3,4,5};
        int s = 0;
        try{
            for(int i=0;i<=a.length;i++){
                s += a[i]/i; }
            System.out.println("s="+s); }
        catch(ArithmeticException e) {
            System.out.println("除数为 0 的异常被捕获");}
        catch(ArrayIndexOutOfBoundsException e){
            System.out.println("数组越界的异常被捕获");}
        finally{
            System.out.println("执行的 finally 语句块中的代码");}
        System.out.println("继续执行其他正常语句代码");
    }
}
```

文件 7-3 的运行结果如图 7-4 所示。

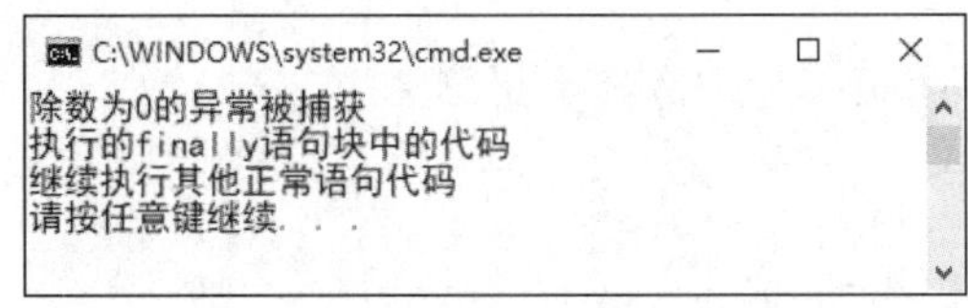

图 7-4　文件 7-3 的运行结果

在上述示例程序中，当进入循环的第 1 次执行时，因为除数 i 为 0 而产生了异常，在被第 1 个 catch 语句块捕获并处理后，程序进入 finally 语句块并执行其中的语句。如果程序中的 for 循环语句改为“for(int i=1;i<=a.length;i++)”，则程序的运行结果会如图 7-5 所示，因为此时除数为 0 的异常将不再产生，而当循环执行到第 5 次，即 i=5 时，a[5]的出现将产生数组越界的异常，从而被第 2 个 catch 语句块捕获并处理。同时，异常捕获并处理后，其他语句仍然可以正常运行，直到整个程序结束。

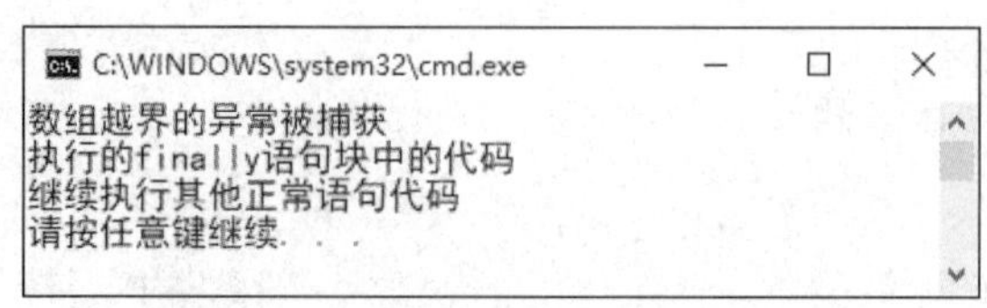

图 7-5　文件 7-3 修改后的运行结果

注意：如果所有的 catch 语句块都不能与当前的异常对象匹配，则当前方法不能处理这个异常对象，程序流程将返回调用该方法的上层方法。如果这个上层方法中定义了与所产生的异常对象相匹配的 catch 语句块，则流程就跳转到这个 catch 语句块中，否则继续回溯更上层的方法。如果在所有方法中都找不到合适的 catch 语句块，则由 Java 运行系统来处理这个异常对象。此时，通常会终止程序的执行，退出 JVM 返回操作系统，并在标准输出设备上输出相应的异常信息。如果 try 语句块中的所有语句都没有引发异常，则所有的 catch 语句块都会被忽略而不被执行，但是 finally 语句块中的语句还是会被执行的。

文件 7-4

```
public class Example04 {
    public static void main(String[] args) {
        int[] a = {1,2,3,4,5};
        for(int i=0; i<=a.length; i++) {
            try {
                System.out.println("a["+i+"]/"+i+"="+(a[i]/i));
            } catch(ArithmeticException e) {
                System.out.println("第 1 个 catch 捕获到了 ArithmeticException 异常");
            } catch(ArrayIndexOutOfBoundsException e) {
                System.out.println
                 ("第 2 个 catch 捕获到了 ArrayIndexOutOfBoundsException 异常");
            }catch(Exception e) {
                System.out.println("第 3 个 catch 捕获到了 Exception 异常");
            }finally {
                System.out.println("Finally：a["+i+"]="+a[i]); }
        }
        System.out.println("其他正常执行语句");
    }
}
```

文件 7-4 的运行结果如图 7-6 所示。

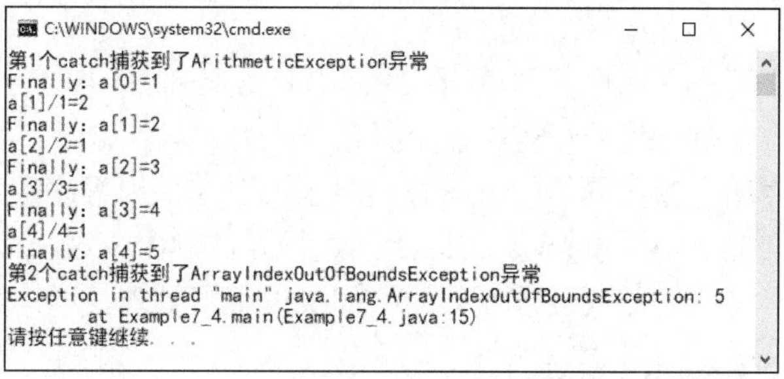

```
C:\WINDOWS\system32\cmd.exe
第1个catch捕获到了ArithmeticException异常
Finally: a[0]=1
a[1]/1=2
Finally: a[1]=2
a[2]/2=1
Finally: a[2]=3
a[3]/3=1
Finally: a[3]=4
a[4]/4=1
Finally: a[4]=5
第2个catch捕获到了ArrayIndexOutOfBoundsException异常
Exception in thread "main" java.lang.ArrayIndexOutOfBoundsException: 5
        at Example7_4.main(Example7_4.java:15)
请按任意键继续. . .
```

图 7-6　文件 7-4 的运行结果

上述示例程序运行时，第 1 次循环就捕获到了算术异常 ArithmeticException，且该异常被第 1 个 catch 语句块捕获，因此后面的 catch 语句块就不再起作用。同样，在执行第 6 次循环时，数组下标越界异常 ArrayIndexOutOfBoundsException 被捕获到，而这个异常是被第 2 个 catch 语句块捕获的，因此后面的 catch 语句块也不再起作用。但是在此时的 finally 语句块中要求输出 a[5]，又产生了 ArrayIndexOutOfBoundsException 异常，由于没有进行 try-catch 的捕获处理，该异常只能被 JVM 捕获处理，即终止程序的执行，退出 JVM 返回操作系统，并在标准输出设备上输出相应的异常信息。

注意：为了防止遗漏某一类异常的捕获处理，可以在 try-catch 放置一个捕获 Exception 类的 catch 语句块。Exception 类是可以从任何方法中抛出的基本类型。因为 Exception 类能够捕获任何异常，从而使后面具体的异常 catch 语句块不起作用，所以需要放在最后的位置。若将子类异常的 catch 语句块放在父类异常的 catch 语句块后面，则程序编译不能通过。

7.4　抛出异常

7.4.1　抛出异常概述

Java 程序在运行时如果引发了一个可以识别的异常，就会产生一个与该异常类相对应的对象，这个过程称为异常的抛出。根据异常类的不同，抛出异常的方式有以下两种：

（1）系统自动抛出的异常。所有由 Java 定义的异常类产生的对象均可通过系统自动地抛出，即一旦出现这些类型的运行时异常，系统将会产生对应异常类的实例并抛出。

（2）指定方法抛出异常。如果是用户自定义的异常，系统无法自动识别，也就无法自动产生其异常对象并抛出，此时需要使用关键字 throw 语句主动抛出。首先该方法必须知道在什么情况下产生了某种异常对应的错误，然后为这个异常类创建一个实例，最后用 throw 语句抛出。所以关键字 throw 通常用在方法体中主动抛出一个异常类的实例，其具体语法如下所示：

```
throw 异常类对象;
```

一般在程序开发中，开发者如果意识到程序可能出现的问题，可以直接通过 try-catch 对异常进行捕获处理。但有些时候，对于方法中代码是否会出现异常，开发者并不明确知道或者并不急于处理，为此，Java 允许将这种异常从当前方法中抛出，然后让后续的调用者在使用时再进行异常处理。即在方法头部添加 throws 子句声明可能会抛出的异常类型。具体语法如下所示：

```
[修饰符] 返回值类型 方法名([参数列表]) throws 异常类列表
```

{ 方法体 }

throws 关键字需要写在方法声明的后面，并列出异常类列表，即方法中可能会产生的异常类型，当异常类多于一个时，使用逗号将多个异常类隔开。

当调用者在调用声明有抛出异常的方法时，除了可以在调用程序中直接进行 try-catch 异常处理外，也可以根据提示使用 throws 关键字继续将异常抛出，这样程序也能编译通过。但是，程序发生了异常，终究是需要进行处理的，如果没有被处理，程序就会非正常终止。

7.4.2 抛出异常交给调用者处理

当一个没有处理异常语句的方法抛出异常后，系统就会将异常向上传递，由调用它的方法来处理这个异常。若上层调用方法仍没有处理这个异常的语句，系统就会再往上追溯到更上层，这样一层一层地向上追溯，一直追溯到 main()方法，这时 JVM 必然会处理。

如果某个方法声明抛出异常，则调用它的方法必须捕获并处理异常，否则会出现编译错误，具体示例如文件 7-5 所示。

文件 7-5

```
import java.util.*;
public class Example05 {
    public static void main(String[] args){
        try {
          if (input()>=60)
              System.out.println("成绩及格");
          else
              System.out.println("成绩不及格");
        } catch(NullPointerException e) {
            System.out.println("输入的字符串长度不为 2，抛出空指针异常："+e.toString());
        } catch (NumberFormatException e) {
            System.out.println
            ("输入的字符串不是数值类型，抛出数字转换异常："+e.toString());
        }
    }
    static int input() throws NullPointerException, NumberFormatException {
        int num;
        Scanner sc = new Scanner(System.in);
        System.out.println("请输入一个长度为 1～3 的数字字符串：");
        String s = sc.nextLine();
        if(s.length()<1 || s.length()>3)
              s = null;
        char ch;
        for (int i=0;i<s.length();i++){
            ch = s.charAt(i);
            if(!Character.isDigit(ch))
                throw new NumberFormatException();
        }
        num = Integer.parseInt(s);
        return num;
    }
}
```

执行程序后，如果不输入任何字符串，即会抛出空指针异常，所以运行结果如图 7-7 所示。

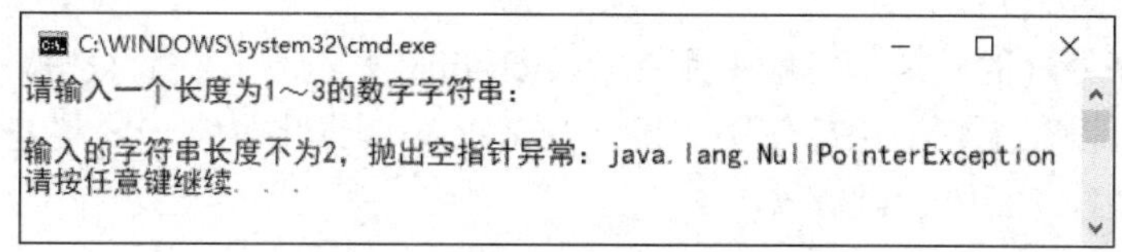

图 7-7　文件 7-5 的运行结果-1

从运行结果可知，当输入字符串长度为 0 时，在 input()方法中字符串变量 s 被赋值为 null，当循环中调用 s.length()方法时会产生空指针异常，这个异常由 input()方法抛出，由 main()方法来捕捉并处理，所以程序输出 NullPointerException 的相关信息。

如果输入非数字的字符串，即会抛出数字格式异常，所以运行结果如图 7-8 所示。

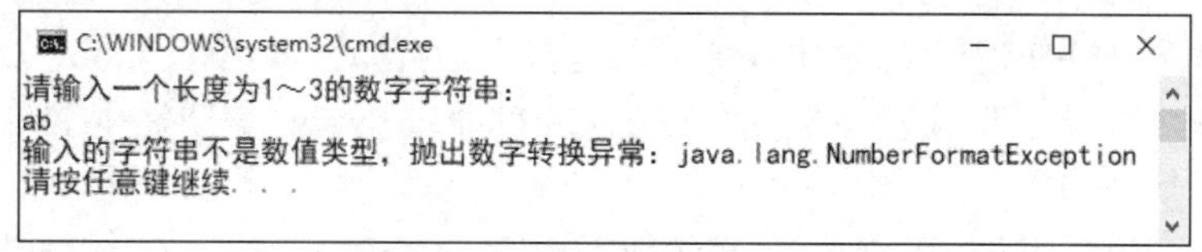

图 7-8　文件 7-5 的运行结果-2

从运行结果可知，当输入字符串为“ab”时，在调用 Character.isDigit()时返回 false，此时 input()方法抛出 NumberFormatException 给 main()方法处理，所以程序输出 NumberFormatException 的相关信息。

如果输入长度为 1～3 的数字字符串，例如 100，则没有异常抛出，运行结果如图 7-9 所示。

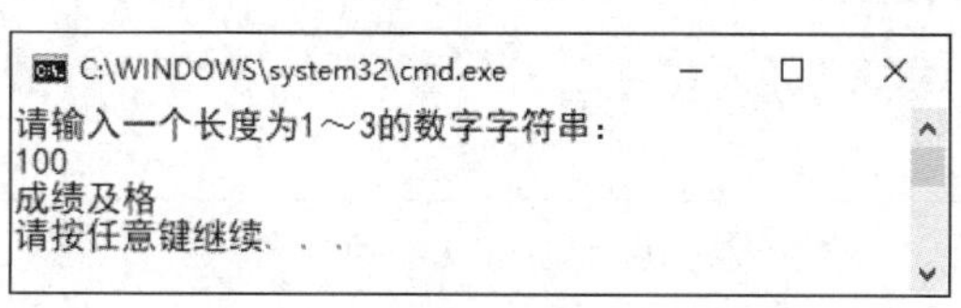

图 7-9　文件 7-5 的运行结果-3

从运行结果可知，当输入规定长度的数字 100 时，程序不产生任何异常，正常输出。

在上述示例中，input()方法在方法头通过关键字 throws 声明会抛出空指针异常 NullPointerException 和数字格式异常 NumberFormatException，在方法内通过关键字 throw 主动抛出了数字转换异常 NumberFormatException，注意在方法内主动抛出异常时需要通过 new 关键字创建该异常对象。由于 input()方法自身并不处理这 2 个异常，而是交给调用 input()方法的 main()方法来处理，由于 main()方法没有再一次向上层调用抛出，因此在 main()方法中使用了 try-catch 语句块来处理这 2 个异常。

注意：事实上，在文件 7-5 的 main()方法中，如果不使用 try-catch 语句块来处理这 2 个异常，程序也能编译通过，因为 NullPointerException 和 NumberFormatException 2 个异常是 JDK 已经定义好了的，如果没有使用 try-catch 语句块来处理这 2 个异常，最终 JVM 也能自动捕获和处理，不过输出的异常处理信息不够友好，另外程序也会异常终止。该例旨在演示抛出异常交给调用者处理的具体使用方法，实际应用中，在程序中需要交由调用者处理的通常是自定义异常。

7.4.3 抛出异常交给系统处理

对于需要程序处理的异常，一般采用 try-catch-finally 的方式进行处理，而对于无需由程序处理的异常，可以在主方法头部使用关键字 throws 声明抛出异常，最终交由 Java 虚拟机处理。具体用法如文件 7-6 所示。

文件 7-6

```
import java.io.*;
public class Example06 {
    public static void main(String[] args) throws IOException{
        FileInputStream fis = new FileInputStream("test.txt");
    }
}
```

上述示例程序需要实现输入/输出操作，而这些方法会抛出 IOException，如果不调用其他方法来进行处理，可以在调用这些方法的主方法头部通过 throws 声明抛出 IOException 异常，把该异常交由系统处理。

程序执行时如果没有指定的文件，系统会抛出 FileNotFoundException 异常。运行结果如图 7-10 所示。这里 FileNotFoundException 是 IOException 的子类，系统在中断程序执行时输出的是具体的子类异常名称。

```
C:\WINDOWS\system32\cmd.exe
Exception in thread "main" java.io.FileNotFoundException: test.txt (系统找不到指定的文件。)
        at java.io.FileInputStream.open0(Native Method)
        at java.io.FileInputStream.open(FileInputStream.java:195)
        at java.io.FileInputStream.<init>(FileInputStream.java:138)
        at java.io.FileInputStream.<init>(FileInputStream.java:93)
        at Example7_6.main(Example7_6.java:4)
请按任意键继续. . .
```

图 7-10　文件 7-6 的运行结果

7.5 自定义异常类

虽然 Java 语言已经定义了大量的异常类，这些异常类可以描述编程时出现的大部分异常情况，在程序开发中，可以使用系统定义的异常类来处理系统可以预见的较常见的运行时错误，但是有时可能需要描述程序中特有的异常情况，例如在设计方法时不允许被除数为负数、输入的年龄不能小于 18 岁等，此时需要程序员根据程序的特殊逻辑关系在用户程序中自定义异常类。用户自定义异常类主要用来处理用户程序中可能产生的逻辑错误，使得这种错误能够被系统及时识别并处理。只有定义了异常类，系统才能识别特定的运行时错误，进而及时地控制和处理运行时错误，因此在程序开发中自定义异常类是构建一个稳定完善的应用系统的重要基础，使用户程序有更好的容错性能，并使整个系统更加稳定。

由于所有的异常类均继承自 Exception 类，因此自定义异常类也必须继承自 Exception 或其子类。Java 推荐用户自定义的异常类以 Exception 为直接父类，也可以使用某个已经存在的系统异常类或用户自定义的异常类为其父类。自定义异常类的语法格式如下所示：

```
class 自定义异常类名 extends Exception{
    ……        //新属性和新方法
}
```

一般情况下，在自定义异常类中可以通过定义新的属性和方法来处理相关的异常，也可以不编写任何语句，因为其父类 Exception 已经提供了相当丰富的方法。如果需要，自定义异常类还可以通过重写父类的属性和方法，使这些属性和方法能够体现自定义异常类所对应的错误信息。需要注意的是，用户自定义异常不能由系统自动抛出，因而必须借助 throw 语句来定义产生这种异常对应错误的情况，并抛出这个异常类的对象。其具体用法如文件 7-7 所示。

文件 7-7

```
class MyException extends Exception {   // 自定义参数不能大于 10 的异常类
  private int x;
  MyException(int a) {x=a;}        // 构造方法
  public String toString()             // 重写父类的 toString()方法
     {return "MyException：参数不能大于 10！";}
}
public class Example07 {
  static void method(int a) throws MyException {        // 声明方法会抛出异常 MyException
    System.out.println("\t 此处引用  method ("+a+")");
    if (a>10){
        throw new MyException(a);   // 主动抛出 MyException}
    System.out.println("正常返回");
  }
public static void main(String args[]) {
    try {
        System.out.println("\n 进入监控区，执行可能发生异常的程序段");
        method(8);
        method(20);
        method(6);   }
    catch (MyException e) {
        System.out.println("\t 程序发生异常并在此处进行处理");
        System.out.println("\t 发生的异常为："+e.toString());        }
    System.out.println("这里可执行其他代码");
    }
}
```

文件 7-7 的运行结果如图 7-11 所示。

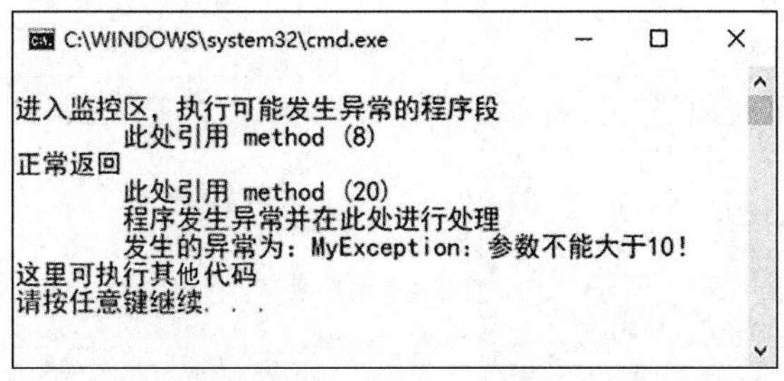

图 7-11　文件 7-7 的运行结果

在上述示例程序中，通过继承异常类 Exception 创建了一个自定义异常类 MyException，并定义了它的成员变量、构造方法，重写了父类的 toString()方法。在面向对象编程思想里，异常类和其他类一样，可以有自己的成员变量、成员方法等。在类 Example07 中包含一个 method()方法，该方法通过关键字 throws 声明会抛出自定义异常 MyException，并在方法体内设置如果参数 a>10 即主动抛出该异常对象，当在 main()方法中调用 method()方法时，因为该方法声明了会抛出异常 MyException，所以使用了 try-catch 语句块对该异常进行了处理。当执行代码"method(8);"时，没有异常产生，程序输出"正常返回"；当执行代码"method(20);"时，if 条件满足即会抛出异常 new MyException(a)，try-catch 语句块捕获到该异常对象，程序跳转执行 catch (MyException e)分支后面的语句，而出现异常之后的代码"method(6);"不会再执行。

注意：由于系统无法自动识别和处理该自定义异常，如果某方法声明会抛出自定义异常，则调用者必须通过 try-catch 语句块对异常进行处理，否则程序将无法通过编译。如果将文件 7-7 中的 try-catch 语句注释掉，该程序在编译时会出现错误，如图 7-12 所示。

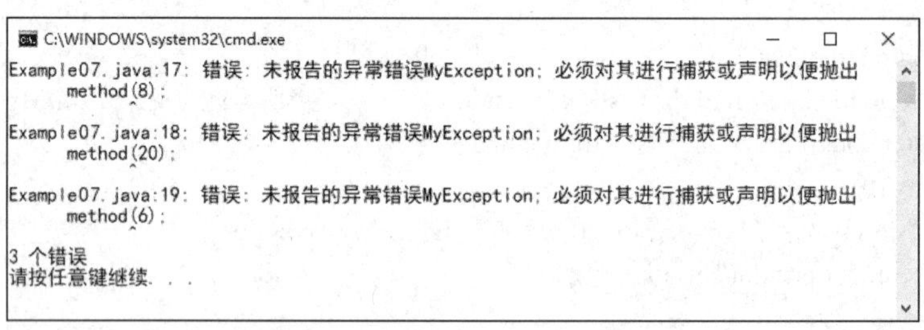

图 7-12　文件 7-7 编译错误信息

7.6 【综合案例】模拟用户登录功能

【任务描述】

模拟用户登录功能，要求控制台输入用户名和密码，然后对户名或密码进行判断，显示相应的提示信息、自定义一个针对用户登录的异常进行相应的处理。

【运行结果】

用户名或者密码错误的运行结果如图 7-13 所示，用户名或者密码正确的运行结果如图 7-14 所示。

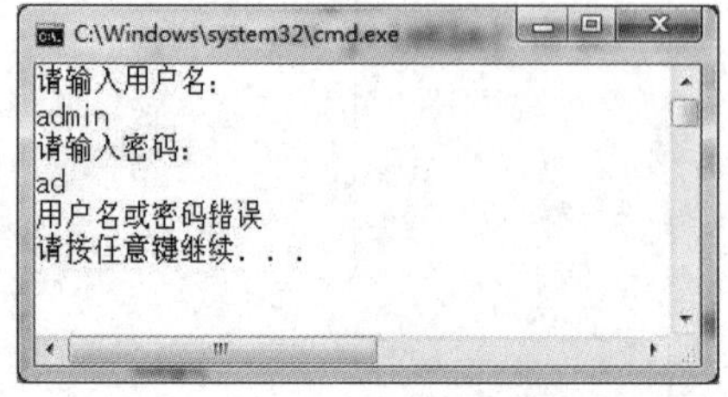

图 7-13　用户名或者密码错误的运行结果

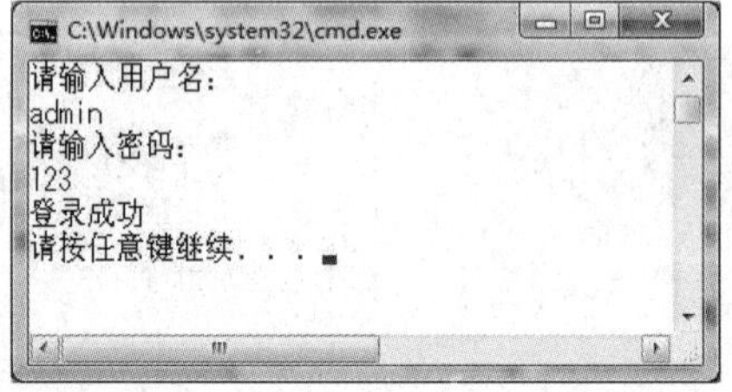

图 7-14　用户名或者密码正确的运行结果

【任务目标】

（1）学会分析“模拟用户登录功能”程序的实现思路。
（2）根据思路独立完成“模拟用户登录功能”的源代码编写、编译及运行。
（3）掌握自定义异常类的定义。
（4）掌握自定义异常类的使用。

【实现思路】

（1）通过任务分析可以得出需要 4 个类：用户类、用户管理类、自定义异常类、测试类。
（2）在用户类中需要定义用户的基本信息，并对属性进行封装。
（3）在用户管理类中要实现对输入的用户名和密码进行判断，并使用 throws 关键字声明抛出自定义异常。如从控制台输入用户名和密码，判断是否正确，如果输入用户名和密码不匹配或者输入为空就抛出用户名或密码错误提示信息，如果输入匹配，就返回 true 等信息。
（4）自定义一个异常类。

【实现代码】

```
import java.util.Scanner;      //导入 Scanner 类
public class UserLoginTest {
    public static void main(String[] args){
        Scanner input = new Scanner(System.in);
        //提示输入用户名信息
        System.out.println("请输入用户名：");
        String username = input.next();
        //提示输入密码信息
        System.out.println("请输入密码：");
        String password = input.next();
        User user = new User();
        user.setUsername(username);
        user.setPassword(password);
        UserService us = new UserService();
            try{
                boolean flag = us.login(user);
                if(flag){
                    System.out.println("登录成功");
            }
            //对捕获到的异常进行处理
            } catch (UserLogicException e){
                //打印捕获的异常信息
                System.out.println(e.getMessage());
            }
    }
}
//用户类
```

```
class User {
    private String username;
    private String password;
    public String getUsername(){
        return username;
    }
    public void setUsername(String username) {
        this.username = username;

    }
    public String getPassword(){
        return password;
    }
    public void setPassword(String password){
        this.password = password;
    }
}
//自定义异常类继承自 Exception
class UserLogicException extends Exception{
    public UserLogicException(){
        //调用 Exception 无参构造方法
        super();
    }
    public UserLogicException(String message){
        //调用 Exception 有参构造方法
        super(message);
    }
}
//用户服务类，业务类，实现登录的方法
class UserService {
    //下面的方法实现了对输入的用户名和密码进行判断，并使用 throws 关键字声明抛出自定义异常
    public boolean login(User user) throws UserLogicException{
        if(user==null){
            //用户名或密码为空的提示信息
            throw new UserLogicException("用户名或密码不能为空");
        }
        if("admin".equals(user.getUsername()) &&"123".equals(user.getPassword())){
            return true;
        }else{
            //用户名或密码错误的提示信息
            throw new UserLogicException("用户名或密码错误");
        }
    }
}
```

在文件代码中，自定义了一个异常类 UserLogicException。在用户管理类中针对用户名和密码是否正确进行了处理，定义了一个用户登录的方法 login()，并抛出了自定义异常。在 main()

主方法中，用 try{}catch(){}语句，捕获 login()方法抛出的异常。在调用 login()方法时，由于传入的用户名和密码不正确，程序会抛出一个自定义的异常 UserLogicException，该异常被捕获后最终被 catch 代码块处理，并打印出异常信息。

7.7　本章小结

异常处理机制是 Java 语言的优点之一，本章详细讲述了 Java 语言进行异常处理的相关知识。对于非运行时异常，Java 要求必须进行捕获并处理，而对运行时异常则可以交给 Java 运行时系统来处理。异常的处理有两种方式：一是在方法内使用 try-catch 语句来处理方法本身所产生的异常；二是在方法声明的头部使用关键字 throws 或在方法内部使用 throw 语句将它送往上一层调用机构去处理。针对程序中出现的异常问题，使用 Java 异常处理机制不仅可以提高程序运行的稳定性、可读性，而且能够让程序员用自己的方式进行程序的异常情况处理，有利于程序版本的升级。

7.8　习题

一、单选题

1．以下关于编译异常说法正确的是（　　）。

A．编译异常就是指 Exception 以及其子类

B．编译异常如果产生，可以不用处理

C．编译异常如果产生，必须处理，要么捕获，要么抛出

D．编译异常指的就是 Error

2．下列选项中，（　　）是所有异常类的父类。

A．Throwable　　B．Error　　C．Exception　　D．AWTError

3．下列关于异常的说法中，正确的是（　　）。

A．异常是一种对象

B．一旦程序运行，异常就将被创建

C．为了保证程序运行速度，要避免控制异常

D．以上说法都对

4．（　　）操作不会抛出异常。

A．打开不存在的文件　　B．用负数索引访问数组

C．浮点数除以 0　　D．浮点数乘 0

5．对于异常处理语句 try-catch-finally，下面说法正确的是（　　）。

A．如果有多个 catch 语句，对所有的 catch 都会执行一次。

B．如果有多个 catch 语句，对每个符合条件的 catch 都会执行一次

C．多个 catch 的情况下，异常类的排列顺序应该是父类在前，子类在后

D．一般情况下，finally 部分都会被执行一次

6．下面程序的运行结果是（　　）。

```
public class Example {
    public static void main(String[] args) {
        try {
            System.out.println(1 / 0);
        }
        catch (RuntimeException e) {
            System.out.println("RuntimeException");
        }
        catch (ArithmeticException e) {
            System.out.println("ArithmeticException");
        }
    }
}
```

A．编译失败　　　　　　　　　　　　B．编译通过，没有结果输出

C．输出：RuntimeException　　　　　D．输出：ArithmeticException

二、多选题

1．下列关于 throws 的描述中，正确的是（　　）。

A．throws 用来声明一个方法可能抛出的异常信息

B．throws 语句用在方法声明后面

C．方法中没有使用 catch 处理的异常必须使用 throws 抛出

D．throws 关键字对外声明该方法有可能发生的异常，调用者在调用方法时必须在程序中对异常进行处理

2．下列关于运行时异常的描述，正确的有（　　）。

A．运行异常是在程序运行时期产生的

B．运行时异常也称为 unchecked 异常

C．RuntimeException 类及其子类都是运行时异常类

D．运行时异常一般是由于程序中的逻辑错误引起的，在程序运行时无法恢复

3．Throwable 的两个直接子类是（　　）。

A．Error　　　　　　　　　　　　B．Exception

C．ArithmeticException　　　　　D．以上说法都不对

4．关于异常处理的语法 try-catch-finally，下列描述正确的是（　　）。

A．try-catch 必须配对使用

B．try 可以单独使用

C．try-finally 必须配对使用

D．在 try-catch 后如果定义了 finally，则 finally 一般都会执行

三、判断题

1．throw 关键字只可以抛出 Java 能够自动识别的异常。　（　　）

2．JDK 中定义了大量的异常类，这些异常类已足够使用了，所以不需要自己定义异常类。（　　）

3．Throwable 类中的 printStackTrace(PrintStream s)方法用于将此异常及其追踪输出至标准错误流。（　　）

4．自定义异常必须继承 Error 类。（　　）

5．运行时异常是必须进行处理的异常，否则程序编译不能通过。（　　）

6．运行时异常可以使用 try-catch 语句对异常进行捕获或者使用 throws 关键字声明抛出异常。（　　）

7．Error 类称为错误类，它表示 Java 运行时产生的系统内部错误或资源耗尽的错误，是比较严重的，仅靠修改程序本身是不能恢复执行的。（　　）

8．throws 关键字用于对外声明方法可能发生的异常，这样调用者在调用方法时，可以明确知道该方法有异常，并进行相关处理。（　　）

9．如果一个方法要抛出多个异常，可以使用 throws 进行声明。（　　）

10．try-catch 语句，catch 部分可以独立存在。（　　）

四、简答题

1．简述 try-catch-finally 语句中，try、catch 和 finally 的作用。

2．简述 throws 和 throw 关键字的区别。

3．什么是编译时异常？如何处理编译时异常？

五、编程题

1．阅读下面的程序，分析代码是否能够编译通过，如果能编译通过，请列出运行的结果并分析出现此结果的原因。否则请说明编译失败的原因。

```
public class Example{
    public static void main(String[] args) {
        System.out.println("i 的值为："+new Example().test());
    }
    private int test(){
        int i = 1;
        try {
            return i;
        }finally{
            ++i;
            System.out.println("finally is Executed...");
        }
    }
}
```

2．阅读下面的程序，分析代码是否能够编译通过，如果能编译通过，请列出运行的结果并分析出现此结果的原因。否则请说明编译失败的原因。

```
class Animal{
    void shout() throws NullPointerException{
```

```
        System.out.println( "Animal shout … " );
    }
}
public class Cat extends Animal{
    void shout() throws Exception{
        System.out.println( "Cat miao miao … " );
    }
public static void main( String[] args ) throws Exception{
    Animalan = new Cat();
    an.shout();
    }
}
```

第 7 章习题答案

第 8 章　输入/输出与文件处理

【学习目标】

- 理解输入/输出流的概念。
- 掌握字节流和字符流读写文件的操作。
- 了解 File 类的主要方法。
- 掌握如何使用 File 类访问文件系统。

输入/输出是程序与外部设备或其他计算机进行交互的基本操作，是面向对象程序设计的核心功能。Java 语言的输入/输出操作是基于流的概念，通过统一的接口来表示的。而文件处理也属于输入/输出操作范畴，Java 语言的文件处理主要通过文件管理类 File 来实现。

8.1　流

8.1.1　流的概念

应用程序常常需要实现与外部设备的数据传输，例如键盘可以输入数据，显示器可以显示程序的运行结果等。在 Java 中，把不同类型的输入/输出源（例如键盘、屏幕、文件、网络等）抽象为流，而其中输入或输出的数据称为数据流（data stream），用统一的方式表示，程序允许通过“流”的方式与输入输出设备进行数据传输。Java 程序借助“流”可以很方便地实现多种多样的输入/输出操作，这些“流”被定义为各种接口或者类，位于 java.io 包中，称为 IO（输入/输出）流。采用流来处理输入与输出的数据，目的在于可以使得应用程序的输入和输出操作独立于相关设备，这样每个设备的实现细节由系统完成，程序不需要关注这些实现的细节。对于应用程序来说，使用流来处理能够让程序作用于多种输入/输出设备，而不需要对源代码做任何修改。也就是说，对任意设备的输入/输出，只要针对流来做处理就可以了，从而增强了程序的可移植性。

流是 Java 中实现输入/输出的基础，代表计算机各部件之间的数据流动，可以把流看作是 Java 程序发送和接收数据的一个通道。按照流中数据的传输方向，流可分为输入流和输出流。Java 流中的数据既可以是未经加工的原始二进制数据，也可以是经过一定编码处理后符合某种格式规定的特定数据。按照操作数据的不同，可以分为字节流和字符流。

8.1.2　输入/输出流

数据流分为输入流和输出流两大类。将数据从外设或外存（例如键盘、鼠标、文件等）传递到应用程序的流称为输入流；将数据从应用程序传递到外设或外存的流称为输出流。对于输入流只能从其中读取数据而不能写入数据，同样对于输出流只能向其中写入数据而不能读取数据。在应用程序中通常使用输入流读出数据，使用输出流写入数据，就好像数据流入到程序或从程序中流出。输入/输出流如图 8-1 所示。

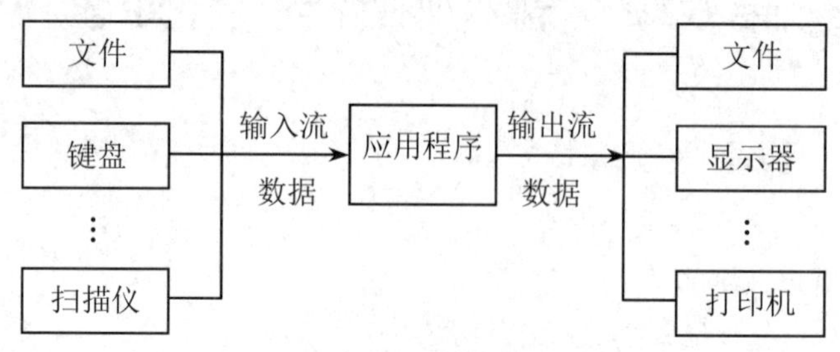

图 8-1 输入/输出流

输入/输出流的最大特点是数据的获取和发送是沿着数据序列按顺序进行的，每一个数据都必须等待排在它前面的数据读写完成之后才能被读写，每次读写操作处理的都是序列中剩下的未读写数据中的第一个，而不能随意选择输入/输出的位置。

8.1.3 缓冲流

一般情况下，对数据流的每次操作都是以字节或字符为单位进行的，每次向输出流写入一个字节或字符，或者从输入流读出一个字节或字符，如果需要大量数据其传输效率会比较低下。为了提高数据的传输效率，Java 语言通过使用缓冲流来解决，即为一个流配备一个缓冲区，这个缓冲区是专门用于传送数据的一块内存。

当向一个缓冲流写入数据时，系统会先将数据发送到缓冲区，而不是直接发送到外部设备。缓冲区自动记录数据，当缓冲区满时，系统将数据全部发送到相应的外部设备，提高数据输出的效率。相同的，当从一个缓冲流中读取数据时，系统实际上是从缓冲区中读取数据。当缓冲区为空时，系统就会从相关的外部设备中自动读取数据，并读取尽可能多的数据填满缓冲区，提高数据输入的效率。因此，缓冲流可以提高内存与外部设备之间的数据输入/输出的传输效率。

8.2 输入/输出类库

Java 语言的输入/输出流封装在 java.io 包中，如果要使用输入/输出流就需要导入 java.io 包，导入的方法如下所示：

```
import java.io.*;
```

java.io 包中的流可以完成各种不同的功能。在 Java 程序中可以通过这些输入/输出流，将各种格式的数据封装为流对象进行操作，从而使应用程序处理数据读写的方式更为统一，提高了程序的可移植性。java.io 包中的主要输入/输出流类层次结构如图 8-2 所示。

在 java.io 包中有 4 个基本类，即 InputStream、OutputStream、Reader 和 Writer，分别用于处理字节流和字符流。其中，InputStream 和 OutputStream 用于处理字节流，通常用来读写诸如图片、音频之类的二进制数据，也就是二进制文件，当然也可以用于处理文本文件，是程序中最常用的流。Reader 和 Writer 用于处理字符流，字符流一次读写 16 位二进制数，并将其作为一个字符而不是二进制位来处理，字符流针对字符数据的特点进行优化，提供了一些面向字符的有用的特性，字符流的源或目标通常是文本文件。需要注意的是，Java 中的字符使用的是 16 位的 Unicode 编码，每个字符占用两个字节。字符流可以实现 Java 程序中的内部格式与文本文件、显示输出、键盘输入等外部格式之间的转换。另外，当数据源或目标中含有非字符数据，如图像数据、视频数据、指令数据等，这些信息不能被解释成字符，必须用字节流来进行处理。从图 8-2 中可以看出，java.io 包中还包括 File 类，该类专门用于对磁盘文件与文件夹进行管理，RandomAccessFile 随机访问文件类适用于处理磁盘文件的随机读写操作。

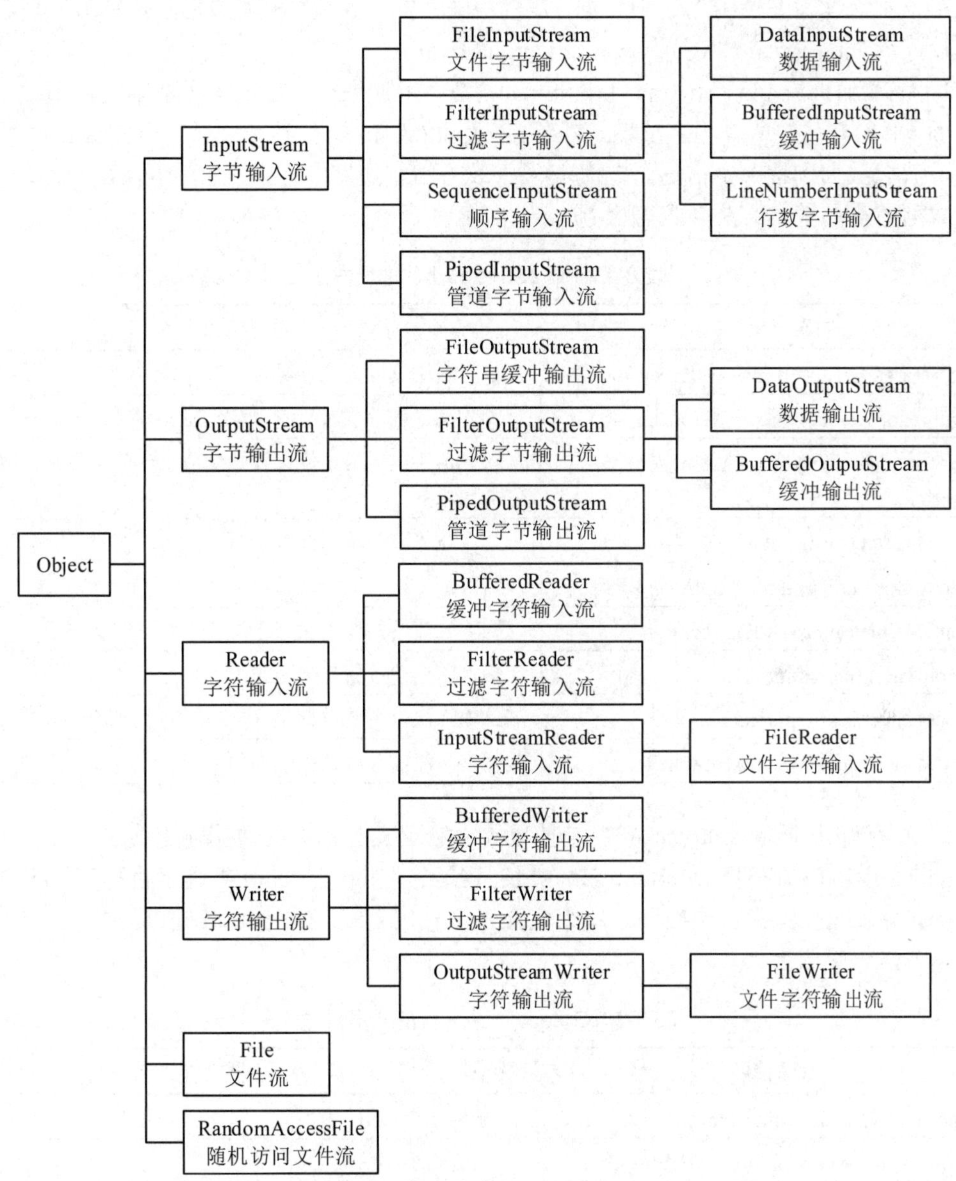

图 8-2 主要输入/输出流类层次结构

注意：由于 InputStream、OutputStream、Reader 和 Writer 是抽象类，因此在程序开发中，并不会直接使用这些类，通常是根据实际情况选择这些类所派生的子类来对数据进行处理。

8.3 字节流

8.3.1 InputStream 类和 OutputStream 类

在计算机中，无论是文本、图片、音频还是视频，所有的文件都是以二进制形式存在的，字节流用于 1 次读写 8 位的二进制数据，是程序中最常用的流。根据数据的传输方向可将其分为字节输入流 InputStream 和字节输出流 OutputStream。

（1）字节输入流 InputStream。InputStream 是一个抽象类，它定义了基本的字节数据读入方法，如 read()方法，所有的字节输入流都是 InputStream 类及其子类。InputStream 类用于从外部设备获取数据到程序中，通过定义其子类和方法实现字节输入功能。InputStream 类提供了输入数据所需的基本方法，见表 8-1。

表 8-1 InputStream 类的成员方法

方法摘要	主要功能
public abstract int read() throws IOException	从输入流中读取一个字节
public int read(byte b[]) throws IOException	将输入的数据存放在指定的字节数组中
public int read(byte b[],int offset,int len) throws IOException	从输入流中的 offset 位置开始读取 len 个字节并存放在指定的数组 b 中
public void reset() throws IOException	将读取位置移至输入流标记处
public long skip(long n) throws IOException	从输入流中跳过 n 个字节
public int available()throws IOException	返回输入流中的可用字节个数
public void mark(int readlimit)	在输入流当前位置加上标记
public boolean markSupported()	测试输入流是否支持标记（mark）用的所有资源
public void close()throws IOException	关闭输入流，并释放占用的所有资源

（2）字节输出流 OutputStream 也是抽象类，它定义了基本的数据输出方法，如 write()方法，所有的字节输出流都是 OutputStream 类及其子类。OutputStream 类用于将程序中的数据输出到外部设备。通过定义其子类和方法来实现字节输出功能。OutputStream 提供了输出数据所需的基本方法，见表 8-2。

表 8-2 OutputStream 类的成员方法

方法摘要	主要功能
public abstract void write(int b) throws IOException	输出一个字节
public void write(byte b[]) throws IOException	输出一个字节数组
public void write (byte b[],intoffset,int len) throws IOException	将字节数组 b 中从 offset 位置开始的、长度为 len 个字节的数据输出到输出流中
public void flush() throws IOException	输出缓冲区内的所有数据
public void close() throws IOException	关闭输出流，并释放占用的所有资源

注意：虽然字节流也可以操作文本文件，但是因为字节流不能直接操作 Unicode 字符，当使用字节流来操作文本文件时，如果有中文字符可能会导致乱码，因此 Java 语言不提倡使用字节流来读写文本文件，而是建议使用字符流来操作文本文件。

8.3.2 FileInputStream 类和 FileOutputStream 类

InputStream 类和 OutputStream 类都是抽象类，不能实例化，因此在实际应用中并不能直接使用这两个类。FileInputStream 类和 FileOutputStream 类是由 InputStream 抽象类和 OutputStream 抽象类所派生的子类，可以实现本地磁盘文件的顺序输入和输出操作，其数据源和目标都是文件。由于计算机中的数据基本都保存在硬盘的文件中，因此 FileInputStream 类和 FileOutputStream 类在操作文件中的数据非常实用。

（1）FileInputStream 类。FileInputStream 类用于顺序访问本地文件。它从其父类 InputStream 中继承了 read()、close()等方法，用以对文件系统中的某个文件进行顺序访问操作。为了创建 FileInputStream 类的对象，用户可以调用它的构造方法。FileInputStream 类常用的构造方法见表 8-3。

表 8-3　FileInputStream 类的常用构造方法

方法摘要	功能描述
FileInputStream(String name)	通过打开一个到实际文件的连接来创建一个 FileInputStream，该文件通过文件系统中的路径名 name 指定
FileInputStream(File file)	通过打开一个到实际文件的连接来创建一个 FileInputStream，该文件通过文件系统中的 File 对象 file 指定

FileInputStream(String name)构造方法使用给定的文件名 name 创建一个 FileInputStream 对象，用来打开一个到该文件的输入流，这个文件就是源。例如，为了读取一个名为 readme.txt 的文件，首先需要建立一个文件输入流对象，语法格式如下所示：

```
FileInputStream fis = new FileInputStream("readme.txt");
```

FileInputStream(File file)构造方法使用 File 对象创建 FileInputStream 对象，用来指定要打开的文件。

在创建 FileInputStream 类的对象之后，可以调用 read()方法从流中读取字节，读取字节的方法有 3 种，具体语法格式如下所示：

```
public int read() throws IOException
public int read(byte[] b,int off,int len) throws IOException
public int read(byte[] b) throws IOException
```

其中，read()方法的返回值是一个整数，即该文件输入流中的下一个字节。如果返回值是 -1，则表示已经到达了文件输入流的末尾。read()方法每次只能从文件输入流中读取一个字节，如果需要从流中读取多个数据字节，可以调用 read(byte[] b) 或者 read(byte b[],int off,int len)方法，前者从输入流中读取字节数组 b 长度的数据，后者从输入流当前字节处起读取长度为 len 字节的数据，从位置 off 处起存入数组 b 中，b 中位置在 off 之前和在 off+len 之后的数据将保持不变，返回读取的数据长度，并将第 len 个字节设为当前字节。

由于从文件读取数据是重复的操作，因此需要通过循环语句来实现数据的持续读取。具体用法如文件 8-1 所示。

文件 8-1

```
import java.io.*;   //导入 IO 包
public class Example01 {
    public static void main(String[] args) throws Exception {
        // 创建一个文件字节输入流
        FileInputStream in = new FileInputStream("readme.txt");   // 文件 readme.txt 在当前目录
        int b = 0;                  // 定义一个 int 类型的变量 b，记录每次读取的一个字节
        while (true) {
            b = in.read();                  // 变量 b 记录读取的一个字节
            if (b == -1) {                  // 如果读取的字节为-1，跳出 while 循环
                break;      }
            System.out.println(b); }        // 否则将 b 写出
        in.close();
    }
}
```

文件 8-1 的运行结果如图 8-3 所示。

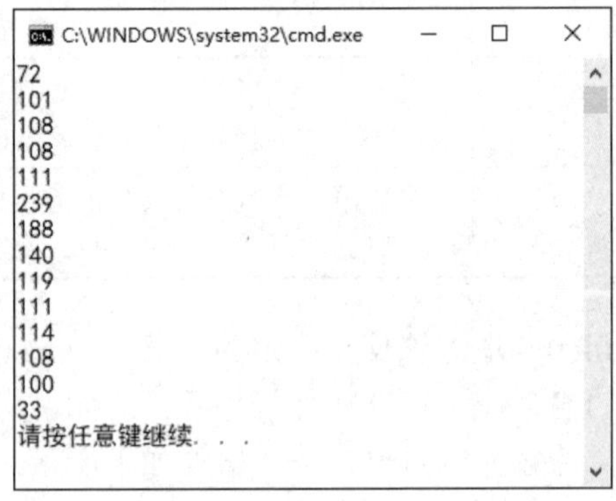

图 8-3　文件 8-1 的运行结果

在文件 8-1 中，首先创建了 FileInputStream 对象 in，将包含有一段文字“Hello，world!”的文件 readme.txt 封装为字节流对象，方便程序与文件进行数据交互，接下来通过调用 read() 方法将当前目录文件 readme.txt 中的数据读取并打印。从图中的运行结果可以看出，结果分别为 72、101、108、108、111、239、188、140、119、111、114、108、100、33。通常情况下读取文件应该输出字符，而这里输出数字是因为硬盘上的文件是以字节的形式存在的，在 readme.txt 文件中，字符各占 1 个字节，因此，最终结果显示的就是文件 readme.txt 中的 12 个字节以及最后的回车和换行符所对应的 ASCII 编码的十进制数值。

注意：

（1）FileInputStream 类的对象可以使用 close()方法来关闭输入流。建议使用者养成一个良好的习惯，在使用完流后，调用 close()方法显式地关闭任何打开的流，以防止打开的流占用系统资源。当有多个流时，应按照“先开的后关”原则进行关闭操作。

（2）流中的绝大部分方法都声明会抛出 IOException，因此需要在程序中进行异常处理。另外，若关联的目录或者文件不存在，Java 会抛出一个 FileNotFoundException 异常，假设把

上例中的文件 readme.txt 删除，再执行程序就会出现如图 8-4 所示的异常。

```
C:\WINDOWS\system32\cmd.exe
Exception in thread "main" java.io.FileNotFoundException: readme.txt (系统找不到指定的文件。)
        at java.io.FileInputStream.open0(Native Method)
        at java.io.FileInputStream.open(FileInputStream.java:195)
        at java.io.FileInputStream.<init>(FileInputStream.java:138)
        at java.io.FileInputStream.<init>(FileInputStream.java:93)
        at Example01.main(Example01.java:5)
请按任意键继续. . .
```

图 8-4　文件 8-1 的异常情况

（2）FileOutputStream 类。与 FileInputStream 类相对应，FileOutputStream 类的实例用于向一个文本文件写数据，它从其父类 OutputStream 中继承了 write()、close()等方法。用于创建 FileOutputStream 类对象的常用构造方法有 3 个，见表 8-4。

表 8-4　FileOutputStream 类的常用构造方法

方法摘要	功能描述
FileOutputStream(String name)	创建一个向具有指定名称的文件中写入数据的输出文件流
FileOutputStream(File file)	创建一个向指定 File 对象表示的文件中写入数据的文件输出流
FileOutputStream(String name,boolean append)	创建一个向具有指定 name 的文件中写入数据的输出文件流

其中，name 为文件名，file 为文件类 File 的对象，append 表示文件是否为添加的写入方式。当 append 值是 false 时，为重写方式，即从头写入；当 append 值是 true 时，为添加方式，即从尾写入，append 默认值为 false。例如，为了将程序中的数据写入磁盘文件 writehere.txt 中，首先需要建立一个文件输出流对象，语法格式如下所示：

```
FileOutputStream fos = new FileOutputStream("writehere.txt");
```

FileOutputStream 类使用 write()方法将指定的字节写入文件输出流，常用格式有 3 种，具体语法如下所示：

```
public void write(int b) throws IOException
public void write(byte[] b) throws IOException
public void write(byte[] b,int off,int len) throws IOException
```

3 种 write 方法分别表示向文件写入一个字节、一个字节数组或一个字节数组的一部分。当 b 是 int 型时，b 占用 4 个字节共 32 位，通常是把 b 的低 8 位写入输出流，忽略其余高 24 位。当 b 是字节数组时，可以写入从 off 位置开始的 len 个字节，如果没有 off 和 len 参数，则写入所有字节，相当于 write(b,0,b.length)。

注意：

（1）当发生 I/O 错误或文件关闭时，write 方法会抛出 IOException 异常；如果 off 或 len 为负数或 off+len 大于数组 b 的长度，则会抛出 IndexOutOfBoundsException 异常；如果 b 是空数组，则抛出 NullPointerException 异常。

（2）当写入文件时，如果文件不存在，则会创建一个新文件；如果文件已存在，则默认使用重写方式覆盖原有数据。

与输入流相同，FileOutputStream 类对象使用 close()方法关闭输出流，并释放相关的系统资源。具体示例如文件 8-2 所示。

文件 8-2

```
import java.io.*;
public class Example02 {
    public static void main(String[] args) throws Exception {
        // 创建一个文件字节输出流，并指定输出文件名
        FileOutputStream out = new FileOutputStream("writehere.txt");
        // 定义一个字符串
        String str = "你好";
        byte[] b = str.getBytes();  // 将字符串转换为字节数组，便于逐个写入
        for (int i = 0; i < b.length; i++) {
            out.write(b[i]);    }
        out.close();
    }
}
```

程序运行后，会在当前目录下生成一个新的文本文件 writehere.txt，打开此文件，会看到如图 8-5 所示的内容。

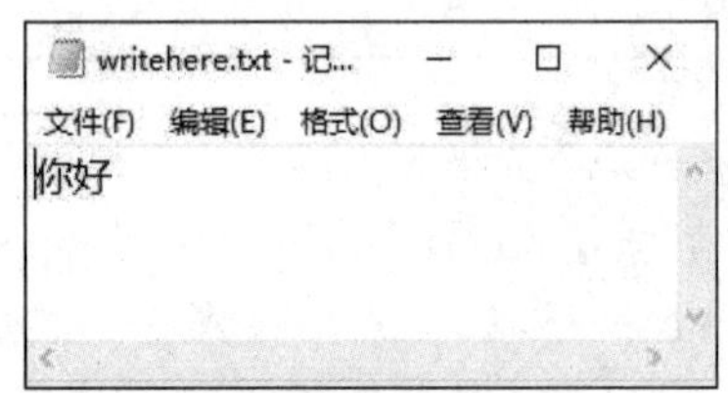

图 8-5 文件 8-2 运行后创建的文件内容

通过运行结果可以看出，通过 FileOutputStream 写数据时，自动创建了文件 writehere.txt，并将程序中的数据写入文件。但是，如果通过 FileOutputStream 向一个已经存在的文件中写入数据，那么该文件中的数据首先会被清空，然后再写入新的数据。若希望在已存在的文件内容之后追加新内容，则需要使用 FileOutputStream 的另一个构造函数 public FileOutputStream (String name,boolean append)来创建文件输出流对象，并把 append 参数的值设置为 true。具体用法如文件 8-3 所示。

文件 8-3

```
import java.io.*;
public class Example03 {
    public static void main(String[] args) throws Exception {
        OutputStream out = new FileOutputStream("writehere.txt ", true);
        String str = "世界！ ";
        byte[] b = str.getBytes();
        for (int i = 0; i < b.length; i++) {
            out.write(b[i]);        }
        out.close();
    }
}
```

程序运行后，查看当前目录下的文件 writehere.txt，如图 8-6 所示。

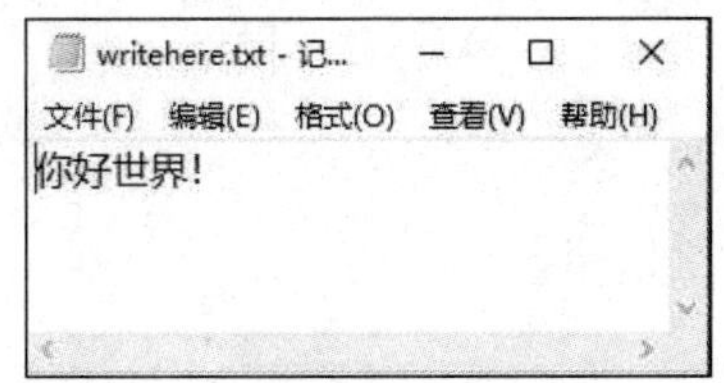

图 8-6　文件 8-3 运行后创建的文件内容

从图 8-6 中可以看出，程序通过字节输出流对象向文件 writehere.txt 写入新数据“世界！”后，并没有将文件之前的数据清空，而是将新写入的数据追加到文件的末尾。

注意：程序可以使用 try-catch 检测和处理捕获到的异常，由于 I/O 操作容易产生异常，因此其他的输入/输出流类也需要抛出 IOException，为了保证 I/O 流的 close()方法一定被执行并释放占用的系统资源，通常会将关闭流的操作写在 finally 代码块中。具体语法格式如下所示：

```
finally{
        try{
                if(in!=null)
                in.close();
        }catch(Exception e){
                e.printStackTrace();
        }
        try{
                if(out!=null)
                out.close();
        }catch(Exception e){
                e.printStackTrace();
        }
}
```

通常情况下 I/O 流都是成对出现的，即输入流和输出流一起使用。例如可以通过输入流来读取源文件中的数据，并通过输出流将数据写入新文件，这样就实现了文件的复制。具体用法如文件 8-4 所示。

文件 8-4

```
import java.io.*;
public class Example04 {
      public static void main(String[] args) throws Exception {
            // 创建一个字节输入流，用于读取当前目录下 source 文件夹中的 mp3 文件
            InputStream in = new FileInputStream("source\\无名之辈.mp3");
            // 创建一个文件字节输出流，用于将读取的数据写入 target 目录下的文件中
            OutputStream out = new FileOutputStream("target\\无名之辈副本.mp3");
            int len;      // 定义一个 int 类型的变量 len，记录每次读取的一个字节
            long begintime = System.currentTimeMillis();      // 获取复制文件前的系统时间
            while ((len = in.read()) != -1) {      // 读取一个字节并判断是否读到文件末尾
                  out.write(len); }      // 将读到的字节写入文件
            long endtime = System.currentTimeMillis();      // 获取文件复制结束时的系统时间
```

```
            System.out.println("复制文件所消耗的时间是：" + (endtime - begintime) + "毫秒");
            in.close();
            out.close();
        }
    }
```

文件 8-4 的运行结果如图 8-7 所示。

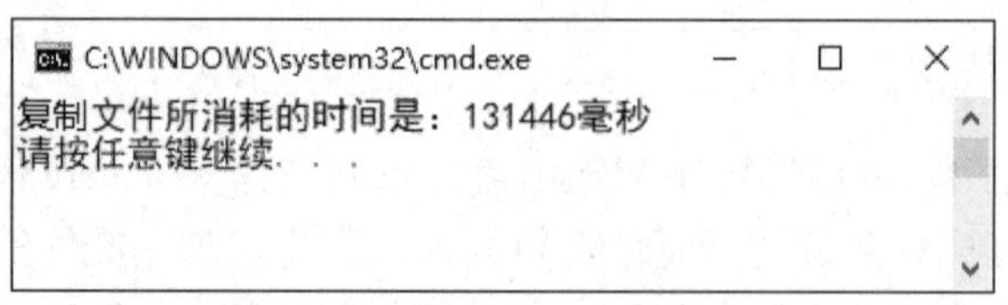

图 8-7 文件 8-4 的运行结果

在上述示例中，首先创建 FileInputStream 输入流对象 in 对应目录 source 下的文件“无名之辈.mp3”，然后创建 FileOutputStream 输出流对象 out，接着通过 while 循环从输入流中逐个读出字节并写入输出流，实现了音频文件“source\\无名之辈.mp3”到“target\\无名之辈副本.mp3”的复制功能，最后关闭对象 in 和 out，释放系统资源。

注意：在复制文件时，由于计算机性能等各方面原因，会导致复制文件所消耗的时间不确定，因此每次运行程序的结果并不一定相同。在上述示例中，为了计算复制所消耗的时间，在循环前后分别记录了当前的系统时间，最后发现，复制一个约 10MB 的文件，系统消耗了约 131446 毫秒，可见使用当前方法进行文件复制的效率是很低的。

8.3.3 DataInputStream 类和 DataOutputStream 类

如果希望程序在读取数据时不需要考虑这个数据在内存中所占的字节数，可以使用 DataInputStream 类和 DataOutputStream 类，也被称为数据输入/输出流。数据输入流允许应用程序以与机器无关的方式从底层输入流中读取基本 Java 数据类型。同样数据输出流允许应用程序以适当的方式将基本 Java 数据类型写入输出流中。

DataInputStream 类的构造方法如下所示：

```
DataInputStream(InputStreamin)
```

该构造方法主要使用指定的 InputStream 流创建一个 DataInputStream 对象。

DataOutputStream 类的构造方法如下所示：

```
DataOutputStream(OutputStreamout)
```

该构造方法主要使用指定的 OutputStream 流创建一个 DataOutputStream 对象。

DataInputStream 类继承了 InputStream，同时实现了 DataInput 接口，比普通的 InputStream 多一些方法，如方法 readBoolean()用于读取一个布尔值，方法 readInt()用于读取一个 int 值，方法 readUTF()用于读取一个 UTF 字符串。这里没有给出新增的全部方法，读者可参考 Java API 相关文档。假设要将 Java 不同数据类型的数据写入 writehere_2.txt 文件中，其具体用法如文件 8-5 所示。

文件 8-5

```
import java.io.*;
public class Example05 {
```

```
    public static void main(String[] args){
        FileOutputStream fout = null;
        DataOutputStream dout = null;
        try{
            fout=new FileOutputStream("writehere_2.txt");
            dout=new DataOutputStream(fout);
            dout.writeInt(10);
            dout.writeLong(1888888888);
            dout.writeFloat(3.141592F);
            dout.writeDouble(8848.86666666666);
            dout.writeBoolean(true);
            dout.writeChars("Example05.java");
        }catch (FileNotFoundException e){
            e.printStackTrace();
        }catch (IOException e){
            e.printStackTrace();
        }finally {
                try {
                        fout.close();
                        dout.close();
                }catch (IOException e) {
                        e.printStackTrace();
                }
        }
    }
}
```

在上述示例中，主方法中的代码都放在异常处理块 try-catch 中进行异常处理。首先创建了 FileOutputStream 对象 fout 对应 writehere_2.txt 作为输出流，并以 fout 为参数构造 DataOutputStream 对象 dout，依次写入不同数据类型的数据。程序最后关闭对象 fout 和 dout。程序运行后会在当前目录生成新的文本文件 writehere_2.txt。

注意：DataOutputStream 类提供了输出 Java 各种类型数据的方法，但是其将各种数据类型以二进制形式输出，用户无法直接查看，如果通过记事本直接打开文件 writehere_2.txt，可能会出现很多乱码，因此只有通过 DataInputStream 才能进行读取。读取数据的具体方法如文件 8-6 所示。

文件 8-6

```
import java.io.*;
public class Example06 {
    public static void main(String[] args){
        FileInputStream fin = null;
        DataInputStream din = null;
        try{
            fin = new FileInputStream("writehere_2.txt");
            din = new DataInputStream(fin);
            System.out.println(din.readInt());
            System.out.println(din.readLong());
```

```
                System.out.println(din.readFloat());
                System.out.println(din.readDouble());
                System.out.println(din.readBoolean());
                char c;
                while (din.available()>0) {
                    c = din.readChar();
                    System.out.print(c);
                }
            }catch (IOException e){
             e.printStackTrace();
            }finally {
                    try {
                        fin.close();
                        din.close();
                    } catch (IOException e) {
                        e.printStackTrace();
                    }
            }
        }
    }
```

文件 8-6 的运行结果如图 8-8 所示。

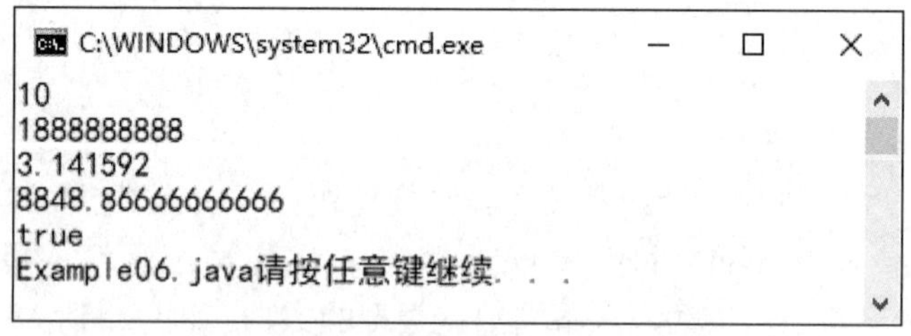

图 8-8　文件 8-6 的运行结果

8.4　字符流

8.4.1　Reader 类和 Writer 类

除了字节流，JDK 还提供了用于实现字符操作的字符流。区别在于字节流只能操作以字节为单位的流，而字符流可以让程序更方便地读取其他格式的数据，如 Unicode 格式等。同字节流一样，字符流也有两个抽象的顶级父类，分别是 Reader 和 Writer。

Reader 指字符流的输入流，用于输入；而 Writer 指字符流的输出流，用于输出。Reader 类和 Writer 类使用的是 Unicode 字符，可以对不同格式的数据流进行操作。Reader 和 Writer 都是抽象类，一般使用从 Reader 类和 Writer 类派生出的子类对象对字符流进行实际操作，例如 FileReader、FileWriter、BufferedReader、BufferedWriter 等。Reader 类的常用方法见表 8-5，Writer 类的常用方法见表 8-6。

表 8-5　Reader 类的常用方法

方法摘要	功能描述
public abstract void close() throws IOException	关闭输入流，并释放占用的所有资源
public void mark(int readlimit) throws IOException	在输入流当前位置加上标记
public boolean markSupported()	测试输入流是否支持标记（mark）
public int read() throws IOException	从输入流中读取一个字符
public int read(char c []) throws IOException	将输入的数据存放在指定的字符数组中
public abstract int read(char c[],int offset,int len) throws IOException	从输入流中的 offset 位置开始读取 len 个字符，并存放在指定的数组中
public void reset() throws IOException	将读取位置移至输入流标记处
public long skip(long n) throws IOException	从输入流中跳过 n 个字节
public boolean ready() throws IOException	测试输入流是否准备好读取

表 8-6　Writer 类的常用方法

方法摘要	功能描述
public abstract void close() throws IOException	关闭输出流，并释放占用的资源
public void write(int c) throws IOException	输出一个字符
public void write (char cbuf[]) throws IOException	输出一个字符数组
public abstract void write (char cbuf[],int offset,int len) throws IOException	将字符数组 cbuf 中从 offset 位置开始的 len 个字符写到输出流中
public　void write(String str) throws IOException	输出一个字符串
public void write (String str,int offset,int len) throws IOException	将字符串中从 offset 位置开始，长度为 len 个字符数组的数据写到输出流中
public abstract void flush() throws IOException	输出缓冲区内的所有数据

8.4.2　FileReader 类和 FileWriter 类

FileReader 类和 FileWriter 类用于字符文件的输入/输出处理，与文件数据流 FileInputStream 和 FileOutputStream 的功能相似。

（1）FileReader 类。如果想从文件中直接读取字符，可以使用字符输入流 FileReader，通过此流可以从文件中读取一个或一组字符。FileReader 继承自 InputStreamReader 类，而 InputStreamReader 类又继承自 Reader 类，因此，FileReader 创建的对象可以使用来自 Reader 类和 InputStreamReader 类所提供的方法。FileReader 类的常用构造方法有 2 种，见表 8-7。

表 8-7　FileReader 类的常用构造方法

方法摘要	功能描述
FileReader(File file)	在给定从中读取数据的 File 的情况下创建一个新 FileReader
FileReader(String filename)	在给定从中读取数据的文件名的情况下创建一个新 FileReader

FileReader 类从父类中继承了 read()方法，可以用来实现对文件的读取。其具体用法如文件 8-7 所示。

文件 8-7

```
import java.io.*;
public class Example07 {
    public static void main(String[] args){
        char[] c = new char[100];
        int num = 0;
        FileReader fr = null;
        try {
            fr = new FileReader("url.txt");
            num = fr.read(c);   //将字符读入数组中
            String str = new String(c,0,num);   //将数组转换为字符串
            System.out.println("读取的字符个数为："+num+"，其内容如下：");
            System.out.println(str);
        }catch (FileNotFoundException e) {
            e.printStackTrace();
        }catch (IOException e) {
            e.printStackTrace();
        }finally {
                try {
                    fr.close();
                } catch (IOException e) {
                    e.printStackTrace(); }
        }
    }
}
```

文件 8-7 的运行结果如图 8-9 所示。

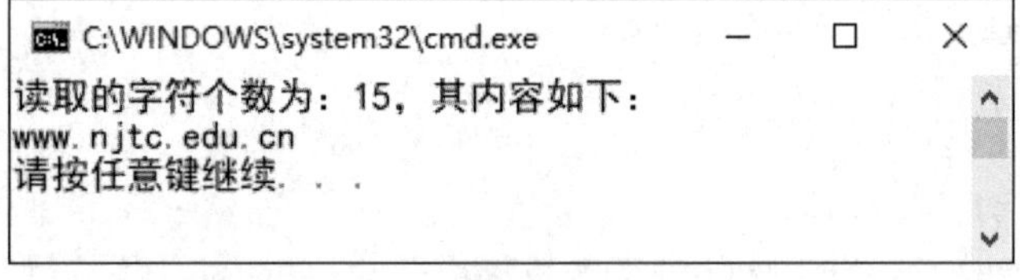

图 8-9　文件 8-7 的运行结果

上述示例首先以当前目录的 url.txt 文件创建了一个 FileReader 类的对象 fr，然后通过 read()方法将文件的内容读入字节数组 c 中，最后转换为一个字符串输出。

（2）FileWriter 类。如果要向文件中写入字符就需要使用文件字符输出流 FileWriter 类。FileWriter 继承自 OutputStreamWriter 类，而 OutputStreamWriter 类又继承自 Writer 类，因此，FileWriter 创建的对象可以使用来自 Writer 类和 OutputStreamWriter 类所提供的方法。FileWriter 类的常用构造方法有 2 种，见表 8-8。

表 8-8　FileWriter 类的常用构造方法

方法摘要	功能描述
FileWriter(String fileName)	根据给定的文件名构造一个 FileWriter 对象
FileWriter(String fileName,boolean append)	根据给定的文件名以及指示是否附加写入数据的 boolean 值来构造 FileWriter 对象

FileWriter 类从父类中继承了 write()方法，可以用来实现对文件的写入。其具体用法如文件 8-8 所示。

文件 8-8

```
import java.io.*;
public class Example08 {
    public static void main(String[] args){
        int a = 61;
        char[] c    ={'劝','学'};
        String str1 = "三更灯火五更鸡，\r\n";
        String str2 ="正是男儿读书时。\r\n";
        String str3 ="黑发不知勤学早，\r\n";
        String str4 = "白首方悔读书迟。\r\n";
        FileWriter fw = null;
        try {
            fw = new FileWriter("诗.txt");
            fw.write(a);
            fw.write(a);
            fw.write(a);
            fw.write("\r\n");   // 写入回车换行符
            fw.write(c);
            fw.write("\r\n");
            fw.write(a);
            fw.write(a);
            fw.write(a);
            fw.write("\r\n");
            fw.write(str1);
            fw.write(str2);
            fw.write(str3);
            fw.write(str4);
        }catch (FileNotFoundException e) {
            e.printStackTrace();
        }catch (IOException e) {
            e.printStackTrace();
        }finally {
                try {
                    fw.close();
                } catch (IOException e) {
                    e.printStackTrace();}
        }
    }
}
```

上述示例程序创建了一个 FileWriter 类的对象 fw，然后向 fw 中写入整型数据、字符数组和字符串，程序运行后在当前目录创建了一个文本文件“诗.txt”，如图 8-10 所示。

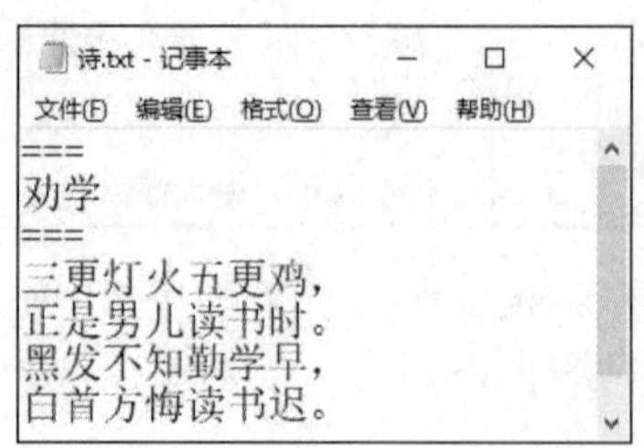

图 8-10　文件 8-8 创建的文本文件

注意：FileWriter 的方法 write(int c)用于写入单个字符，参数 c 为指定要写入字符的 ASCII 码的十进制数值，因此上述示例中的变量 a 实际上对应 ASCII 码表里的符号“=”。

8.5　缓冲流

文件 8-4 的运行结果表明，默认情况下使用文件字节流进行文件复制的效率是很低的，因为在文件复制过程中，是以字节形式逐个复制的。为了提高文件的读写效率，Java 语言提供了两个字节缓冲流来提高文件复制效率：BufferedInputStream 和 BufferedOutputStream。类似地，默认情况下 FileReader 类和 FileWriter 类也以字符为单位进行逐个字符的读写，数据的传输效率较低。Java 语言还允许 BufferedReader 类和 BufferedWriter 类以缓冲区的方式进行输入/输出操作，以提高其读写效率。

8.5.1　BufferedInputStream 类和 BufferedOutputStream 类

字节缓冲流 BufferedInputStream 和 BufferedOutputStream 的常用构造方法见表 8-9。

表 8-9　BufferedInputStream 和 BufferedOutputStream 的常用构造方法

方法摘要	功能描述
BufferedInputStream(InputStream in)	创建一个 BufferedInputStream 类并保存其参数，即输入流 in，以便将来使用
BufferedInputStream(InputStream in, int size)	创建具有指定缓冲区大小的 BufferedInputStream 类并保存其参数，即输入流 in，以便将来使用
BufferedOutputStream(OutputStream out)	创建一个新的缓冲输出流，以将数据写入指定的底层输出流
BufferedOutputStream(OutputStream out, int size)	创建一个新的缓冲输出流，以将具有指定缓冲区大小的数据写入指定的底层输出流

BufferedInputStream 和 BufferedOutputStream 的构造方法分别需要接收 InputStream 和 OutputStream 类型的参数作为对象，实现具有缓冲功能的输入流 InputStream 和输出流 OutputStream。通过设置这种缓冲流，应用程序就可以将各个字节写入底层输出流中，而不必针对每次字节写入调用底层系统。应用程序、字节缓冲流和字节流之间的关系如图 8-11 所示。

图 8-11　应用程序、缓冲流和底层字节流之间的关系

其中应用程序是通过字节缓冲流来完成数据读写的，而字节缓冲流又是通过底层被包装的字节流与设备进行关联的，因此字节缓冲流必须以字节流为基础。为了提高读写效率，可以将文件 8-4 进行改造，实现以字节缓冲流的方式进行读写，具体用法如文件 8-9 所示。

文件 8-9

```
import java.io.*;
public class Example09 {
    public static void main(String[] args) throws Exception {
    // 创建一个文件字节缓冲输入流，用于读取当前目录下 source 文件夹中的 mp3 文件
        BufferedInputStream bis = new BufferedInputStream(
                                        new FileInputStream("source\\无名之辈.mp3"));
        // 创建一个文件字节缓冲输出流，用于将读取的数据写入 target 目录下的文件中
        BufferedOutputStream bos = new BufferedOutputStream(
                                        new FileOutputStream("target\\无名之辈副本 2.mp3"));
        int len;      // 定义一个 int 类型的变量 len，记录每次读取的一个字节
        long begintime = System.currentTimeMillis();      // 获取复制文件前的系统时间
        while ((len = bis.read()) != -1) {      // 读取一个字节并判断是否读到文件末尾
            bos.write(len); }      // 将读到的字节写入文件
        long endtime = System.currentTimeMillis();      // 获取文件复制结束时的系统时间
        System.out.println("复制文件所消耗的时间是：" + (endtime - begintime) + "毫秒");
        bis.close();
        bos.close();
    }
}
```

文件 8-9 的运行结果如图 8-12 所示。

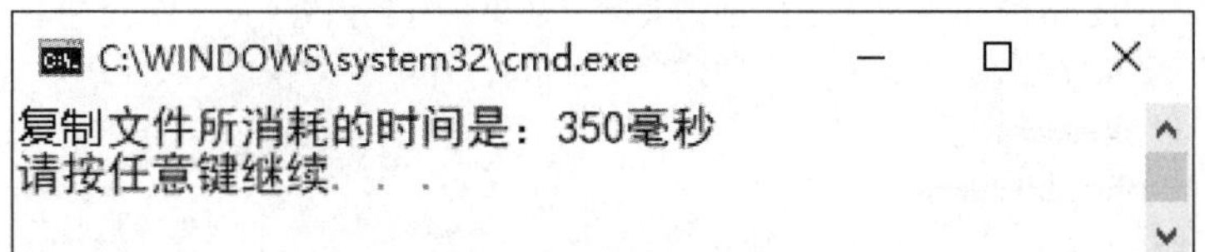

图 8-12　文件 8-9 的运行结果

在上述示例中，字节缓冲流 BufferedInputStream 和 BufferedOutputStream 在构造对象中必须接收文件字节流 FileInputStream 和 FileOutputStream 对象才能实现，程序执行后同样会成功复制文件，但是复制文件所消耗的时间变得相对较短，说明通过缓冲流确实提高了读写效率。

8.5.2　BufferedReader 类和 BufferedWriter 类

BufferedReader 类和 BufferedWriter 类是针对 FileReader 类和 FileWriter 类的缓冲包装类。

（1）缓冲字符输入流 BufferedReader 继承自 Reader 类，用来读取缓冲区中的数据。在使用 BufferedReader 类读取缓冲区中的数据之前，必须先创建 FileReader 类对象，并以该对象为

参数创建 BufferedReader 类的对象，然后可以利用此对象来读取缓冲区中的数据。BufferedReader 类的常用构造方法有 2 个，见表 8-10。

表 8-10 BufferedReader 类的常用构造方法

方法摘要	功能描述
BufferedReader(Reader in)	创建一个使用默认大小输入缓冲区的缓冲字符输入流
BufferedReader(Reader in, int size)	创建一个使用指定 size 大小输入缓冲区的缓冲字符输入流

2 个方法的区别在于是否设置了缓冲区的大小。

BufferedReader 类的常用方法有 6 个，见表 8-11。

表 8-11 BufferedReader 类的常用方法

方法摘要	功能描述
public int read()	读取单个字符
public int read(char[] c)	从流中读取字符并写入字符数组中
public int read(char[] c, int off, int len)	从流中读取特定长度字符并写入字符数组中
public long ship(long n)	跳过 n 个字符不读取
public String readLine()	读取一行字符串
public String close()	关闭缓冲输入流

其中 readLine()方法可以实现从文件中以行为单位读取数据，提高读文件的效率。具体用法如文件 8-10 所示。

文件 8-10

```
import java.io.*;
public class Example10 {
    public static void main(String[] args){
        String line = null;          // 创建变量存放每一行的内容
        int num = 0;                 // 创建变量存放行数
        FileReader fr = null;
        BufferedReader br = null;
        try{
            fr = new FileReader("诗.txt");
            br = new BufferedReader(fr);
            while ((line = br.readLine())!=null){
                num++;
                System.out.println(line);   }
            System.out.println("文本文件共"+num+"行");
        }catch (IOException e){
            e.printStackTrace();
        }finally {
                try {
                    br.close();
```

```
                fr.close();
            } catch (IOException e) {
                e.printStackTrace(); }
        }
    }
}
```

上述示例程序以“诗.txt”文件创建了一个 FileReader 类的对象 fr，然后以 fr 对象为参数创建了一个缓冲输入流 br，使用 BufferedReader 类的 readLine()方法每次读取一行数据并输出，最后输出总行数。文件 8-10 的运行结果如图 8-13 所示。

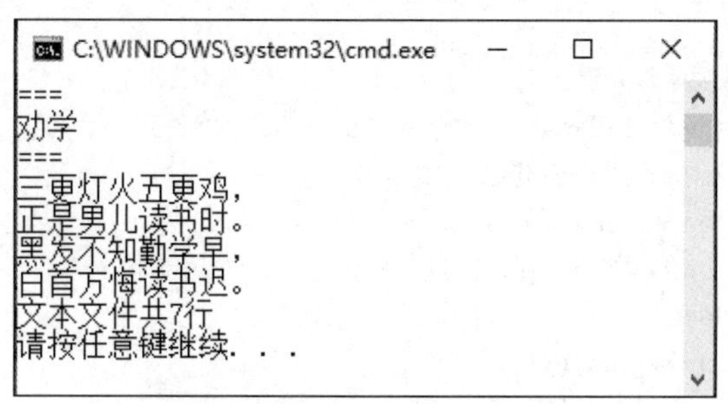

图 8-13　文件 8-10 的运行结果

（2）缓冲字符输出流 BufferedWriter 继承自 Writer 类，是用来将数据写入缓冲区的。使用 BufferedWriter 类将数据写入缓冲区的过程与使用 BufferedReader 类从缓冲区中读出数据的过程相似。必须先创建 FileWriter 类对象，并以该对象为参数来创建 BufferedWriter 类的对象，然后利用此对象来将数据写入缓冲区中。建议最后使用 flush()方法将缓冲区清空，也就是将缓冲区中的数据全部写到文件内。BufferedWriter 类有两个构造方法，见表 8-12。

表 8-12　BufferedWriter 类的常用构造方法

方法摘要	功能描述
BufferedWriter (Writer out)	创建一个使用默认大小输出缓冲区的缓冲字符输出流
BufferedWriter (Writer out, int size)	创建一个使用给定 size 大小输出缓冲区的新缓冲字符输出流

两个方法的区别在于是否设置了缓冲区的大小。

BufferedWriter 类的常用方法有 6 个，见表 8-13。

表 8-13　BufferedWriter 类的常用方法

方法摘要	功能描述
public int write()	将单个字符写入缓冲区
public int write (char[] c, int off, int len)	将字符数组写入缓冲区
public int write (String str, int off, int len)	将字符串写入缓冲区
public long flush()	将缓冲区中的数据写入文件
public String newLine()	写入回车换行符
public String close()	关闭缓冲输出流

缓冲字符输出 BufferedWriter 和缓冲字符输入流 BufferedReader 可以成对使用，实现文件复制，其具体用法如文件 8-11 所示。

文件 8-11

```
import java.io.*;
public class Example11 {
    public static void main(String[] args){
        String str = null;
        BufferedReader br = null;
        BufferedWriter bw = null;
        try{
            br = new BufferedReader(new FileReader("诗.txt"));
            bw = new BufferedWriter(new FileWriter("诗备份.txt"));
            while ((str = br.readLine())!=null){
                bw.write(str);              // 一次写入一行
                bw.newLine();   }           // 写入一个行分隔符
            bw.flush();                     // 刷新该流的缓冲
        }catch (IOException e){
            e.printStackTrace();
        }finally {
                try {
                    bw.close();
                    br.close();
                } catch (IOException e) {
                    e.printStackTrace(); }
        }
    }
}
```

上述示例程序创建了缓冲输入流对象 br 和缓冲输出流对象 bw，依次从 br 中读出一行并向 bw 中写入一行，从而实现文件“诗.txt”到“诗备份.txt”的复制功能。

8.6 标准输入/输出流

在实际开发中，程序常常需要与键盘输入或者屏幕输出进行相互操作，Java 通常将键盘设定为标准输入设备，将屏幕显示器设定为标准输出设备，在语言包 java.lang 的 System 类中定义了静态流对象 System.in、System.out 和 System.err。其中 System.in 对应于输入流，通常指键盘输入设备；System.out 对应于输出流，指显示器等信息输出设备；System.err 对应于标准错误输出设备，使得程序的运行错误可以有固定的输出位置，通常该对象对应于显示器。

通过 System 类的基本属性 in 可以获得一个 InputStream 对象，它是一个标准输入流，一般接收键盘的响应，得到通过键盘输入的数据，例如“Scanner sc = new Scanner(System.in);”。

System.out 是标准输出流，用于向显示设备（一般是显示器）输出数据。它是 java.io 包中 PrintStream 类的一个对象，其 println()、print() 和 write() 方法用于输出数据，例如“System.out.println("Hello,world!");”。

和 System.out 一样，System.err 也是一个 PrintStream 对象，用于向显示设备输出错误信息。

如果需要从键盘输入若干字符，然后转换为字符串并在显示器上显示出来，其具体用法如文件 8-12 所示。

文件 8-12

```
import java.io.*;
public class Example12 {
    public static void main(String[] args){
        InputStream is = System.in;
        System.out.println("请输入金额：" );
        try {
            byte[] bs = new byte[512];
            int len = is.read(bs);
            String str = new String(bs);
            System.out.println("您输入的金额是：" +str);
            is.close();
        }
        catch (IOException e){
            e.printStackTrace(); }
    }
}
```

上述示例程序创建一个 InputStream 对象 is，并将其赋值为 System.in，从键盘获得字节信息，通过这些字节信息创建字符串，并将其输出到显示器上。文件 8-12 的运行结果如图 8-14 所示。

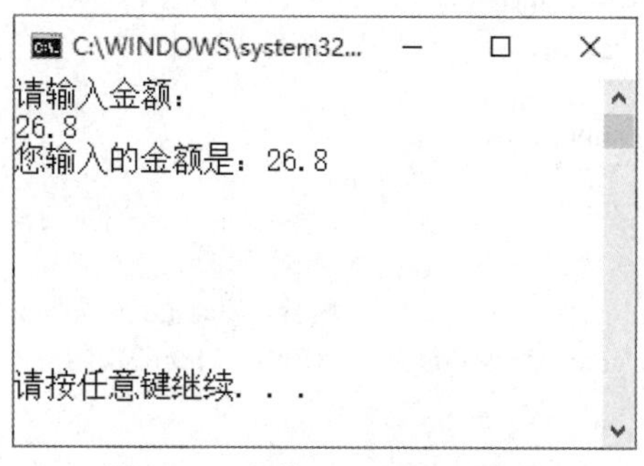

图 8-14　文件 8-12 的运行结果

注意：由键盘输入的数据，无论是文字还是数字，Java 皆视为字符串，因此由键盘输入数字必须经过转换。为了简化输入操作，从 Java 1.5 版本开始，在 java.util 类库中新增了一个专门用于输入操作的类 java.util.Scanner，该类可以创建用于输入操作的对象。例如，以下代码能够从标准输入流 System.in（键盘）中读取一个数：

```
Scanner sc = new Scanner(System.in);
int i = sc.nextInt();
```

上述代码中创建的对象 sc 不仅可以调用 nextInt()方法来读取用户从键盘上输入的 int 型数据，还可以调用如表 8-14 所列的方法读取用户在键盘上输入的相应类型的数据。

表 8-14 Scanner 类的 next×××()方法

方法摘要	功能描述
nextByte()	读取一个 byte 型的数据
nextDouble()	读取一个 double 型的数据
nextFloat()	读取一个 float 型的数据
nextInt()	读取一个 int 型的数据
nextLong()	读取一个 long 型的数据
nextShort()	读取一个 short 型的数据
next()	读取一行文本
nextLine()	读取一行文本（不包括结尾处的行分隔符）

next×××()方法被调用后，等待用户在命令行输入数据并按回车键（或空格键、Tab 键）进行确认。其中 next()和 nextLine()方法表示等待用户在键盘上输入一行文本，然后返回一个 String 类型的数据。区别在于，next()方法一定要读取到有效字符后才可以结束输入，对输入有效字符之前的空格键、Tab 键或 Enter 键等结束符，它将自动将其去掉，只有在输入有效字符之后，该方法才将其后输入的这些符号视为分隔符，即 next()方法不能得到带空格的字符串。而 nextLine()结束符为 Enter 键，即返回 Enter 之前的所有字符。next×××()方法的具体用法如文件 8-13 所示。

文件 8-13

```
import java.util.*;       //加载 java.util 类库里的所有类
public class Example13{
   public static void main(String[] args){
      int num1;
      double num2;
      Scanner sc=new Scanner(System.in);
      System.out.print("请输入一个整数：");
      num1= sc.nextInt();            //将输入的内容做 int 型数据赋值给变量 num1
      System.out.print("请输入一个实数：");
      num2= sc.nextDouble();        //将输入的内容做 double 型数据赋值给变量 num2
      System.out.println(num1+"+"+num2+"="+(num1+num2));
   }
}
```

文件 8-13 的运行结果如图 8-15 所示。

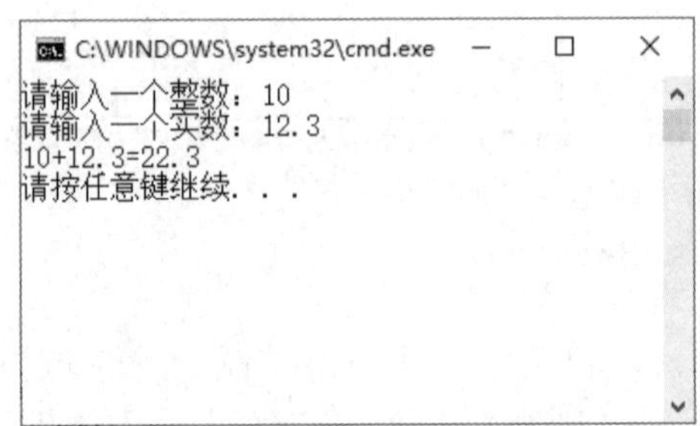

图 8-15 文件 8-13 的运行结果

上述示例中创建了一个 Scanner 对象 sc，并使用该对象读取用户从键盘上输入的两个数据，其中一个是 int 类型，另一个是 double 类型，最后输出这两个数的和。

8.7　文件处理

本章前面所讲解的 I/O 流通常适用于对磁盘文件的内容进行读写操作，如果应用程序需要对文件本身进行一些常规操作，例如创建、删除或者重命名某个文件等，经常会使用到 File 类。File 类是一个和流无关的类，该类封装了一个路径，并提供了一系列的方法用于操作该路径所指向的文件。同时，File 类还提供了操作目录的方法，通过这些方法可以得到文件或目录的描述信息，包括名称、所在路径、读写性以及长度等，还可以完成创建新目录、更改文件名、删除文件以及列出一个目录中所有的文件列表等操作。

File 类主要有 3 个构造方法，见表 8-15。

表 8-15　File 类的常用构造方法

方法摘要	功能描述
File(File parent, String child)	通过给定的父抽象路径名和子路径名字符串创建一个新 File 实例
File(String pathname)	通过将给定路径名字符串转换成抽象路径名来创建一个新 File 实例
File(String parent, String child)	根据 parent 路径名字符串和 child 路径名字符串创建一个新 File 实例

File 类还提供若干方法，用于实现操作文件/目录、获得文件/目录的相关信息等功能。File 类的常用方法见表 8-16。

表 8-16　File 类的常用方法

方法摘要	功能描述
public String getName()	返回文件对象名，不包含路径名
public String getPath()	返回相对路径名，包含文件名
public String getAbsolutePath()	返回绝对路径名，包含文件名
public String getParent()	返回父文件对象的路径名
public File getParentFile()	返回父文件对象
public long length()	返回指定文件的字节长度
public boolean exists()	判断指定文件是否存在
public long lastModified()	返回指定文件最后被修改的时间
public boolean renameTo(File dest)	文件重命名
public boolean delete()	删除文件
public boolean canRead()	判断文件是否可读
public boolean canWrite()	判断文件是否可写
public boolean mkdir()	创建指定目录，正常建立时返回 true
public String[] list()	返回目录中的所有文件名字符串
public File[] listFiles()	返回目录中的所有文件对象

其具体用法如文件 8-14 所示。

文件 8-14

```
import java.io.*;
import java.sql.Date;
import java.text.DateFormat;
public class Example14 {
    public static void main(String[] args) throws IOException {
        // 在当前目录创建 File 文件对象 f1，表示一个文件夹
        File f1 = new File(".\\newfile");
        // 在目录 newfile 下创建 File 文件对象 f2，表示一个文件夹
        File f2 = new File(".\\newfile\\temp");
        // 在目录 newfile 下创建 File 文件对象 f3，表示一个文件
        File f3 = new File(".\\newfile\\test.txt");
        // 判断文件夹是否存在，若不存在即创建
        if (!f1.exists()) {
            // 如果文件不存在便创建该文件
            System.out.println("目录 newfile 是否创建成功：" + f1.mkdir());}
        if (!f2.exists())
            f2.mkdir();
        //判断文件是否存在并且是否是文件夹
        if (f1.exists() && f1.isDirectory()) {
            System.out.println("原始的文件列表");
            // 遍历文件夹
            for(int i=0;i<f1.list().length;i++)
            System.out.println((f1.list())[i]); }
        // 如果文件不存在便创建该文件
        if (!f3.exists()) {
            boolean ifcreat = f3.createNewFile();
            System.out.println("文件是否创建成功：" + ifcreat);}
        // 再次遍历文件夹
        System.out.println("创建文件后的文件列表");
        for (int i=0;i<f1.list().length;i++)
        System.out.println((f1.list())[i]);
        System.out.println("文件名称：" + f3.getName());
        System.out.println("文件的相对路径：" + f3.getPath());
        System.out.println("文件的绝对路径：" + f3.getAbsolutePath());
        System.out.println(f3.canRead() ? "文件可读" : "文件不可读");
        System.out.println(f3.canWrite() ? "文件可写" : "文件不可写");
        // 得到文件最后修改时间，并将毫秒数转成日期
        long time = f3.lastModified();
        Date d = new Date(time);
        String date = DateFormat.getDateTimeInstance(DateFormat.LONG,
                DateFormat.LONG).format(d);
        System.out.println("最后修改时间为：" + date);
        // 得到文件的大小
        System.out.println("文件大小为：" + f3.length() + " bytes");
    }
}
```

程序执行后，在当前目录生成了一个文件夹 newfile、其子文件夹 temp 以及文件 test.txt。文件 8-14 的运行结果如图 8-16 所示。

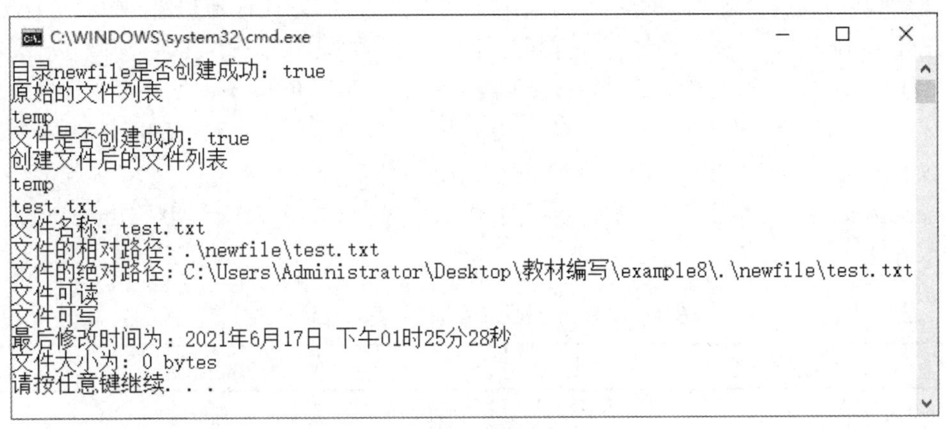

图 8-16　文件 8-14 的运行结果

注意：在表示文件路径时，使用转义的反斜线作为分隔符，即“\\”代替“\”，以“\\”开头的路径名表示绝对路径，否则表示相对路径。

由于不同的操作系统使用的文件夹分隔符不同，如 Windows 操作系统使用反斜线“\”，UNIX 操作系统使用正斜线“/”。为了使 Java 程序能在不同的平台上运行，可以利用 File 类的静态变量 File. Separator，其保存了当前系统规定的文件夹分隔符，使用它可以组合成在不同操作系统下都通用的路径。例如：

```
"d:"+File.separator+"mydir"+File.separator+"myfile"
```

8.8　随机读写文件

I/O 流有一个共同特点，就是只能按照数据的先后顺序读取源设备中的数据，或者按照数据的先后顺序向目标设备写入数据，无法随意改动文件读取的位置。因此，字节流和字符流都无法实现从文件的任意位置开始执行读写操作。为了实现能随机访问文件的需求，Java 专门提供了一个随机访问文件类——RandomAccessFile 类，该类不属于 I/O 流，但具有读写文件数据的功能，并且可以从文件的任何位置开始执行读写数据操作。

RandomAccessFile 类创建的流与前面的输入/输出流不同，RandomAccessFile 类独立于字节流和字符流体系之外，不具有字节流和字符流的任何特性，它直接继承自 Java 的基类 Object。RandomAccessFile 类有两个构造方法，见表 8-17。

表 8-17　RandomAccessFile 类的构造方法

方法摘要	功能描述
RandomAccessFile(String name, String mode)	创建从中读取和向其中写入（可选）的随机访问文件流，该文件具有指定名称
RandomAccessFile(File file, String mode)	创建从中读取和向其中写入（可选）的随机访问文件流，该文件由 File 参数指定

其中参数 name 用来确定一个文件名，使用 String 字符串形式给出创建的流的源或目的地。参数 file 是一个 File 对象，给出创建流的源或目的地。参数 mode 用来决定创建流对文件的访问权限，其值可以取 r、rw、rwd 和 rws。其中 r 以“只读”的方式打开文件，如果执行写操作，会报 IOException 异常。rw 以“读写”的方式打开文件，如果文件不存在，会自动创建该文件。rwd 以“读写”方式打开文件，这点和 rw 的操作完全一致，但是 rwd 要求对文件内容的每个更新都同步写入底层存储设备。rws 也是以“读写”方式打开文件，与 rw 相比，rws 要求对文件的内容或元数据的每个更新都同步写入底层存储设备”。

RandomAccessFile 类提供的方法功能强大，方法也非常多，表 8-18 列出了 RandomAccessFile 类的常用方法。

表 8-18 RandomAccessFile 类的常用方法

方法摘要	功能描述
public void close()	关闭流，并释放占用的所有资源
public void seek(long pos)	查找随机文件指针的位置
public long length()	求随机文件的字节长度
public final double readDouble()	随机文件浮点数的读取
public final int readInt()	随机文件整数的读取
public final char readChar()	随机文件字符的读取
public final void writeDouble(double v)	随机文件浮点数的写入
public final void writeInt(int v)	随机文件整数的写入
public final void writeChar(int v)	随机文件字符的写入
public long getFilePointer()	获取随机文件指针所指的当前位置
public int skipBytes(int n)	随机文件访问跳过指定的字节数

在 RandomAccessFile 对象中包含了一个记录指针，用于表示文件当前读写处的位置。当创建一个 RandomAccessFile 对象时，该对象的文件记录指针位于文件头（也就是 0 处），当读写了 *n* 个字节后，文件的记录指针就会向后移动 *n* 个字节。通过 RandomAccessFile 类的 getFilePointer()方法，可获取文件当前记录指针的位置，seek(long pos)方法可以使记录指针向前、向后自由移动 pos 个字节，从而实现从文件的任意位置开始执行读写数据的功能。

其具体用法如文件 8-15 所示。

文件 8-15

```
import java.io.*;
public class Example15{
    public static void main(String args[]) throws IOException {
        RandomAccessFile rf = new RandomAccessFile("rtest.dat", "rw");
        for(int i = 0; i < 10; i++)
            rf.writeDouble(i*1.413);   // 写入 double 型数据
        rf.close();
        rf = new RandomAccessFile("rtest.dat", "rw");
```

```
            rf.seek(5*8);  // 将指针指向当前位置之后的 5×8 个字节
            rf.writeDouble(3.1415926);
            rf.close();
            rf = new RandomAccessFile("rtest.dat", "r");
            for(int i = 0; i < 10; i++)
                System.out.println("Value " + i + ": " + rf.readDouble());  // 读数据
            rf.close();
        }
    }
```

文件 8-15 的运行结果如图 8-17 所示。

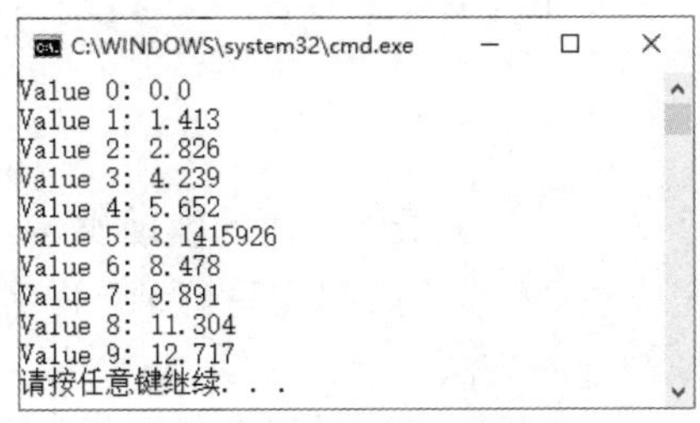

图 8-17　文件 8-15 的运行结果

上述示例首先使用 RandomAccessFile 类创建了一个随机文件对象 rf，即可对文件 rtest.dat 进行读写，此时该文件处于可读可写状态，读写指针处于文件开始位置，然后调用了 writeDouble()方法通过循环在该文件写入了 10 个 double 型的数，随后关闭了该对象；接着，为了实现随机读写，又重新创建了 rf 对象，并通过 seek(5*8)方法设置文件指针，使文件快速定位至第 5 个 double 型的数据之后的位置，然后通过 writeDouble(3.1415926)方法完成对文件的写操作；从最后的运行结果可以看出，使用 RandomAccessFile 类可以实现随机访问文件的功能。

注意： 虽然 RandomAccessFile 类不属于 I/O 流，但是在对文件的读写操作完成后，需要调用 close()方法关闭文件，释放资源；另外，RandomAccessFile 类的所有方法都有可能抛出 IOException 异常，所以也需要进行异常处理。

8.9　【综合案例】保存书店每日交易记录

【任务描述】

编写一个保存书店每日交易记录的程序，使用字节流将书店的交易信息记录在本地的 csv 文件中。当用户输入图书编号时，后台会根据图书编号查询到相应图书信息，然后返回该信息并输出。当用户输入购买数量时，系统会判断库存是否充足，如果充足则将信息保存至本地的 csv 文件中，其中，每条信息包含了“图书编号”“图书名称”“购买数量”“单价”“总价”“出版社”等数据，每个数据之间用英文逗号或空格分隔，每条数据之间由换行符分隔。保存的时候需要判断本地是否存在当天的数据，如果存在则追加，不存在则新建。文件命名格式为“销售记录”+当天日期+“.csv”后缀，如“销售记录 20160321.csv”。

【运行结果】

任务运行结果如图 8-18 所示。

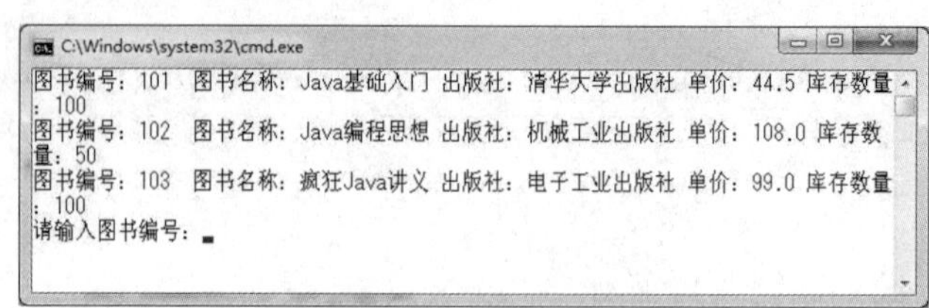

图 8-18 任务运行结果

【任务目标】

（1）学会分析“保存书店每日交易记录”程序的实现思路。
（2）能够根据思路独立完成“保存书店每日交易记录”程序的源代码编写、编译及运行。
（3）掌握字节流操作本地文件的方法。
（4）掌握 ArrayList 和 StringBuffer 的使用，以及异常的处理。
（5）了解 csv 文件的文件格式。

【实现思路】

（1）为方便保存图书的相关信息，可以将图书信息封装成一个实体类。图书售出过程中可能会打印图书相关信息，所以需要对该实体类的 toString()方法进行重写，使其能更清晰地显示图书信息。每次图书售出之后要修改库存数量，还应在实体类中编写一个操作库存数量的方法。

（2）对于一个书店，首先要有一个书架，书架上会有许多图书供挑选。这里可以创建一个集合用于模拟书架，然后向集合中添加有具体图书信息的图书对象，此时书架上面便有了图书。

（3）用户购买图书是通过在控制台键盘输入图书编号和购买数量的方式进行的，如果图书编号正确，且购买数量在库存数量之内，则图书购买成功，并将此图书的销售信息保存到 csv 文件中，同时要减少库存数量。

（4）查询图书信息时，可以通过 Scanner 类的 nextInt()方法从控制台获取图书编号，之后根据这个编号到书架上查询这本书的信息。如果查到了图书的信息，从控制台获取购买的数量之后，判断库存是否充足，如果充足则将此书的所有信息进行封装。

（5）将图书的销售信息写入 csv 文件之前，需先拼凑好 csv 文件名，再判断本地是否已存在此文件。这里可通过输入流尝试获取此文件的字节流，如果获取成功，则证明这个文件已存在，那么就通过输出流向文件末尾追加销售信息；如果获取失败，即异常，说明之前并没有生成当日的销售信息，则需要新建此文件。

（6）将封装的信息写入 csv 文件中时，csv 格式的文件以纯文本形式存储表格数据，写入文件时可以用图 8-18 的格式写入。当此类文件用 Excel 格式打开的时候，展现信息如图 8-18 所示。

（7）在拼凑 csv 文件名时，需要获取当日的日期。这里可以通过以下代码来获取并拼凑 csv 文件名。

```
DateFormat format = new SimpleDateFormat("yyyyMMdd");  //定义日期格式
stringname="销售记录"+format.format(date)+".csv";  //拼接文件名
```

【实现代码】

（1）将图书信息封装成一个实体类 Books 类，代码如下：

```
/**
    图书类
 */
public class Books {
    int id;
    String name;           // 图书名称
    double price;          // 图书单价
    int number;            // 图书数量
    double money;          // 总价
    String Publish;        // 出版社
    public Books(int id, String name, double price, int number, double money,
            String Publish) {
        this.id = id;
        this.name = name;
        this.price = price;
        this.number = number;
        this.money = money;
        this.Publish = Publish;
    }
    public String toString() {
        String message = "图书编号：" + id + "  图书名称：" + name + "  出版社：" + Publish + "
                    单价：" + price + "  库存数量：" + number;
        return message;
    }

    public void setNumber(int number) {
        this.number = number;
    }
}
```

在 Books 类中，定义了用于标识图书信息的各种字段，定义了一个有参的构造方法，用于对象的创建和初始化，重写了 toString()方法，用于返回图书的详细信息，定义了一个 setNumber()方法，用于修改图书的库存量。

（2）定义 RecordBooksOrder 类来记录和操作图书信息，代码如下：

```
package cn.itcast.chapter07.task01;
import java.util.ArrayList;
import java.util.Scanner;
public class RecordBooksOrder {
    static ArrayList<Books> booksList = new ArrayList<Books>();        // 创建书架
```

```
    public static void main(String[] args) {
        init();         // 初始化书架
        // 将书架上所有图书信息打印出来
        for (int i = 0; i < booksList.size(); i++) {
            System.out.println(booksList.get(i));
        }
        while (true) {
            // 获取控制台输入的信息
            Scanner scan = new Scanner(System.in);
            System.out.print("请输入图书编号：");
            int bookId = scan.nextInt();
            Books stockBooks = getBooksById(bookId);   // 根据输入的图书编号获取图书信息
            if (stockBooks != null) {                  // 判断是否存在此图书
                System.out.println("当前图书信息" + stockBooks);
                System.out.print("请输入购买数量：");
                int bookNumber = scan.nextInt();
                if (bookNumber <= stockBooks.number) {      // 判断库存是否足够
                    // 将输入信息封装成 Books 对象
                    Books books = new Books(stockBooks.id, stockBooks.name,
                            stockBooks.price, bookNumber, stockBooks.price
                                    * bookNumber, stockBooks.Publish);
                    FileUtil.saveBooks(books);         // 将本条数据保存至本地文件
                    // 修改库存
                    stockBooks.setNumber(stockBooks.number - bookNumber);
                } else {
                    System.out.println("库存不足！");
                }
            } else {
                System.out.println("图书编号输入错误！");
            }
        }
    }
    /**
     * 初始化书架上图书的信息，将图书放到书架上
     */
    private static void init() {
        Books goods1 = new Books(101, "Java 基础入门", 44.50, 100, 4450.00, "清华大学出版社");
        Books goods2 = new Books(102, "Java 编程思想", 108.00, 50, 5400.00, "机械工业出版社");
        Books goods3 = new Books(103, "疯狂 Java 讲义", 99.00, 100, 9900.00, "电子工业出版社");
        booksList.add(goods1);
        booksList.add(goods2);
        booksList.add(goods3);
    }
    /**
     * 根据输入的图书编号查找图书信息，循环遍历书架中图书信息，找到图书编号相等的图书并取出
     */
```

```
        private static Books getBooksById(int bookId) {
            for (int i = 0; i < booksList.size(); i++) {
                Books thisBooks = booksList.get(i);
                if (bookId == thisBooks.id) {
                    return thisBooks;
                }
            }
            return null;
        }
    }
```

在文件中，创建了 ArrayList 类型的全局变量作为书店的书架。初始化书架信息，向 ArrayList 中添加了 3 本书的信息，通过 for 循环进行展示。使用 while 循环获取和处理用户输入信息，每次循环先从控制台获取图书编号的数据，再由代码根据图书编号查询到图书信息。当获得的图书信息不为空时，获得购买的数量，并判断库存是否充足，如果库存足够，可通过代码将所有数据封装，再利用代码调用 FileUtil 类中的 saveBooks()方法，将其保存至本地。最后在代码中调用 setNumber()方法，修改库存。

（3）定义工具类 FileUtil 保存图书信息，代码如下：

```
package cn.itcast.chapter07.task01;
import java.io.BufferedOutputStream;
import java.io.FileInputStream;
import java.io.FileNotFoundException;
import java.io.FileOutputStream;
import java.io.IOException;
import java.io.InputStream;
import java.text.DateFormat;
import java.text.SimpleDateFormat;
import java.util.Date;
/**
 * 工具类
 */
public class FileUtil {
    public static final String SEPARATE_FIELD = "";          // 字段分隔符
    public static final String SEPARATE_LINE = "\r\n";       // 行分隔
    /**
     * 保存图书信息
     */
    public static void saveBooks(Books books) {
        // 判断本地是否存在此文件
        Date date = new Date();
        DateFormat format = new SimpleDateFormat("yyyyMMdd");           // 定义日期格式
        String name = "销售记录" + format.format(date) + ".csv";        // 拼接文件名
        InputStream in = null;
        try {
            in = new FileInputStream(name);         // 判断本地是否存在此文件
            if (in != null) {
                in.close();                          // 关闭输入流
```

```
                createFile(name, true, books);    // 可获取输入流，则存在文件，采取修改文件方式
            }
        } catch (FileNotFoundException e) {
            createFile(name, false, books);  // 输入流获取失败，则不存在文件，采取新建新文件方式
        } catch (IOException e) {
            e.printStackTrace();
        }
    }

    /**
     * 将图书的售出信息保存到本地，可通过 label 标识来判断选择修改文件还是新建文件
     * @param name   文件名
     * @param label  文件已存在的标识，true：已存在则修改；false：不存在则新建
     * @param books  图书信息
     */
    public static void createFile(String name, boolean label, Books books) {
        BufferedOutputStream out = null;
        StringBuffer sbf = new StringBuffer();      // 拼接内容
        try {
            if (label) {         // 当已存在当天的文件，则在文件内容后追加
                // 创建输出流，用于追加文件
                out = new BufferedOutputStream(new FileOutputStream(name, true));
            } else {           // 不存在当天文件，则新建文件
                // 创建输出流，用于保存文件
                out = new BufferedOutputStream(new FileOutputStream(name));
                String[] fieldSort = new String[] { "图书编号", "图书名称", "购买数量", "单价",
                        "总价", "出版社" };     // 创建表头
                for (String fieldKye : fieldSort) {
                    // 新建时，将表头存入本地文件
                    sbf.append(fieldKye).append(SEPARATE_FIELD);
                }
            }
            sbf.append(SEPARATE_LINE);      // 追加换行符号
            sbf.append(books.id).append(SEPARATE_FIELD);
            sbf.append(books.name).append(SEPARATE_FIELD);
            sbf.append(books.number).append(SEPARATE_FIELD);
            sbf.append((double) books.price).append(SEPARATE_FIELD);
            sbf.append((double) books.money).append(SEPARATE_FIELD);
            sbf.append(books.Publish).append(SEPARATE_FIELD);
            String str = sbf.toString();
            byte[] b = str.getBytes();
            for (int i = 0; i < b.length; i++) {
                out.write(b[i]);      // 将内容写入本地文件
            }
        } catch (Exception e) {
            e.printStackTrace();
        } finally {
                try {
```

```
                    if (out != null)
                        out.close();        // 关闭输出流
                } catch (Exception e2) {
                    e2.printStackTrace();
                }
            }
        }
    }
```

在文件中，当 saveBooks()方法被调用时，获取当前日期并格式化后，拼出文件名，再通过代码尝试获取此文件的字节输入流。当能够获取输入流时，先关闭输入流，再在文件末尾追加信息。当不能获取输入流时则抛出异常，在异常处理中调用 createFile()方法，可以通过此方法中的 label 参数来选择新建文件或在已有文件中追加内容。如果 label 值是 true 则追加内容，如果 label 值是 false 则新建文件，并写入表头，其中进行追加或新建操作由构造函数的 append 参数来定义。然后拼出一行数据，且在每次拼接之前都要加上换行符“\r\n”，每个字段之间通过空格分隔字段，再写入文件。最后关闭输出流。

8.10　本章小结

本章主要介绍了输入/输出流的相关概念和主要操作，Java 语言可以通过 InputStream、OutputStream、Reader 和 Writer 类及其子类来处理输入和输出流。其中 InputStream 和 OutputStream 类及其子类既可用于处理文本文件也可用于处理二进制文件，但以处理二进制文件为主。Reader 与 Writer 类可以用来处理文本文件的读取和写入操作，通常以它们的派生类来创建实体对象，再利用实体对象来处理文本文件读写操作。Java 语言还提供了 BufferedReader 类和 BufferedWriter 类以缓冲区方式进行输入/输出操作，以提高读写效率。文件流类 File 的对象对应系统的磁盘文件或文件夹。随机访问文件类 RandomAccessFile 可以实现对文件的随机读/写。

8.11　习题

一、单选题

1. 下列有四个步骤：①将字节流输入流和源文件相关联，输出流和目标文件相关联；②明确源文件和目标文件；③使用输入流的读取方法读取文件，并将字节写入到目标文件中；④关闭资源。如果需要完成文件的复制操作，正确的排列顺序是（　　）。

　A．①②③④　　B．②①③④　　C．②③①④　　D．①③②④

2. 下面关于 FileInputStream 和 FileOutputStream 的说法中，错误的是（　　）。

　A．FileInputStream 是 InputStream 的子类，它是操作文件的字节输入流

　B．FileOutputStream 是 OutputStream 的子类，它是操作文件的字节输出流

　C．如果使用 FileOutputStream 向一个已存在的文件中写入数据，那么写入的数据会被追加到该文件原先的数据后面

　D．使用 FileInputStream 读取文件数据时，必须保证要读取的文件存在并且是可读的

3．当文件不存在或不可读时，使用 FileInputStream 读取文件会报（ ）错误。

A．NullPointerException　　B．NoSuchFieldException

C．FileNotFoundException　　D．RuntimeException

4．下列选项中，（ ）类用来读取文本的字符流。

A．FileReader　　B．FileWriter

C．FileInputStream　　D．FileOutputStream

5．FileWriter 类中有很多重载的读取字符的方法，其中 read()方法如果读取已到达流的末尾，将返回的值是（ ）。

A．0　　B．-1　　C．1　　D．无返回值

二、多选题

1．下面关于字节流缓冲区的描述中，错误的是（ ）。

A．字节流缓冲区的大小是 1024 字节

B．字节流缓冲区的大小是可以自定义设置的

C．字节流缓冲区只能用在文件输出流中

D．字节流缓冲区只能用在文件输入流中

2．下列关于 FileWriter 的说法正确的是（ ）。

A．FileWriter 是 OutputStreamWriter 类的子类

B．FileWriter 用于直接向文件中读取字符

C．FileWriter 在指定写入的文件不存在时会抛出异常

D．使用 FileWriter（String fileName,boolean append）构造方法能实现在文件中追加内容的效果

3．RandomAccessFile(String name,String mode)构造方法中，mode 取值有（ ）。

A．r　　B．rw　　C．rs　　D．rws

4．使用 I/O 流复制文件时，（ ）路径可以被正确解析。

A．f:\\Qqmusic\\东方红.mp3　　B．f:/ Qqmusic /东方红.mp3

C．F:\\ Qqmusic \\东方红.mp3　　D．F:// Qqmusic //东方红.mp3

5．下列关于 I/O 流的描述中，正确的有（ ）。

A．按照操作数据的不同，可以分为字节流和字符流

B．按照数据传输方向的不同又可分为输入流和输出流

C．字节流的输入/输出流分别用 java.io.InputStream 和 java.io.OutputStream 表示

D．字符流的输入/输出流分别用 java.io.Reader 和 java.io.Writer 表示

三、判断题

1．FileWriter(File file)语句的作用是根据给定的 File 对象构造一个 FileWriter 对象。（ ）

2．字节缓冲流指的是 BufferedInputStream 和 BufferdOutputStream。（ ）

3．BufferedReader 和 BufferedWriter 是具有缓冲功能的流，使用它们可以提高读写效率。（ ）

4．File 类内部封装的路径可以指向一个文件，也可以指向一个目录。（　　）

5．在操作文件时，如果需要删除整个目录，只需 File 类的 delete()方法直接删除目录即可。（　　）

6．字节流只能用来读写二进制文件。（　　）

7．通过 RandomAccessFile 的 seek(long pos)方法可以使记录指针向前、向后自由移动。（　　）

8．InputStreamReader 的作用是将接收的字节流转换为字符流。（　　）

9．在 Java 中删除目录或文件是无法恢复的。（　　）

10．File 类属于 java.lang 包。（　　）

四、简答题

1．什么是流？它有哪些常见分类？

2．什么是缓冲流？它有什么作用？

3．什么是转换流？它有什么作用？

五、编程题

1．编写程序，使用字符流向一个有数据的文本文件中追加写入一段字符串，并保证原有数据不被清空。

提示：使用 FileWriter(String fileName, boolean append)构造方法。

2．编写程序，实现游戏登录时的密码验证过程，要求：输入正确密码“123456”后成功进入游戏，如果密码输错 5 次则退出游戏。

提示：

（1）使用标准输入流 System.in 读取键盘输入。

（2）使用 BufferedReader 对字符流进行包装，并调用 BufferedReader 的 readLine()方法每次读取一行。

（3）在 for 循环中判断输入的密码是否为“123456”，如果是则输出“欢迎您进入游戏！”，并跳出循环，否则继续循环读取键盘输入。

（4）当循环完毕，密码还不正确，则输出“密码错误，游戏结束！”，并调用 System. exit(0)方法结束程序。

3．编写程序，遍历 D 盘下所有的文件，将后缀名为“.class”的文件的删除，如果删除失败，输出该文件绝对路径，并提示该文件删除失败。

提示：

（1）使用遍历文件的方式，遍历 D 盘中所有的文件。

（2）判断遍历出来的文件名是否以“.class”结尾，如果是则删除该文件。

（3）当第 2 步操作删除失败，则提示该文件删除失败。

第 8 章习题答案

第 9 章　多线程

【学习目标】

- 学习并掌握进程与线程概念以及它们的异同。
- 掌握线程的状态以及状态之间转换。
- 掌握 Java 中多线程机制的实现方法和原理。
- 了解线程间实现同步的机制。

9.1　线程的概述

日常生活中，有些事情是可以同时进行的。例如，一边吃饭一边看电视，一边聊天一边听音乐。而计算机操作系统也是支持多任务同时进行的。例如，可以一边编写文档，一边播放音乐。计算机这种同时能够完成多个任务的技术，就是多线程技术。Java 语言支持多线程编程。Java 程序中各个部分通常按顺序依次执行，但由于某些原因，可以将顺序执行的程序段转成并发执行，每一个程序段是一个逻辑上相对完整的程序代码段。多线程的主要目的就是将一个程序中的各个程序段同时执行，合理利用计算机资源。

在计算机领域中，程序、进程和线程是几个非常容易混淆的概念，要理解多线程机制，有必要搞清楚这些概念及其之间的区别。

9.1.1　程序和进程

程序是指令和数据的有序集合，程序被存储在磁盘或其他的存储设备中，其本身没有任何运行的含义，是静态的代码。进程可以简单理解为一段正在运行的程序，它是已经开始执行，但尚未结束的一种程序的状态。因此，相对于程序来说，进程可以看作一个动态的概念，是程序的一次执行过程。

在一个操作系统中，每个独立执行的程序都可以成为一个进程（正在运行的程序）。目前几乎所有的操作系统都支持多任务，即能够同时执行多个程序，例如 Windows、Linux、UNIX 等。在多任务操作系统中，表面上支持进程并发执行，例如可以一边听音乐，一边看小说，但实际上这些程序并不是同时执行的。图 9-1 任务管理器中可以看到当打开一个应用软件后，系统就产生一个相应的进程，如 360 安全卫士等。操作系统会分配相应的 CPU 资源和内存资源给进程，具体来说，操作系统会为每一个进程分配一段有限的 CPU 使用时间片，CPU 在这段时间中执行一个进程，然后会在下一个时间片中切换到另一个进程中去执行。CPU 运行速度非常快，能在极短的时间内在不同进程间来回切换，所以给人以同时执行多个程序的感觉。

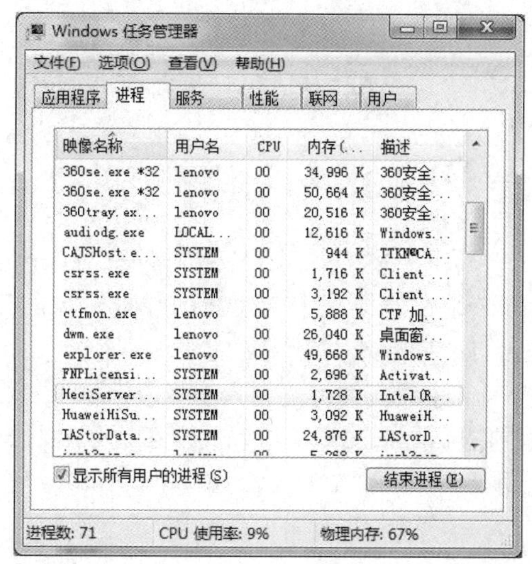

图 9-1　任务管理器

9.1.2　线程

线程（thread）就是比进程更小的运行单位，是程序中单个顺序的流控制。一个进程中可以包含多个线程。这样的话，一个进程就可能同时为用户做多件事了。例如，一个 IE 浏览器在下载一些图片的同时，也可浏览已经下载下来的页面部分，这就是通过线程机制为用户服务的典型例子。

当运行一个进程时，程序内部的代码都是按顺序先后执行的。如果能够将一个进程划分成更小的运行单位，则程序中一些彼此相对独立的代码段就可以同时运行，从而获得更高的执行效率。线程就提供了这种同时执行的办法。

线程是一个比进程小的基本单位，一个进程包括多个线程，每个线程代表一项系统需要执行的任务。线程是一段完成某个特定功能的代码，是程序中单个顺序的流控制。但与进程不同，线程共享地址空间。也就是说，多个线程能够读/写相同的变量或数据结构。

单线程就是当程序执行时，进程中的线程顺序是连续的。在单线程的程序设计语言里，运行的程序总是必须顺着程序的流程走，遇到 if-else 语句就进行判断，遇到 for、while 等循环就多绕几个圈，最后程序还是按着一定的顺序运行，且一次只能运行一个程序块。

多线程技术使单个程序内部也可以在同一时刻执行多个代码段，完成不同的任务，这种机制称为多线程。Java 语言利用多线程实现了一个异步的执行环境。例如，在一个网络应用程序里，可以在后台运行一个下载网络数据的线程，在前台则运行一个线程来显示当前下载的进度，以及一个用于处理用户输入数据的线程。浏览器本身就是一个典型的多线程例子，它可以在浏览页面的同时播放动画和声音、打印文件等。

多线程是实现并发的一种有效手段。Java 在语言级上提供了对多线程的有效支持。多线程提高了程序运行的效率，也克服了单线程程序设计语言所无法涉及的问题。

综上所述，多线程就是同时执行一个以上的线程，一个线程的执行不必等待另一个线程执行完后才执行，所有线程都可以发生在同一时刻。但操作系统并没有将多个线程看作多个独立的应用去实现线程的调度、管理和资源分配。

9.2 线程的状态与生命周期

9.2.1 线程的 5 种状态

每个 Java 程序都有一个默认的主线程，对于应用程序来说，main()方法执行的线程就是主线程，要想实现多线程，就必须在主线程中创建新的线程对象。Java 多线程机制是通过包 java.lang 中的 Thread 类实现的，Thread 类封装了对线程进行控制所必需的方法。线程的实例化对象定义了很多方法来控制一个线程的行为。每一个线程在它的一个完整的生命周期内通常要经历 5 种状态，通过线程的控制与调试方法可以实现在这 5 种状态之间的转化。线程的生命周期与状态转化如图 9-2 所示。

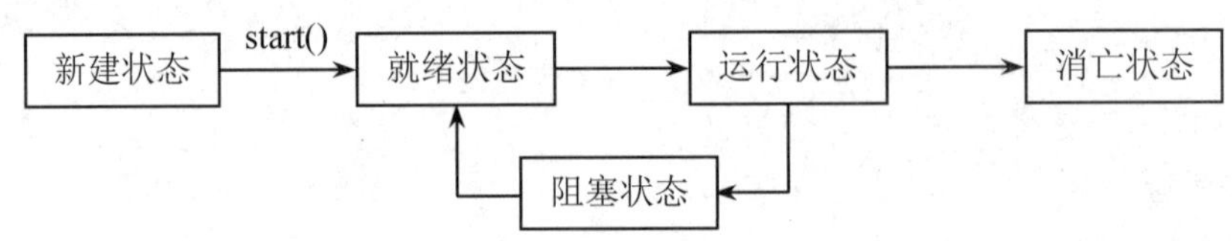

图 9-2 线程的生命周期与状态转化

1. 新建状态（newborn）

在一个 Thread 类或其子类的对象被声明并创建，但还未被执行的这段时间里，线程处于新建状态。此时，线程对象已经被分配了内存空间和其他资源，并已被初始化，但是该线程尚未被调度。此时的线程一旦被调度，就会变成就绪状态。

2. 就绪状态（runnable）

就绪状态也称为可运行状态。处于新建状态的线程被启动后，将进入线程队列排队等待 CPU 时间片，此时它已具备了运行的条件，即处于就绪状态。一旦轮到它来享用 CPU 资源，就可以脱离创建它的主线程，开始自己的生命周期了。另外，原来处于阻塞状态的线程被解除阻塞后也将进入就绪状态。

3. 运行状态（running）

当就绪状态的线程被调度并获得 CPU 资源时，就进入运行状态，拥有了对 CPU 的控制权。每一个 Thread 类及其子类的对象都有一个重要的 run()方法，该方法定义了线程类的操作和功能。当线程对象被调度执行时，它将自动调用本对象的 run()方法，从该方法的第一条语句开始执行，一直到运行完毕，除非该线程主动让出 CPU 的控制权，或者 CPU 的控制权被优先级更高的线程抢占。处于运行状态的线程在出现线程运行结束、线程主动睡眠、线程等待资源、优先级更高的线程进入就绪状态 4 种情况时会让出 CPU 的控制权。

4. 阻塞状态（blocked）

一个正在执行的线程如果在某些特殊情况下让出 CPU 并暂时中止自己的执行，线程所处的这种不可运行的状态被称为阻塞状态。阻塞状态是因为某种原因系统不能执行线程的状态，在这种状态下，即使 CPU 空闲也不能执行线程。当线程等待某一资源时、当线程调用 sleep()方法时、当线程通过 join()方法加入另一线程时，可使得一个线程进入阻塞状态。当一个线程被阻塞时，它不能进入队列，只有当引起阻塞的原因被消除时，线程才可以转入就绪状态，重新进到线程队列中排队等待 CPU 资源，以便从原来的暂停处继续运行。

处于阻塞状态的线程通常需要由某些事件唤醒，至于由什么事件唤醒该线程则取决于其阻塞的原因。如果线程是由于调用对象的 wait()方法而被阻塞，则该对象的 notify()方法被调用时可解除阻塞。notify()方法用来通知被 wait()阻塞的线程开始运行。如果线程是由于调用对象的 sleep()方法而被阻塞，处于睡眠状态的线程必须被阻塞一段固定的时间，直到睡眠时间结束才可以解除阻塞状态。如果线程是因为等待某一资源或信息而被阻塞，则需要由一个外来事件唤醒。

5. 消亡状态（dead）

处于消亡状态的线程不具有继续运行的能力。导致线程消亡的原因有两个：一是正常运行的线程完成了它的全部工作，即执行完 run()方法的最后一条语句并退出；二是当进程因故停止运行时，该进程中的所有线程被强行终止。当线程处于消亡状态，并且没有该线程对象的引用时，垃圾回收器会从内存中删除该线程对象。

9.2.2 线程的调度与优先级

1. 线程的调度

线程调度就是在各个线程之间分配 CPU 资源。多个线程的并发执行实际上是通过一个调度来进行的。线程调度有两种模型：分时模型和抢占模型。在分时模型中，CPU 资源是按照时间片来分配的，获得 CPU 资源的线程只能在指定的时间片内执行，一旦时间片使用完毕，就必须把 CPU 让给另一个处于就绪状态的线程。在分时模型中线程本身不会主动让出 CPU 资源。在抢占模型中，当前活动的线程一旦获得执行权，将一直执行下去，直到执行完成或由于某种原因主动放弃执行权。Java 语言支持的是抢占模型，所以在设计线程时，为了使低优先级的线程有机会运行，高优先级的线程会不时地主动进入“睡眠”状态，从而暂时让出 CPU 的控制权。

2. 线程的优先级

在多线程系统中，每个线程都被赋予了一个执行优先级。该执行优先级决定了线程被 CPU 执行的优先顺序。优先级高的线程可以在一段时间内获得比优先级低的线程更多的执行时间。在 Java 语言中，线程的优先级从低到高以整数 1～10 表示，共分为 10 级。Thread 类有 3 个关于线程优先级的静态变量：MIN_PRIORITY 表示最小优先级，通常为 1；MAX_PRIORITY 表示最高优先级，通常为 10；NORM_PRIORITY 表示普通优先级，默认值为 5。如果要改变线程的优先级，可以通过调用线程对象的 setPriority()方法来进行设置。线程的优先级的具体使用方法将在 9.4.6 节进行详细介绍。

对应一个新建的线程，系统会遵循如下原则为其指定优先级：

（1）新建线程将继承创建它的父线程的优先级。父线程是指执行创建新线程对象语句所在的线程，它可能是程序的主线程，也可能是某一个用户自定义的线程。

（2）一般情况下，主线程具有普通优先级。

9.3 线程的创建

Java 实现多线程的方法有两种：一是通过继承 java.lang 包中的 Thread 类来实现，二是通过用户在自己定义的类中的 Runnable 接口来实现。

9.3.1 Thread 类中常用的方法

在多线程中所有的操作方法实际上都是从 Thread 类开始的，所有的操作基本上都在 Thread 类之中。Thread 类中常用的构造方法见表 9-1。

表 9-1 Thread 类的常用构造方法

方法声明	功能描述
public Thread()	创建一个线程对象
public Thread(String name)	创建线程对象，并设置线程名称
public Thread(Runnable target)	接收 Runnable 接口子类对象，创建一个线程对象
public Thread(Runnable target,String name)	接收 Runnable 接口子类对象，创建一个线程对象，并设置线程名称

表 9-1 中列出了 Thread 类的 4 种常用的构造方法，通过调用不同参数的构造方法便可完成线程的创建。

Thread 类的常用方法见表 9-2。

表 9-2 Thread 类的常用方法

方法声明	功能描述
public static Thread currentThread()	返回当前正在运行的线程对象
public final String getName()	返回线程的名称
public void start()	使该线程由新建状态变为就绪状态。
public void run()	执行线程任务
public final boolean isAlive()	判断当前线程是否正在运行，若是则返回 true，否则返回 false
public void interrupt()	中断当前线程的运行
public static boolean isInterrupted()	判断该线程的运行是否被中断，若是则返回 true，否则返回 false
public final void join()	暂停当前线程的执行，等待调用该方法的线程结束后再继续执行本线程
public final int getPriority()	返回线程的优先级
public final void setPriority(int newPriority)	设置线程优先级
public static void sleep(long millis)	为当前执行的线程指定睡眠时间
public static void yield()	暂停当前线程的执行，但该线程仍处于就绪状态，不转为阻塞状态

注意： Thread 类的子类可以激活成为一个线程，它所要执行的代码必须写在 run()方法内。run()方法是定义在 Thread 类中的方法，所以程序员需要在 Thread 类的子类中覆盖这个方法。在线程类中，run()方法是线程执行的起点，但 run()方法一般是不能直接调用的，而是通过线程的 start()方法来启动。

9.3.2　通过继承 Thread 类创建线程

通过继承 Thread 类的方式来实现多线程的步骤如下：

（1）创建一个 Thread 线程类的子类，并重写 Thread 类的 run()方法；

（2）创建该子类的实例对象，并通过调用 Start()方法启动线程。

接下来通过一个案例来演示通过继承 Thread 类的方式来实现多线程，如文件 9-1 所示。

文件 9-1

```
class MyThread extends Thread{
	public MyThread(){}	//子线程类无参构造方法
	public MyThread(String name){	//子线程类有参构造方法
		super(name);
	}
	public void run(){	//重写 run 方法
		for(int i=0;i<3;i++){	//取得当前线程的名字
			System.out.println(Thread.currentThread().getName()+"运行，i="+i);
		}
	}
}
public class Example01{
	public static void main(String args[]){
		MyThread mt1=new MyThread("线程-A");
		Mt1.start();	//启动线程
		MyThread mt2=new MyThread("线程-B");
		Mt1.start();	//启动线程


	}
}
```

文件 9-1 的运行结果如图 9-3 所示。

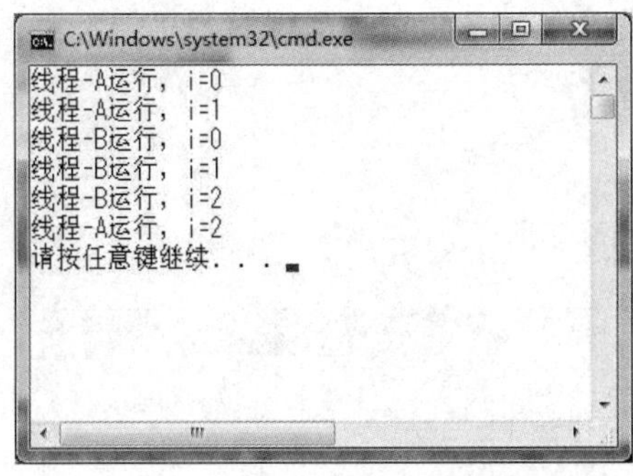

图 9-3　文件 9-1 的运行结果

文件 9-1 中定义了一个子类 MyThread 继承 Thread，创建了子线程类无参和有参构造方法，并重写了 run()方法，其中 currentThread()是 Thread 的静态方法，用来获取当前线程对象，getName()方法用来获取线程名称，然后在 main()方法中创建了 2 个线程实例，将线程的名字指定为线程-A 和线程-B，最后通过 start()方法启动线程。

从图 9-3 中可以看出，2 个线程交替执行 run()方法，并不是按照程序的编程顺序等第一个线程执行结束再执行第二个线程，这就说明程序实现了多线程功能。

9.3.3 使用 Runnable 接口实现多线程

Runnable 接口中只声明了一个 run()方法，在 java.lang 中 Runnable 接口的定义为

```
public interface Runnable{
    void run();
}
```

使用这种方式创建线程的步骤如下：

（1）定义一个类实现 Runnable 接口，即在该类中提供 run()方法的实现。

（2）创建 Runnable 的一个实现类对象。

（3）将 Runnable 接口的一个实现类对象作为参数传递给 Thread 类的一个构造方法。

（4）调用 Start()方法启动线程。

接下来演示如何通过 Runnable 接口创建多线程，如文件 9-2 所示。

文件 9-2

```
public class Example02{
    public static void main(String args[]) {
    //使用构造方法 public Thread(Runnable target,String name)创建线程对象，
    //并设置线程对象名称
        Thread t1=new Thread(new Hello(),"线程 A");
        Thread t2=new Thread(new Hello(),"线程 B");
        t1.start();
        t2.start();
    }
}
class Hello implements Runnable {
    public void run() {
        for(int i=0;i<10;i++){
            System.out.println(Thread.currentThread().getName()+"hello"+i);
        }
    }
}
```

文件 9-2 的运行结果如图 9-4 所示。

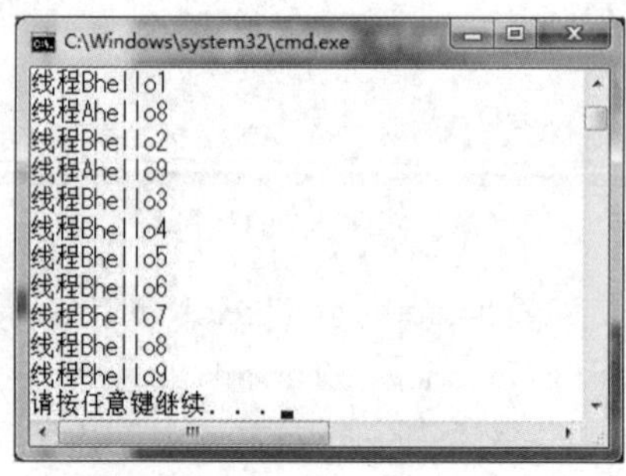

图 9-4　文件 9-2 的运行结果

文件 9-2 中定义了一个实现类 Hello 来实现 Runnable 接口，并在 Hello 类中实现了 run()方法，然后在 main()方法中创建了两个线程实例。在 main()方法中使用 Thread 类的构造方法 public Thread(Runnable target,String name)创建线程对象，通过传递 Runnable 的一个实现类的匿名对象作为参数，将线程的名字指定为“线程 A”和“线程 B”，最后通过 start()方法启动线程。

从图 9-4 运行结果中可以看出，两个线程对象交互执行了各自重写的 run()方法，这说明了通过 Runnable 接口的方式实现了多线程。

9.3.4　两种创建线程方法的比较

上面两个示例运行效果相同，那么在实际编程中如何选用这两种方法呢？下面对两者的特点和应用领域进行比较。

（1）直接继承线程 Thread 类编写简单，可以直接操作线程，适用于单重继承情况，因而不能再继承其他类。

（2）使用 Runnable 接口可以间接地解决了多重继承问题，避免单继承带来的局限性。

（3）与 Thread 类相比，Runnable 接口更适合多个线程处理同一个共享资源的情况，把线程同程序代码、数据有效地分离，很好地体现了面向对象的设计思想。

以买火车票为例，来分析采用两种方法创建线程的优缺点。假设有 3 个售票点卖 10 张火车票。如果把各个售票点理解为各个线程，则 3 个售票点就是 3 个线程。接下来通过继承 Thread 类这种方法演示售卖火车票的过程，如文件 9-3 所示。

文件 9-3

```
class Ticket extends Thread{
    private int tickets = 10;       //假设一共有 10 张火车票
    public Ticket(){}
    //创建子线程有参构造方法
    public Ticket(String name){
        super(name);
    }

    public void run(){      //重写 run 方法
        for(int i=0;i<100;i++){
            if(tickets>0){      //还有票
                //取得售票点的名称
                System.out.println(Thread.currentThread().getName()
                    +"正在卖第"+tickets--+"张票");
            }
        }
    }
}
public class Example03{
    public static void main(String args[]){
        //创建 3 个线程对象，每个线程对应一个售票点
        Ticket t1=new Ticket("第 1 售票点");
        Ticket t2=new Ticket("第 2 售票点");
```

```
            Ticket t3=new Ticket("第 3 售票点");
            t1.start();
            t2.start();
            t3.start();
        }
    }
```

文件 9-3 的运行结果如图 9-5 所示。

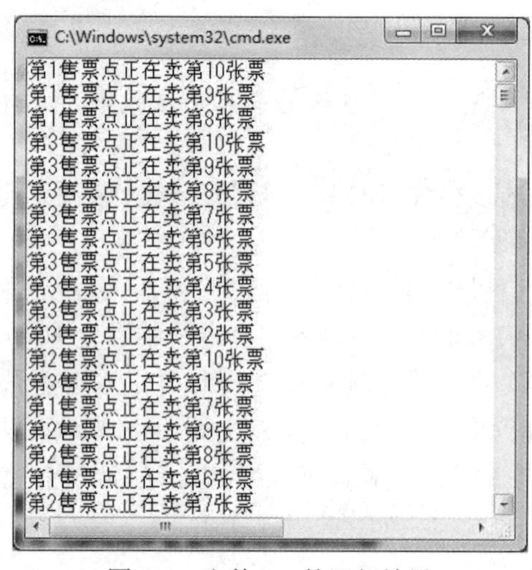

图 9-5 文件 9-3 的运行结果

从图 9-5 中可以看出，每张火车票都被售卖了 3 次。出现这种情况的原因就是 3 个线程没有共享这 10 张火车票，而是每个售票点都出售了 10 张火车票。而程序中创建了 3 个 Ticket 售票对象，相当于创建了 3 个售票程序，每个售票程序中都创建了 1 个 tickets 变量，它们都各自独立地处理各自的资源，而不是共同处理同一个售票资源。

现实生活中，售票系统中的火车票资源是共享的，因此上面的运行结果是有问题的。因此，售票程序不能采用通过继承 Thread 类的方式创建多线程。

为了保证售票系统中资源的共享，在程序中只能创建一个售票对象，然后开启多个线程去共享同一个售票对象的售票方法。也就是说 3 个线程运行同一个售票程序，这就需要通过实现 Runnable 接口的方法来实现多线程，把共享的同一个售票对象作为参数传递给 3 个线程（即售票点）。接下来，通过使用 Runnable 接口这种方法演示售卖火车票的过程，如文件 9-4 所示。

文件 9-4

```
public class Example04{
    public static void main(String args[]) {
        Tickets2 t1=new Tickets2();      //创建 Tickets1 的实例对象 t1
        //创建 3 个线程并对线程对象取名，开启线程
        new Thread(t1,"第 1 售票点").start();
        new Thread(t1,"第 2 售票点").start();
        new Thread(t1,"第 3 售票点").start();
    }
}
```

```
class Tickets2 implements Runnable {
    private int tickets = 10;      //假设一共有 10 张火车票
    public void run(){      //重写 run 方法
        for(int i=0;i<100;i++){
            if(tickets>0){      //还有票
                //取得售票点的名称
                System.out.println(Thread.currentThread().getName()+"正在卖第"+ticket--
                    +"张火车票");

            }

        }
    }
}
```

文件 9-4 的运行结果如图 9-6 所示。

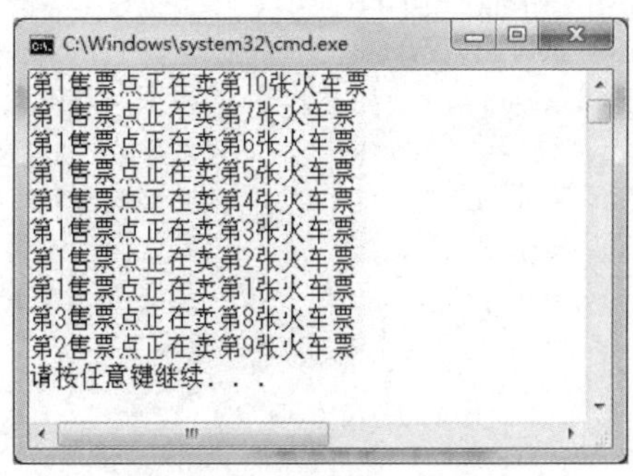

图 9-6　文件 9-4 的运行结果

文件 9-4 中，main()方法中创建了 Runnable 接口的实现类 Tickets2 的对象 t1，然后创建了 3 个线程，这 3 个线程对应 3 个售票点。每个线程上都调用同一个 t1 对象中的 run()方法，3 个线程访问的是同一个 tickets 变量，共享 10 张火车票。

通过上述案例的分析，采用 Runnable 接口的方法来实现多线程和系统中资源的共享。在实际开发中创建多线程一般都采用实现 Runnable 接口方法来实现多线程。

9.4　线程的主要操作方法

在 Thread 类中提供了创建线程和线程操作的许多方法，java 中线程的基本方法的熟练使用是精通多线程编程的必经之路，线程相关的基本方法有 wait、notify、notifyAll、sleep、join、yield 等，本节简要地介绍一下 Thread 类中常用的几种方法以及它们的使用方式。

9.4.1　取得并设置当前线程名称

在 Thread 类中，可以通过 getName()方法取得线程的名称，通过 setName()方法设置线程的名称。

线程的名称一般在启动线程前设置，但也允许为已经运行的线程设置名称。允许两个 Thread 对象有相同的名字，但为了清晰，应该尽量避免这种情况的发生。另外，如果程序并没有为线程指定名称，则系统会自动为线程分配一个名称。取得当前线程后，程序可以通过静态方法 currentThread()取得当前正在运行的线程对象。接下来演示如何取得并设置当前线程的名称，如文件 9-5 所示。

文件 9-5

```
class MyThread implements Runnable{          // 实现 Runnable 接口
    public void run(){                        // 覆写接口中的 run()方法
        for(int i=0;i<3;i++){                 // 循环输出 3 次
            System.out.println(Thread.currentThread().getName()
                    + "运行，  i = " + i) ;  // 取得当前线程的名字
        }
    }
}
public class Example05{
    public static void main(String args[]) {
        MyThread my = new MyThread() ;          // 定义 Runnable 子类对象
        new Thread(my).start() ;                // 系统自动设置线程名称
        new Thread(my,"线程-A").start() ;        // 设置线程名称
        new Thread(my,"线程-B").start() ;        // 设置线程名称
        new Thread(my).start() ;                // 系统自动设置线程名称
        new Thread(my).start() ;                // 系统自动设置线程名称
    }
}
```

文件 9-5 的运行结果如图 9-7 所示。

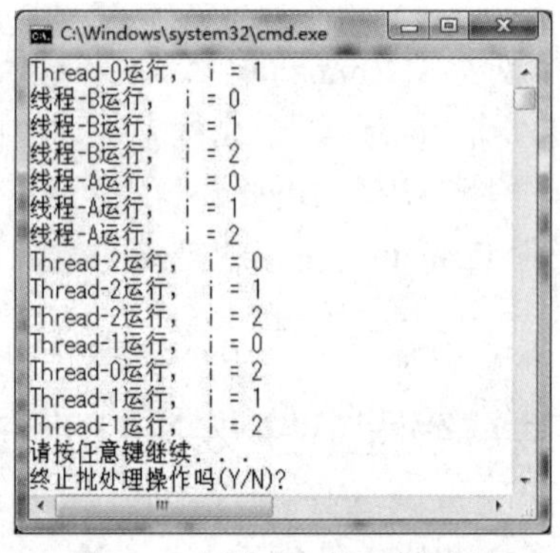

图 9-7　文件 9-5 的运行结果

从运行结果中发现，线程指定的名称会自动出现，如果没有指定名称，将由线程使用自动编号的方式完成，按照 Thread-0、Thread-1、Thread-2 的顺序依次编号。

9.4.2　判断线程是否启动

通过 Thread 类中的 start()方法通知 CPU 这个线程已经准备好启动之后就等待分配 CPU 资源，运行此线程了。那么如何判断一个线程是否已经启动了呢？在 Java 中可以使用 isAlive()方法来测试线程是否已经启动而且仍然在启动。接下来演示如何通过 isAlive()方法来测试线程是否已经启动，如文件 9-6 所示。

文件 9-6

```
class MyThread implements Runnable {                    // 实现 Runnable 接口
    public void run() {                                 // 覆写 run()方法
        for (int i = 0; i < 3; i++) {                   // 循环输出 3 次
            // 取得当前线程名称
            System.out.println(Thread.currentThread().getName()+ "运行  -->" + i);
        }
    }
}
public class Example06 {
    public static void main(String args[]) {
        MyThread mt = new MyThread();                          // 实例化对象
        Thread t = new Thread(mt, "线程");                      // 实例化 Thread 对象
        System.out.println("线程开始执行之前  -->" + t.isAlive());  // 判断该线程是否启动
        t.start();                                             // 启动线程
        // 再次判断该线程是否启动
        System.out.println("线程开始执行之后  -->" + t.isAlive());
        for (int i = 0; i < 3; i++) {                          // 循环输出 3 次
            System.out.println(" main  运行  -->" + i);         // 输出
        }
        //最后再检查一下线程类的实例的状态
        System.out.println("代码执行之后  -->" + t.isAlive());
    }
}
```

文件 9-6 运行结果如图 9-8 所示。

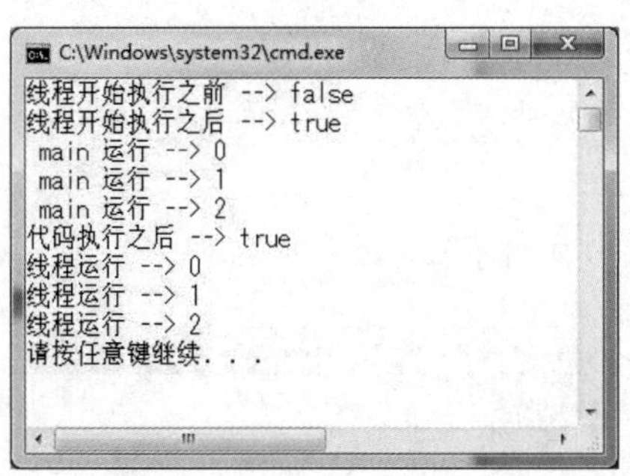

图 9-8　文件 9-6 的运行结果

从运行结果中可以看出，判断线程是否处在活动（运行）状态，就看这个语句在 start()方法（表示就绪）之前还是之后。在没有使用 start()方法启动线程类之前，线程的状态是 false；启动之后，线程的状态才是 true。两个线程交替运行，新的线程没有完全执行完代码，再检测其状态，结果是 true。只有当新的线程完全执行完代码，其状态结果才是 false。

9.4.3　线程的插队

现实生活中经常遇见插队的情况，同样，在 Thread 类中也提供了一个 join()方法来实现这个“功能”。线程插队的方法定义为：

```
public final void join() throws InterruptedException
```

该方法声明抛出 InterruptedException 异常，因此调用时要捕获异常或声明抛出异常。join()方法强制一个线程运行，线程强制运行期间，其他线程无法运行，必须等待此线程完成之后才可以继续执行。join 方法必须在线程被 start()方法调用之后使用才有意义。接下来通过一个案例来演示 join()方法的使用，如文件 9-7 所示。

文件 9-7

```
class MyThread implements Runnable {              // 实现 Runnable 接口
    public void run() {                           // 重写 run()方法
        for (int i = 0; i < 10; i++) {            // 循环 10 次
            // 输出线程名称
            System.out.println(Thread.currentThread().getName()+ "运行  -->" + i);
        }
    }
}
public class Example07 {
    public static void main(String args[]) {
        MyThread mt = new MyThread();                 // 实例化对象
        Thread t1 = new Thread(mt, "线程 1");         // 实例化 Thread 对象
        t1.start();                                   // 线程启动
        for (int i = 0; i < 10; i++) {                // 循环 10 次
            if (i == 5) {                             // 判断变量内容
                try {
                    t1.join();                        // 线程 t1 进行强制运行
                } catch (Exception e) {}              // 需要进行异常处理
            }
            System.out.println("Main  线程运行  -->" + i);
        }
    }
}
```

文件 9-7 的运行结果如图 9-9 所示。

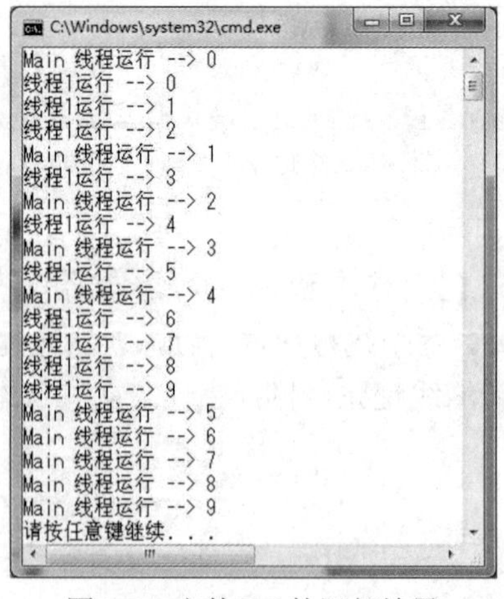

图 9-9　文件 9-7 的运行结果

文件 9-7 中，在 main 线程中开启了一个线程 t1，这两个线程会相互争夺 CPU 资源。当 main 线程中的循环变量为 5 时，调用 t1 线程的 join()方法，这时，t1 线程就会插队优先执行，并且整个程序执行完后才执行其他线程。从运行结果可以看出，当 main 线程执行到 i=5 以后，t1 线程开始执行，直到 t1 执行完毕后，main 线程才继续执行。

9.4.4 线程的休眠

sleep()方法的作用是让当前线程休眠，即当前线程会从“运行状态”进入到“休眠（阻塞）状态”。sleep()方法会指定休眠时间，线程休眠的时间会大于/等于该休眠时间。在线程重新被唤醒时，它会由“阻塞状态”变成“就绪状态”，从而等待 CPU 的调度执行。线程休眠的方法定义为：

```
public static void sleep(long millis) throws InterruptedException
```

可以看出这是一个静态方法，直接使用 Thread.sleep()方法调用即可。在程序中允许一个线程进入暂时的休眠状态，其他的线程就可以得到执行的机会。该方法声明抛出 InterruptedException 异常，因此调用时要捕获异常或声明抛出异常。接下来通过一个案例来演示 sleep()方法的使用，如文件 9-8 所示。

文件 9-8

```
class MyThread2 implements Runnable {                  // 实现 Runnable 接口
    public void run() {                                // 覆写 run()方法
        for (int i = 0; i < 5; i++) {                  // 循环 5 次
            try {
                Thread.sleep(1000);                    // 让当前线程进入休眠状态
            } catch (Exception e) {}                   // 需要异常处理
            // 输出线程名称
            System.out.println(Thread.currentThread().getName()+ "运行, i = " + i);
        }
    }
}
public class Example08 {
    public static void main(String args[]) {
        MyThread2 mt = new MyThread2();                // 实例化对象
        new Thread(mt, "线程").start();                // 启动线程
        for (int i = 0; i < 5; i++) {                  // 循环 5 次
            try {
                Thread.sleep(1000);                    // 让当前线程进入休眠状态
            } catch (Exception e) {}                   // 需要异常处理
            // 输出线程名称
            System.out.println(Thread.currentThread().getName()+ "运行, i = " + i);
        }
    }
}
```

文件 9-8 的运行结果如图 9-10 所示。

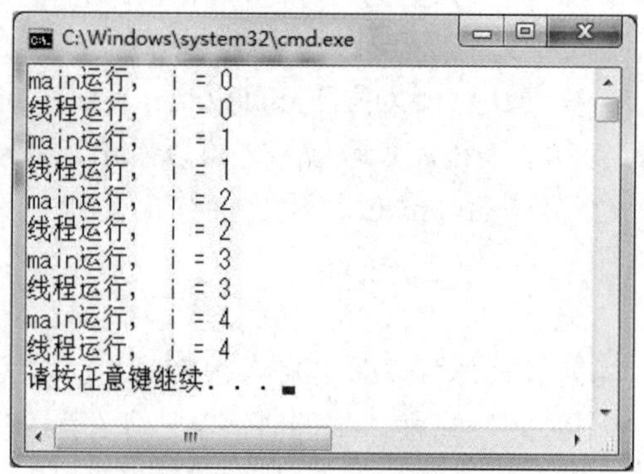

图 9-10　文件 9-8 的运行结果

从运行的结果可以看出线程在交替执行，每次运行结果和上一次的顺序可能都不一样。也就是一会执行一个线程，一会执行另一个线程，这是因为程序中有 2 个线程，整个程序运行起来是一个进程，在一个进程得到 CPU 的时间片时，有可能运行 2 个线程中的一个，如分配 1 秒给 main 线程，它执行一次后就休眠 1 秒。sleep()方法在哪里出现，哪里就会休眠，假设主线程得到时间片，如果有 10 秒的时间执行线程，当执行了 1 秒后，遇到 sleep()，就进入到休眠状态，这个时候主线程就会把 CPU 让出来让其他线程按优先级去分配时间片，当主线程休眠完成后，就进入就绪状态，继续等待 CPU 的分配，所以就出现交替处理线程的结果。

9.4.5　后台线程

在 Java 程序中，只要前台有一个线程在运行，则整个 java 进程都不会消失，所以此时可以设置一个后台线程，这样即使 Java 进程结束了，此后台线程依然会继续执行。要想实现这样的操作，直接使用 setDaemon()方法即可。接下来通过一个案例来演示 setDaemon()方法的使用，如文件 9-9 所示。

文件 9-9

```
class MyThread implements Runnable {                 // 实现 Runnable 接口
    public void run() {                               // 覆写 run()方法
        while (true) {                                // 无限制循环
            // 输出线程名称
            System.out.println(Thread.currentThread().getName() + "在运行。");
        }
    }
}
public class ThreadDaemonDemo {
    public static void main(String args[]) {
        MyThread mt = new MyThread();                 // 实例化线程对象
        Thread t = new Thread(mt, "线程");            // 实例化 Thread 类对象
        t.setDaemon(true) ;                           // 此线程在后台运行
        t.start();                                    // 启动线程
    }
}
```

文件 9-9 的运行结果如图 9-11 所示。

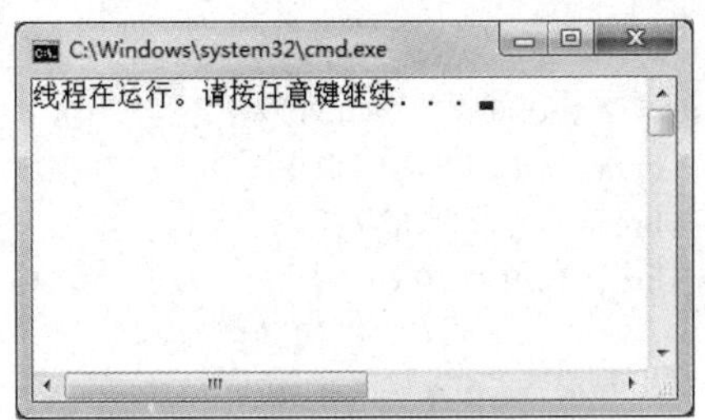

图 9-11　文件 9-9 的运行结果

文件 9-9 演示了一个线程如何设置为后台线程的过程。

注意：*要将某个线程设置为后台线程，必须在该线程启动之前，也就是说，setDaemon()方法必须在 start()方法之前调用，否则后台线程设置无效。*

9.4.6　线程的优先级

在 Java 的线程操作中，所有的线程在运行前都会保持在就绪状态。那么此时，优先级越高的线程越有可能会先被执行。线程的优先级用 1～10 之间的整数表示，数字越大优先级越高。除了可以直接使用数字表示线程的优先级，还可以用 Thread 类中提供的 3 个静态变量表示线程的优先级，见表 9-3。

表 9-3　Thread 类的优先级常量

定义	描述	表示的常量
public static final int MIN_PRIORITY	最低优先级	1
public static final int NORM_PRIORITY	中等优先级，是线程的默认优先级	5
public static final int MAX_PRIORITY	最高优先级	10

程序在运行期间，处于就绪状态的每个线程都有自己的优先级，线程还可以通过 Thread 类中 setPriority()方法改变优先级。接下来通过一个案例来演示 setPriority()方法的使用，如文件 9-10 所示。

文件 9-10

```
class MyThread implements Runnable {                  // 实现 Runnable 接口
    public void run() {                               // 覆写 run()方法
        for (int i = 0; i <3; i++) {                  // 循环 5 次
            try {
                Thread.sleep(500);                    // 当前线程进入休眠状态
            } catch (Exception e) {}                  // 异常处理
            // 输出线程名称
            System.out.println(Thread.currentThread().getName()+ "运行，  i = " + i);
        }
    }
}
public class Example10 {
    public static void main(String[] args) {
        Thread t1 = new Thread(new MyThread(),"线程 A");      // 实例化线程对象
```

```
        Thread t2 = new Thread(new MyThread(),"线程 B");      // 实例化线程对象
        Thread t3 = new Thread(new MyThread(),"线程 C");      // 实例化线程对象
        t1.setPriority(Thread.MIN_PRIORITY) ;                  // 设置线程优先级为最低
        t2.setPriority(Thread.MAX_PRIORITY) ;                  // 设置线程优先级为最高
        t3.setPriority(Thread.NORM_PRIORITY) ;                 // 设置线程优先级为中等
        t1.start() ;                    // 启动线程
        t2.start() ;                    // 启动线程
        t3.start() ;                    // 启动线程
    }
}
```

文件 9-10 的运行结果如图 9-12 所示。

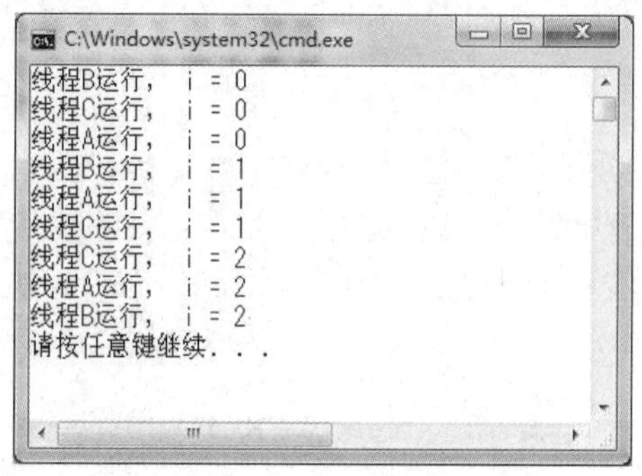

图 9-12　文件 9-10 的运行结果

从文件 9-10 的运行结果中可以看出，通过 setPriority()方法修改了线程的优先级后，优先级高的线程获得更多的机会先执行，优先级低的线程后执行。

9.4.7　线程的让步

线程的让步就是暂停当前正在执行的线程对象，让与当前线程优先级相同或者优先级更高的线程可以获得执行的机会。线程的让步可以通过 yield()方法来实现，该方法和 sleep()方法类似，都可以让当前正在运行的线程暂停，但是 yield()方法不会阻塞该线程，它只是将线程转换成就绪状态。接下来通过一个案例来演示 yield()方法的使用，如文件 9-11 所示。

文件 9-11

```
class MyThread implements Runnable {                    // 实现 Runnable 接口
    public void run() {                                  // 覆写 run()方法
        for (int i = 0; i < 5; i++){                     // 不断输出
            // 输出线程名称
            System.out.println(Thread.currentThread().getName()+ "运行  -->" + i);
            if (i == 2) {
                System.out.print("线程让步：");
                Thread.currentThread().yield() ;    // 线程让步
            }
        }
    }
}
```

```
public class Example11 {
	public static void main(String args[]) {
		MyThread my = new MyThread() ;				// 实例化 MyThread 对象
		Thread t1 = new Thread(my, "线程 A") ;		// 定义线程对象
		Thread t2 = new Thread(my, "线程 B");		// 定义线程对象
		t1.start() ;								// 启动线程
		t2.start() ;								// 启动线程
	}
}
```

文件 9-11 运行结果如图 9-13 所示。

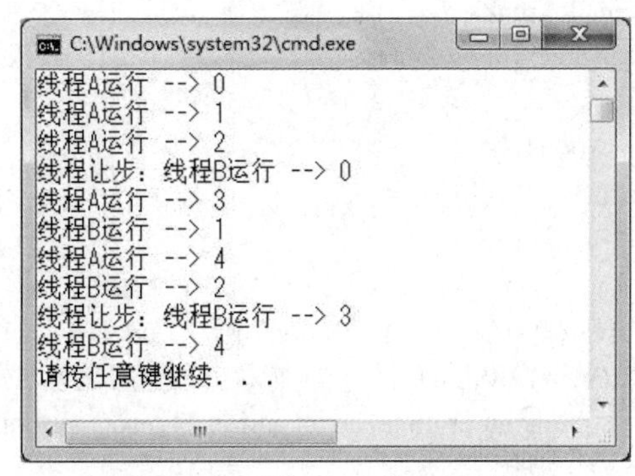

图 9-13　文件 9-11 的运行结果

程序中创建了 2 个线程 t1 和 t2，它们的优先级相同。两个线程在循环变量 i=2 时，都会调用 Thread 的 yield()方法，使当前线程暂停，让两个线程再次争夺 CPU 使用权，从运行结果可以看出，当线程 t1 输出到 2 时，做出让步，暂停 t1 线程执行，这时线程 t2 获得 CPU 使用权，当 t2 输出到 2 时，也会让步，这时线程 t1 获得 CPU 使用权。

注意：使用 yield()的目的是让相同优先级的线程之间能适当地轮转执行。但是，实际中无法保证 yield()达到让步目的，因为让步的线程还有可能被线程调度程序再次选中。在大多数情况下，yield()将导致线程从运行状态转到可运行状态，但有可能没有效果。

9.5　线程的同步

多线程机制虽然给用户提供了方便，但如果程序一次激活多个线程，并且多个线程共享同一资源时，它们可能彼此发生冲突，这种情况可以使用线程的同步来解决。

9.5.1　线程安全

一个多线程的程序，如果是通过 Runnable 接口实现的，则意味着类中的属性将被多个线程共享，如果多个线程要操作同一资源就有可能出现资源的同步问题。例如：以之前的卖票程序为例，设置多个线程同时操作卖票。接下来通过修改文件 9-4 代码，在代码中加入 sleep()方法，使每次售票时休眠 500 毫秒，模拟网络延迟，如文件 9-12 所示。

文件 9-12

```
public class Example12{
    public static void main(String args[]) {
        Tickets2 t1=new Tickets2();         //创建 Tickets1 的实例对象 t1
        //创建 3 个线程并对线程对象取名，开启线程
        new Thread(t1,"第 1 售票点").start();
        new Thread(t1,"第 2 售票点").start();
        new Thread(t1,"第 3 售票点").start();
    }
}
class Tickets2 implements Runnable {
    private int tickets = 10;                       //假设一共有 10 张火车票
    public void run(){                              //重写 run 方法
        for(int i=0;i<100;i++){
            if(tickets>0){                          //还有票
                try{
                    Thread.sleep(500);              //加入延迟
                }catch(InterruptedException e){}
                //取得售票点的名称，并显示正在卖的是第几张火车票
                System.out.println(Thread.currentThread().getName()+"正在卖第"+tickets--+
                    "张火车票");
            }

        }
    }
}
```

文件 9-12 的运行结果如图 9-14 所示。

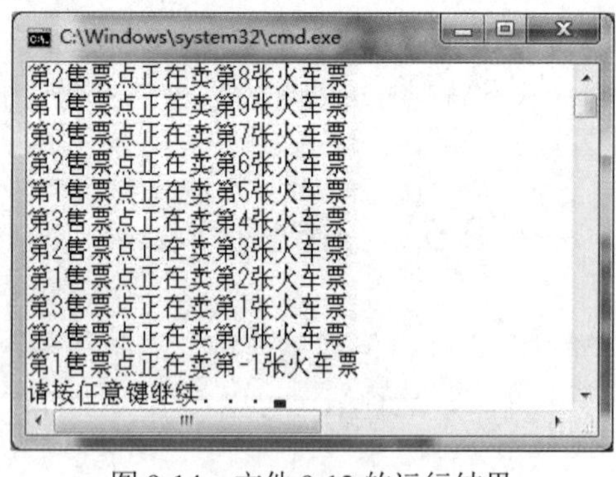

图 9-14 文件 9-12 的运行结果

从图 9-14 中的运行结果可以看出，程序中加入了延迟操作，所以在运行的最后出现了火车票卖出了 0 和负数的情况，这种情况是不该出现的，因为从上面的操作代码可以发现对于票数的操作步骤如下：

（1）判断票数是否大于 0，大于 0 则表示还有票可以卖。

（2）如果票数大于 0，则卖票。

但是，代码在第（1）步和第（2）步之间加入了延迟操作，那么一个线程就有可能在还没有对票数进行减操作之前，其他线程就已经将票数减少了，这样一来就会出现票数为负的情况。为了解决多个线程同时处理共享资源导致的安全问题，引入了同步代码块。

9.5.2　同步代码

在并发程序设计中，将多线程共享的资源或数据称为临界资源或同步资源，而每个线程中访问临界资源的那一段代码称为临界代码或临界区。简单地说，在一个时刻只能被一个线程访问的资源就是临界资源，而访问临界资源的那段代码就是临界区。临界区必须互斥地使用，即当一个线程执行临界区中的代码时，其他线程不准进入临界区，直至该线程退出。为了使临界代码对临界资源的访问成为一个不可被中断的原子操作，Java 利用对象“同步锁”机制来实现线程间的互斥操作。在 Java 语言中，每个对象都有一个“同步锁”与之相连。当线程 A 获得了一个对象的同步锁后，线程 B 若也想获得该对象的同步锁，就必须等待线程 A 完成规定的操作并释放出同步锁后，才能获得该对象的同步锁并执行线程 B 中的操作。一个对象的同步锁只有一个，所以利用对一个对象同步锁的争夺可以实现不同线程的同步效果。例如，当两个教师都想使用同一个教室来为学生上课，如何协调呢？老师进到教室后将门锁上，另外一个老师就无法进来使用教室了，即教室是用锁来保证同步的，那么在操作系统中，这种可以保证同步的同步机制就被称为同步锁。在编写多线程的程序时，利用这种同步锁机制就可以实现不同线程间的同步操作。线程间的同步操作原理如图 9-15 和图 9-16 所示。

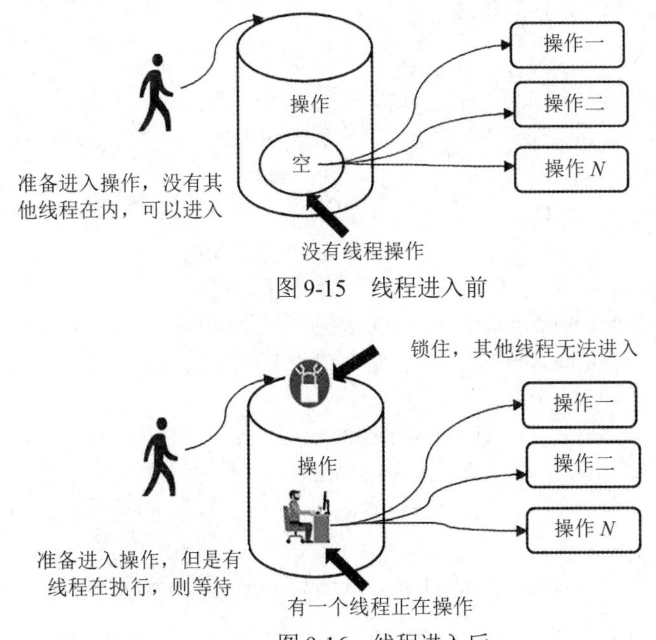

图 9-15　线程进入前

图 9-16　线程进入后

要想解决线程安全问题，必须保证在任意时刻只能有一个线程访问处理共享资源的代码。因此，Java 提供了线程同步机制，使用 synchronized 关键字来标识同步的资源，给代码段加锁，用来处理多线程环境下，线程同步的问题，保证数据的准确性。它有最基本的两种用法：

（1）同步代码块。将多个线程使用的共享资源的代码放置在 synchronized 关键字修饰的代码块中，这段代码被称为同步代码块。其语法格式如下：

```
synchronized(lock){  //lock 是公用同步锁
    需要同步的代码;
}
```

其中的 lock 是一把公用的同步锁，是同步的关键，它有两种状态：0 和 1。当线程要执行同步代码块时，首先检查同步标志 lock 的状态，当为 1 时，线程可进去执行同步代码，并把 lock 的状态设为 0，直到执行完同步代码块后，把 lock 的状态设为 1。当另一线程也要执行同步代码块时，首先检查 lock 标志位，如果是 0，就等待，如果是 1，就进入执行同步代码块。这样循环执行，直到共享资源被处理完为止。这个过程就如同到 ATM 机取钱，只有前一个人取完钱出来后，后面的人才可以上去取钱。

下面把售卖火车票的售票代码放到 synchronized 同步代码块中解决线程的安全问题，如文件 9-13 所示。

文件 9-13

```
public class Example13{
    public static void main(String args[]) {
        MyThread t1=new MyThread();    // 创建 Tickets1 的实例对象 t1
        // 创建 3 个线程并对线程对象取名，开启线程
        new Thread(t1,"第 1 窗口").start();
        new Thread(t1,"第 2 窗口").start();
        new Thread(t1,"第 3 窗口").start();
    }
}
class MyThread implements Runnable{          // 实现 Runnable 接口
    private int ticket = 5 ;                 // 一共 5 张票
    Object obj=new Object();                 // 定义任意一个对象，用作同步代码块的锁
    public void run(){                       // 覆写 run()方法
        for(int i=0;i<100;i++){              // 超出票数的循环
            synchronized (obj) {             // 设置需要同步的操作
                if(ticket>0){                // 判断是否有剩余票
                    try {
                        Thread.sleep(300) ;    // 加入延迟
                    } catch (InterruptedException e) {
                        e.printStackTrace();
                    }
                System.out.println(Thread.currentThread().getName()+"卖票：ticket = " + ticket--) ;
                }
            }
        }
    }
}
```

文件 9-13 的运行结果如图 9-17 所示。

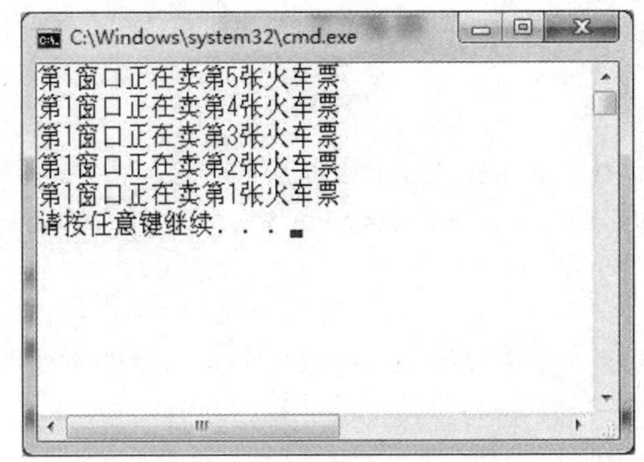

图 9-17　文件 9-13 的运行结果

从文件 9-13 的运行结果可以看出，售出的火车票不再有 0 和负数的情况，这是因为售票代码实现了同步，线程的安全问题得以解决。

注意：同步代码块中的锁对象可以是任意类型的对象，但多个线程共享的锁对象必须是同一个。因此锁对象的创建 Object obj=new Object()这条语句不能放到 run()方法中。如果放在 run()方法中，每个线程运行到 run()方法都会创建一个新对象，每个线程都有一个自己的锁对象，不再是共享的同一个锁对象，这样线程就不能同步。

（2）同步方法。前面讲了将同步代码块代码放置在 synchronized 关键字修饰的代码块中，现在学习使用 synchronized 关键字将一个方法声明成同步方法，这一样能实现与同步代码块相同的同步功能，其格式如下：

```
public synchronized 返回类型方法名 (参数){
    方法体
}
```

被 synchronized 修饰的方法在某一时刻只允许一个线程访问，访问该方法的其他线程都会发生阻塞，直到当前线程访问完毕后，其他线程才有机会执行该方法。

下面是对文件 9-13 采用同步方法修改后的代码，如文件 9-14 所示。

文件 9-14

```
public class Example14{
    public static void main(String args[]) {
        MyThread t1=new MyThread();     //创建 Tickets1 的实例对象 t1
        //创建 3 个线程并对线程对象取名，开启线程
        new Thread(t1,"第 1 窗口").start();
        new Thread(t1,"第 2 窗口").start();
        new Thread(t1,"第 3 窗口").start();
    }
}
class MyThread implements Runnable{          // 实现 Runnable 接口
    private int ticket = 5 ;                 // 一共 5 张票
    public void run(){                       // 覆写 run()方法
        for(int i=0;i<100;i++){              // 超出票数的循环
            this.sale();                     // 调用同步方法
        }
    }
```

```
        public synchronized void sale() {          // 声明同步方法
            if(ticket>0){                          // 判断是否有剩余票
                try {
                    Thread.sleep(300) ;           // 加入延迟
                } catch (InterruptedException e) {
                    e.printStackTrace();
                }
                System.out.println(Thread.currentThread().getName()+"卖票：ticket = " + ticket--) ;
            }
        }
    }
```

文件 9-14 的运行结果如图 9-18 所示。

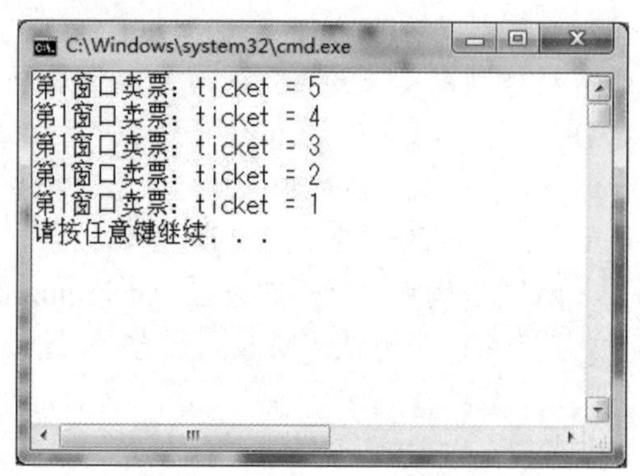

图 9-18　文件 9-14 的运行结果

从文件 9-14 的运行结果可以看出，售出的火车票不再有 0 和负数的情况，这是因为同步方法同样解决了线程的安全问题，实现了售票代码的同步。该文件中把售票代码写成用 synchronized 关键字修饰的 sale()同步方法，然后在 run()方法中调用这个同步方法。

注意：同步方法和同步代码块一样，都有自己的锁。只是同步代码块的锁是自定义的任意类型的对象，而同步方法的锁是当前调用该方法的 this 指向的对象。

9.6 【综合案例】生产者与消费者

【任务描述】

多线程的开发中有一个最经典的操作案例，就是生产者与消费者，生产者不断生产产品，消费者不断取走产品。例如：饭店里有一个厨师和一个服务员，这个服务员必须等待厨师准备好膳食。当厨师准备好时，他会通知服务员，服务员得到通知后上菜，然后返回继续等待。这是一个任务协作的示例，厨师代表生产者，而服务员代表消费者。

【运行结果】

任务运行结果如图 9-19 所示。

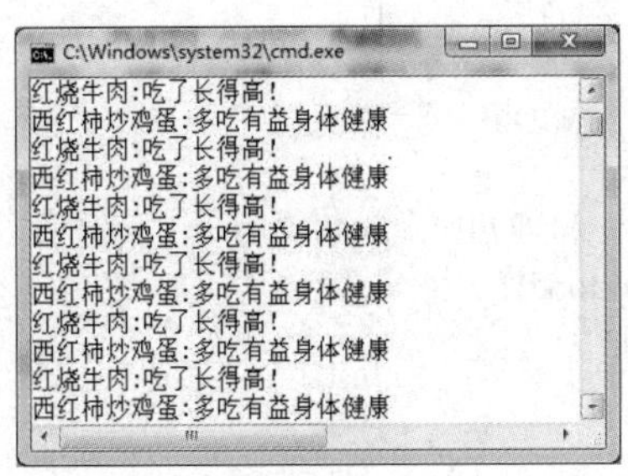

图 9-19　任务运行结果

【任务目标】

（1）学会分析“生产者与消费者”程序的实现思路。

（2）根据思路独立完成“生产者与消费者”程序的源代码编写、编译及运行。

（3）通过“生产者与消费者”程序，理解多线程安全问题的发生原因，并掌握如何解决多线程安全问题。

【实现思路】

（1）通过任务描述和运行结果可以看出，该任务需要使用多线程相关知识来实现。由于 2 个储户同时操作一个账户，因此需要创建 2 个线程来完成生产和消费操作。

（2）通过任务分析可以得出需要 4 个类：生产类（厨师做菜）、消费类（服务员上菜）、食物类和测试类。

（3）在生产类中需要模拟厨师做菜，在消费类中模拟不断上菜的过程，在食物类中描述和食物有关的内容。

（4）在完成基础的生产者与消费者代码框架后，为了避免出现重复和取值不一致的情况，也就是避免多线程并发问题，需要在特定的位置上使用同步代码块。另外为了去除重复，在生产者和消费者类中增加 this.wait()和 this.notify()方法，即增加等待和唤醒过程。

【实现代码】

```
/**
    生产者与消费者
*/
public class ThreadDemo {
    public static void main(String[] args){
        Food f = new Food();
        Producter p = new Producter(f);
        Consumer c = new Consumer(f);
        new Thread(p).start();
        new Thread(c).start();
    }
}
/**
    生产者：厨师
*/
```

```
class Producter implements Runnable{
    private Food food;
    //模拟数据共享 food，厨师和服务员传递的是同一份菜
    public Producter(Food food){
        this.food = food;
    }
    //模拟厨师做菜
    public void run() {
        for(int i=0;i<100;i++){
            if(i%2==0){
                food.setName("西红柿炒鸡蛋");      //菜名
                try {
                    Thread.sleep(300);      //做菜需要时间，此处休眠 300 毫秒
                } catch (InterruptedException e){

                }
                food.setContent("多吃有益身体健康");      //对菜做一个描述
            }else{
                    food.setName("红烧牛肉");
                    try {
                        Thread.sleep(300);
                    } catch (InterruptedException e){

                    }
                    food.setContent("吃了长得高");
            }
        }
    }
}
/**
    消费者：服务员
*/
class Consumer implements Runnable{
    private Food food;
    public Consumer(Food food){
        this.food = food;
    }
    //模拟不断上菜的过程
    public void run() {
        for(int i= 0;i<100;i++){
            try {
                Thread.sleep(300);      //模拟上菜消费的时间
            } catch (InterruptedException e){

            }
            System.out.println(food.getName()+food.getContent());      //上菜，输出信息
```

```
            }
        }
    }
    /**
        产品：食物
    */

    class Food{
        private String name;            //菜名
        private String content;         //菜的描述
        public String getName() {
            return name;
        }
        public void setName(String name){
            this.name = name;
        }
        public String getContent() {
            return content;
        }
        public void setContent(String content){
            this.content = content;
        }
        public Food(String name,String content){
            super();
            this.name = name;
            this.content = content;
        }
        public Food(){
            super();
        }
        public String tostring() {
            return "Food [name=" + name +",content=" + content +"]";
        }
    }
```

运行结果如图 9-20 所示。

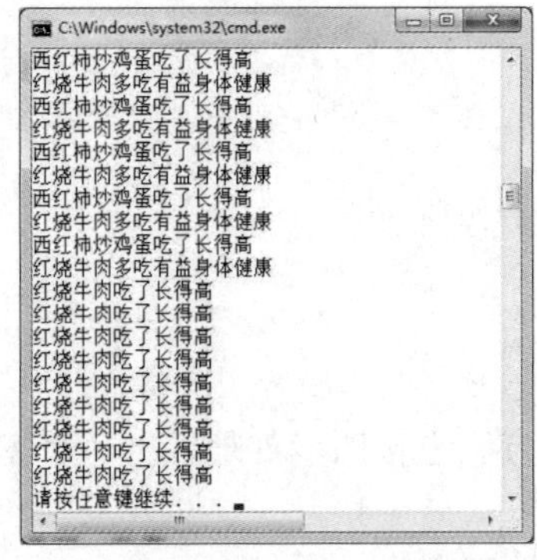

图 9-20　运行结果

从运行结果可以看出，多线程访问数据会产生不安全问题，出现两个错误：输出的值不对应和输出重复，其中输出的值不对应即菜名与描述出现对应错误，正确的对应是西红柿炒鸡蛋多吃有益身体健康，红烧牛肉吃了长得高。

解决方案如下：

（1）菜名与描述值不对应

```
food.setName("西红柿炒鸡蛋");                //菜名
try {
    Thread.sleep(300);                       //做菜需要时间，此处休眠 300 毫秒
} catch (InterruptedException e){

}
food.setContent("多吃有益身体健康");          //对菜做一个描述
```

对这段代码进行同步处理。生产菜名－做菜过程－菜品描述整个步骤不能取走菜，如果生产未结束时就取走，就会出现值不对应的情况。同理，下面这段代码也要进行同步处理。

```
food.setName("红烧牛肉");
    try {
        Thread.sleep(300);
    } catch (InterruptedException e){ }
    food.setContent("吃了长得高");
```

因为生产者生产的都是食物，所以把两段代码放在 Food 类中定义成方法。因为生产食物本身就是食物对象里的方法，所以在 Food 类中添加生产食物的 set()同步方法。

```
//生产产品
public synchronized void set(String name,String content){
    this.setName(name);
    try {
        Thread.sleep(300);
    } catch (InterruptedException e){

    }
    this.setContent(content);
}
```

将 Producter 类中的 run()方法修改成如下代码：

```
public void run() {
    for(int i=0;i<100;i++){
        if(i%2==0){
            food.set("西红柿炒鸡蛋","多吃有益身体健康");
        }else{
            food.set("红烧牛肉","吃了长得高！");
        }
    }
}
```

同样，也要对消费者取菜的方法进行同步处理，并且在 Food 类中加入如下代码：

```
//消费产品
    public synchronized void get(){
```

```
            try {
                  Thread.sleep(300);
            } catch (InterruptedException e) {}

            System.out.println(this.getName()+":"+this.getContent());
      }
```

将 Consumer 类中上菜的 run()方法修改成如下代码：

```
public void run() {
      for(int i= 0;i<100;i++){
            food.get();
      }
}
```

修改后代码运行结果如图 9-21 所示。

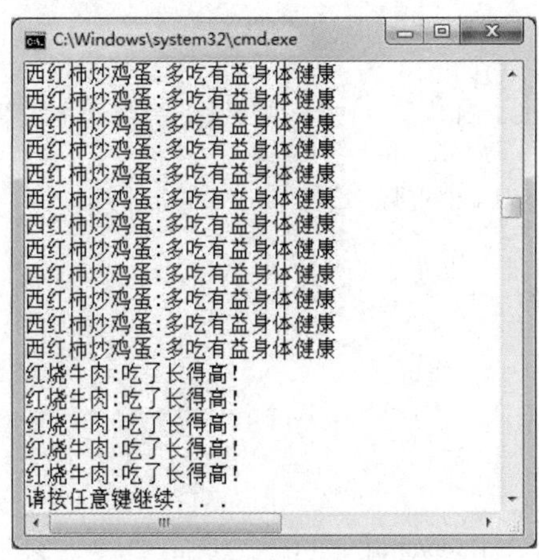

图 9-21　修改后代码运行结果

由运行结果可以看出，这样修改后就解决了菜名与描述值不对应的问题。

（2）解决重复的问题。

为了去除重复，化生产者和消费者方法中增加 wait()和 notify()方法，这两种方法是 Object 类定义的，具体功能如下：

public final void notify()：唤醒在此对象监视器上等待的单个线程。

public final void wait()：使当前线程等待，直到其他线程调用此对象的 notify()方法。

此外，增加一个 flag 标记，true 表示可以生产，false 表示可以消费。修改后的代码如下：

```
/**
      生产者与消费者
*/
public class ThreadDemo1 {
      public static void main(String[] args){
            Food f = new Food();
            Producter p = new Producter(f);
            Consumer c = new Consumer(f);
            new Thread(p).start();
            new Thread(c).start();
```

```
        }
}
/**
        生产者：厨师
*/

class Producter implements Runnable{
        private Food food;
        //模拟数据共享 food，厨师和服务员传递的是同一份菜
        public Producter(Food food){
                this.food = food;
        }
        //模拟厨师做菜
        public void run() {
                for(int i=0;i<100;i++){
                        if(i%2==0){
                                food.set("西红柿炒鸡蛋","多吃有益身体健康");
                        }else{
                                food.set("红烧牛肉","吃了长得高！");
                        }
                }
        }
}
/**
        消费者：服务员
*/
class Consumer implements Runnable{
        private Food food;
        public Consumer(Food food){
                this.food = food;
        }
        //模拟不断上菜的过程
        public void run() {
                for(int i= 0;i<100;i++){
                        food.get();
                }
        }
}
/**
        产品：食物
*/

class Food{
        private String name;            //菜名
        private String content;         //菜的描述
        private boolean flag=true;      //true 表示可以生产，false 表示可以消费
```

```
public String getName() {
    return name;
}
public void setName(String name){
    this.name = name;
}
public String getContent() {
    return content;
}
public void setContent(String content){
    this.content = content;
}
public Food(String name,String content){
    super();
    this.name = name;
    this.content = content;
}
public Food(){
    super();
}

//生产产品
public synchronized void set(String name,String content){
    if(!flag){
        try {
            this.wait();          //让当前线程进入等待池等待，没有指定时间，
                                  //需要其他线程唤醒，释放对象锁，让出 CPU
        } catch (InterruptedException e){}
    }
    this.setName(name);
    try {
        Thread.sleep(300);
    } catch (InterruptedException e){}
        this.setContent(content);
        flag=false;               //表示可以消费
        this.notify();            //唤醒在该监视器上的一个线程
}
//消费产品
public synchronized void get(){
    if(flag){
        try {
        this.wait();              //让当前线程进入等待池等待，没有指定时间，
                                  //需要其他线程唤醒，释放对象锁，让出 CPU
        } catch (InterruptedException e) {}
    }
    try {
```

```
                Thread.sleep(300);
            } catch (InterruptedException e){}
            System.out.println(this.getName()+":"+this.getContent());
            flag = true;
            this.notify();
        }
    }
```

9.7 本章小结

通过本章的学习，读者应该掌握 Java 中实现多线程的方法。掌握使用 Thread 类和实现 Runnable 接口创建线程对象的方法。了解线程生命周期中各个状态，以及引起状态改变的原因和方法。掌握控制线程同步的方法。

9.8 习题

一、单选题

1. 以下（　　）方法可以实现线程休眠。

   A．yield()　　B．sleep()　　C．wait()　　D．join()

2. 下列关于多线程中的静态同步方法的说法中，正确的是（　　）。

   A．静态同步方法的锁不是 this，而是该方法所在类的 class 对象

   B．静态同步方法的锁既可以是 this，也可以是该方法所在类的 class 对象

   C．一个类中的多个静态同步方法可以同时被多个线程执行

   D．不同类的静态同步方法被多线程访问时，线程间需要等待

3. 下列方法中，可以实现线程让步的是（　　）。

   A．sleep()　　B．wait()　　C．yield()　　D．join()

4. Java 中调用 Thread 类的 sleep()方法后，当前线程状态（　　）。

   A．由运行状态进入阻塞状态　　B．由运行状态进入等待状态

   C．由阻塞状态进入等待状态　　D．由阻塞状态进入运行状态

5. 线程的优先级用 1～10 之间的整数表示，默认的优先级是（　　）。

   B．1　　B．10　　C．3　　D．5

6. 下列关于线程的说法中，错误的是（　　）。

   A．线程就是程序　　B．线程是一个程序的单个执行流

   C．多线程用于实现线程并发程序　　D．多线程是指一个程序的多个执行流

7. 关于 Thread 类 yield()方法的作用，下列描述中正确的是（　　）。

   A．使线程由运行状态进入阻塞状态

   B．使线程由运行状态进入就绪状态

   C．使线程由阻塞状态进入等待状态

   D．使线程由阻塞状态进入运行状态

8．下列有关 Java 多线程中静态同步方法的说法中，错误的是（　　）。

A．静态方法必须使用 class 对象同步

B．在使用 synchronized 块同步方法时，非静态方法可以通过 this 同步，而静态方法必须使用 class 对象同步

C．静态同步方法和以当前类为同步监视器的同步代码块不能同时执行

D．静态同步方法不可以和以 this 为同步监视器的同步代码块同时执行

9．下列属于定义同步代码块的关键字的是（　　）。

A．abstract　　B．volatile

C．synchronized　　D．goto

10．下列关于同步代码块的特征说法中，错误的是（　　）。

A．可以解决多线程的安全问题

B．降低程序的性能

C．使用 synchronized 关键字修饰

D．多线程同步的锁只能是 object 对象

二、多选题

1．同步代码块的作用是（　　）。

A．保证多线程访问数据的安全

B．保证同步代码块中只有一个线程运行

C．同步代码块可以避免线程的随机性

D．同步代码块提高了线程的运行速度

2．下列选项中，属于可以实现多线程程序方式的是（　　）。

A．继承 Thread 类　　B．自己创建一个 Thread 类即可

C．实现 Runnable 接口　　D．实现 Comparable 接口

3．下列关于线程优先级的描述中，正确的是（　　）。

A．线程的优先级需要操作系统支持，不同的操作系统对优先级的支持不一样

B．线程的优先级是不能改变的

C．在程序中可以对线程的优先级进行重新设置

D．线程的优先级是在创建线程时设置的

4．Java 在 Object 类中提供了（　　）用于解决线程间的通信问题。

A．wait()　　B．wait(long timeout)

C．notify()　　D．notifyAll()

5．Thread 类中，可以使线程休眠的方法是（　　）。

A．sleep()　　B．notify()

C．wait()　　D．run()

三、简答题

1．阅读下面的程序，分析代码是否能够编译通过，如果能编译通过，请列出运行的结果并分析出现此结果的原因，否则请说明编译失败的原因。

```
public class MyThreadDemo {
    public static void main(String[] args) {
        MyThread myThread = new MyThread();
        myThread.run();
        while (true) {
            System.out.println("main 方法在运行");
        }
    }
}
class MyThread extends Thread {
    public void run() {
        while (true) {
            System.out.println("MyThread 的 run()方法在执行");
        }
    }
}
```

2．简述同步代码块的作用。

3．请简述什么是线程。

四、编程题

通过继承 Thread 类编写一个线程类，并在带有 while 循环的 main()方法中进行测试，要求线程类中覆写的 run()方法和 main()方法中的 while 循环中的代码随机交替执行。

第 9 章习题答案

第 10 章　图形用户界面 GUI

【学习目标】

- 了解 GUI 开发的基本原理。
- 理解 GUI 中的布局管理器。
- 理解 GUI 中的事件处理。
- 熟悉 Swing 常用组件的使用。

图形用户界面 GUI（Graphical User Interface）是应用程序与用户之间交互的窗口，应用程序通过 GUI 提供给用户操作的图形界面，例如窗口、菜单、按钮及其他各种图形界面元素，并通过其事件处理机制接收用户的输入并展示输出的结果。本章将介绍如何使用 Java 语言进行图形用户界面设计与开发。

10.1　图形用户界面概述

10.1.1　GUI 组成元素分类

在 Java 语言中，构成图形用户界面的各种元素常被称为组件，可以分为 3 类，即容器类（Container）、普通组件（Component）和辅助类（Helper）。

（1）容器类。容器是为了实现图形用户界面窗口而设计的，即在容器中可以放置其他组件，它又分为顶层容器和非顶层容器。顶层容器可以独立存在，非顶层容器不能独立显示，必须包含在其他容器中。

（2）普通组件。与容器不同，普通组件是图形用户界面的基本单位，这一类组件不能再包含其他组件。普通组件可以实现向容器中填充数据、元素等功能，是一个可以以图形化的方式显示在屏幕上并能与用户进行交互的对象，如一个按钮或一个标签等。但是普通组件不能独立地显示出来，必须将组件放在一定的容器中才可以显示出来。

（3）辅助类。辅助类是用来描述组件属性的，如绘图类 Graphics、颜色类 Color、字体类 Font、字体属性类 FontMetrics 和布局管理类 LayoutManager 等。

10.1.2　AWT 和 Swing 介绍

在早期 JDK1.0 发布时，Sun 公司就为 GUI 开发提供了一套基础类库，这套类库被称为 AWT（Abstract Window Toolkit），即抽象窗口工具包。AWT 是将本地化（即操作系统）的图形工具组件进行简单抽象而形成的，这些组件被称为重量级组件，AWT 被称为重量级的图形工具。AWT 的优点是包小而简单，缺点是设计出的图形界面不够美观且功能有限。由于 AWT 直接调用本地图形组件来实现图形界面，使得用 AWT 构建的 GUI 往往在不同的操作系统平台上具有不同的风格，这就影响了 Java 程序的跨平台性。

Swing 是建立在 AWT 体系之上，完全用 Java 编写的一套图形工具包，具有同 Java 本身一样的跨平台运行的特点。与重量级的 AWT 组件相比，Swing 中相应的组件占用的资源较少、类比较小、不借助图形工具组件来绘制，被称为轻量级组件。Swing 不但重写了 AWT 中的组件，还为这些组件增添了新的功能，提供了许多 AWT 没有的、创建复杂图形用户界面的组件，增强了 GUI 与 Java 程序的交互能力。

Swing 与 AWT 部分普通组件和容器的继承关系及层次关系如图 10-1 所示。一般情况下，Swing 中组件的类名就是 AWT 中相应组件的类名前加上一个大写字母 J。

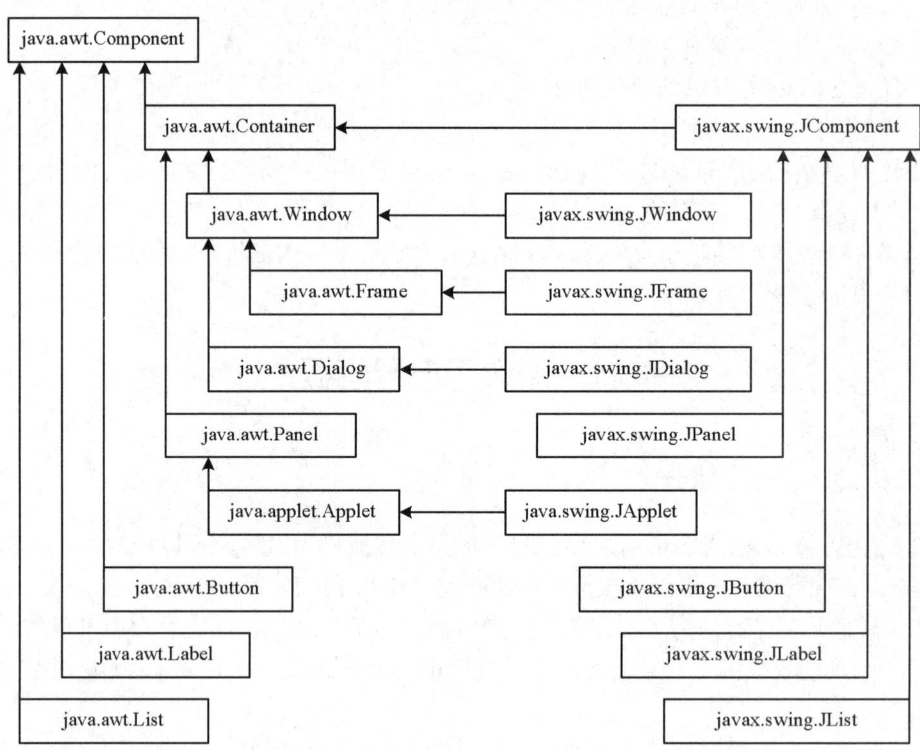

图 10-1 Swing 与 AWT 部分组件和容器的继承关系及层次关系

10.2 Swing 容器

10.2.1 Swing 容器分类

Swing 工具包中提供了 3 类容器组件：

（1）顶层容器：JWindow、JFrame、JDialog、JApplet，这 4 个组件常用于创建容纳其他组件的顶层窗口界面。

（2）中间容器：JPanel、JScrollPane、JSplitPane、JTabbedPane 和 JToolBar，这些组件也可容纳其他组件，但需要放置在顶层容器中，常用于创建具有特殊布局的容器界面。

（3）特殊容器：在 GUI 上起特殊作用的中间层，例如创建子窗口、设置容器的层次位置等，包括 JInternalFrame、JlayeredPane 和 JrootPane 等。

10.2.2　窗口 JFrame 和对话框 JDialog

JFrame 和 JDialog 是最常见的 Swing 顶层容器。JFrame 带有边框、标题栏及用于关闭和最大/最小化窗口的图标，用来容纳按钮、文本框等其他窗口组件，也可以容纳其他容器对象，还可以包含菜单栏，常用于创建图形界面的窗口。

JFrame 类的常用构造方法有两个，见表 10-1。

表 10-1　JFrame 类的常用构造方法

方法摘要	功能描述
JFrame()	构造一个初始时不可见的新窗口
JFrame(String title)	创建一个新的、初始不可见的、具有指定标题的新窗口

表 10-2 列出了 JFrame 类的常用方法。

表 10-2　JFrame 类的常用方法

方法摘要	功能描述
String getTitle()	获得 JFrame 的标题
void setDefaultCloseOperation(int operation)	设置用户在此 JFrame 上发起 close 时默认执行的操作
void setMenuBar(MenuBar mb)	将此 JFrame 的菜单栏设置为指定的菜单栏
void setResizable(boolean resizable)	设置此 JFrame 是否可由用户调整大小
void setTitle(String title)	将此 JFrame 的标题设置为指定的字符串

表 10-2 中的 setDefaultCloseOperation(int operation)方法可以设置关闭窗口时默认执行的操作，参数的取值有以下 4 种：

（1）DO_NOTHING_ON_CLOSE：不执行任何操作或要求程序在 windowClosing()方法中处理该操作。

（2）HIDE_ON_CLOSE：自动隐藏该窗口，此为该方法的默认参数。

（3）DISPOSE_ON_CLOSE：自动隐藏并释放该窗口。

（4）EXIT_ON_CLOSE：使用 System.exit()方法退出应用程序，此参数仅在应用程序中使用。

JFame 窗口的具体用法如例文件 10-1 所示。

文件 10-1

```
import java.awt.FlowLayout;
import javax.swing.*;
public class Example01 extends JFrame{
	public Example01(){
	this.setTitle("JFrame");
	this.setSize(300, 200);
	// 定义一个按钮组件
	JButton bt = new JButton("关闭窗口");
	// 设置流布局管理器
```

```
            this.setLayout(new FlowLayout());
            // 添加按钮组件
            this.add(bt);
            // 设置单击关闭按钮时的默认操作
            this.setDefaultCloseOperation(JFrame.EXIT_ON_CLOSE);
            this.setVisible(true); }
        public static void main(String[] args) {
            new Example01();
        }
    }
```

文件 10-1 的运行结果如图 10-2 所示。

图 10-2　文件 10-1 的运行结果

JDialog 与 JFrame 的主要区别是 JDialog 没有最大/最小化窗口按钮，无法通过拖动边界来改变其大小，也没有菜单栏。JDialog 对话框可分为 2 种：模态对话框和非模态对话框。所谓模态对话框是指用户需要等到处理完对话框后才能继续与其他窗口交互，非模态对话框允许用户在处理对话框的同时与其他窗口交互。

JDialog 的构造方法有很多，常用的有 3 个，见表 10-3。

表 10-3　JDialog 类的常用构造方法

方法摘要	功能描述
JDialog(Frame owner)	创建一个没有标题但将指定的 Frame 作为其所有者的非模态对话框
JDialog(Frame owner,String title)	创建一个具有指定标题和指定所有者窗口的非模态对话框
JDialog(Frame owner,boolean modal)	创建一个具有指定所有者 Frame、空标题的指定模态的对话框

JDialog 的构造方法中都需要接收一个 Frame 及其子类的对象，表示对话框的所有者，如果该对话框没有所有者，参数 owner 可以传入 null。参数 modal 如果设置为 true，对话框就是模态对话框，反之则是非模态对话框。默认情况下，modal 的值为 false。

JDialog 对话框的具体用法如文件 10-2 所示。

文件 10-2

```
import java.awt.*;
import java.awt.event.*;
import javax.swing.*;
public class Example02 {
    public static void main(String[] args) {
        JFrame jf = new JFrame("模态对话框测试");
```

```
        // 创建一个按钮
        JButton jbtn = new JButton("创建一个模态对话框");
        jf.setSize(600, 450);
        jf.setLocation(300, 200);
        jf.setLayout(new FlowLayout());   // 为窗口设置布局管理器
        jf.add(jbtn);   // 将按钮 jbtn 添加到窗口 jf 中，设置关闭窗口时退出程序
        jf.setDefaultCloseOperation(JFrame.EXIT_ON_CLOSE);
        jf.setVisible(true);
        // 创建一个标签
        JLabel jl = new JLabel("这是一个模态对话框，必须关闭之后才能与其他窗口进行交互！");
        JDialog jd = new JDialog(jf, "模态对话框",true);   // 定义一个模态对话框
        jd.setSize(450, 150);                    // 设置对话框大小
        jd.setLocation(400, 350);                // 设置对话框位置
        jd.setLayout(new FlowLayout());          // 设置布局管理器
        jd.add(jl);      // 将标签 jl 添加到对话框 jd 中，设置关闭对话框时移除对话框
        jd.setDefaultCloseOperation(JDialog.DISPOSE_ON_CLOSE);
        // 为 jbtn 按钮添加单击事件：单击按钮，显示对话框 jd
        jbtn.addActionListener(new ActionListener() {
            public void actionPerformed(ActionEvent e) {
                jd.setVisible(true); }});
    }
}
```

文件 10-2 的运行结果如图 10-3 所示。

单击“创建一个模态对话框”按钮后原来的窗口不消失，弹出新的对话框窗口，如图 10-4 所示。

图 10-3　文件 10-2 的运行结果

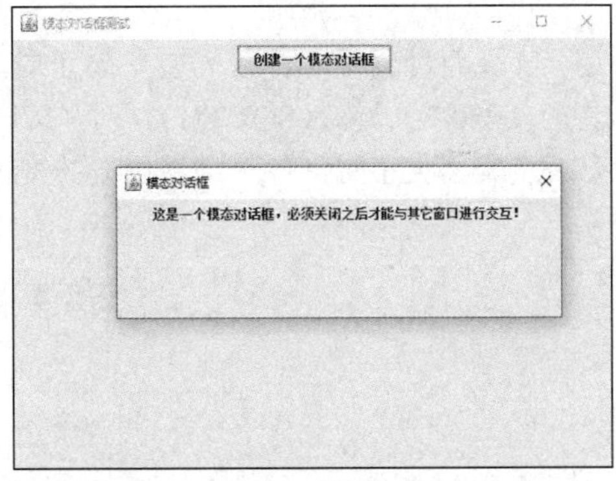

图 10-4　单击按钮弹出新的对话框

10.3　布局管理

在进行图形界面设计时，往往需要将多个组件放在一个容器里，这需要对这些组件进行大小以及位置的设置，如果设置不当，就可能会造成图形界面的混乱，甚至看不见部分组件，从而影响美观和使用。Java 提供了布局管理器类来对容器中的组件进行布局管理，其中包括流布局管理器（FlowLayout）、边界布局管理器（BorderLayout）、网格布局管理器（GridLayout）、网格包布局管理器（GridBagLayout）和卡片布局管理器（CardLayout）等。

10.3.1 流布局管理器

流布局管理器是最简单的布局管理器，在这种布局下，容器会将组件按照添加顺序从左到右、从上到下放置到容器中，当到达容器的边界时，会自动将组件放到下一行的开始位置。流布局管理器是面板容器（JPanel）及其子类的默认布局管理器。

表 10-4 列出了 FlowLayout 类的常用构造方法。

表 10-4 FlowLayout 类的常用构造方法

方法摘要	功能描述
FlowLayout()	创建一个新的 FlowLayout，默认居中对齐且各组件之间有 5 个单位的水平和垂直距离
FlowLayout(int align)	设置组件对齐方式，align 参数值可为 FlowLayout.RIGHT、FlowLayout.LEFT、FlowLayout.CENTER
FlowLayout(int align, int hgap, int vgap)	设置组件对齐方式和在水平和垂直方向上的间隙大小，hgap 和 vgap 分别代表水平间距和垂直间距

在使用构造方法创建 FlowLayout 对象时可以指定一行中组件的对齐方式，默认方式为居中，也可以通过 FlowLayout.LEFT 或者 FlowLayout.RIGHT 两个参数，使组件左对齐或右对齐。例如，可以使用代码 setLayout(new FlowLayout(FlowLayout.LEFT))使组件按照左对齐的方式进行布局。当改变容器大小时，容器中的组件会随之改变位置，组件的布局具有流动特征，这也是 FlowLayout 布局的特点。

10.3.2 边界布局管理器

边界布局管理器是一种较为复杂的布局方式，它将容器划分为如图 10-5 所示的 5 个区域，分别是东（EAST）、南（SOUTH）、西（WEST）、北（NORTH）、中（CENTER），图中的箭头表示改变容器大小时，各个区域需要改变的方向。

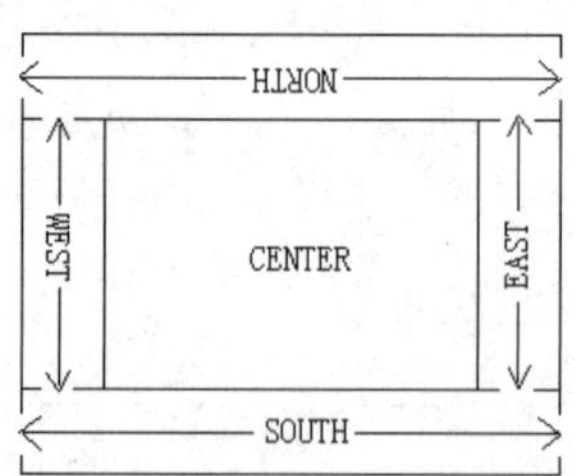

图 10-5 边界布局管理器的布局方式

表 10-5 列出了 BorderLayout 类的常用构造方法。

表 10-5 BorderLayout 类的常用构造方法

方法摘要	功能描述
BorderLayout()	创建组件之间没有间距的新的 BorderLayout
BorderLayout(int hgap, int vgap)	创建组件之间有间距的新的 BorderLayout，其中水平间距和垂直间距分别由参数 hgap 和 vgap 决定

在边界布局管理器中，组件可以被放置在这 5 个区域中的任意一个区域，但是每个区域最多只能包含一个组件，并通过相应的常量进行标识：NORTH、SOUTH、EAST、WEST 和 CENTER，默认为 CENTER。需要注意的是，如果添加组件时没有指定区域常量，所添加的组件都以填满整个容器为默认布局。边界布局管理器是 Window 及其子类的默认布局管理器。

10.3.3　网格布局管理器

网格布局管理器以矩形网格形式对容器的组件进行布置。容器被分成等大小的矩形，并且按照先行后列的顺序在每个矩形中放置一个组件，这一点与流布局管理器类似，但是放置在网格布局管理器中的组件将自动占据网格的整个区域，当缩放容器大小时，网格会自动调整大小，其中所添加的组件也会随之调整大小，但是所有的组件尺寸大小始终保持相同，相对位置也不会发生变化。

表 10-6 列出了 GridLayout 类的常用构造方法。

表 10-6　GridLayout 类的常用构造方法

方法摘要	功能描述
GridLayout()	创建具有默认值的网格布局，即每个组件占据一行一列
GridLayout(int rows,int cols)	创建具有指定行数和列数的网格布局
GridLayout(int rows,int cols,int hgap,int vgap)	创建具有指定行数和列数的网格布局，同时设置组件之间的间距

10.3.4　其他布局管理器

除了上述 3 种常用布局管理器以外，AWT 还提供了一些其他布局管理器，如 GridBagLayout、CardLayout、BoxLayout、DefaultMenuLayout、ScrollPaneLayout 等，其具体使用方法可通过查阅 API 文档进行详细学习。

10.3.5　容器的嵌套

Swing 提供了多种中间层容器，例如 JPanel 和 JScrollPane 等，这些容器不能单独存在，只能放置在顶层容器中，常用于进行容器的嵌套，实现复杂的布局管理。首先将具有相同布局要求的一部分组件添加到一个中间层容器中，再将具有其他要求的另一部分组件添加到另一个中间层容器中，最后将这些中间层容器添加到顶层容器中，而顶层容器也可以设置自己的布局管理器，或者取消默认的布局管理器，使用 setBounds()等方法进行组件的定位。其具体用法如文件 10-3 所示。

文件 10-3

```
import java.awt.*;
import javax.swing.*;
public class Example03 {
    public static void main(String args[]) {
        JFrame jf = new JFrame("计算器");
        jf.setDefaultCloseOperation(JFrame.EXIT_ON_CLOSE);
```

```
            // 创建一个标签，初始显示内容为“0”，右对齐
            JLabel jlab = new JLabel("0", JLabel.RIGHT);
            jlab.setFont(new Font("黑体", Font.BOLD, 20));
            jf.setLayout(null);                     // 取消 JFrame 的默认布局管理器
            JPanel jp1 = new JPanel();              // 创建中间层容器 JPanel
            GridLayout grid = new GridLayout(4, 4);
            jp1.setLayout(grid);                    // 设置中间层容器的布局管理器
            String s[] = { "7", "8", "9", "/", "4", "5", "6", "*", "1", "2", "3","-", "0", ".", "=", "+" };
            // 创建 16 个按钮，其标题为数组 s 中的元素
            for (int i = 0; i < 16; i++){
                JButton jbt = new JButton(s[i]);
                jbt.setFont(new Font("黑体", Font.BOLD, 15));
                jp1.add(jbt);}
            jlab.setOpaque(true);                   // 设置标签为不透明
            jlab.setBackground(Color.white);        // 设置标签的背景色为白色
            jlab.setBounds(45, 30, 500, 40);        // 设置标签的位置与大小
            jp1.setBounds(45, 90, 500, 250);        // 设置中间层容器的位置与大小
            jf.add(jlab, BorderLayout.NORTH);       // 添加标签到顶层容器
            jf.add(jp1, BorderLayout.SOUTH);        // 添加中间层容器到顶层容器
            jf.setBounds(400,200,600, 400);
            jf.setResizable(false);                 // 设置窗口大小不能改变
            jf.setVisible(true);
        }
    }
```

文件 10-3 的运行结果如图 10-6 所示。

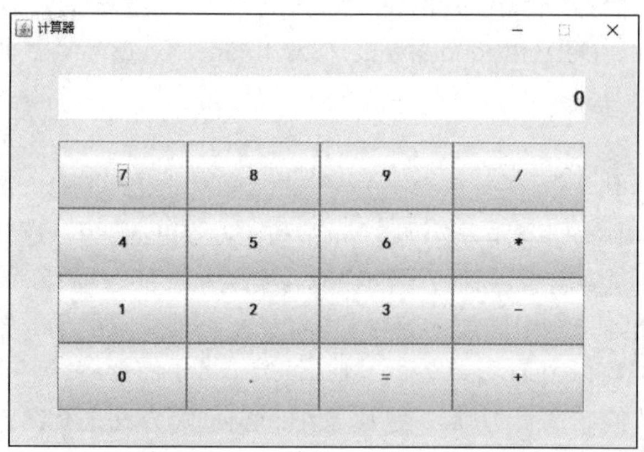

图 10-6　文件 10-3 的运行结果

在上述示例中，组件的位置和大小既可以通过布局管理器设置，也可以通过调用组件的相关方法进行设置，但是需要注意以下两点：

（1）如果通过调用组件的相关方法进行设置，应先取消该容器的默认布局管理器，方法为 setLayout(null)，然后通过 setLocation()、setSize()和 setBounds()等方法进行具体设置。

（2）如果容器采用布局管理器设置各个组件的大小和位置，则通过调用组件的相关方法进行设置可能无法达到预期的效果。

10.4　事件处理

图形界面设计的另一个目的是给用户提供互动操作的接口，监听并响应用户的操作。Java 语言提供的 GUI 事件处理机制可以把用户的动作，例如单击、菜单选择等，封装为相应的事件对象，然后传递给事件监听器执行相关的事件处理程序，最终完成用户与程序的交互。

10.4.1　事件模型

GUI 中的事件处理涉及 3 种对象：事件源（Event Source）、事件对象（Event）和事件监听器（Listener）。事件源是事件发生的场所，通常就是产生事件的组件，例如窗口、按钮、菜单等。事件对象封装了 GUI 组件上发生的特定事件，通常包括事件的相关信息及事件源对象，用于在事件源与事件监听器间传递信息。事件监听器也称为事件处理者，负责监听事件源上发生的事件，并对各种事件做出相应处理，事件监听器中包含事件处理器，即对接收的事件对象进行预定功能的处理方法。事件处理流程如图 10-7 所示。

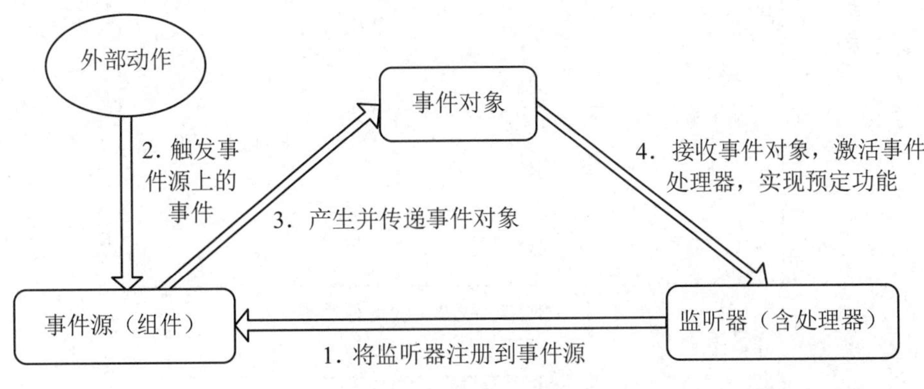

图 10-7　事件处理流程

Java 语言的 GUI 事件处理机制采取委托事件的模型。委托事件模型的特点是将事件的处理委托给独立的对象，而不是组件本身，实现事件源与事件处理器的分离。事件处理器专门负责事件处理，事件源对发生的事件只做发送操作，不做任何其他处理，使用户界面与程序逻辑分开，相互独立存在。其具体用法如文件 10-4 所示，实现单击窗口中的按钮后，在控制台输出“用户单击了按钮”。

文件 10-4

```
import java.awt.*;
import java.awt.event.*;
import javax.swing.*;
// 定义事件监听器类
class MyListener implements ActionListener{
    // 实现监听器方法，对监听事件进行处理
    public void actionPerformed(ActionEvent e) {
        System.out.println("用户单击了按钮");}
}
```

```
public class Example04 {
    public static void main(String[] args) {
        JFrame jf = new JFrame("事件处理");
        jf.setLayout(new FlowLayout());
        jf.setSize(300,200);
        jf.setLocation(500, 200);
        // 创建一个按钮组件，作为事件源
        JButton jbtn = new JButton("按钮");
        jf.add(jbtn);
        // 将监听器注册到事件源
        jbtn.addActionListener(new MyListener());
        jf.setVisible(true);
        jf.setDefaultCloseOperation(JFrame.EXIT_ON_CLOSE);
    }
}
```

文件 10-4 的运行结果如图 10-8 所示，单击按钮之后如图 10-9 所示。

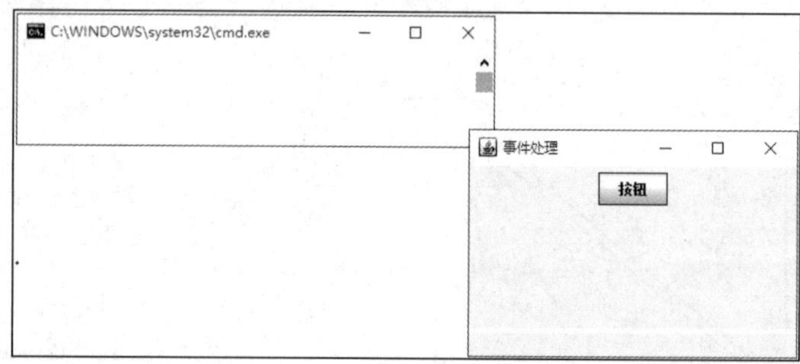

图 10-8　文件 10-4 的运行结果

图 10-9　单击按钮之后的运行结果

在 GUI 中实现事件处理包括以下 3 个步骤：

（1）创建事件源。一些常见的按钮、键盘等组件可以作为事件源，包括 JFrame 窗口在内的顶级容器也可以作为事件源。

（2）定义事件监听器。根据要监听的事件源创建指定类型的监听器进行事件处理，该监听器是一个特殊的 Java 类，必须实现×××Listener 接口，即重写该接口中相应的方法，这里的“×××”是根据组件触发的动作进行区分的，例如 WindowListener 用于监听窗口事件，ActionListener 用于监听动作事件等。

（3）为事件源注册监听器。使用 add×××Listener()方法为指定事件源添加特定类型的监听器。当事件源上发生监听的事件后，就会触发绑定的事件监听器，然后由监听器中的方法进行相应处理。

10.4.2　Swing 中的事件和事件监听器

Java 在 java.awt.event 包和 javax.swing.event 包中定义了很多事件类，用以封装来自图形用户界面的各种事件。事件类都有相应的事件监听器接口，命名一般以 Listener 结尾，并与相应的事件类有关联，而注册和解除注册事件监听器的方法的命名也类似。例如，与 ActionEvent 对应的监听器接口就是 ActionListener，注册 ActionEvent 事件监听器的方法名是 addActionListener，解除注册 ActionEvent 事件监听器的方法名是 removeActionListener。事件监听器接口通常包含若干方法，用以区别事件源上触发的不同情况。

表 10-7 列出了 Swing 中常用的事件类、事件监听器接口和监听器接口提供的方法。

表 10-7　Swing 中常用的事件类、事件监听器接口和监听器接口提供的方法

事件	监听器接口	支持该事件的组件	接口中声明的方法	方法的调用时机
ComponentEvent	ComponentListener	Component 及其派生类，即所有组件	void componentHidden (ComponentEvent e)	隐藏组件时
			void componentMoved (ComponentEvent e)	组件位置更改时
			void componentResized (ComponentEvent e)	组件大小更改时
			void componentShown (ComponentEvent e)	组件从隐藏中变得可见时
ContainerEvent	ContainerListener	Container 及其派生类，即所有容器，包括 JPanel、JApplet、JFrame、JWindow、JDialog、JScrollPane 等	void componentAdded (ContainerEvent e)	将组件添加到容器中时
			void componentRemoved (ContainerEvent e)	从容器中移除组件时
WindowEvent	WindowListener	Window 及其派生类，包括 JFrame、JWindow、JDialog 等	void windowActivated (WindowEvent e)	窗口成为活动窗口时
			void windowClosed (WindowEvent e)	窗口关闭后
			void windowClosing (WindowEvent e)	窗口关闭时
			void windowDeactivated (WindowEvent e)	窗口不再是活动状态时
			void windowDeiconified (WindowEvent e)	从最小化状态变为正常
			void windowIconified (WindowEvent e)	最小化窗口时
			void windowOpened (WindowEvent e)	窗口首次打开后

续表

事件	监听器接口	支持该事件的组件	接口中声明的方法	方法的调用时机
ActionEvent	ActionListener	JButton、JList、JTextField、JMenuItem 及其派生类等	void actionPerformed (ActionEvent e)	单击按钮、在文本框中按 Enter 键时
DocumentEvent	DocumentListener	JTextComponent 及其派生类，包括 JTextField、JTextArea 等（注意，事件源不是这些文本组件，而是与这些文本组件对应的文档 Document）	changeUpdate (DocumentEvent e)	文档的风格属性（如加粗、颜色等）改变时
			insertUpdate (DocumentEvent e)	往文档中插入内容时
			removeUpdate (DocumentEvent e)	从文档中移除内容时
CaretEvent	CaretListner	JTextComponent 及其派生类	caretUpdate (CaretEvent e)	插入符的位置变化或选定的范围发生变化时
ItemEvent	ItemListener	JCheckBox、JComboBox、JList 等任何实现了 ItemSelectable 接口的组件	void itemStateChanged (ItemEvent e)	选定或取消选定某项时
MouseEvent	MouseListener MouseMotionListener	所有组件	void mouseClicked (MouseEvent e)	单击（按下并释放）鼠标时
			void mousePressed (MouseEvent e)	按下鼠标时
			void mouseReleased (MouseEvent e)	释放鼠标时
			void mouseEntered (MouseEvent e)	鼠标光标进入组件时
			void mouseExited (MouseEvent e)	鼠标光标离开组件时
			void mouseDragged (MouseEvent e)	鼠标拖动时
			void mouseMoved (MouseEvent e)	鼠标移动时
KeyEvent	KeyListener	所有组件	void keyPressed (KeyEvent e)	按下某个键时
			void keyReleased (KeyEvent e)	释放某个键时
			void keyTyped (KeyEvent e)	键入某个键时
FocusEvent	FocusListener	所有组件	void focusGained (FocusEvent e)	获得键盘焦点时
			void focusLost (FocusEvent e)	失去键盘焦点时

如果是采用实现事件监听器接口的方法来实现事件监听机制，必须实现该监听器接口中包含的所有方法，即使其中某些方法不会被使用，否则就会出现编译错误，具体示例如文件 10-5 所示。

文件 10-5

```
import java.awt.*;
import javax.swing.*;
import java.awt.event.*;
public class Example05 {
	public static void main(String[] args) {
		JFrame jf = new JFrame("我的窗口！");
		jf.setSize(400, 300);
		jf.setLocation(400, 200);
		jf.setVisible(true);
		// 为窗口组件注册监听器
		MyWindowListener mw=new MyWindowListener();
		jf.addWindowListener(mw);
	}
}
// 创建 MyWindowListener 类实现 WindowListener 接口
class MyWindowListener implements WindowListener {
	// 监听器监听事件对象做出处理
	public void windowClosing(WindowEvent e) {
		Window window = e.getWindow();	// 返回事件的发起方
		window.setVisible(false);
		// 释放窗口
		window.dispose();	}
	public void windowActivated(WindowEvent e) {}
	public void windowClosed(WindowEvent e) {}
	public void windowDeactivated(WindowEvent e) {}
	public void windowDeiconified(WindowEvent e) {}
	public void windowIconified(WindowEvent e) {}
	public void windowOpened(WindowEvent e) {}
}
```

上述示例为了能够实现窗口的事件处理机制，创建 MyWindowListener 类实现 WindowListener 接口，然后创建 MyWindowListener 监听器对象 mw，并通过“jf.addWindowListener(mw);”为窗口组件注册监听器。在创建监听器类实现 WindowListener 接口时，由于 WindowListener 接口有很多方法，根据接口实现的原理，必须实现该接口所包含的所有方法，例如 windowClosing (WindowEvent e)、windowActivated(WindowEvent e)、windowClosed(WindowEvent e)等，虽然在该例中只需要使用 windowClosing(WindowEvent e)方法，但是其他方法也必须实现，否则就会出现编译错误。

为了处理上述情况，几乎所有的监听器接口都有对应的适配器类，通过继承适配器类来实现监听器接口时，需要处理哪种事件，直接重写该事件对应的方法即可。例如对应于 WindowListener 接口的是 WindowAdapter 类，适配器类为相应接口中的所有方法提供了空实现，因此当使用继承适配器类的方法实现事件处理机制时，可以只对实际需要的方法进行重写，完成具体实现。常用的适配器类包括 FocusAdapter、MouseMotionAdapter、KeyAdapter、WindowAdapter 和 MouseAdapter。具体示例如文件 10-6 所示。

文件 10-6

```
import java.awt.*;
import javax.swing.*;
import java.awt.event.*;
public class Example06 {
    public static void main(String[] args) {
        JFrame jf = new JFrame("我的窗口！");
        jf.setSize(400, 300);
        jf.setLocation(400, 200);
        jf.setVisible(true);
        // 为窗口组件注册监听器
        jf.addWindowListener(new MyWindowListener());
    }
}
// 继承 WindowAdapter 类，重写 windowClosing()方法
class MyWindowListener extends WindowAdapter {
    public void windowClosing(WindowEvent e) {
        Window window = (Window) e.getWindow();
        window.dispose();    }
}
```

对比上述两个示例会发现，在文件 10-6 中，通过继承 WindowAdapter 类实现窗口的监听器时，只需要重写 windowClosing()方法，减少了不必要的代码量。

如果使用匿名内部类的方法，还可以进一步减少代码量，例如将文件 10-6 改成如下所示，同样可以完成关闭窗口退出程序的事件处理。

```
import java.awt.*;
import javax.swing.*;
import java.awt.event.*;
public class Example06-1 {
    public static void main(String[] args) {
        JFrame jf = new JFrame("我的窗口！");
        jf.setSize(400, 300);
        jf.setLocation(400, 200);
        jf.setVisible(true);
        // 为窗口组件注册监听器
        jf.addWindowListener(new WindowAdapter(){
            public void windowClosing(WindowEvent e){
                Window window = (Window)e.getWindow();
                window.dispose();}});
    }
}
```

10.4.3　ActionEvent（动作事件）

ActionEvent 是 GUI 中最常见的事件，它不代表某个具体的动作，只表示一个动作发生了，例如单击按钮、选择菜单项或向文本框中输入字符串并按 Enter 键时都会触发动作事件。ActionEvent 类提供了如表 10-8 所列的 4 个方法。

表 10-8　ActionEvent 类的方法

方法摘要	功能描述
String getActionCommand()	返回与此动作相关的命令字符串
int getModifiers()	返回发生此动作事件期间按下的组合键
String paramString()	返回标识此动作事件的参数字符串
Object getSource()	返回最初发生事件的对象

处理 ActionEvent 事件的监听器对象需要实现 ActionListener 接口。

10.4.4　KeyEvent（按键事件）

KeyEvent 事件也很常见，当键盘被按下、释放时就会触发该事件。KeyEvent 类提供了如表 10-9 所列的 3 个方法。

表 10-9　KeyEvent 类的方法

方法摘要	功能描述
char getKeyChar()	返回与此事件中的键相关联的字符
int getKeyCode()	返回与此事件中的键相关联的整数 keyCode
boolean isActionKey()	返回此事件中的键是否为“动作”键

处理 KeyEvent 事件的监听器对象可以是实现 KeyListener 接口的类，也可以是继承适配器 KeyAdapter 的子类，而通过继承适配器 KeyAdapter 类来处理 KeyEvent 事件会更加便捷。

10.4.5　MouseEvent（鼠标事件）

当用户用鼠标进行交互操作时，会产生鼠标事件，几乎所有的组件都可以产生鼠标事件，例如在组件上按下鼠标按钮、鼠标指针进入或移出组件、在组件上移动或拖拽鼠标等。MouseEvent 类提供了如表 10-10 所列的 5 个方法。

表 10-10　MouseEvent 类的方法

方法摘要	功能描述
int getButton()	返回更改了状态的鼠标按键
int getClickCount()	返回与此事件关联的鼠标单击次数
Point getPoint()	返回事件相对于源组件的 x、y 位置
int getX()	返回事件相对于源组件的水平 x 坐标
int getY()	返回事件相对于源组件的垂直 y 坐标

处理鼠标事件的监听器可以是实现 MouseListener 接口和 MouseMotionListener 接口的类，也可以是继承适配器 MouseAdapter 的子类。

10.4.6 WindowEvent（窗口事件）

WindowEvent 窗口事件对窗口进行操作，其中包括关闭窗口、窗口失去焦点、获得焦点、最小化等。处理窗口事件的监听器对象可以是实现 WindowListener 接口的类，也可以是继承适配器 WindowAdapter 的子类。

WindowEvent 事件的具体使用如文件 10-7 所示。

文件 10-7

```
import java.awt.*;
import javax.swing.*;
import java.awt.event.*;
public class Example07 implements WindowListener{
    JFrame jf1,jf2;
    public Example07(){
        jf1=new JFrame("这是第一个窗口事件测试窗口");
        jf2=new JFrame("这是第二个窗口事件测试窗口");
        jf1.setBounds(400,200,300,350);
        jf2.setBounds(700,200,300,350);
        jf1.setVisible(true);
        jf2.setVisible(true);
        jf1.addWindowListener(this);
        jf2.addWindowListener(this);      }
    public void windowOpened(WindowEvent e){              //窗口打开时调用
        System.out.println("窗口被打开");}
    public void windowActivated(WindowEvent e){ }         //将窗口设置成活动窗口
    public void windowDeactivated(WindowEvent e){         //将窗口设置成非活动窗口
        if(e.getSource()==jf1)
            System.out.println("第一个窗口失去焦点");
        else
            System.out.println("第二个窗口失去焦点");}
    public void windowClosing(WindowEvent e){             //窗口关闭
        System.exit(0);}
    public void windowIconified(WindowEvent e){           //窗口图标化时调用
        if(e.getSource()==jf1)
            System.out.println("第一个窗口被最小化");
        else
            System.out.println("第二个窗口被最小化");}
    public void windowDeiconified(WindowEvent e){         //窗口非图标化时调用
        System.out.println("窗口非图标化");    }
    public void windowClosed(WindowEvent e){ }            //窗口关闭时调用
    public static void main(String args[]){
        new Example07();      }
}
```

文件 10-7 的运行结果如图 10-10 所示。

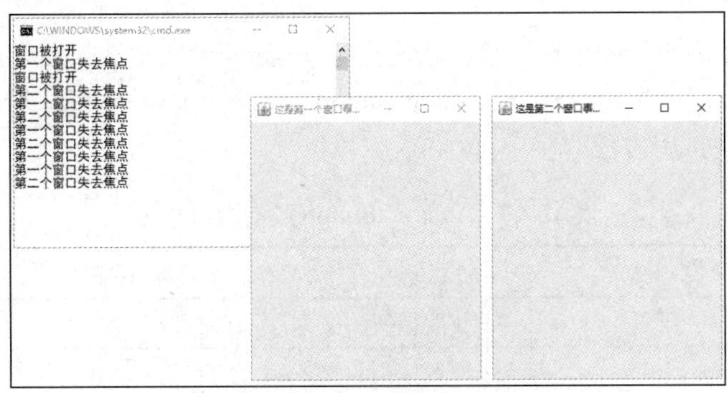

图 10-10　文件 10-7 的运行结果

10.5　Swing 基本组件

10.5.1　标签

标签（JLabel）对象可以显示文本、图像或同时显示二者，常用于在 GUI 设计中显示固定不变的内容。表 10-11 列出了 JLabel 类常用的构造方法，根据提供给构造方法的参数可以创建需要的各种标签。

表 10-11　JLabel 类常用的构造方法

方法摘要	功能描述
JLabel()	创建一个没有文字的标签
JLabel(String text)	创建标签，并以 text 为标签上的文字
JLabel(String text,int align)	创建标签，并以 text 为标签上的文字，以 align 的方式对齐，其中 align 可为 JLabel 的常量值 LEFT、RIGHT 和 CENTER 等，分别代表靠左、靠右和居中对齐

表 10-12 列出了 JLabel 类的常用方法。

表 10-12　JLabel 类的常用方法

方法摘要	功能描述
int getHorizontalAlignment()	返回标签内文字的对齐方式，返回值可能为 LEFT、RIGHT、CENTER 等
int setHorizontalAlignment (int align)	设置标签内文字的对齐方式，align 的值可为 LEFT、RIGHT、CENTER 等
String getText()	返回标签内的文字
String setText(String text)	设置标签内的文字为 text
Void setOpaque(boolean b)	设置标签是否不透明，参数为 true 时不透明，为 false 时透明。JLabel 默认是透明的

10.5.2 按钮和菜单

Swing 提供了许多类型的按钮，包括普通按钮（JButton）、单选按钮（JradioButton）、复选框（JcheckBox）等，这些按钮继承自 AbstractButton 类。表 10-13 列出了 AbstractButton 类中提供的按钮组件的一些常用方法。

表 10-13 AbstractButton 类的常用方法

方法摘要	功能描述
public String getText()	获取按钮的文本
public void setText(String text)	设置按钮的文本
public void setEnabled(boolean b)	启用（当 b 为 true）或禁用（当 b 为 false）按钮

在按钮类中，普通按钮（JButton）是最常见的，它可以同时显示标签文字和图标，在普通按钮上单击会引发动作事件 ActionEvent。表 10-14 列出了 JButton 常用的构造方法。

表 10-14 JButton 常用的构造方法

方法摘要	功能描述
JButton()	构造一个不带文本和图标的按钮
JButton(String text)	构造一个带文本的按钮
JButton(Icon icon)	构造一个带图标的按钮
JButton(String text, Icon icon)	构造一个带文本和图标的按钮

JButton 的具体用法如文件 10-8 所示，实现通过点击按钮改变标签的内容和背景色的交互功能。

文件 10-8

```
import java.awt.*;
import java.awt.event.*;
import javax.swing.*;
public class Example08 {
    public static void main(String[] args) {
        JFrame jf = new JFrame("按钮对象创建");
        JLabel jlab = new JLabel("标签的初始内容",JLabel.CENTER);
        jlab.setOpaque(true);
        jlab.setBackground(Color.GREEN);
        jlab.setBounds(80, 50, 150, 20);
        JButton jb = new JButton("点击");
        jb.setBounds(120, 100, 65, 30);
        jb.addActionListener(new ActionListener() {        // 匿名内部类实现事件处理
            public void actionPerformed(ActionEvent e) {
                jlab.setText("按钮已经被点击了!");
                jlab.setBackground(Color.RED); } });
        jf.add(jb);
```

```
        jf.add(jlab);
        jf.setSize(300, 250);
        jf.setLocationRelativeTo(null);
        jf.setLayout(null);
        jf.setVisible(true);
    jf.setDefaultCloseOperation(JFrame.EXIT_ON_CLOSE);
    }
}
```

文件 10-8 的运行结果如图 10-11 所示。点击按钮后，程序运行结果如图 10-12 所示。

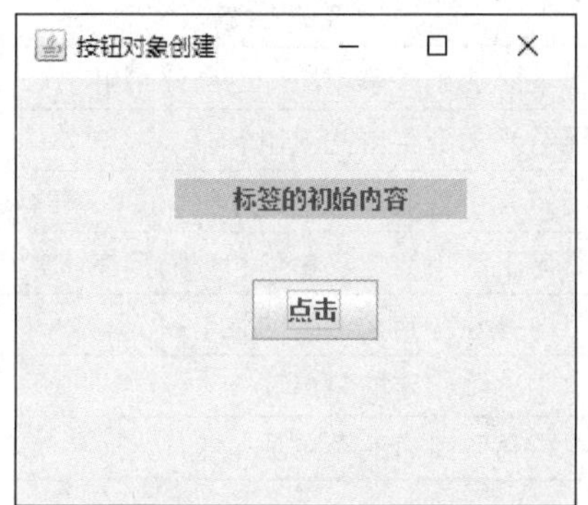

图 10-11　文件 10-8 的运行结果

图 10-12　文件 10-8 运行后点击按钮

单选按钮（JRadioButton）用于在一组选项按钮中选中一个。当选择其中一个按钮时会将同一组中的其他按钮设置为未选择状态，当另一个按钮被选中时，先前被选中的按钮就会自动取消选中。表 10-15 列举了 JRadioButton 类的常用构造方法。

表 10-15　JRadioButton 类的常用构造方法

方法摘要	功能描述
JRadioButton ()	创建一个没有文本信息、初始状态未被选中的单选按钮
JRadioButton (String text)	创建一个带有文本信息、初始状态未被选定的单选按钮
JRadioButton (String text,boolean selected)	创建一个带有文本信息，并指定初始状态（选中/未选中）的单选按钮

复选框（JCheckBox）与单选按钮不同，用户可以同时选择多个复选框中的一个或者多个，选项之间一般没有互斥关系。一个 JCheckBox 有选中/未选中两种状态，如果接收的输入只有“是”和“非”两种情况，可以通过复选框来切换状态。表 10-16 列举了 JCheckBox 类的常用构造方法。

表 10-16　JCheckBox 类的常用构造方法

方法摘要	功能描述
JCheckBox()	创建一个没有文本信息，初始状态未被选中的复选框
JCheckBox(String text)	创建一个带有文本信息，初始状态未被选定的复选框
JCheckBox(String text, boolean selected)	创建一个带有文本信息，并指定初始状态（选中/未选中）的复选框

菜单（JMenu）实际上是一个包含菜单项 JMenuItem 的弹出窗口。菜单项类（JMenuItem）类似于普通按钮，而菜单项复选框（JCheckBoxMenuItem）就是放在菜单中的复选框，菜单项单选按钮（JRadioButtonMenuItem）就是放在菜单中的单选按钮。

菜单可以分为两种，一种是通常位于窗口顶部的菜单栏（JMenuBar）中的下拉式菜单（JMenu），一个菜单栏中可以包含多个下拉式菜单；另一种是不固定在菜单栏中，随处浮动的弹出式菜单（JPopupMenu）。JMenu 类提供了一些常用的方法，见表 10-17。

表 10-17　JMenu 类的常用方法

方法声明	功能描述
JMenuItem add(JMenuItem menuItem)	将菜单项添加到菜单末尾，返回此菜单项
void addSeparator()	将分隔符添加到菜单的末尾
JMenuItem getItem(int pos)	返回指定索引处的菜单项，第一个菜单项的索引为 0
int getItemCount()	返回菜单上的项数，菜单项和分隔符都计算在内
void remove(int pos)	从菜单中移除指定索引处的菜单项
void remove(JMenuitem menuitem)	从菜单中移除指定的菜单项
void removeAll()	从菜单中移除所有的菜单项

下拉式菜单的具体用法如文件 10-9 所示。

文件 10-9

```
import java.awt.event.*;
import javax.swing.*;
    public class Example09 extends JFrame {
        public Example09() {
            this.setTitle("菜单");
            JMenuBar jmBar = new JMenuBar();  //  创建菜单栏
            this.setJMenuBar(jmBar);   // 将菜单栏添加到 JFrame 窗口中
            JMenu menu1 = new JMenu("文件");  // 创建文件菜单
            JMenu menu2 = new JMenu("编辑");  // 创建编辑菜单
            JMenu menu3 = new JMenu("格式");  // 创建格式菜单
            JMenu menu4 = new JMenu("查看");  // 创建查看菜单
            jmBar.add(menu1);  // 将菜单添加到菜单栏上
            jmBar.add(menu2);  // 将菜单添加到菜单栏上
            jmBar.add(menu3);  // 将菜单添加到菜单栏上
            jmBar.add(menu4);  // 将菜单添加到菜单栏上
            // 创建两个菜单项
            JMenuItem item1 = new JMenuItem("弹出窗口");
            JMenuItem item2 = new JMenuItem("关闭");
            // 为菜单项 item1 添加事件监听器
            item1.addActionListener(new ActionListener() {
                public void actionPerformed(ActionEvent e) {
                    // 创建一个消息对话框
                    JOptionPane.showMessageDialog(
                    null,
```

```
                    "这是一个消息对话框！",
                    "弹出窗口",
                    JOptionPane.INFORMATION_MESSAGE ); }
        });
        // 为菜单项 item2 添加事件监听器
        item2.addActionListener(new ActionListener() {
            public void actionPerformed(ActionEvent e) {
                System.exit(0);}});
        menu1.add(item1);           // 将菜单项添加到菜单中
        menu1.addSeparator();       // 添加一个分隔符
        menu1.add(item2);
        this.setDefaultCloseOperation(JFrame.EXIT_ON_CLOSE);
        this.setBounds(400,200,300, 300);
        this.setVisible(true);   }
    public static void main(String[] args) {
        new Example09();
    }
}
```

文件 10-9 的运行结果如图 10-13 所示。

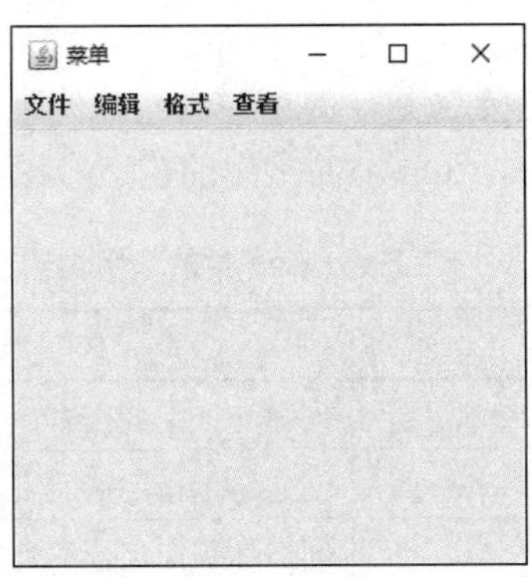

图 10-13　文件 10-9 的运行结果

上述示例创建一个下拉式菜单，并为菜单项添加事件监听器，当单击菜单项“弹出窗口”时会弹出一个窗口，单击菜单项“关闭”会释放窗口，选择不同的菜单项程序运行的结果如图 10-14 所示。

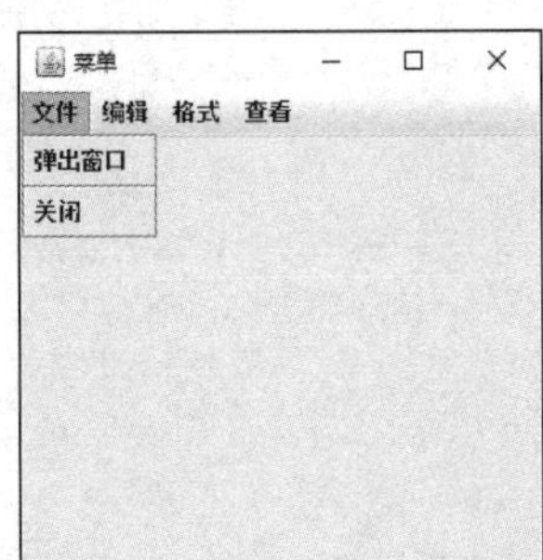

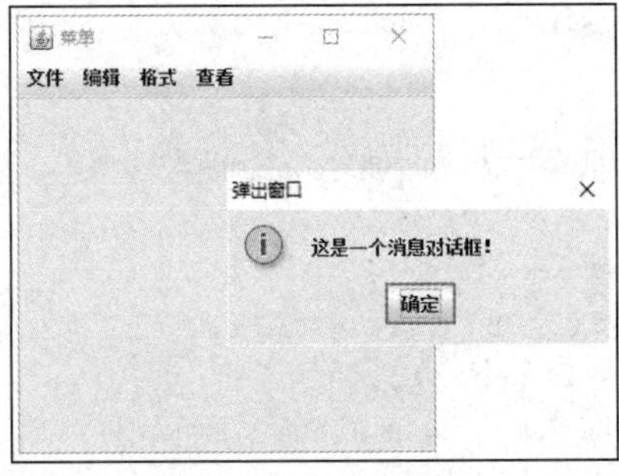

图 10-14　选择不同菜单项的程序运行结果

10.5.3 文本编辑组件

常用的文本编辑组件包括 JTextField（文本框）、JPasswordField（密码框）以及 JTextArea（文本域）等。

JTextField 被称为文本框，它只能接收单行文本的输入。JTextField 常用的构造方法见表 10-18。

表 10-18 JTextField 类的常用构造方法

方法摘要	功能描述
JTextField()	创建一个空的文本框，初始字符串为 null
JTextFiled(int columns)	创建一个具有指定列数的文本框，初始字符串为 null
JTextField(String text)	创建一个显示指定初始字符串的文本框
JTextField(String text,int column)	创建一个具有指定列数并显示指定初始字符串的文本框

JPasswordField 是 JTextField 的子类，用来表示一个密码框。JPasswordField 对象也只能接收用户的单行输入，但是在此框中不显示用户输入的真实信息，而是通过显示指定的回显字符作为占位符。新创建的密码框默认的回显字符为“*”。JPasswordField 和 JTextField 的构造方法相似。

JTextArea 称为文本域，它能接收多行文本的输入，使用 JText Area 构造方法创建对象时可以设定区域的行数、列数。JTextArea 类的常用的构造方法见表 10-19。

表 10-19 JTextArea 类的常用构造方法

方法摘要	功能描述
JTextArea ()	创建一个空的文本域
JTextArea(String text)	创建显示指定初始字符串的文本域
JTextArea(int rows,int columns)	创建具有指定行和列的空的文本域
JText Area(String text, int rows, int columns)	创建显示指定初始文本并指定了行列的文本域

文本编辑组件的具体用法如文件 10-10 所示。该示例代码分为 3 个部分，分别是主界面部分 Example10.java，事件处理部分 LoginListener.java 以及登录成功后的信息发送窗口部分 Chatwindow.java。

文件 10-10

```
/**
    主界面部分主界面部分 Example10.java
*/
import java.awt.*;
import javax.swing.*;
public class Example10 {
    public static void main(String[] args) {
        Example10 login = new Example10();
        login.init();}
```

```
//在类中定义初始化界面的方法
public void init() {
    //在 init 中实例化 JFrame 类的对象
    JFrame jf = new JFrame();
    // 设置窗体对象的属性值
    jf.setTitle("登录");
    jf.setSize(400, 250);
    //设置窗体关闭操作，3 表示关闭窗体退出程序
    jf.setDefaultCloseOperation(3);
    jf.setLocationRelativeTo(null);      // 设置窗体相对于屏幕的中央位置
    jf.setResizable(false);              // 禁止调整窗体大小
    jf.setFont(new Font("黑体",Font.PLAIN,14));
    // 实例化 FlowLayout 流布局类的对象，指定对齐方式为居中对齐，组件之间的间隔为
    // 10 个像素
    FlowLayout fl = new FlowLayout(FlowLayout.CENTER,10,10);
    // 实例化流布局类的对象
    jf.setLayout(fl);
    // 实例化 JLabel 标签对象“账号”
    JLabel jlab1 = new JLabel("账号：");
    jlab1.setFont(new Font("黑体",Font.PLAIN,14));
    jf.add(jlab1);
    // 实例化 JTextField 标签对象
    JTextField jtext = new JTextField();
    // Dimension 类封装单个对象中组件的宽度和高度
    Dimension dim1 = new Dimension(300,30);
    // 设置除顶级容器组件以外其他组件的大小
    jtext.setPreferredSize(dim1);
    // 将 jtext 标签添加到窗体上
    jf.add(jtext);
    // 实例化 JLabel 标签对象“密码”
    JLabel jlab2 = new JLabel("密码：");
    jlab2.setFont(new Font("黑体",Font.PLAIN,14));
    jf.add(jlab2);
    // 实例化 JPasswordField
    JPasswordField jpassword = new JPasswordField();
    // 设置大小
    jpassword.setPreferredSize(dim1);
    // 添加到窗体
    jf.add(jpassword);
    // 实例化 JButton 组件
    JButton jb1 = new JButton();
    // 设置按键的显示内容
    Dimension dim2 = new Dimension(100,30);
    jb1.setText("登录");
    jb1.setFont(new Font("黑体",Font.PLAIN,14));
    //设置按键大小
```

```
            jb1.setSize(dim2);
            jf.add(jb1);
            jf.setVisible(true);        //窗体可见，放在所有组件加入窗体后
            // 创建事件监听器
            LoginListener loginl = new LoginListener(jf,jtext,jpassword);
            // 为按钮注册监听器
            jb1.addActionListener(loginl);
        }
}
/**
    事件处理部分 LoginListener.java
*/
import java.awt.*;
import java.awt.event.*;
import javax.swing.*;
public class LoginListener implements ActionListener{
        private javax.swing.JTextField jtext;
        private javax.swing.JPasswordField jpassword;
        private javax.swing.JFrame login;
        public LoginListener(javax.swing.JFrame login,javax.swing.JTextField jtext,javax.swing.JPasswordField
jpassword){
            //获取登录界面、账号密码输入框对象
            this.login=login;
            this.jtext=jtext;
            this.jpassword=jpassword;}
        public void actionPerformed(ActionEvent e){
            Dimension dim2 = new Dimension(100,30);
            Dimension dim3 = new Dimension(300,30);
            //生成新界面
            javax.swing.JFrame login2 = new javax.swing.JFrame();
            login2.setTitle("警告！");
            login2.setSize(400,100);
            login2.setDefaultCloseOperation(3);
            login2.setLocationRelativeTo(null);
            login2.setFont(new Font("黑体",Font.PLAIN,14));
            //创建组件
            javax.swing.JPanel jp1 = new JPanel();
            javax.swing.JPanel jp2 = new JPanel();
                if(jtext.getText().equals("Tom") && jpassword.getText().equals("123456")){
                    new Chatwindow();
                    //用 dispose 方法关闭登录窗口
                    login.dispose();}
                else{
                    JLabel message = new JLabel("账号或密码错误！");
                    message.setFont(new Font("黑体",Font.PLAIN,14));
                    message.setPreferredSize(dim3);
```

```
                //将 textName 标签添加到窗体上
                jp1.add(message);
                login2.add(jp1,BorderLayout.CENTER);
                JButton close = new JButton("确定");
                close.setFont(new Font("黑体",Font.PLAIN,14));
                //设置按键大小
                close.setSize(dim3);
                jp2.add(close);
                login2.add(jp2,BorderLayout.SOUTH);
                close.addActionListener(new ActionListener(){
                    public void actionPerformed(ActionEvent e){
                        login2.dispose(); }});
                login2.setResizable(false);
                login2.setVisible(true);
                // 清空文本框和密码框
                jtext.setText("");
                jpassword.setText("");
            }
        }
}
/**
    信息发送窗口部分 Chatwindow.java
*/
import java.awt.*;
import java.awt.event.*;
import javax.swing.*;
public class Chatwindow extends JFrame {
    JButton sendjBut;
    JTextField inputjFie;
    JTextArea chatContent;
    public Chatwindow() {
        this.setLayout(new BorderLayout());
        chatContent = new JTextArea(12, 34);    // 创建一个文本域
        // 创建一个滚动面板，将文本域作为其显示组件
        JScrollPane showPanel = new JScrollPane(chatContent);
        chatContent.setEditable(false);          // 设置文本域不可编辑
        JPanel inputjPan = new JPanel();         // 创建一个 JPanel 面板
        inputjFie = new JTextField(20);          // 创建一个文本框
        sendjBut = new JButton("发送");           // 创建一个发送按钮
        // 为按钮添加事件
        sendjBut.addActionListener(new ActionListener() {        // 为按钮添加一个监听事件
            public void actionPerformed(ActionEvent e) {         // 重写 actionPerformed 方法
                String content = inputjFie.getText();            // 获取输入的文本信息
            // 判断输入的信息是否为空
                if (content != null && !content.trim().equals("")) {
                    // 如果不为空，将输入的文本追加到聊天窗口
```

```
                        chatContent.append(content + "\n");
                    } else {
                    // 如果为空，提示短信内容不能为空
                    chatContent.append("信息内容不能为空" + "\n");  }
                    inputjFie.setText(""); }        // 将输入的文本域内容置为空
            });
            JLabel jlab = new JLabel("信息编辑");  // 创建一个标签
            inputjPan.add(jlab);                  // 将标签添加到 JPanel 面板
            inputjPan.add(inputjFie);             // 将文本框添加到 JPanel 面板
            inputjPan.add(sendjBut);              // 将按钮添加到 JPanel 面板
            // 将滚动面板和 JPanel 面板添加到 JFrame 窗口
            this.add(showPanel, BorderLayout.CENTER);
            this.add(inputjPan, BorderLayout.SOUTH);
            this.setTitle("发送信息窗口");
            this.setBounds(500,200,400, 300);
            this.setDefaultCloseOperation(JFrame.EXIT_ON_CLOSE);
            this.setVisible(true);
        }
    }
```

文件 10-10 的运行结果如图 10-15 所示。

上述示例创建了一个登录窗口，如果输入错误的账号或者密码，弹出登录失败的提示窗口，返回登录窗口；如果输入正确的账号（Tom）和密码（123456），则登录成功，登录窗口释放，弹出用于发送信息的窗口。操作结果分别如图 10-16、图 10-17 和图 10-18 所示。

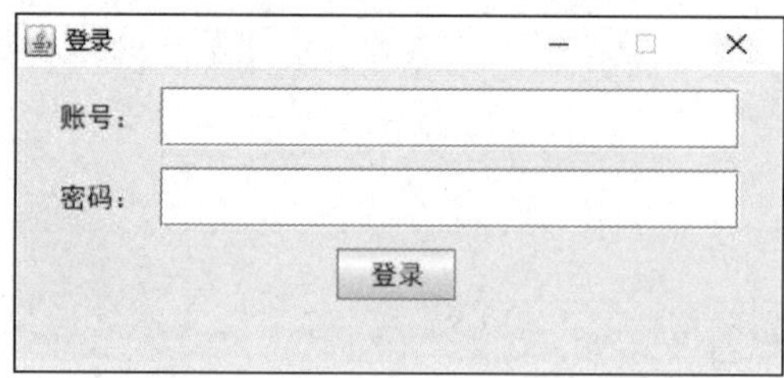

图 10-15　文件 10-10 的运行结果

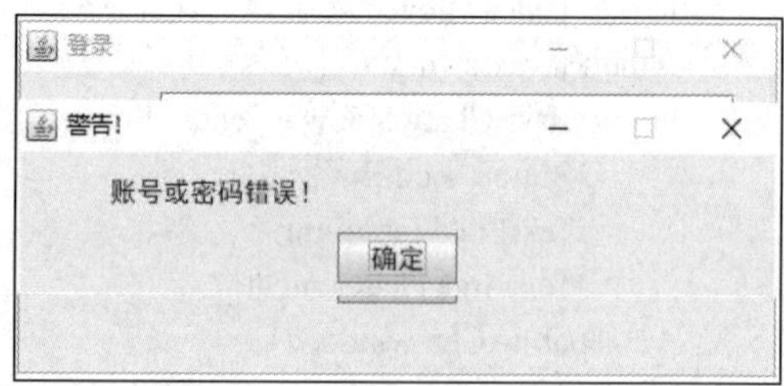

图 10-16　登录失败提示窗口

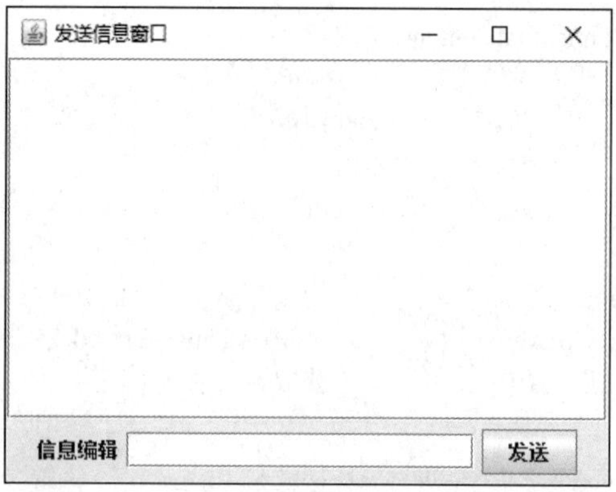

图 10-17　登录成功后弹出用于发送信息的窗口

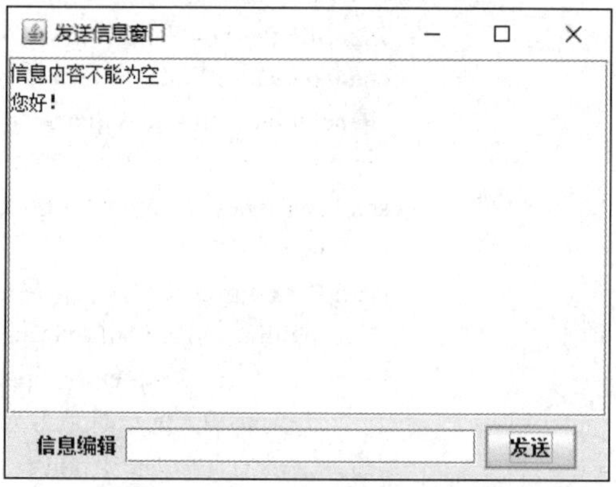

图 10-18　不允许发送空消息的窗口

10.5.4　组合框

组合框（JComboBox）是将按钮或可编辑字段与下拉列表组合的组件，又称为下拉列表框。它将所有选项折叠在一起，默认显示的是第一个添加的选项。当用户单击组合框时，会出现下拉式的选择列表，用户可以选择其中一项并显示。

表 10-20 中列出了 JComboBox 类的常用构造方法。

表 10-20　JComboBox 类的常用构造方法

方法摘要	功能描述
JComboBox()	创建一个没有可选项的组合框
JComboBox(Object[] items)	创建一个组合框，将 Object 数组中的元素作为组合框的下拉列表选项

在使用 JComboBox 类时，需要用到它的一些常用方法，见表 10-21。

表 10-21　JComboBox 类的常用方法

方法摘要	功能描述
void addItem(Object anObject)	为组合框添加选项
Objct getItemAt(int index)	返回指定索引处选项，第一个选项的索引为 0
int getItemCount()	返回组合框中选项的数目
Object getSelectedItem()	返回当前所选项
void removeAHItemsO	删除组合框中所有的选项
void removeItem(Object object)	从组合框中删除指定选项
void removeItem At (int index)	移除指定索引处的选项
void setEditable(boolean aFlag)	设置组合框的选项是否可编辑，aFlag 为 true 则可编辑，反之则不可编辑

操作组合框会引发 ActionEvent 事件，可以通过 ActionListener 实现组合框的事件处理。另外，组合框也会引发 ItemEvent 事件，因此可以使用 ItemListener 实现组合框的事件处理，该接口包含一个 itemStateChanged()方法，但这种事件处理方式不如前者便捷。

组合框（JComboBox）的具体用法如文件 10-11 所示。

文件 10-11

```
import java.awt.*;
import java.awt.event.*;
import javax.swing.*;
public class Example11 extends JFrame {
    private JComboBox jBox;              // 定义一个 JComboBox 组合框
    private JTextField jField;           // 定义一个 JTextField 文本框
    public Example11() {
        JPanel jp = new JPanel();        // 创建 JPanel 面板
        jBox = new JComboBox();
```

```
            // 为组合框添加选项
            jBox.addItem("请选择城市");
            jBox.addItem("北京");
            jBox.addItem("天津");
            jBox.addItem("南京");
            jBox.addItem("上海");
            jBox.addItem("重庆");
            // 为组合框添加事件监听器
            jBox.addActionListener(new ActionListener() {
                public void actionPerformed(ActionEvent e) {
                    String item = (String) jBox.getSelectedItem();
                    if ("请选择城市".equals(item)) {
                        jField.setText("");
                    } else {
                        jField.setText("您选择的城市是：" + item);
                    }
                }
            });
            jField = new JTextField(20);
            jp.add(jBox);           // 在面板中添加组合框
            jp.add(jField);         // 在面板中添加文本框
            // 在内容面板中添加 JPanel 面板
            this.add(jp, BorderLayout.NORTH);
            this.setBounds(300,200,350, 100);
            this.setDefaultCloseOperation(JFrame.EXIT_ON_CLOSE);
            this.setVisible(true);
        }
        public static void main(String[] args) {
        new Example11 ();
        }
    }
```

文件 10-11 的运行结果如图 10-19 所示。

上述示例创建了一个组合框、一个文本框，当用户选择组合框选项后，在文本框中显示选择结果，如图 10-20 所示。

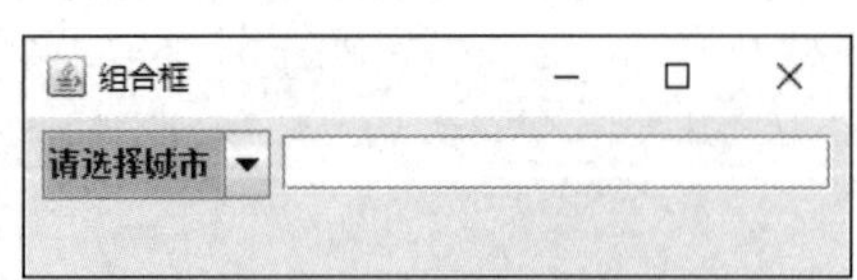

图 10-19 文件 10-11 的运行结果

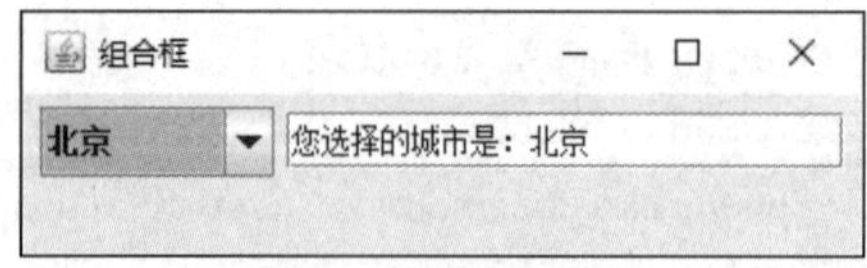

图 10-20 选择组合框选项

10.5.5 其他组件

除了上述章节介绍的 Swing 组件以外，Java 语言还提供了很多其他组件，例如允许用户通过拖拽来设置数值或滚动画面的 JScrollBar 组件（滚动条），用于显示二维表格的 JTable 组件、用于显示树形结构的 JTree 组件、用于微调输入数字和日期的 JSpinner 组件（微调器）、用于指示进度的 JProgressBar（进度条）和 ProgressMonitor（进度监视器）、用于将一个组件分割成两部分并且让这两部分之间具有可调整边界的 JSplitPane（分割面板）、用于扩展可视化界面空间的 JTabbedPane（选项卡面板）、用于向应用程序中提供多文档界面的 JDesktopPane（桌面面板）和 JInternalFrame（内部窗口）等，限于篇幅，这里不再一一详解，可参阅 API 文档做深入了解。

10.6　本章小结

本章主要介绍了 Java 图形界面设计的基本原理，包括 GUI 中的布局管理器、GUI 中的事件处理机制以及 Swing 常用组件。Java 的图形界面设计所需元素主要基于 AWT 和 Swing 两个包，其中包括了窗口、标签、按钮、菜单、文本框等各类组件。而图形界面可以通过布局管理器设计容器布局，包括流布局、边界布局、网格布局等多种形式。Java 还可以通过事件处理机制为图形界面设置用户交互事件，包括鼠标事件、动作事件、按键事件等。

10.7　习题

一、单选题

1．每一个 GUI 程序中必须包含一个（　　）组件。

A．按钮　　B．标签　　C．菜单　　D．容器

2．下面四个组件中（　　）不是 Component 的子类。

A．Button　　B．Dialog　　C．Label　　D．MenuBar

3．使用（　　）组件可以接收用户的输入信息。

A．JButton　　B．JLabel　　C．JTextField　　D．以上都可以

4．下列选项中，关于 GridLayout（网格布局管理器）的说法错误的是（　　）。

A．GridLayout 布局管理器可以设置组件的大小

B．放置在 GridLayout 布局管理器中的组件将自动占据网格的整个区域

C．GridLayout 布局管理器中，组件的相对位置不随区域的缩放而改变，但组件的大小会随之改变，组件始终占据网格的整个区域

D．GridLayout 布局管理器的缺点是总是忽略组件的最佳大小，所有组件的宽高都相同

5．想实现事件的监听机制，首先需要（　　）。

A．通过 addWindowListener()方法为事件源注册事件监听器对象

B．事件监听器调用相应的方法来处理相应的事件

C．定义一个类实现事件监听器的接口

D．实现 WindowListener

6．下列选项中，用于表示动作事件的类是（　　）。

A．KeyListener　　B．KeyEvent　　C．ActionEvent　　D．MenuKeyEvent

7．ActionEvent 的对象会被传递给（　　）事件处理器方法。

A．addChangeListener()　　B．addActionListener()

C．stateChanged()　　D．actionPerformed()

二、多选题

1．下面对 Swing 的描述，正确的有（　　）。

A．Swing 是在 AWT 基础上构建的一套新的图形界面系统

B．Swing 提供了 AWT 所能够提供的所有功能

C．Swing 组件是用 Java 代码来实现的

D．Swing 组件都是重量级组件

2．下列选项中，属于窗体事件的动作是（　　）。

A．窗体的激活　　B．窗体的关闭

C．窗体的创建　　D．窗体的停用

3．下列选项中，关于流布局管理器（FlowLayout）的说法正确的是（　　）。

A．在流布局下，当到达容器的边界时，会自动将组件放到下一行的开始位置

B．流布局管理器的特点就是可以将所有组件像流水一样依次进行排列

C．流布局管理器是最简单的布局管理器

D．流布局管理器将容器划分为 5 个区域

三、判断题

1．容器（Container）是一个可以包含基本组件和其他容器的组件。（　　）

2．可以通过 ActionListener 接口或者 ActionAdapter 类来实现动作事件监听器。（　　）

3．JCheckBox 是一个复选框组件，它有选中、未选中和不选 3 种状态。（　　）

4．CardLayout 布局管理器在任何时候只有其中一张卡片是可见的。（　　）

5．处理鼠标事件时需要通过实现 MouseListener 接口定义监听器。（　　）

6．非模态对话框是指用户需要等到处理完对话框后才能继续与其他窗口交互。（　　）

7．JPanel 是一个无边框，不能被移动、放大、缩小或者关闭的面板。（　　）

8．BorderLayout 边界布局管理器可以将容器划分为 4 个区域。（　　）

9. 创建和添加下拉式菜单的最后一步，需要创建 JMenuItem 菜单项，将其添加到 JMenuBar 菜单中。（　　）

10．可以使用 JComboBox 组件实现 QQ 账号输入框。（　　）

四、简答题

1．什么是布局管理器？常见分类有哪些？

2．简述实现 Swing 事件处理的主要步骤。

五、编程题

1．编写 GUI 程序，实现在窗口中显示当前鼠标单击的坐标位置。程序运行初期效果如图 10-21 所示，单击鼠标后显示效果如图 10-22 所示。

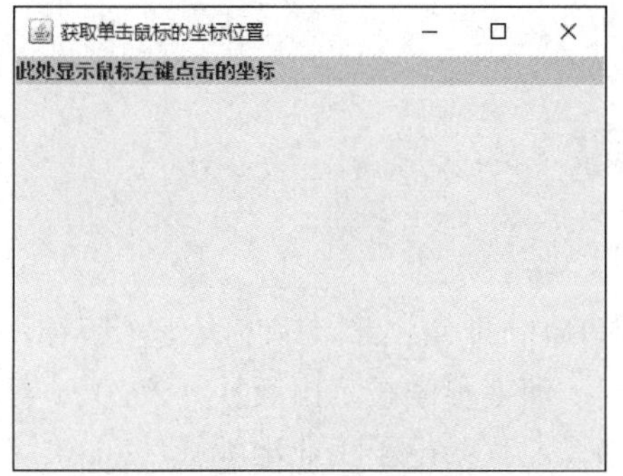

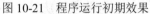

图 10-21　程序运行初期效果

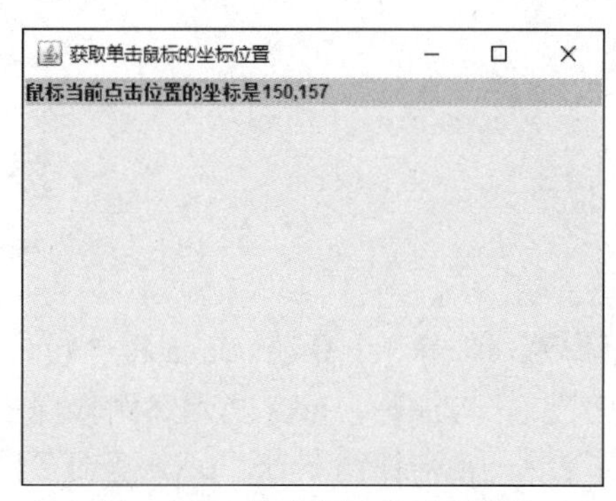

图 10-22　单击鼠标后显示效果

2．编写 GUI 程序，实现模拟 QQ 登录界面，如图 10-23 所示，其中下拉列表框中的初始化 QQ 账号为“123123123”“321321321”“3697810552”，当选择账号“123123123”并输入密码“123”后，登录界面消失，显示消息列表，模拟 QQ 登录成功，如图 10-24 所示，当密码输入错误时，弹出消息提示框，如图 10-25 所示。

图 10-23　QQ 登录界面

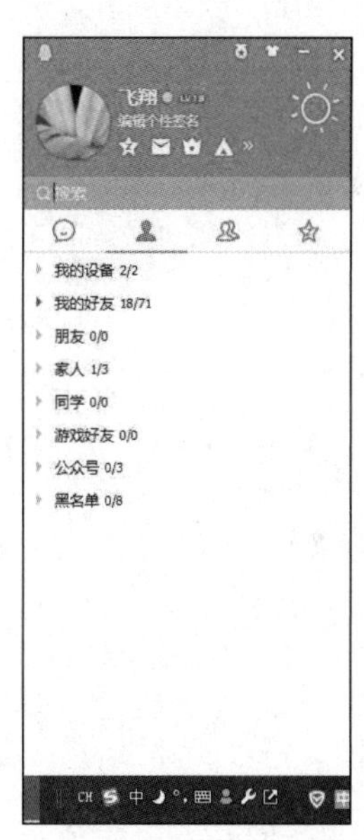

图 10-24　QQ 登录成功后的消息列表

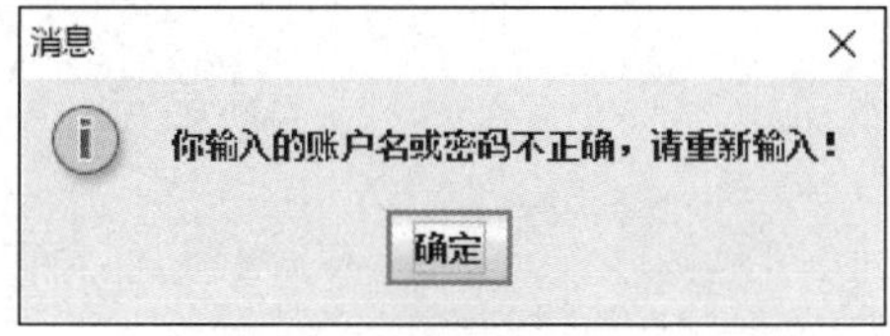

图 10-25　密码错误消息提示框

第 10 章习题答案

参考文献

[1] 邢海燕，陈静，卜令瑞．Java 程序设计案例教程[M]．北京：北京理工大学出版社，2021．
[2] 赵广复，方加娟．Java 基础案例教程[M]．郑州：河南科学技术出版社，2020．
[3] 高玲玲，范佳伟，罗丹．Java 基础案例教程[M]．北京：电子工业出版社，2020．
[4] 罗剑，肖念，邢翠．Java 基础案例教程[M]．武汉：华中科技大学出版社，2019．
[5] 黑马程序员．Java 基础案例教程[M]．北京：人民邮电出版社，2017．
[6] 传智播客高教产品研发部．Java 基础入门[M]．北京：清华大学出版社，2014．
[7] 李兴华．Java 开发实战经典[M]．北京：清华大学出版社，2009．
[8] ECHEL B．Java 编程思想[M]．陈吴鹏，译．4 版．北京：机械工业出版社，2007．